Joachim Wachtel

Die Aviatiker oder Die tollkühnen Pioniere des Motorflugs

Mosaik Verlag

Der Bibliothek des Deutschen Museums und des Deutschen Patentamtes in München, der Bildredaktion von »Flight«, London, und dem Service de Documentation des Musée de l'Air, Paris, dem Archiv des Axel Springer Verlages, Berlin (»B.Z.«) sowie dem Archiv der Deutschen Lufthansa bin ich für ihre Unterstützung zu Dank verpflichtet. Auch Botho von Römer, München, und Flugkapitän a.D. Wilhelm Thiele, Berlin, haben mir mit ihrer Erfahrung und ihrem Wissen geholfen. Für ihre Mitarbeit danke ich außerdem Anita Heigl und Sonja Martenstein, für Übersetzungen Angelika Sittner.

Bildquellen: Deutsche Lufthansa AG, Köln; Deutsches Museum, München; »Flight«, London; Musée de l'Air, Paris; Ullstein-Bilderdienst, Berlin; Archiv des Verfassers.

Redaktion: Burkhardt Kiegeland

Gesamtherstellung Mohndruck Reinhard Mohn GmbH, Gütersloh

ISBN 3-570-00837-1

Inhalt

Vorwort

Seine eigenen Erfahrungen überleben, so lautet eine der wichtigsten Maximen der frühen Fliegerei in dem wilden Jahrzehnt von 1903 bis 1914. »Es waren Kriegsjahre«, sagt einer der ersten Einflieger, einer, der dieses Jahrzehnt vor dem großen Krieg überlebt hat, trotz unzähliger Brüche und Abstürze. Kriegsjahre ohne Orden freilich, ohne Kaisertelegramme und lobende Erwähnung im Heeresbericht.

Statt dessen stille, geduldige, lebensgefährliche Arbeit. Welche Schinderei und Schufterei, welch ein Einsatz und welch Mut! Ein kurzes Jahrzehnt nur liegt zwischen dem ersten Motorflug der Wrights, Dauer 12 Sekunden, und den Flugversuchen mit Riesenflugbooten für die Atlantiküberquerung im Sommer 1914, zwischen tastenden Sprüngen und tollkühnen Loopings. Es ist ein Jahrzehnt, das an Abenteuern und Farbe, an Aufregung und Dramatik seinesgleichen sucht. In diesem Jahrzehnt wird der Konkurrenzkampf zwischen Flugzeug und Luftschiff ausgekämpft – und das Radar erfunden. Die ersten Hubschrauber heben sich vom Boden, exakte Berechnungen der Weltraumfahrt werden publiziert.

Wie ein »blendender Traum« erschien Louis Blériot, dem Kanalflieger und populärsten Held dieser Tage, der Wunsch zu fliegen, *schwer sein in der schwerelosen Luft; ein Wille sein, der stärker ist als die Mächte; eine Wirklichkeit schaffen, die kühner ist als die Legenden, die dem Menschen die Flüge nicht gönnten!* Ingenieure und harte Profisportler, Fabrikanten und arme Mechaniker, Offiziere und ein paar emanzipierte Frauen verwirklichen diesen großen Traum – ein buntgewürfeltes Volk, Idealisten, Tüftler, Abenteurer. Auf den Flugfeldern entsteht eine Art Gegenwelt zur satten, zufriedenen bürgerlichen Gesellschaft in ihrem Materialismus: Bohème, für die Nietzsches Imperativ »gefährlich leben« zum harten Berufsalltag gehört. Zum Schluß, 1914, sind allein in Deutschland 75 Piloten tot – mehr als 1000 gibt es noch nicht.

Sie fliegen ja ohne Fallschirm und, natürlich, ohne Funkverbindung, in offenen Flugzeugen mit ein paar primitiven Instrumenten, dem Regen ausgesetzt, dem Nebel ausgeliefert – reine Praktiker zumeist, die nichts oder nicht allzuviel von den Gesetzen der Aerodynamik wissen. Bei Höhenflügen holen sie sich Erfrierungen, die Ärzte konstatieren Todesfurcht und Schlafsucht. Sie fliegen über Land ins Blaue hinein, hinter einem stotternden Motor und mit einem Auge immer nach Notlandeplätzen suchend. Baumkronen sind oft die letzte Rettung. 1914 steht der Höhenrekord auf über 8000 m, der Dauerrekord auf mehr als 24 Stunden. Bei den hochdotierten Flugkonkurrenzen geht es ums Überleben, um den letzten Groschen manchmal. Kein Wunder, daß sich hin und wieder Zucker im Benzintank findet und daß die Mechaniker mit dem Revolver in der Hand neben den Flugzeugen schlafen.

Frankreich, die agilen begeisterungsfähigen Franzosen, liegen bei diesem »Siegeszug der Aviatik«, bei der »Eroberung der Luft« jahrelang an der

Spitze. In einer erregenden Jagd holen die seeorientierten Briten, die zeppelinbegeisterten Deutschen den Vorsprung der Franzosen auf. Immer geht es dabei um Absatzmärkte – Mercedes-Motoren kämpfen gegen Gnôme-Motoren.

Die frühen Flugpioniere träumen von einer neuen, friedlichen Zeit. Flugzeuge, denken sie, machen Kriege unmöglich. Da liegt ihre Tragik. Denn das Geld, das sie so dringend brauchen und von dem sie nie genug haben, bekommen sie in diesem Vorkriegseuropa der Revanchisten und Chauvinisten nur vom Militär. Als die Motoren endlich so weit sind, daß Flugzeuge sicher fliegen können, geraten auch die expandierenden Industriemächte aneinander. Das Flugzeug als Waffe: Die frühen Konstrukteure vertrauten auf den Abschreckungseffekt, glaubten naiv, daß eine Waffe, die auch die Urheber des Krieges treffen kann, Kriege für immer unmöglich macht. Eine Illusion.

Schon zehn Jahre nach den Sekundenflügen der Wrights sind die Männer der ersten Stunde, Idealisten vom Schlage eines Karl Jatho, Wilhelm Kress und Gustav Weißkopf, vergessen, die Maschinen der Wrights längst überholt. Der Krieg und seine neuen Helden überschatten das Geschehen der ersten opferreichen Pionierjahre, verdrängen es schließlich aus der Erinnerung. Die Killer kommen, der »Red Baron« triumphiert.

Ziviles Heldentum hat es immer schwer. Hieroglyphen mögen heute mehr über die Geschichte Ägyptens hergeben als Archive über die Werdejahre der Fliegerei auf Exerzierplätzen und ersten Flugfeldern. Museen sind inzwischen verbrannt, Sammlungen zerstreut, frühe Flugfelder besiedelt. Von Dank an die ersten Flieger ist schon längst nicht mehr die Rede.

Ikarus persönlich

Störchen hat er es abgesehen. Nach ihrem Vorbild baut Otto Lilienthal große Tragflächen, berechnet Auftrieb und Wölbung. Rund 2000mal gleitet er, die Flügel in der Hand, von Hügeln herab. Für viel Geld baut er sich bei Berlin einen eigenen »Fliegeberg«. Fünf Stunden, mehr nicht, war er insgesamt in der Luft, bevor er abstürzt. Mit Lilienthal beginnt der Menschenflug. Seine Landsleute haben es nicht begriffen. Vergessen ihn. Ihr Idol: Graf Zeppelin.

In gemächlichem Trab nähert sich ein Kutschwagen den einsamen Rhinower Bergen, sonnigen, sanft abfallenden Hügelabhängen, die mit Gras und Heidekraut bedeckt sind. Märkische Heide, märkischer Sand ... Von der Hügelkette geht der Blick hinaus auf die Wiesen und Äcker des Havellandes. Im Wagen sitzt eine kleine Gesellschaft: Otto Lilienthal, ein Berliner Fabrikbesitzer, Wilhelm Meyer-Förster, ein Bühnenautor, der eines Tages mit *Alt-Heidelberg* Goethe und Schiller in der Publikumsgunst überflügeln wird, dazu noch ein schweigsamer junger Mann, Mechaniker, der neben dem Kutscher auf dem Bock seine Zigarre pafft.
An einer Scheune hält der Wagen, und der Mechaniker schleppt ein Bündel heraus, aus dem ein Pfadfinderzelt werden könnte, ein zusammengelegtes Weidenrutengestell. Mit oft geübten Handgriffen breitet er es strahlenförmig aus, verspannt Drähe und fixiert Wölbungen mit austauschbaren Profilen. Ein Flugapparat entsteht und liegt schließlich, fast 7 m breit, mit schneeweißen Flügeln im Sonnenlicht, beste Handarbeit, straff und stramm. Jeder Flügel besteht aus sieben Rippen. Der wachsgetränkte Baumwollstoff hat so viel Spannung, daß er beim Klopfen mit dem Fingerknöchel wie eine Trommel klingt. Strahlend stemmt Otto Lilienthal die vierzig Pfund seines Fluggeräts. Jetzt wird er fliegen, wie er es seit Jahren in jeder freien Minute tut, an guten Wochenenden von früh bis spät.
»Fliegekunst« nennt der Berliner Ingenieur das hohe Ziel, dem er sich mit seinem Bruder Gustav verschrieben hat, auch »künstlichen Menschenflug« und »persönlichen Kunstflug«. Kunst, auf jeden Fall. Kunstflug, sagt er, der wissenschaftlich geschulte Naturbeobachter, Mathematiker und Physiker, Konstrukteur und Maschineningenieur, *Kunstflug bedeutet willkürliches Fliegen eines Menschen mittels eines an seinem Körper befestigten Flugapparates, dessen Gebrauch persönliche Geschicklichkeit voraussetzt. Der Kunstflug des einzelnen Menschen ist der Ausgangspunkt für alles künstliche Fliegen.*
Otto Lilienthal ist der erste Mensch, der sich ganz bewußt und zielstrebig

in die Luft erhebt und fliegt, der erste auch, den Fotografien im Fluge zeigen. Was Lilienthal über das Fliegen weiß, was er an Wissen in seinen künstlichen Schwingen verarbeitet hat, verdankt er den Vögeln. *Das den Vogelflug nachbildende Fliegen des einzelnen Menschen ist die einzige Fliegemethode, welche gestattet, mit Hülfe sehr einfacher Apparate, mit unvollkommenen Flügen beginnend, eine allmähliche Vervollkommnung zu entwickeln.* Und darauf kommt es ihm an: Auf den systematischen Fortschritt, nicht auf das überraschende Ergebnis.

Lilienthal macht sich bereit. Vor dem Start hat er eine Spezialmontur angelegt. Er stülpt sich eine Lederkappe über den blonden Krauskopf, zieht seinen Sweater an und steigt in eine knielange, gepolsterte Hose. Die Knie hat er sich bandagiert, die Schuhe haben dicke Gummisohlen. Dann steckt er seine Arme in zwei gepolsterte Einschnitte am Flugzeug und umfaßt mit den Händen zwei Griffe. Auf einfache Weise hat er damit den Flugapparat, diese »weiße Fledermaus«, vollkommen in seiner Gewalt und kann sich in der Luft mit den Armen darauf stützen oder sich bei Gefahr fallen lassen. Der Körper schwingt frei und dient zum Steuern, mit den Beinen kann der Flieger laufen, springen, lenken und landen.

Lilienthal stellt sich auf und richtet die Flächen und das Leitwerk in seinem Rücken gegen den Wind. Er wirkt voll konzentriert, er weiß aus Erfahrung, daß jeder unerwartete Windstoß gefährlich sein kann. In jahrelangem Training hat er gelernt, die Hebelkraft der Flügel zu meistern und das Kippen und Schwanken mit dem Körper zu parieren. Wie ein Sportsmann, der auf den Startschuß wartet, steht er da, schlank und elastisch, mit hocherhobenem Kopf, die Schwingen weit gebreitet: Ikarus persönlich, kühn, optimistisch, vital.

Plötzlich frischt der Wind auf. Mit drei, vier kraftvollen Schritten stürmt Lilienthal hangabwärts, und mit jedem Schritt spürt er stärker die tragende, hebende Kraft der Flächen. Fast waagerecht gleitet er in die Luft. Im Flug hält er die Beine ausgestreckt nach vorn und die Flächen annähernd horizontal. Das ist wichtig, sonst gibt es gefährliche Flugzustände. Wie einem Radfahrer ist ihm inzwischen die Schwerpunktregulierung in Fleisch und Blut übergegangen. Beginnt sein Flugapparat sich zu steil zu neigen, schwingt er die Beine nach hinten, um die Spitze wieder anzuheben; den Anfänger kostet das Überwindung. Umgekehrt verlagert er die Beine nach vorn, wenn die »Nase« zu hoch hängt. Wird eine Seite des Flugapparates durch ungleichmäßigen Wind mehr angehoben, so verlegt Lilienthal den Schwerpunkt durch Schwingen des Körpers nach dieser Seite und stellt das Gleichgewicht wieder her. Dicht über dem Erdboden, am Ende des Fluges, hebt er die Vorderkante des Apparates an und wirft die Beine nach vorn. Trotz der Geschwindigkeit landet er ganz sanft. Danach wird noch die Strecke gemessen. Einmal sind es 300 m.

An die zwanzigmal schleppt der schweigsame Gehilfe, die Zigarre im Mund, Lilienthals Flugmaschine an diesem warmen Sonntag wieder hinauf auf den Berg, flickt sie zwischendurch und biegt sie auch mal zurecht. Lilienthal, der »fliegende Mann«, hat in Hunderten von Versuchen den

»schräg abwärts geführten Segelflug« perfektioniert, sein Flugzeug ist schon das sechste. Es gäbe nichts Einfacheres als die Lenkung von Flugmaschinen, sagt er und schwärmt von dem *unbeschreiblichen Vergnügen, hoch in den Lüften über den sonnigen Bergabhängen sich zu wiegen, ohne Stoß, ohne Geräusch, nur von einer leisen Äolsharfenmusik begleitet, welche der Luftzug den Spanndrähten entlockt.* Auch sein Gast, Meyer-Förster, darf einmal fliegen, tut dabei, was er nicht tun soll, beugt sich nämlich nach vorn und landet krachend im Heidekraut der Rhinower Berge.

In diesem Sommer 1893, als er sich das zusammenlegbare Flugzeug patentieren läßt, ist Otto Lilienthal fünfundvierzig Jahre alt, ein vollbärtiger Mann von unverwüstlicher Gesundheit und athletischer Kraft, die »personifizierte Hoffnung und Zuversicht«, wie Gustav, der jüngere Bruder, sagt. Die Körperkräfte hat Otto vom Vater; der schleppte ein Klavier allein über die Treppe, hatte auch sonst Sinn für allerlei »Bravourstücke« – wie Otto. In dieser »frohen, sieghaften Gestalt«, volles blondes Haar, helle blaue Augen, rascher schwebender Gang, scheinen all die Sehnsüchte und Träume modellhaft angelegt, die in den nächsten zwei Jahrzehnten Männer und Frauen in den »Luftozean« hinauftreiben.

Tuchhändler der Vater, das konnte ja nicht gutgehen bei diesem Kraftmenschen, irgendwann war er bankrott und trug sich mit dem Gedanken, nach Amerika auszuwandern, starb aber vorher. Beide Eltern, der heißblütige Vater wie die künstlerisch begabte Mutter, verkümmerten unter dem Druck kleinbürgerlicher Enge im pommerschen Anklam. Da hat sich einiges aufgestaut an unverbrauchter Energie, das sich in dem Brüderpaar später ungestüm Bahn bricht – in diesen armen Jungen, die sich auf den Wiesen tummelten und sich in kindlicher Freude an Schmetterlingen und Vögeln ergötzten. Aus den bedrückenden Verhältnissen zu entfliehen, über sich hinauszuwachsen, sich über diese Welt zu erheben, muß den technisch begabten naturverbundenen Schwärmern, diesen unruhigen Geistern, schon früh in den Sinn gekommen sein. Vögel, die sie immer wieder aus der Nähe beobachteten, Störche vor allem, wurden zum Inbegriff ihres himmelstürmenden Freiheitsdranges. Tief wirkten diese Erlebnisse weiter. Später wird Otto Lilienthal diese Sehnsucht des Menschen, sich hinaufzuschwingen, preisen, *frei wie der Vogel über lachende Gefilde, schattige Wälder und spiegelnde Seen dahinzugleiten und die Landschaft so voll und ganz zu genießen, wie es sonst nur der Vogel vermag.*

Luft und Wind hatten es den Brüdern angetan, weckten ihre schöpferischen Kräfte, belebten und bewegten ihre Phantasie. Mit der ersten »Flugmaschine«, zwei Flügeln aus dünnen Buchenspanbrettchen, übten sie in der Nacht, um dem Gespött ihrer Schulkameraden zu entgehen. An der zweiten nähten sie mit blutigen Fingerspitzen große Gänseschwungfedern auf Zeugstreifen. Noch ahnten sie freilich beide nicht, worauf sie sich mit diesen Flugapparaten eingelassen hatten. Nach Jahrzehnten ewigen Experimentierens schreibt Gustav: *Eine große Sache erfordert einen ganzen Menschen. Sie fordert neben vielen anderen Opfern auch das der gesamten Persönlichkeit.* Das ist schon das Fazit. Erst einmal hungerten sie sich durch

ihre Lehr- und Lernjahre in Berlin. Kirschen und Semmeln ersetzten das Mittagessen, ihre Dachkammer teilten sie mit einem Droschkenkutscher.
Jetzt werden wir dem Flugproblem zu Leibe rücken, mit diesen Worten kam Otto, dreiundzwanzig Jahre alt, aus dem Krieg von 1870/71 zurück. Er meinte natürlich den »ballonfreien Flug«, denn Ballons und Versuche mit Lenkballons erschienen ihm immer als ein Irrweg. Noch beherrscht das aerostatische Prinzip »Leichter als Luft«, die Luftfahrt mit gasgefüllten Kugeln, die Diskussion in den wissenschaftlichen Gesellschaften. Was die gelehrte Literatur der Zeit zum aerodynamischen Prinzip »Schwerer als Luft«, zum Fliegen mittels Auftrieb, zu bieten hatte, war kümmerlich genug. Lilienthals Bibliothek wird schmal bleiben, ein paar Zeitschriften und etwa zwanzig Bücher, das ist alles, frühe Aerodynamik und viel Vogelflugbeobachtung. Auf George Cayley, den englischen Baron, der bereits Anfang des Jahrhunderts zu der Erkenntnis gekommen war, daß gewölbte Flächen schon bei sehr spitzem Anstellwinkel erheblichen Auftrieb geben, und der sogar den Unterdruck auf der Flächenoberseite erkannt hatte, stießen die Brüder erst später; da waren sie selbst schon soweit. Aus England und Frankreich erfuhren sie im Laufe der Jahre bruchstückweise von Versuchen mit gewölbten Flächen und hörten den Namen von Horatio Phillips, der 1884 das erste Patent darauf erhielt.
Statt sich in Plänen komplizierter Flugmaschinen zu verrennen wie etwa Hiram Maxim mit seinem tonnenschweren, auf Schienen gleitenden Luftfahrzeug, fing Otto mit seinem Bruder in kluger Selbstbeschränkung beim Simpelsten an. Mit primitiven Rundlaufgeräten prüften sie geduldig überlieferte Formeln wie die Newtons vom »Normaldruck«, dem Widerstand einer senkrecht zu ihrer Flächenausdehnung bewegten Platte von 1 m² bei einer Geschwindigkeit von 1 m/s. Ihre Ergebnisse stimmten ziemlich genau mit seinen rechnerisch ermittelten Werten überein. Diesen Normaldruck setzten sie = 1 und gaben alle Luftkräfte in Prozenten des Normaldrucks an. Neben solch zeitraubender Grundlagenforschung ließ sie die Idee des Schwingenfliegers, die sie seit ihrer Jugend verfolgte, nicht los. Pfennigweise sparten sie sich die Mittel ab, um sich ein flugfähiges Modell in der Größe eines Storches zu bauen. Ein fünf Pfund schwerer Dampfmotor lieferte zehn Minuten lang 1/4 PS. Monatelang bastelten sie an den winzigen Ventilen. Doch schließlich war der Motor zu kräftig, und die Flügel zerbrachen. Wieder nichts. Alle Welt versuchte sich übrigens an Modellen. 1868 hatte die Aeronautische Gesellschaft Großbritanniens die erste Luftfahrtausstellung der Welt veranstaltet: 77 Zeichnungen, Modelle und Motoren waren zu sehen.
Spätestens 1874, nach ihren vergleichenden Untersuchungen von Auftrieb und Widerstand mit einer Federwaage, waren sich die Lilienthals über die *Luftwiderstände des Vogelflügels und die kraftsparenden Eigenschaften seiner Profilkrümmung* endgültig im klaren. Die Versuche, erst in einer Turnhalle, dann im Freien, zogen sich hin und mußten schließlich längere Zeit unterbrochen werden. Die Brüder kümmerten sich notgedrungen um den Aufbau ihrer bürgerlichen Existenz, Otto als Ingenieur, Gustav als

Architekt. Ein Steinbaukasten für die Jugend sollte das große Geld bringen. Statt dessen gab es Prozesse mit einem durchtriebenen Unternehmer, der mit der Lilienthalschen Erfindung, dem »Anker-Steinbaukasten«, ein Vermögen machte. Gustav, der die Idee hatte, büßte dabei alles Ersparte ein und wanderte, vergrämt, für ein paar Jahre zum Eisenbahnbau nach Australien aus. Otto witterte im Berlin des Gründer-Booms nach dem siegreichen Krieg gegen Frankreich mit seinem reichen Reparationssegen die Chance, Kleinbetriebe mit handlichen, schnell betriebsbereiten Dampfmaschinen zu beliefern. Berlin, die Reichshauptstadt des geeinten Landes, wuchs in den achtziger und neunziger Jahren zum dritten großen deutschen Industriezentrum nach Rheinland-Westfalen und Sachsen heran – und damit wuchs der Energiehunger. Seinen gefahrlosen Schlangenrohrkessel, ein *aus einer einzigen engen Rohrleitung bestehender langgestreckter Dampferzeuger*, bezeichnet Lilienthal später als Nebenprodukt der frühen flugtechnischen Versuche mit motorgetriebenen Schwingenflugzeugen. Bald lebt davon eine Fabrik mit vierzig Arbeitern.
Seine Arbeiter läßt er am Erfolg teilhaben und führt die Gewinnbeteiligung ein. In diesem musischen Menschen, dem technische Ideen bei erhabenen Melodien, bei Beethoven, kommen, der selbst einen schönen Tenor hat und seinen Gästen in Lichterfelde abends Waldhornklänge nachsendet, schlägt auch das Herz eines Weltverbesserers. Der utopische Geist, der ihn zum Fluge treibt, färbt auf den Alltag ab, zeigt sich in fürsorglichem Empfinden für den Mitmenschen, sucht nach neuen, besseren Lebensformen. Gustav, dieses »zweite Ich«, dem sich Otto weltanschaulich verbunden weiß, arbeitet aktiv in der Freilandbewegung, einem der vielen lebensreformerischen Vereine, deren Mitglieder hinter aller Dekadenz des Fin de Siècle den Anbruch einer neuen Zeit zu spüren vermeinen und auf vielen Gebieten, in der Lebens- und Heilweise, der Schule, im Kunstgewerbe, in Ethik und Recht die Zeit für grundlegende Reformen, für eine »höhere Lebenskultur« gekommen sehen. Unpolitisch, ja apolitisch in ihrem Denken, erwarten die Lebensreformer *kein Heil in staatlichen Maßnahmen, solange die einzelnen Menschen nicht auf Ausmerzung der Sünden und Fehler im persönlichen Leben, in ihrem kleinen Kreise bedacht sind,* wie man in einem ihrer Blätter lesen kann. Das ist Geist von Lilienthals Geist.
Besonders das Theater hat es ihm angetan. Er will die arbeitenden, darbenden Massen unterhalten und liebäugelt mit den Plänen eines »Groschentheaters«. Seine eigenen bitteren Erfahrungen mit der Verwertung der Steinbaukasten-Idee schlägt sich in einem moralisierenden Schauspiel aus dem Arbeitermilieu nieder, *Gewerbeschwindel*, ein Stück »nach wahren Begebenheiten«, dessen Hauptfigur, der junge Möbelfabrikant Wilhelm Krüger, deutliche Züge ihres Schöpfers Otto Lilienthal trägt. Das dilettantische Stück ist eine Anklage gegen die menschliche Habgier und unmenschliche Geschäftspraktiken. Finanzkräftige Abnehmer wollen Krüger nach Strich und Faden reinlegen und die Fabrik übernehmen. Krüger kämpft für seine Arbeiter (»Entlassen heißt Leute ins Unglück stoßen!«) und wird schließlich in den Selbstmord getrieben, während seine treuen

Arbeiter im Chor die »Banditen«, »Blutsauger« und »Raubtiere« verfluchen, die an der Tragödie schuld sind. Lilienthal, den Idealisten, muß diese gnadenlose Halsabschneiderei und Raffgier, die sich im Wirtschaftsleben breitmacht, tief verschreckt und verletzt haben. Es sind die Jahre, in denen der greise Bismarck angesichts der fieberhaften wirtschaftlichen Betriebsamkeit gesagt haben soll, er verstehe die Welt nicht mehr.

Während Lilienthal mit der Bahn reist, die Pläne seiner Wanddampfmaschine, seiner Schrämmaschine für den Bergbau, seiner Warnsirenen für die Schiffahrt im Koffer, arbeitet er an seinen Untersuchungen über den Luftwiderstand bewegter Flächen, über Flügelwölbungen und Flügelformen und macht daraus Artikel und Buchkapitel. 1889 erscheint in einer Auflage von tausend Exemplaren sein Hauptwerk *Der Vogelflug als Grundlage der Fliegekunst* – Frucht von zwei Jahrzehnten theoretischer Arbeit, im Garten des eigenen Hauses in Lichterfelde nochmals genau kontrolliert, erstes brauchbares Zahlenmaterial für die Pioniergeneration. Die Druckkosten hat Lilienthal selbst getragen, bis zu seinem Tod sind 300 Exemplare verkauft. Das Echo allerdings ist anfangs geteilt – der von Lilienthal geführte Nachweis, daß schwach gewölbt Flächen bei kleinen Anstellwinkeln und großen Geschwindigkeiten starken Auftrieb und geringen Widerstand ergeben, die Empfehlung gewölbter Flächen also, überzeugt noch längst nicht allgemein. Erst mit den Jahren wird das Buch zu einem Klassiker der Flugliteratur, zu einer Bibel für alle Flugpraktiker.

Soweit die Theorie. Jetzt, 1890, wird Lilienthal fliegen. Nur Versuche können ihn weiterbringen – *begrenztes Durchfliegen der Luft*, wie er schreibt, *bei dem wir über die Stabilität des Fliegens, über die Windwirkungen und über das gefahrlose Landen Erfahrung sammeln können.* Es ist ein steiniger Weg. »Opfer müssen gebracht werden«, das berühmte vielzitierte Wort, fällt einige Male in diesen sechs Jahren der Flugversuche (nicht aber nach seinem verhängnisvollen Sturz). Die Brüder müssen erst ein Gefühl für den Wind bekommen. Gustav, der sich mit vogelähnlichen Flächen gegen den Wind stellt, wird mit dem Kopf nach unten in den Sand geschleudert, als ein stärkerer Windzug auf einer Seite unter die Stoffbespannung fährt. Die Flächen haben immerhin 8 m Spannweite.

Schrittweise, wie es seine abwägende, geduldige Art ist, geht Lilienthal weiter, baut sich in seinem Garten ein Sprungbrett, übt täglich fünfzig- bis sechzigmal Absprung und Landung aus zwei Meter Höhe, steigt im Sommer 1891 auf einen märkischen Berg und wagt, sicherer geworden, endlich die ersten Sprünge bei mittlerem Wind. *Den Tag, an welchem Lilienthal 1891 seine ersten 15 m in der Luft durchmessen hat, fasse ich als den Augenblick auf, seit dem die Menschen fliegen können*, wird einer seiner einflußreichsten Verehrer in Europa, der Capitaine Ferber, später schreiben. Lilienthal sieht es ähnlich, spricht von dem »Anfang einer neuen Kulturepoche«. Am Ende schwebt er, 5 oder 6 m hoch, bis zu 25 m weit. Zu den parabolischen Flügeln, die typisch sind für seine Gleiter, ist jetzt eine feste, senkrechte Flosse am Schwanz gekommen. Auch wird mit einer festen waagerechten Flosse fast an der Hinterkante des Flügels experimentiert.

Lilienthal zieht um, immer auf der Suche nach Anhöhen mit Startmöglichkeiten in alle Windrichtungen. Er springt von der Stechwand einer Sandgrube und baut sich einen turmartigen Schuppen auf der Maihöhe bei Steglitz, von dessen Dach er sich in die Luft schwingt. Dann geht er in die Rhinower Berge, ein paar Stunden Anfahrt von Berlin. *Als ich zum ersten Male an diesen Berghängen mein Flugzeug entfaltete, überkam mich freilich ein etwas ängstliches Gefühl, als ich mir sagte: ›Von hier oben sollst du nun in das tief da unten liegende, weit ausgedehnte Land hinaussegeln!‹ Allein die ersten vorsichtigen Sprünge gaben mir bald das Bewußtsein der Sicherheit zurück; denn der Segelflug ging hier ungleich sanfter vonstatten, als von meinem Fliegeturm. Der Wind bäumte sich nicht so auf wie vor dem letzteren, wo ich jedesmal beim Passieren der Absprungkante einen ungleichmäßigen Windstoß von unten empfing, der mir oft verhängnisvoll zu werden drohte.*

Lilienthal korrigiert, verändert, baut um. Auf achtzehn Flugzeuge kommt er in den Jahren seiner Flugversuche, angefangen bei den vogelähnlichen Apparaten über die zusammenlegbaren Eindecker bis zu den großflächigen, aber auch schwerer zu steuernden Doppeldeckern. Er findet heraus, daß bei so großen Tragflächen, wie er sie zum Fliegen verwendet, die Flügelwölbung geringer sein muß als seine Elementarversuche vorher ergeben hatten. Er ändert die Flügelprofile und kommt zu dem Ergebnis, daß sich die besten Tragewirkungen bei Flügeln von 14 m^2 zeigen, wenn die Wölbungstiefe $^1/_{18}$ bis $^1/_{20}$ der Flügelbreite beträgt. Lilienthal hat es gepackt, er ist dem »wundervollen, anstrengungslosen Dahingleiten durch die Luft« verfallen. Für 9000 Mark (6600 Mark betrug der Bilanzwert seiner kleinen Fabrik, als er sie 1881 eröffnete) läßt er sich nahe seiner Wohnung in Lichterfelde einen eigenen Fliegeberg, einen kegelförmigen Hügel von 15 m Höhe aufschütten. In der Spitze ist ein fensterloser Hohlraum für die Aufbewahrung der Flugzeuge eingebaut. Der Berg in Lichterfelde wird zum Ausflugsziel. Sonntags, wenn er den ganzen Tag übt, kommen die Besucher scharenweise. Vor jedem Start wird es mucksmäuschenstill, bei langen gelungenen Flügen prasselt der Beifall. 1893 bringt die *Berliner Illustrirte* eine Bildreportage über Lilienthals Flüge.

Gäste aus aller Welt stellen sich ein. Böcklin, der Maler der *Toteninsel*, einer der vielen Künstler in der Fluggeschichte seit Leonardo da Vincis Genieblitzen, holt sich bei Lilienthal Rat. Er selbst hat zehn Jahre zuvor mit einem Doppeldecker bei einem Windstoß Schiffbruch erlitten. Alois Wolfmüller, der Erbauer des ersten brauchbaren Motorrades, sagt sich aus München an. Lilienthal: »Ich freue mich darauf, mich mit Ihnen über leichte Motoren zu unterhalten.« Aus Wien kommt Wilhelm Kress, der Flugmodelle baut und an Flugzeuge denkt, aus England Percy Pilcher, der Flüge mit Lilienthals Gleiter macht, aus Rußland Nikolai Jegorowitsch Schukowski, der von den »anspruchsvollen Weidenapparaten des scharfsinnigen deutschen Ingenieurs« fasziniert ist. Lilienthal, immer kollegial, immer kooperativ, berichtet über seine Fortschritte in Fachzeitschriften und liefert seine Gleiter etwa zu Selbstkostenpreisen. Rund zwanzig Stück von seinem Flugzeug Nummer 11, dem »Normal-Segelapparat«, versendet er ins In- und Ausland, bis nach Amerika. (Ein Doppeldecker kostet 500 Mark, so viel wie ein erstklassiges Fahrrad.) *Sie wissen,* schreibt er an Wolfmüller, *daß ich bis jetzt meine flugtechnischen Arbeiten aus rein wissenschaftlichem Interesse verfolgt habe. Auch bin ich jetzt noch der Meinung, daß die Zeit zu einer geschäftlichen Verwertung noch nicht da ist. Trotzdem wünsche ich, daß sich die Speculation der Flugtechnik bald bemächtigt, denn nur dadurch wird Schwung in die Sache kommen.*

Lilienthal fliegt und fliegt – auf über zweitausend Flüge kommt er, man errechnet eine Gesamtflugzeit von etwa fünf Stunden. Seine Kühnheit, die sich nicht um Verrenkungen, Verstauchungen und Fleischwunden schert, erregt Bewunderung. Einmal, 1894, stürzt er aus 20 m Höhe ab. *Ich war nie Augenzeuge von etwas, das die Nerven zu solchem Grad der Erregung treibt oder solch ein Gefühl der Begeisterung und Bewunderung weckt wie dieses wilde, furchtlose Dahinstürmen von Otto Lilienthal durch die Luft,* berichtet ein Amerikaner. Mit Macht steuert Lilienthal auf neue Ziele zu. Wie Wolfmüller erprobt er die Drehung des Flügels um seine Längsachse als eine Art Querruder, vergißt sie aber wieder. Er kommt auf den Doppeldecker, mit dem er sich stärkeren Winden anvertraut, Wind von 7 bis 9 m/s. Vor allem aber experimentiert er mit einem Einzylinder-Kohlensäuremotor, der, 20 kg schwer, vor der Brust des Fliegers eingebaut werden soll, um die Flügelspitzen mit ihren Schwungfedern zu bewegen: ein Schwingenflieger also. 1895 wird ein neuer, leichter Kohlensäuremotor konstruiert, der nur noch 5 kg wiegt. Ingenieur Schauer, der Motorkonstrukteur, spricht von vorsichtigen Flügelschlägen während des Fluges. *Es war deutlich zu erkennen, daß die Flügelschläge hebend und vorwärtstreibend wirkten.* Ein zweites Schwingenflugzeug mit motorisiertem Antrieb wird in Angriff genommen. Außerdem steht ein Gleiter mit stark verdickten, gewölbten Profilen und beiderseitiger (statt einseitiger) Tragflächenbespannung vor der Vollendung. Lilienthal will in oder bei Berlin einen Turm bauen, der doppelt so hoch werden soll wie der künstliche Flughügel.

Doch dann, mitten in diese hoffnungsfreudige Aktivität, der Sturz. Lilienthal hat das Risiko immer gesehen, hat selbst die Furcht bei böigem Wind verspürt. Er rechne es sich als sein größtes flugtechnisches Verdienst an, daß er sich bei allen seinen Versuchen noch keinen Knochen gebrochen habe, hat er mit grimmigem Humor geschrieben. Auch am 9. August 1896 weht ein böiger Wind. Lilienthal ist wieder in die Rhinower Berge gefahren. »Mal sehen, wie es heute geht«, sagt er zu seinem Monteur. Bei einem seiner Flüge packt ihn eine Böe, der Gleiter scheint plötzlich in der Luft stillzustehen. Lilienthal wirft die Beine nach vorn, um Fahrt zu gewinnen. In diesem Augenblick schlägt der Eindecker vornüber und stürzt aus etwa 15 m Höhe auf die Erde. Besinnungslos ziehen sie ihn unter den Flügeln hervor. Auf der Fahrt zum nächsten Dorf ruft er mehrmals: »Ich lebe ja noch! Ich bin Otto Lilienthal aus Lichterfelde!« Die Arme kann er bewegen, der Unterkörper ist gelähmt, der dritte Halswirbel gebrochen. Auf der Bahnfahrt nach Berlin verliert er das Bewußtsein. Am nächsten Abend

Der persönliche Kunstflug

1. Stufenweise Entwicklung des Fliegens aus einfachsten Anfängen hat mit einfachsten Bewegungsformen, einfachsten Apparaten und möglichst ohne dynamische Leistung zu beginnen.
2. Methode des Fliegens, welche dauerndes Fliegen ohne Kraftaufwand gestattet, ist allein der Segelflug der Vögel.
3. Mit einfachen vogelflügelförmigen Segelflächen kann auch der Mensch begrenzte Segelflüge ohne Arbeitsleistung ausführen, indem er von erhöhten Punkten in mehr oder weniger geneigter Bahn die Luft durchfliegt.
4. Eigentümlichkeiten der Windwirkung lernt man am besten durch solche Segelflugübungen beurteilen.
5. Vorrichtungen, welche nötig sind, um den Wind mit dem Flugapparat zu beherrschen, lassen sich nur im Winde selbst und am besten bei Segelflugversuchen erkennen.
6. Die Tragewirkung der Luft und des Windes hängt ab von den Formen der angewendeten Trageflächen, und nur durch freies Durchfliegen der Luft lassen sich die besten Flügelformen ergründen.
7. Die Stabilität beim Vorwärtsfliegen ist Übungssache und nur durch wiederholte persönliche Versuche im freien Fliegen zu erzielen.
8. Praxis allein führt auf die beste Konstruktion der Segelapparate von genügender Stärke, großer Leichtigkeit und bequemer Regulierbarkeit.
9. Durch Übung und Erfahrung kann der Mensch bei genügender Windstärke den vollkommenen Segelflug der Vögel nachbilden, indem er durch kreisende oder andere Bewegungen den etwas nach aufwärts abgelenkten Windrichtungen folgt und von der Luft sich tragen läßt.
10. Die Leistung des Segelfluges mit unbeweglichem Apparat läßt sich vermehren, indem man die Flügel oder Teile desselben durch motorischen Betrieb entsprechend bewegt.
11. Durch geeignete Apparate, welche gleichzeitig zum Segelflug und Ruderflug sich anwenden lassen, kann der Mensch für eine gewisse Flugdauer alle Vorteile des Vogelfluges sich zu Nutze machen und mit denkbar geringster Arbeitsleistung seinen Flug nach beliebigen Richtungen ausdehnen.
12. Beschäftigung mit dem Kunstfluge des einzelnen Menschen bietet hiernach die meiste Aussicht auf eine bis zum vollendeten freien Fliegen führende Entwicklungsfähigkeit.

Otto Lilienthal

stirbt er. Lilienthals Frau bricht zusammen, Gustav führt die Kinder an das Grab des Vaters.
Die ideale Ergänzung von Geist und Tat, die Kombination aus Theorie und Praxis, von Erkenntnisdrang und Flugerfahrung wird sich so schnell nicht wiederholen, das spürt die kleine Gemeinde der Flugpioniere bei Lilienthals Tod. In Deutschland wirkt der Sturz lähmend wie ein Schock. Das große Publikum freilich, auch die technisch Interessierten im Lande, haben

noch gar nicht begriffen, wie grundlegend Lilienthals Experimente waren. *Wir sehen beschämt, daß keiner aus unseren Reihen die volle Bedeutung seines Schaffens und seines Todes tatkräftig erfaßt und sein Werk fortgeführt hat,* sagt Friedrich Bendemann, ein namhafter Flugtechniker im Verein deutscher Ingenieure (VDI), fast fünzehn Jahre später. Dafür erläßt der VDI am 30. Dezember 1896, also kurz nach Lilienthals Tod, einen Aufruf, in dem Zeppelins imposanter Entwurf eines Luftschiffes als ein wichtiger und notwendiger Schritt zur Herstellung brauchbarer Luftfahrzeuge dringend empfohlen und den deutschen Industriellen warm ans Herz gelegt wird. 370000 Mark kommen zusammen, Grundstock für den Zeppelin. Lilienthals optimistische Botschaft, daß das Fliegen mit dem Flugzeug möglich sei, wird vorerst nur im Ausland verstanden. Sie ermutigt, inspiriert, setzt Kräfte frei. Die Wrights werden über Lilienthals Polardiagrammen brüten, und in Kiew wird Mutter Sikorsky für ihren Sohn Igor aus der Bibliothek die ins Russische übersetzte Lilienthal-Literatur holen. Igo Etrich, gerade achtzehn Jahre alt, reist nach Berlin und kauft im Auftrag seines Vaters, eines böhmischen Spinnereibesitzers, die beiden übriggebliebenen Gleiter. In Amerika kommt Octave Chanute, einer der bedeutendsten Eisenbahningenieure des Landes, über Lilienthals verbesserten Eindecker zu Doppel- und Dreideckern von erstaunlicher Stabilität. Mit Chanute, dieser beherrschenden Mittlerfigur der frühen Fliegerei, tritt der französische Artilleriehauptmann Ferber in Verbindung, ein fesselnder Schriftsteller, der zum glühenden Anhänger Lilienthals, ja, zum »Lilienthal Frankreichs« wird und bald selbst die ersten primitiven Gleiter erprobt. Und in England verarbeitet ein junger Ingenieur, Percy Pilcher, die Erfahrungen seines Freundes Lilienthal in Gleitflugzeugen, in der »Fledermaus« und im »Habicht«, mit denen er sich an einem langen Seil in die Luft schleppen läßt. Seine letzte Maschine besitzt bereits ein abgefedertes Rädergestell. 1899 bekommt er einen kleinen Benzinmotor, dessen Leistung er auf 4 PS berechnet, und gründet schon eine Aktiengesellschaft zur Ausnutzung des Motorflugs. Während eines Schaufluges bei Rugby bricht die Schwanzkonstruktion, Pilcher stürzt ab. Nach zwei Tagen ist er tot. *Bedenken Sie, daß Sie nur ein Genick zum Zerbrechen haben,* hatte Lilienthal an Alois Wolfmüller geschrieben. Wolfmüller versucht sich an einem Flugzeug mit Flügelschlagwerk à la Lilienthal. Sein Motor wiegt 36 kg. In einem ungeheizten, zugigen Schuppen erhebt sich der schwer asthmakranke Mann mit seiner Maschine 60 cm hoch vom Boden. *Es gelang mir aber nicht, irgendein Interesse damit zu erzielen. Es fehlte vollständig am richtigen Verständnis,* schreibt er weiter über die fehlende Resonanz in Deutschland. Auch »Dädalos«, der erste Verein zur praktischen Förderung der Flugtechnik in Hamburg, hat sich schon wieder aufgelöst. Wegen Interesselosigkeit.

Die Welt verwaltet Lilienthals Erbe. Deutschland stimmt sich auf das Luftschiff ein.

Über den Dächern von Paris

Santos-Dumont, ein Kaffee-Millionär aus Brasilien, macht die Pariser mit seinen Luftschiffen verrückt. Als erster umkreist er – für 100000 Francs – den Eiffelturm. Eines Morgens landet er vor seiner Wohnung auf den Champs-Elysées. Es gibt kein besseres Pflaster für Experimentatoren als Paris, sagt er. Paris: Hauptstadt der Bewegung. Der motorisierten.

Das 20. Jahrhundert gibt seinen Einstand, und Paris, Hauptstadt des 19. Jahrhunderts, das lockende, lärmende »gay Paris«, lädt die Welt ein, um das Jahrhundertereignis gebührend zu feiern. Dem Eiffelturm zu Füßen, diesem *Wunderwerk der Eisenbaukunst und höchsten Gebäude der Welt* (so der Baedeker), präsentiert Paris der staunenden Welt ein Riesenspektakel, die Weltausstellung 1900, und sich selbst dabei als Hauptstadt des Fortschritts, des Geschmacks und aller Künste, als ein phantastisch herausgeputztes Schaufenster alles Schönen und Überflüssigen.
Luxus, wohin das Auge blickt. Die Angereisten kommen aus dem Staunen nicht heraus. Verdattert sehen sie sich eingezwängt im Gewühl auf den großen, holzgepflasterten Boulevards und schauen verängstigt auf das heillose Durcheinander der Kutschen, Droschken und Busse. Tief unter der Erde donnert die gerade fertig gewordene Metro. Hunderte von »Chauffeusen«, von Frauen am Steuer, sausen in flinken, kleinen Autos durch die Straßen, notiert ein Ausstellungsbesucher. Die Drei-Millionen-Stadt gibt einen Vorgeschmack des 20. Jahrhunderts, seiner Rastlosigkeit und Konsumfreudigkeit, seiner Lust am Tempo. Man wird noch sehen, wohin das führt.
Paris, die Modemetropole der Welt, dieser Jahrmarkt der Eitelkeiten, degradiert alles übrige auf dem weiten Erdenrund zur Provinz. Davon lebt die Stadt: Die Gier nach Neuem, Auffallendem, Niegesehenem zu befriedigen und ein zahlungskräftiges Publikum von Saison zu Saison zu verblüffen. Paris, diese dröhnende, aufgeplusterte Prachtentfaltung, ja, das ist der Nabel der Welt, der noblen vor allem, ein Umschlagplatz von Kapital und Liebe, hier summieren sich Gewinne und Lustgewinn, kopulieren frische amerikanische Dollarmillionen mit uralten französischen Adelsgeschlechtern. In diesem nervösen Reizklima, in dieser allem Neuen geöffneten Gesellschaft mit ihrem hochentwickelten Sinn für Risiko und Spiel findet sich allemal genug Kapital für junge Industrien, deren Pioniere anderswo noch als Jahrmarktbelustigung, als Spinner belächelt und abgetan werden. Paris zeigt sich offen für alles.
In Vincennes montiert die »Pathé Cinema« ihre Vorführapparate und

dreht ihre ersten Filme. Am Rande der wuchernden Stadt stehen die Hallen von de Dion, von Renault, von Panhard & Levassor, deren drei- und vierrädrige Produkte Frankreich die Vormachtstellung im Automobilismus, dieser kraftvollen sportlichen Bewegung, sichern. 6000 Automobile knattern um die Jahrhundertwende durch Paris, der Branchenführer Panhard & Levassor beschäftigt fast tausend Arbeiter. Während sich Polizei und Behörden in anderen Ländern noch mit aller Gewalt und kleinlichen Schikanen gegen die aufkommende Motorisierung sträuben, organisieren die reichen, adeligen Sportsmänner des Automobil-Club de France längst die ersten großen Straßenrennen. Der versnobte Club hat Einfluß und Macht, auch Verbindungen zu vermögenden Mäzenen, die den jungen Automobilsport mit großzügig bemessenen Geldspritzen aufpäppeln. Und seit 1898 hat der Club zudem einen properen kleinen Ableger, der von sich reden machen wird: den Aéro-Club de France. Alle Mitglieder eint die Überzeugung: »Aviation est bien une science française.«

Wer wollte daran zweifeln. Nicht nur Ballons waren in Paris zum erstenmal aufgestiegen, Heißluftballons, Gasballons, erst mit Schaf, Ente und Hahn, dann auch mit Menschen im Korb. 1852 hatte Henri Giffard in einem 44 m langen Luftschiff mit einem 3-PS-Dampfmotor den ersten motorisierten Flug der Geschichte unternommen. Charles Renard und Arthur Krebs hatten Jahrzehnte später einen 8-PS-Elektromotor benutzt und eine Schleife vollzogen. 1870/71 waren 65 Ballons mit Post und Passagieren über den Belagerungsring der deutschen Truppen um Paris entkommen, begleitet von den Blicken des Gardefüsiliers Otto Lilienthal und eines Hauptmanns beim Stabe, des Grafen Zeppelin.

»Wer die Luft beherrscht, beherrscht die Welt«, hatte sich Clément Ader, ein brillanter Ingenieur, Elektrizitäts- und Telefonfachmann, gesagt und den Entschluß gefaßt, seinem Vaterland Frankreich die Herrschaft zu sichern. Alle Welt wiegte sich in imperialistischen Träumen, wollte erobern, weniger teilen und mehr herrschen, Kolonien wurden annektiert, Großmachtpläne geschmiedet – warum also nicht der Vorstoß in diese neue Dimension? Er paßte doch in die Zeit. Er war fällig. Die Militärs zeigten sich interessiert, sagten Etatgelder zu.

Ader setzte Vermögen und Zukunft aufs Spiel und konstruierte unter größter Geheimhaltung die »Éolé«, sein erstes Flugzeug; später erfand er dafür das Wort »avion«, wie es die Franzosen noch heute gebrauchen. Er hatte nur eine Dampfmaschine, und die leistete 20 PS. Im Park eines privaten Besitztums hatte man eine 200 m lange Sandpiste präpariert. Am 9. August 1890 war der große Augenblick des ersten Motorflugs gekommen.

Ich habe das Problem mit viel Arbeit, Mühe und Geld gelöst, schrieb Ader an Nadar, den Fotografen und Ballonfahrer, dessen Atelier lange Zeit das Hauptquartier der »Gesellschaft zur Förderung der Luftfahrt mittels Schwerer-als-Luft-Maschinen« war. *Mein Apparat für die abschließenden Studien hat soeben seinen ersten Flug, mit mir an Bord, über eine Strecke von 50 Metern hinter sich gebracht. Die Entfernung konnte nicht größer sein, da die Versuchsstrecke zu kurz war.* Und später noch einmal: *Ich gebe zu, daß ich schreckliches Herzklopfen hatte; von dem, was ich nun tun wollte, hing es ab zu erfahren, ob der Mensch in einer Maschine fliegen könne. Ich fuhr ziemlich schnell vorwärts; das Stoßen und Schlagen der Räder auf dem Boden hörte plötzlich auf und einige Sekunden lang fühlte ich mich getragen von einer Art unbeschreiblicher Leichtigkeit; das Ende der Strecke war aber ganz nah und gestattete nicht mehr.*

Ader investierte ein Vermögen, verbrauchte Staatsgelder. Zu einem steuerbaren Flugzeug hat es nicht gereicht, auch wenn er später behauptete, 1897 mit der »Avion III« noch einmal 300 m geflogen zu sein. Dieses in der französischen Abteilung der Weltausstellung auf ein Podest gehievte Dampfungeheuer jedenfalls, eine ins Gespenstische vergrößerte, düstere Fledermaus mit gewölbten Flügeln und zwei seltsam gedrechselten Propellern, muß auf Besucher eher wie eine Warnung vor der Fliegerei wirken. Einen allerdings packt angesichts des Ungetüms tatsächlich der Traum von der Fliegerei: den Fabrikanten Louis Blériot.

Beim Internationalen Aeronautischen Kongreß anläßlich der Weltausstellung, einem der insgesamt etwa 130 Kongresse, zu denen würdige Herren, den Frack mitsamt Orden im Koffer und das große »Oh, là, là« im Zwischenhirn, in Richtung Paris aufgebrochen waren, hält zumindest einer der Kongreßteilnehmer das Prinzip »Schwerer als Luft« immer noch schlicht für Nonsens – kein Wunder: Lilienthal und Pilcher sind tot, von Ader hört man Widersprüchliches, Geheimsache. Noch beherrscht das Ballonfahren Kongreß und Ausstellung. Fortschritte seit der letzten Weltausstellung 1889 sind kaum zu verzeichnen, die Lenkballon-Versuche von Krebs und Renard letzten Endes folgenlos geblieben. Was fehlt, ist ein ebenso leichter wie ungefährlicher und leistungsfähiger Motor. Die Dampfmaschine unter der Gasfüllung gleicht einer Zeitzünderbombe. Der elektrische Motor, eigentlich ideal, wird wegen der Batterien zu schwer. Und so lassen sich die Luftschiffer in Ermangelung besserer Möglichkeiten weiter vom Winde verwehen, ohne Aussicht auf die Lösung des Problems aller Probleme: die Lenkbarkeit von Luftfahrzeugen.

Zuversicht sucht und findet der hochmögende Kongreß schließlich bei einem agilen Bürschchen von 27 Jahren, dessen Lebendgewicht von sage und schreibe 100 Pfund in umgekehrtem Verhältnis zu seinem Vermögen und zu der geballten Ladung an Willenskraft steht, die in dem schmächtigen Körper rumort – im Augenblick noch ein Geheimtip für Kenner, wenig später aber schon eine Koryphäe, die Monarchen ins Gespräch zu ziehen belieben und deren franco-brasilianischen Namen ein begeistertes Publikum am Strand von Trouville mit ausgelegten Steinen in den Sand buchstabiert: Alberto Santos-Dumont. Während die anderen diskutieren, dreht der junge Sportsmann in seinem selbst konstruierten Ein-Mann-Luftschiff vorsichtig seine Runden – mit Motor, Luftschraube und Seitensteuer. Es ist schon sein viertes Luftfahrzeug. Die ersten Rückschläge haben ihn Geduld gelehrt.

An einem Septembertag anno 1900 fahren die Herren Aeronautiker hinaus

nach Saint-Cloud, zum Grundstück des Aéro-Clubs am Seineufer, wo Santos-Dumont, aktivstes Clubmitglied, seinen ersten Hangar hat errichten lassen, mit mächtigen, selbstentworfenen Schiebetüren in Hallenhöhe und eigener Leuchtgasfüllanlage. Der Wind bläst stark, das Seitensteuer des Lenkballons hat auch noch einen Schaden, und so kann Santos-Dumont nur mit laufendem Motor schwebend gegen den Wind anfahren. Die Herren zeigen sich von der Leistungsfähigkeit des kleinen 3½-PS-Motors unter der halbstarren Gashülle stark beeindruckt.
Einer kommt, Zylinder auf dem Denkerkopf, zu einem zweiten Besuch: Samuel Pierpont Langley, Mathematiker und Astrophysiker, ein berühmter Mann, Sekretär der Smithsonian Institution in Washington. Langley hatte während der neunziger Jahre mit Flugmodellen gearbeitet, die er vom Dach eines im Potomac verankerten Hausbootes aus startete, und war an allem interessiert, was Fortschritt in der Luftfahrt verhieß; er hatte auch bei Lilienthal inspiziert. Seine eigenen Versuche hatten es der amerikanischen Regierung so angetan, daß sie ihm 50000 Dollar zur Fortführung der Flüge zur Verfügung stellte. Nochmals zeigt Santos-Dumont dem kritischen Mann der Wissenschaft, wie er sich die Eroberung der Luft vorstellt: auf einem Bambusgestell unter der geblähten Gashülle hängend – naiv, mit einem Wort. Mut jedenfalls hat der junge Mann, das sieht auch der nüchterne, weißhaarige Professor, schon Mitte Sechzig: Wer setzt sich denn schon auf einen Fahrradsattel und läßt sich, nur auf den Lenker und die Pedale gestützt, ohne Netz und ohne alle Sicherheiten, rittlings in die Luft, in den Wind hinauftragen, den Lenker als Steuer benützend, um sich herum die Zugschnüre für den Motor, die Gewichte, den Ballast?
Noch einer läßt in diesen Tagen sein Luftschiff aus der Halle ziehen, zum erstenmal: Ferdinand Graf von Zeppelin, der etwas brüsk verabschiedete württembergische Reitergeneral. Am 31. August 1895 hatte ihm das Kaiserliche Patentamt das Patent 98580 auf ein *lenkbares Luftfahrzeug mit mehreren hintereinander angeordneten Tragkörpern* erteilt. Zeppelins Idee, ein starres Gerippe mit Außenhülle, mehreren innenliegenden Traggaszellen und mit Gondeln, hat ein Techniker, Theodor Kober, verwirklicht.
Am 2. Juli 1900 haben sich Tausende am Bodensee eingefunden, um zu sehen, wie das erste »Schiff der Lüfte« aus der vor Manzell im Wasser verankerten Luftschiffhalle gleitet. Um den Schwerpunkt zu verlagern, wird während der Fahrt ein Laufgewicht von einer Gondel zur anderen gezogen. Es gibt Schwierigkeiten, das Luftschiff landet im See. Im Oktober gelingt der dritte Aufstieg. Mit seinen zwei Daimler-Motoren von je 15 PS erreicht »LZ1« etwa 28 km/h. Das negative Gutachten des preußischen Kriegsministeriums ist damit glänzend widerlegt. Bloß: dem Grafen gehen die Mittel aus.
Beide Männer, Zeppelin wie Santos-Dumont, werden bedeutsam in die Zukunft wirken – mit unterschiedlichen Resultaten. Zeppelins mächtige Luftschiffe entsprechen so sehr dem deutschen Traum von der Beherrschung der Luft, daß sie, Lilienthal verdrängend, jahrelang die Entwick-

lung von Flugzeugen blockieren und dadurch der französischen Flugzeugindustrie einen erheblichen Vorsprung verschaffen. Der Brasilianer mit seinem Temperament hingegen vermag seine Begeisterung fürs Fliegen, für die Flugmaschine auf die ganze französische Nation zu übertragen und reißt, beispielgebend, Sportler und Erfinder mit – einer der Gründe für Frankreichs führende Stellung vor dem Ersten Weltkrieg.

Santos-Dumont: ein Romantiker, der die Passion seines Lebens schon in jungen Jahren gefunden hatte. Von Böen geschüttelt, aus dem Korb geschleudert, hat er alle Ängste des einsamen Ballonfahrers durchlitten und das beglückende Gefühl der Schwerelosigkeit genossen, diesen herzerhebenden Zustand, in dem *die Seele von der Last der Materie befreit scheint.* Dabei war dieser weltflüchtige Träumer vom Vater her das, was man dynamisch nennt. Tollkühn hatten Fachleute die Idee des motorgetriebenen Ballons genannt, diese leichtsinnige Kombination von Gasfüllung und Verbrennungsmotor, zu der noch eine betont leichte Konstruktion kam; das konnte ja nicht gutgehen. Doch Santos-Dumont läßt sich nicht mit Argumenten aus der Vergangenheit abspeisen. Sicher, er ist ein Phantast, aber nie ein Hasardeur. Außerdem besitzt er, sehr wichtig, genug Geld für seine einzige, himmelstrebende Leidenschaft: Luftfahrzeuge zu bauen. Seiner zierlichen Statur entsprechend hat ihn dabei in verständlicher Wahlverwandtschaft immer die Idee der Leichtigkeit fasziniert – bis hin zum ersten erfolgreichen Leichtflugzeug der Welt, der »Demoiselle«, die er 1908 konstruiert und die, ohne Pilot, bloß 107 kg wiegt. *Für den Erfolg ist es unerläßlich, das Gewicht zu verringern,* an dieser Maxime hält er fest. Bis zur Nummer 22 wird die Reihe seiner Luftfahrzeuge schließlich reichen. Die pekuniäre Manövriermasse stammt vom Vater. Der erfolggewöhnte Tatmensch, Sohn französischer Einwanderer, hatte sich mit ein paar tausend Arbeitern ein mächtiges Kaffee-Imperium aufgebaut, das er nach einem schweren Reitunfall für etliche Millionen Golddollar an Engländer verkaufte. Auf den ausgedehnten Plantagen fand der Junior genug Auslauf – ein Einzelgänger von Kindesbeinen an, technisch interessiert, Jules-Verne-Konsument. So fuhr er auf den kleinen Baldwin-Lokomotiven, die durch das private Minireich dampften, und machte sich an den Sortier- und Siebmaschinen zu schaffen. Mit 18 kaufte er in Paris sein erstes Auto, später stieg er auf das praktischere Motordreirad um.

Santos-Dumont hat nie viel von Theorien gehalten. Wie viele gleich ihm in der Frühzeit der Fliegerei ist er ein Handwerker mit technischem Instinkt. Typisch für die handfeste Art, Erfahrungen zu sammeln, war das Experiment, das er inszenierte, bevor er den 3 1/2-PS-Motor seines Dreirades in den ersten Lenkballon einbaute. Da er nicht übersehen konnte, wie die Erschütterungen des Explosionsmotors sein zylindrisches Luftschiff beeinflussen würden, ließ er das Dreirad mit Motor im Bois de Boulogne an dicken Ästen aufhängen, schwang sich auf den Sattel und startete. Unkontrollierbare Schwingungen blieben aus, im Gegenteil: Wenn er Gas gab, nahm das Vibrieren sogar ab. Nichts sprach also gegen die Verwendung des Zweizylinder-Motors.

Vor der Feuergefahr habe er nie Angst gehabt, sagt er rückblickend in seinem 1905 geschriebenen Buch über seine Luftschiffe. *Was ich befürchtete, war, ob der innere Druck nicht so stark würde, daß er die Hülle sprengen könnte. Diese Furcht habe ich noch.* Er weiß sie immer zu verbergen, wenn er mit seiner etwas zu schrillen Stimme die Mechaniker und die Bodenmannschaft kommandiert – versammelter Wille, ganz Contenance. Ein Egozentriker, der sich mit unerhörtem Elan seine luftige Gegen-Welt erschafft, Überkompensation, gewiß. Seit jungen Jahren bewundert er den Ballonfahrer Andrée, in manchem ähnelt er ihm wohl auch: In seiner Verschlossenheit, in seiner Haltung Frauen gegenüber; in seiner Arbeitswut.
Inzwischen, 1901, winken 100000 Francs in Paris – und Santos-Dumont fühlt sich mit seinem neuen Luftschiff, dem sechsten, stark genug, den ausgeschriebenen Preis, den ersten großen in der Geschichte der Luftfahrt, zu gewinnen. Die stolze Summe stammt von Henry Deutsch de la Meurthe, einem der Gründungsmitglieder des Aéro-Clubs. Deutsch de la Meurthe, aus schwerreicher jüdischer Familie stammend, die die Grundlage der französischen Ölindustrie schuf, hochkultiviert, technisch, sportlich wie musisch gleich interessiert, hervorragender Schütze und dilettierender Komponist – Deutsch ist einer jener Männer der Pariser Gesellschaft, die Einfluß und Geld genug haben, um sich für eine immer noch weithin belächelte Erfindung einzusetzen. Er stifte den Preis, schreibt er an den Club, *beseelt von dem Eifer, zur Lösung des Problems der Luftschiffahrt etwas beizutragen.* Er fordert von den Bewerbern allerdings nicht wenig: Unmögliches, wie viele meinen: Ein Luftfahrzeug soll innerhalb eines vorgeschriebenen Zeitraums eine bestimmte Strecke zurücklegen *und* zum Startplatz zurückkehren.
Das ist sensationell. Hat nicht Santos-Dumont selbst mit seinen mißglückten Fahrten, mit seinen Notlandungen in Bäumen gezeigt, was alles passieren kann, wie unzuverlässig der Motor und die Ventile arbeiten? In diesem Jahr 1901 starten 170 Automobile zur Fernfahrt Paris–Berlin, 26 erreichen das Ziel, das entspricht dem Stand der Motortechnik. Die für den Deutsch de la Meurthe-Preis festgelegte Strecke vom Startplatz St. Cloud zum Eiffelturm und zurück beträgt 11 Kilometer, sie muß in 30 Minuten zurückgelegt werden. Bei ruhigem Wetter bedeutet das eine Geschwindigkeit von 25 km/h. Skepsis herrscht vor. Nur wenige glauben an einen Erfolg. Unter ihnen Santos, dickköpfig, nicht zu bremsen, ein Energiebündel.
Beim ersten Versuch muß die zusammengetrommelte wissenschaftliche Überwachungskommission, die so feierlich aussieht, als seien die Herren allesamt Sekundanten beim Duell, unverrichteterdinge wieder nach Hause fahren. Das nächste Telegramm bittet sie für den 11. Oktober, 2 Uhr nachmittags, auf den Startplatz – trotz schlechter Wettervorhersage. Deshalb erscheinen auch nur fünf der fünfundzwanzig Mitglieder, unter ihnen Deutsch de la Meurthe und de Dion, die Freunde. Um den Eiffelturm, so die telefonische Auskunft der Meteorologen, weht ein Südostwind, von 6 Meter in der Sekunde. Die Nr. 6, mit 630 m^3 Wasserstoffgas gefüllt, angetrieben von einem Vierzylindermotor mit 12 PS, ist startbereit.

Noch einmal geht Santos-Dumont mit Chapin, seinem ersten Mechaniker, die Checkliste durch, Resultat leidvoller Erfahrungen. Ist der Ballon vollständig gefüllt? Kann das Gas irgendwie entweichen? Ist das Takelwerk in Ordnung? Läuft der Motor störungsfrei? Funktionieren die Züge leicht genug, die das Steuer, den Motor, den Wasserballast und die verschiebbaren Gewichte dirigieren? Um 2,30 Uhr läuft der Motor warm. 2,42 Uhr: Santos-Dumont hebt die behandschuhte Hand. Die Uhren beginnen zu ticken.
Der Wind schiebt ihn vor sich her. Er hat keinen Blick für Paris, wie sonst bei seinen Fahrten, er schwimmt »in einem weißblauen Meer dahin« und sieht nur das Ziel, den eleganten Stahlkoloß. Er steigt hoch, etwa 10 m über die Spitze des Eiffelturms. Das kostet zwar Zeit, bringt aber Sicherheit: Der Wind kann ihn nicht gegen den Turm drücken. In gebührendem Abstand von 50 m umkreist er den Blitzableiter. 9 Minuten für die Hinfahrt – bleiben noch 21 Minuten für die Fahrt gegen den Wind.
Auf den Straßen kommt der Verkehr zum Stehen, die Pariser rennen aus ihren Häusern, schreien und winken, die Männer schwenken ihre Strohhüte hinauf zu dem kühnen Luftfahrer. In ihrer lautstarken Begeisterung können sie nicht hören, daß der Motor etwa einen halben Kilometer hinter dem Eiffelturm zu stottern beginnt und fast wegbleibt. Für Santos-Dumont steht ein paar Sekunden lang alles auf dem Spiel. Einen dritten Versuch wird er sich sobald nicht leisten können, ohne sich lächerlich zu machen. Einen Augenblick zögert Santos-Dumont, unschlüssig, ob er das Steuer seines Luftschiffes loslassen soll. Er hat keine Wahl, das sieht er. Entschlossen klettert er über den Korbrand und hangelt sich auf dem Kiel nach hinten zum Motor. Mit einer Hand hält er sich fest, mit der anderen fingert er an der Zündung, am Gemischregler. Er spürt während der Arbeit, wie die Nr. 6 mit ihren 33 Metern die Nase senkt, wie die Abwärtsfahrt beginnt. Die Menge auf den Straßen ist verstummt, ist nur noch Angst und Auge, ein Bäcker fällt vor Aufregung in die Seine. Aber der Motor kommt. Santos-Dumont turnt behende in den Korb zum Steuer zurück, gleicht die Gewichte aus, bekommt sein Gefährt wieder in den Griff. Weiter, weiter!
150 m hoch gleitet der Lenkballon über die Ziellinie und über die Köpfe der Richter. Gestoppte Zeit: 29 Minuten und 30 Sekunden. Santos-Dumont fährt eine Schleife und landet 30 Minuten und 40 Sekunden nach dem Start. Im Nu ist der Korb umringt von Enthusiasten. Santos, harte Züge, glühende Augen, schreit mit überdrehter Stimme: »Hab ich gewonnen?« Ein hundertfaches »Ja!« ist die Antwort. Der Marquis de Dion muß ihm schonend beibringen, daß er die Zeit um 40 Sekunden überschritten habe. »Lang lebe Santos-Dumont!« toben die Verehrer. »Nieder mit der Kommission!«
Diese tut sich zuerst schwer, reagiert dann aber auf die öffentliche Meinung und erkennt ihm am 4. November in einer Sitzung unter Vorsitz von Prinz Roland Bonaparte den Preis in voller Höhe zu. Der sensible Brasilianer, seit Wochen ohnehin die populärste Figur in Paris, Zielscheibe aller Kari-

katuristen, zeigt mit einer menschlichen Geste, daß er, der Introvertierte, der Himmelsstürmer, den Kontakt zur irdischen Umwelt nicht ganz verloren hat, daß er zumindest etwas ahnt von der Kehrseite der schönen Medaille Paris, vom proletarischen Paris der Armen, Elenden und Bettler, von diesem »Monstrum« (so Balzac), durch dessen Eingeweide allnächtlich ein paar tausend Lumpensammler schlurfen, um Knochen, Haare und Papier, den Abfall der Überflußgesellschaft in ein paar kümmerliche Sous fürs Überleben umzumünzen. 75 000 Francs übergibt er dem Polizeipräfekten von Paris mit der Maßgabe, Pfänder der Armen in den Leihhäusern auszulösen. Der Rest des Preises geht an seine Mannschaft (der durchschnittliche Arbeitslohn beträgt zu dieser Zeit pro Tag 3 Francs).
Natürlich, die ewigen Sorgen eines Grafen Zeppelin, der sein Vermögen schwinden sieht, drücken Santos-Dumont nicht. Der sichere Rückhalt des ererbten Kaffee-Geldes macht ihm die Treue zum Werk leichter, auch die Attitüde des Idealisten übrigens, der niemals ein Patent anmeldet oder an die kommerzielle Auswertung seiner Ideen denkt, sondern ausdrücklich die Weiterverarbeitung seiner Erfahrungen wünscht. Die entwürdigende Behandlung des »jecken Grafen« bleibt ihm erspart, der erst einen »Notruf zur Rettung der Luftschiffahrt« und, als das nichts fruchtet, einen persönlichen Brief an ein paar tausend wohlhabende Persönlichkeiten geschrieben hat, in dem er seine Pläne darlegt und je zehn freigemachte Postanweisungen beilegt. Er bekommt 8000 Mark – und eine Unmenge von beleidigenden und höhnischen Briefen. Dabei ist Graf Zeppelin mit seinen Ingenieuren dem unabhängigen, doch technisch zuweilen einfältigen Santos um Längen voraus.
Die Nr. 9, sein kleinster Lenkballon, für den ein 3-PS-Motor von Clement genügt, kommt Santos-Dumonts Ideal von Leichtigkeit und Einfachheit am allernächsten – ein handliches Gefährt, das er, wie ein Kapitän am Steuerrad stehend und nun selbst schon fast eine Figur von Jules Verne, souverän beherrscht. Mit ihr kann er wie mit einem Auto gleichsam promenieren – für die Pariser im Bois de Boulogne längst ein vertrauter Anblick. Zu einem Höhepunkt seiner kecken Eskapaden gerät die Ausfahrt zum Morgenkaffee in seiner Wohnung. Köstliche, würzige Morgenfrische umfächelt ihn, einsam, schattenlos liegt der Arc de Triomphe in der Morgendämmerung. Santos-Dumont unterdrückt den allzu kühnen Wunsch, unter dem mächtigen Triumphbogen hindurchzutauchen, hält sich, rechts herum, an die Ordnung des Straßenverkehrs. 15 m Seil schleppt die Nr. 9, seine »Baladeuse«, über die breiten, verödeten Champs-Elysées. Langsam geht Santos-Dumont vor seiner Wohnung im Eckhaus an der Rue Washington nieder. Gelassen, als sei es die selbstverständlichste Sache der Welt, verläßt der Luftschiffer den Korb. Vom Fenster aus sieht er die Nr. 9 auf der Straße lagern, und in seiner Phantasie formt sich das Bild einer Landungsplattform vor dem Haus mit direktem Zugang zur Wohnung. »Es gibt keinen Ort wie Paris für Versuche mit Luftschiffen«, sagt er. »Keinen Ort, wo der Experimentator sich schmeicheln darf, von seiten der Behörde ein gleich liberales Entgegenkommen zu finden.« Da hat er recht.

Das sieht alles so ungeheuer einfach aus, wenn er über der Seine oder über Longchamps kreuzt, wo er, nicht unkomisch, von seinem Korb aus die zur Parade angetretene Armee mit einem Salut von 21 Pistolenschüssen begrüßt. Dabei meint er es ernst mit dem Rat: Steigt nicht zu hoch. 1902 war gerade ein Brasilianer, Severo, in Paris mit seinem Lenkballon explodiert. Santos hat selbst die Stichflammen seiner Motoren gesehen, die manchmal bis zu einem halben Meter lang waren. Einmal erwischt es ihn beinahe, während er über der Seine kreuzt und die Benzinzufuhr in Brand gerät, da scheint die Katastrophe bereits unabwendbar. Ruderer in ihren Booten sehen, wie Santos-Dumont aus dem Korb zum Motor turnt, den Panama vom sauber gescheitelten Haar reißt und die Flammen damit niederschlägt. Mögen sich Neider und Feinde das Maul über ihn zerreißen, über sein hochfahrendes, auftrumpfendes Wesen, über seine skurrilen, schrulligen Marotten – eines kann man diesem geborenen Luftfahrer nicht absprechen: eine Kaltblütigkeit, die allenfalls noch von seinem Selbstbewußtsein übertroffen wird.
»Petit Santos«, der Volksheld, läßt sich feiern. Er hat nach dem Sensationserfolg am Eiffelturm den Ruhm in vollen Zügen genossen, vor allem in seiner Heimat Brasilien, hat mit Monarchen und mit Präsidenten geplaudert. 1904 ist er wieder in Paris bei seiner fünfzehnköpfigen Mannschaft im Hangar von Neuilly, bei dem viel zu teuren »Renner« (Nr. 7), bei seiner »Balladeuse« (Nr. 9), bei dem riesigen, nie ganz fertiggestellten Passagier-»Omnibus« (Nr. 10). Jetzt tüftelt er an den Plänen für Nr. 11. Und die Eingeweihten können es kaum fassen: Der »aéronaute-chauffeur«, der weltberühmte Luftschiffer, brütet in seinem Atelier über einem – Flugzeug.
Tendenzwende?

»erfolg vier flüge stop«

Zwei Brüder, Orville und Wilbur Wright, Fahrradfabrikanten in Ohio, kommen über Lilienthals Tod ins Grübeln. Sie begreifen: Das Flugproblem ist ein Stabilitätsproblem. Geduldig gehen sie an die Arbeit und testen ihre Gleitflugzeuge in abgelegenen Sanddünen am Atlantik. Ihr Kunstgriff: Die Verwindung, die in sich verdrehte Tragfläche. Im Dezember 1903 gelingen die ersten Motorflüge. 59 Sekunden der längste. Schließlich fliegen sie Kreise. Und hüllen sich dann jahrelang in Schweigen.

Eine sturmfeste Bretterbude, zusammengenagelt, ein Holzschuppen daneben: Trapper könnten hier überwintern, wenn es je einen in diesen entlegenen, gottverlassenen Winkel am Atlantik verschlagen würde, wo es nur Sand gibt und Wracks vor der Küste, Myriaden von Schnaken, Wind und Sturm.

Und, in ihrer Bretterbude, die Brüder Wright. Das Wetterbüro in Washington hatte ihnen diese zugige, baumlose Gegend in North Carolina für ihre Flugversuche empfohlen, und jetzt leben Orville und Wilbur Wright schon zum zweitenmal in ihrem spartanischen Lager. Auf den Regalen in der Ecke sind säuberlich Konservenbüchsen gestapelt, Pfannen und Töpfe hängen an der Wand, eine Azetylenlampe verströmt gelbliches Licht. Die paar Leute, die es hier aushalten, die Männer von der Wetterwarte und der Seenotrettungsstelle, eine Handvoll Fischer, kennen die Junggesellen inzwischen, und die wenigen Frauen tragen den feinen französischen Satin auf, den die Brüder mit ihrem ersten Gleiter ein Jahr zuvor, 1900, als Bespannungsstoff hinterlassen hatten. Was die beiden Brüder per Eisenbahn und Schiff in diesen windigen, unwirtlichen Küstenstrich transportieren, tausend Kilometer von Dayton, Ohio, ihrer Heimat entfernt, haben sie Dollar für Dollar in ihrer kleinen Fahrradfabrik daheim verdient.

Welch ein Gegensatz zu der Luxuswelt von Paris, zu den eleganten Herrenbanketten des Aéro-Clubs! Santos-Dumont, der Dandy, tafelt mit seinen Freunden im Maxim's und steigt zu seinen Fahrten auf, als ginge er zu einem jour fix: Hoher Kragen und Melone, die Gardenie im Knopfloch, ein goldenes Kettchen am Arm. Welten liegen zwischen dem kargen Arbeitslager in den Dünen von Kitty Hawk und der eleganten Wohnung an den Champs-Elysées, in der sich Santos-Dumont von Zimmermädchen, Koch und Kammerdiener verwöhnen läßt, gelegentlich an einem langbeinigen Tisch auf einem hohen Sessel hockend, den er nur über Stufen erreicht: *Ich liebe es, in der Luft zu sitzen*, sagt der Brasilianer mit der dunklen Hautfarbe und dem Hauch der Exotik und Exzentrik um sich. Journalisten sind dankbar für so viel Stoff. Die Wrights, die nüchternen, schweigsamen Arbeiter, sucht keiner, und keiner würde sie finden.

»Wil« ist jetzt vierunddreißig, »Orv« dreißig Jahre alt. Ihr Fahrradgeschäft, ihre kleine Fabrik, einer von den 1100 Betrieben in Dayton, die an die 17000 Arbeiter beschäftigen, produziert handgemachte Räder mit Markennamen wie »St. Clair«, »Wright Special« und »van Cleve«, Erinnerung an eine holländische Vorfahrin, die als erste weiße Frau nach Dayton gekommen war. Das Geschäft wirft genug ab für die sparsamen Brüder, läßt ihnen auch Spielraum für ihre Versuche; Fahrräder sind ein Saisongeschäft.

Um 1900 hat die Fahrradwelle ihren Höhepunkt erreicht – dieser große, weltweite Aufbruch aus den muffigen, überladenen Wohnungen, aus den verqualmten, übervölkerten Städten in die Natur. Ein neues Körpergefühl kommt in die Welt, eine Ahnung von Freiheit, die sich in Deutschland im Wandervogel, in ersten Wintersportklubs und frühen Nacktkultursekten auslebt. Tiefes Atemholen. Millionen radeln zu dieser Zeit hinaus, finden sich in Klubs, lesen eigene Zeitschriften und singen ihre Lieder, formieren sich auch zu einer Lobby, die für bessere Straßen sorgt – Vorbedingung für die kommende Motorisierung.

Technisch wird in den Fahrradfabriken wichtige Entwicklungsarbeit geleistet, bei der Metallverarbeitung, in den Produktionsmethoden und der Konstruktion. Kugellager, Gangschaltung, Freilauf, Kettenantrieb, Differentialgetriebe bilden Vorstufen für den Automobilbau, der wiederum in den Flugzeugbau weiterwirkt. Die meisten Motoren werden Automobilmotoren, die Fahrgestelle der ersten Flugzeuge bereifte Fahrrad-Räder sein. Viele der berühmten, hochdotierten Profis im Sattel, die auf den Holzbahnen ihre Runden drehen und auf den Straßen Rekorde fahren, werden an das Flugzeugsteuer überwechseln. Ford, Morris, Opel bauen mit der Fahrradfertigung als wirtschaftlichem Rückgrat ihre Automobilimperien auf, und die Wrights können sich dank der Fahrräder dem Flugzeugbau widmen.

Die Wrights, diese geborenen Heimwerker, Erbteil der Mutter, von der sie das handwerkliche Talent und die Kreativität geerbt haben, diese unermüdlichen Bastler, die selbst ihre besten Mechaniker sind und bleiben, kamen eher zufällig zum Fliegen. Lilienthals tragischer Tod hatte die sportlichen Brüder neuerlich für die Fliegerei interessiert – nach den üblichen Drachenerfahrungen in der Jugend, bei denen der rührige Orville seinen stets regen Unternehmungsgeist bewies, indem er die Holzgebilde an andere Knaben verhökerte. Später machte er eine Schülerzeitung, baute sich eine Druckerpresse und versorgte Dayton mit gedrucktem Schmus.

Den ganzen Herbst 1896 hatten sie das Flugproblem diskutiert und alles Lesbare durchforstet – Bücherwürmer, schließlich leben sie im Haus eines Bischofs der United Brethren Church. Tage- und nächtelang hatten sie nüchtern, aber lautstark diskutiert, daß es manchmal ihre Schwester Katharine zur Verzweiflung trieb. Die Brüder waren in Dayton für ihre reelle Arbeit und ihre angemessenen Preise bekannt – und genauso, ganz sachlich, näherten sie sich auch der Flugfrage. Zigmal konstruierten sie ihre Flugmaschine theoretisch, ehe sie überhaupt daran dachten, ihre Vorstellung in die Wirklichkeit umzusetzen. Was man zu Hause an Fehlern korrigiert, schreibt Wilbur einmal, könne draußen, auf dem Übungsfeld, nichts kosten, nicht Zeit und nicht Geld.

Als »maßlose Verschwendung«, so wörtlich, müssen ihnen, die von Kindheit an darauf getrimmt waren, mit dem Cent zu wirtschaften, die Flugsysteme von Maxim und von Ader erscheinen, diese furchterregenden, barocken Kästen, die mit aller Macht und Gewalt in die Luft gejagt werden sollen, ohne daß sie ein Mensch überhaupt steuern könnte. Hunderttausende hatten die beiden, der englische Maschinenwaffenproduzent und der Pariser Ingenieur, mit ihrer empfindlichen Maschinerie verpulvert. Maxim und seine Ingenieure waren auf 31 m Spannweite gekommen. Allein der Kessel für die Dampfmaschine wog 500 kg, die beiden Propeller hatten einen Durchmesser von 5 m. Monster. Und deshalb flugunfähig.

Vor allem aber der maßlose Aufwand geht gegen die puritanische Natur der Wrights. Sie waren, ihren bescheideneren Mitteln entsprechend, in das andere Lager gegangen, zu den Gleitfliegern, wohl auch wegen des *ungewöhnlichen Zaubers und der Begeisterung, mit der die Apostel des Gleitfluges die Reize schildern, die es bietet, auf künstlichen Schwingen durch die Luft zu segeln und dabei die treibende Kraft dem Winde selbst zu entnehmen.* Da wirkt Lilienthal hörbar weiter, ihr zeitlebens verehrter Lehrmeister, von dem sie zu sagen pflegen, daß er wohl den größten individuellen Beitrag zum Menschenflug geleistet habe.

Freilich, das Schwingen mit den Beinen, das Hin- und Herwerfen des Körpers, wie es Lilienthal beim Fliegen vorgemacht hatte, scheint den beiden denn doch zu primitiv, vor allem, weil es sich nicht für ein größeres Flugzeug eignet, auf das stärkere Kräfte einwirken. Ihre Lektüre hatte sie gelehrt, daß das »Problem der Gleichgewichtserhaltung«, das Stabilitätsproblem, tatsächlich das ganze Flugproblem ausmacht. Wie sie, die Brüder Wright, wird die Stabilität alle Pioniere im nächsten Jahrzehnt beschäftigen oder besser, zur Verzweiflung bringen – diese Eigenschaft des Flugzeugs, trotz auftretender Störungen um die Quer-, Längs- oder Hochachse, trotz Kipp-, Roll- oder Gierbewegungen von selbst wieder in die Ausgangslage zurückzukehren. *Wir entschlossen uns,* so die Wrights, *unsere besondere Aufmerksamkeit auf die Erfindung eines Mittels zur Erhaltung des Gleichgewichts zu lenken.* Was sie zum Schluß erreichen werden, ist ein weitgehend unstabiles Flugzeug mit einem Minimum an automatischer Stabilität, so daß die Normalfluglage durch ständiges Steuern hergestellt werden muß.

Ihr glücklicher Kunstgriff: Die »Verwindung«. Genauer Naturbeobachtung verdankten sie die Erkenntnis, daß Vögel, die durch eine Böe nach einer Seite gedrückt werden, sich wieder aufrichten, *indem sie den Einstellwinkel der geneigten Fläche vergrößern und ihm damit mehr Auftrieb geben, der die Flächen wieder bis zur Normallage hebt.* Entsprechend kon-

struieren sie ihre Tragflächen mit flexiblen Flügelenden, die über einen Seilzug wechselseitig umgebogen, verdreht, »verwunden« werden können, die eine nach oben, die andere nach unten. Dadurch bekommt die abwärts gebogene mehr Auftrieb und steigt, die andere sinkt. Um diese Erfindung zu testen, mit der sie Lilienthal überholen, hatten sie ihren ersten Gleiter gebaut.
1901 ziehen sie sich mit ihrem zweiten in die Weltabgeschiedenheit ihres Camps von Kitty Hawk zurück – und das heißt für sie auch: Wasserschleppen, Backen, Kochen, Hausarbeit. Ihren ersten unbemannten Doppeldekker mit vorn angebrachtem horizontalen Höhenleitwerk hatten sie vom Boden aus mit Schnüren zum Steigen und Sinken gebracht. Ihr zweiter Gleiter, den sie aus Dayton mitbringen, wieder ein Doppeldecker, ist schon bedeutend größer. Zum erstenmal wagen sie über den weichen Sanddünen gesteuerte Flüge. Um möglichst wenig Luftwiderstand zu erzeugen, legt sich der Mann am Steuer auf den Bauch (wovor Lilienthal gewarnt hatte). Octave Chanute, schon fast siebzig, bei dem in diesen Jahren alle Fäden der Fliegerei zusammenlaufen, der einzige, der die Übersicht hat und Impulse geben kann, läßt sich in ihrem Lager nieder und verfolgt die Arbeit der Brüder. Zufrieden sind die keineswegs – im Gegenteil.
Mit der Nr. 2 kommt die Krise. Bei Gleitflügen von 15 bis 20 Sekunden beherrschen sie jetzt das Höhensteuer. Als sie aber, auf ihre Geschicklichkeit vertrauend, nun auch versuchen, mit der Verwindung das seitliche Gleichgewicht herzustellen, reagiert ihr Gleiter ganz anders als erwartet. Immer wieder fliegen sie, um trotz des angespannten Steuerns die Ursachen dieser Reaktion herauszubekommen. Wenn sie richtig Verwindung geben, nimmt *die Maschine eine derart fühlbare Instabilität an, daß wir gezwungen sind, sofort den Boden aufzusuchen.* Dabei hatten sie eine ganz andere Wirkung erwartet. Sie kommen nicht dahinter, woran es liegt. Deprimiert verlassen sie Kitty Hawk, überzeugt davon, daß sie niemals zurückkehren werden, wenn auch Octave Chanute immer wieder versichert, sie seien weitergekommen als alle anderen bisher. Sie empfinden ihre Versuche als Mißerfolg. Orville: *Zu jener Zeit machte ich die Voraussage, daß der Mensch einmal fliegen werde, daß dies aber nicht mehr zu unseren Lebzeiten erreicht werden würde.*
Gewiß, sie hatten sich nichts vorgemacht, nachdem sie die Literatur, die ihnen das Smithsonian Institute genannt hatte, durchgegangen waren: Die Geschichte der Flugversuche war eine einzige Geschichte von Schwierigkeiten, Hindernissen, Sackgassen. Selbst die Zeit von 1889 bis 1899, dieses eine Jahrzehnt von erstaunlicher Aktivität, hatte nicht zum Erfolg geführt. Chanute hatte in seinem Buch *Progress in Flying Machines* Hunderte von Vorschlägen kluger Leute gesammelt, wie das Problem zu meistern sei. Wilbur, nach der Lektüre: *Tausende von Seiten sind über die sogenannte Wissenschaft des Fliegens geschrieben worden, aber zum größten Teil auf falschen Voraussetzungen beruhend, wie auch die Maschinen auf falschen Grundlagen gebaut und zu 90 Prozent falsch durchdacht waren.* Übrig blieb nicht viel: Louis Mouillard mit seinen großartigen Vogelbeobachtun-

gen und Otto Lilienthal mit seiner vitalen Kraft und seinem klaren Kopf im Chaos der Theorien. Auch Marey mit seinen Reihenaufnahmen von der Bewegung der Vogelflügel.
Die Wrights, die nie ein College besucht hatten, Autodidakten, hatten ihrem angeborenen Sinn für Mechanik vertraut. Doch nun sehen sie sich plötzlich wissenschaftlichen Problemen gegenüber – und fangen von vorne an. Instinktiv begreifen sie, daß viele der Zahlen, mit denen sie arbeiten, nicht stimmen können. In Dayton bauen sie sich einen Windkanal und testen an die 200 verschiedene Flügelformen. Dann konstruieren sie einen neuen Gleiter – und haben mit ihrer Nr. 3 in Kitty Hawk zunächst dieselben Probleme wie vorher.
Endlich kommt ihnen die Erleuchtung: Sie haben nicht mit dem »warp-drag«, dem Verwindungswiderstand, gerechnet. Mit dem größeren Anstellwinkel wächst der Widerstand auf der einen Seite, während er auf der anderen verringert wird. Die Folge: Ein Drehmoment. Die Wrights ersetzen die unbewegliche, senkrechte Leitwerksfläche am Schwanz durch ein bewegliches Seitenruder und verbinden es mit dem Verwindungsmechanismus. Dadurch erhalten sie eine Gegenkraft zum Verwindungswiderstand. Hat der rechte Flügel positive Verwindung, also großen Widerstand, schlägt das Seitensteuer automatisch nach links aus. Diese Erfindung lassen sich die Wrights patentieren. Sie wird Gegenstand eines jahrelangen, weltweiten Patentprozesses, vergleichbar mit den großen Patentstreitigkeiten um die Nähmaschine oder den Otto-Motor.
Ihre modifizierte Nr. 3 verschafft ihnen endlich das Erfolgserlebnis. Im September und Oktober 1902 fliegen sie rund tausendmal in den Kill Devil Hills, den Schlag-den-Teufel-tot-Hügeln. Zwei Männer fassen die Flügelenden und rennen gegen den Wind den Hügel hinab. Mit der Verwindung und dem drehbaren Seitenruder am Schwanz können die Brüder jetzt weiche Kurvenflüge ausführen. Mit der Linken bedient der liegende Flieger das Höhensteuer vor sich, mit den Hüften, die in einem Joch liegen, das Seitenruder und damit auch die Flächenverwindung. Ihr Streckenrekord liegt bei 210 m, die längste Flugzeit beträgt 26 Sekunden. Die Stimmung steigt.
Octave Chanute reist im Frühjahr 1903 in sein Geburtsland Frankreich und hält im Aéro-Club eine Rede über seine eigenen Flugversuche und über die kürzlichen Erfolge der Wrights bei ihrer Lösung der Stabilitätsfrage. Der mit Fotografien illustrierte Vortrag reißt die Franzosen buchstäblich vom Stuhl. Sie, die doch das Erbe der Montgolfiers, von Giffard, Renard und Krebs bewahren, spüren, daß sich hier ein erfolgversprechender Weg, ja die Zukunft des »Schwerer als Luft«-Prinzips abzeichnet. Nicht nur der unermüdliche Hauptmann Ferber (»Ohne Wilbur wäre ich nichts«) tritt in die Fußstapfen der beiden Amerikaner, sondern eine Schar junger Sportler und Ingenieure. Ernest Archdeacon, Hochradfahrer und Ballonführer, ein vermögender Pariser Anwalt, dessen Geld in der Autoindustrie arbeitet, stiftet sofort einen Preis für Segelflieger. In den nächsten Monaten entsteht in Frankreich ein halbes Dutzend Wright-Kopien. Robert Esnault-Pelte-

rie, ein hochbegabter Ingenieur, kommt schnell wieder von der Wrightschen Flächenverwindung ab und konstruiert statt dessen »ailerons«, kleine Hilfsflügel, die zwischen den Tragflächen angebracht werden. Zwei junge glutäugige Brüder, die Voisins, im Augenblick noch mehr mit Mädchen als mit Flugtechnik beschäftigt, werden in den nächsten Jahren den ersten brauchbaren französischen Kastendrachen entwickeln. Auf jeden Fall: Frankreich fühlt sich an der Ehre gepackt.

Spannung wird spürbar, der Motorflug kommt in Sicht. Die Briefe der Wrights spiegeln die große Zuversicht dieser Monate wider. So schweigsam sie sich in der Öffentlichkeit geben, so beredt wissen sie sich ja in ihren Briefen an die Familie, an Chanute auszulassen, in diesen Briefen voller Fakten und Ideen, Fragen, Überlegungen, Vermutungen, Anregungen, Zweifel – Monolog und Dialog in einem, Vortrag und Diskussion. Zwei dicke Bände füllen sie einschließlich der Tagebuchnotizen – Selbstbesinnung, Selbstkritik, Selbstbestätigung, meist abends bei flackernder Lampe zu Papier gebracht. 23. Oktober 1902, an die Schwester Katharine: *Die vergangenen fünf Tage waren die zufriedenstellendsten, die wir bei unseren Gleitflügen hatten. In zwei Tagen machten wir über 250 Flüge. Wir haben jetzt beachtliche Übung in der Handhabung der Maschine.* Eine Woche später an Chanute: *Im nächsten Jahr werden wir eine viel größere, etwa zweimal so schwere Maschine bauen . . . Wenn wir mit ihr Erfolg haben, werden wir sie mit einem Motor versehen.* 16. Oktober 1903, an Chanute: *Wir erwarten die interessantesten Resultate, die wir je hatten . . . Ich bin neugierig, welches Schicksal uns blüht.*

Die Zeit ist reif für den Motorflug, das steht in allen Fachblättern, seit Gottlieb Daimler aus dem langsam laufenden Otto-Motor den schnell laufenden Hochleistungsmotor entwickelt und das Leistungsgewicht ganz erheblich gedrückt hatte – ein Unterschied, so Daimler, wie der zwischen einem alten Steinschloßgewehr und einem modernen Schnellfeuergewehr. Die Zeit scheint reif, die Spatzen pfeifen es vom Dach. Aber als die Wrights bei den Produzenten von Automobilmotoren anklopfen und ihre Forderungen nennen, erhalten sie nur Absagen. Auch Ferber in Frankreich, der sich bei Nizza einen drehbaren Riesenkran von 18 m Höhe, eine Art Karussell, gebaut hat und sein Flugzeug versuchsweise mit 6 PS herumschwirren läßt, kommt in Schwierigkeiten, als er nach einem stärkeren Motor sucht. Karl Jatho schlägt sich derweil mit 12 PS auf der Vahrenwalder Heide bei Hannover herum.

Die Wrights bauen sich ihren eigenen Motor, unterstützt von ihrem treuen Mechaniker, Charles E. Taylor, einen liegenden vierzylindrigen Reihenmotor mit Wasserkühlung. Die Zylinderbohrung mißt 102 mm, der Hub beträgt 108 mm. Der Motor besitzt ein kleines Schwungrad, auf dessen Achse zwei Kettenräder sitzen. Monatelang tüfteln sie über ihrer eigenen Propellertheorie, nachdem sie festgestellt haben, daß sie mit den Werten von Schiffsschrauben nicht weiterkommen. Über Fahrradketten übertragen sie die Motorkraft auf die zwei selbstgebauten zweiblättrigen Propeller. Um den störenden Dreheffekt zu vermeiden, drehen sich die Luft-

schrauben in entgegengesetzter Richtung. Der Motor wird seitlich versetzt auf der Backbordseite installiert, damit der Pilot in der Mitte liegen kann. Er steuert mit zwei Handhebeln.
Anfang Dezember 1903 ist der »Flyer I« fertig. Der Motor leistet mehr als erwartet, 12 PS statt 8 bei einem Gewicht von 108 kg, und so fügen sie dem Gesamtgewicht von 600 Pfund noch 150 Pfund zu, vor allem um die Tragflächen zu verstärken. Die Wrights wollen es endlich wissen, wollen mit der Gewißheit nach Hause in die Weihnachtsferien fahren, daß die Maschine Kraft genug zum Fliegen hat, daß sie stark genug ist, um die Stöße bei der Landung auszuhalten, daß sie auch bei böigem Wetter steuerbar bleibt. Sie arbeiten unter Hochdruck. Doch die Luft ist zu ruhig, und sie brauchen Wind zum Starten. Am 14. Dezember, einem klaren, kalten Tag, wollen sie, wennschon kaum Wind geht, wenigstens einen Flug vom Hang des Kill Devil Hill wagen. Die Männer von der Seenotrettungsstation helfen ihnen, die 750 Pfund schwere Maschine an den Startplatz zu wuchten. Sie schieben sie auf dem Schienenstrang vorwärts, den sich die Wrights für den Start im Dünensand haben einfallen lassen; Räder helfen hier nichts. Die schlittenähnlichen Kufen des Flyer ruhen auf einem Karren. Orv und Wil werfen eine Münze, Wilbur gewinnt den ersten Flug. Nach dreieinhalb Sekunden berührt der linke Flügel wieder den Boden, die Kufen graben sich in den Sand, eine bricht. Tröstlich zu wissen, daß die Startmethode funktioniert.
Die Reparaturen dauern zwei Tage, der Wind frischt auf. Es wird kalt, eine dünne Eisschicht bildet sich auf den Regenpfützen um das Lager. Beißender, kalter Wind mit 11 bis 12 m/s weht den Brüdern bei den Startvorbereitungen am 17. Dezember um die Ohren. Ab und zu wärmen sie sich die Hände an einem Behelfsofen, den sie sich aus einer großen Karbidlampe gebaut haben. Ein paar Männer finden sich wieder ein. Diesmal fliegt Orville als erster.
Nachdem wir den Motor, um ihn warm werden zu lassen, einige Minuten laufen gelassen hatten, löste ich den Draht, der die Maschine auf der Schiene hielt, und sie startete sofort in den Wind. Wilbur rannte neben dem Flugzeug her und hielt die Tragfläche, um sie auf der Schiene auszubalancieren. Im Gegensatz zu dem bei Windstille erfolgten Start vom 14. startete die Maschine diesmal sehr langsam, da es gegen einen 27-Meilen-Wind ging. Wilbur konnte Schritt halten, bis sie sich nach 40 Fuß Weg von der Startbahn erhob. Einer der Seenotstationsleute knipste die Kamera für uns und machte eine Aufnahme, gerade als die Maschine das Ende der Startbahn erreicht und sich zu einer Höhe von etwa zwei Fuß erhoben hatte. Die langsame Vorwärtsgeschwindigkeit über dem Grund kann klar aus der Haltung Wilburs auf dem Bild ersehen werden. Er hielt ohne jede Anstrengung mit dem Flugzeug Schritt. Der Kurs des Fluges war aufregend. Regellos nach oben und unten, teilweise durch die Ungleichmäßigkeit der Luft und teilweise aus Mangel an Erfahrung in der Lenkung der Maschine. Die Bedienung des vorderen Höhensteuers war schwierig, weil es zu nahe an der Flugzeugmitte angebracht war. Dies gab ihm die Neigung, sich nach

dem Start von selbst zu drehen, so daß es zuerst zu weit nach der einen und dann zu weit nach der entgegengesetzten Seite ausschlug. Infolgedessen erhob sich die Maschine plötzlich zu einer Höhe von etwa 10 Fuß und fiel dann ebenso plötzlich zu Boden. Ein gleich darauf folgender Sturz etwas über 100 Fuß vom Ende der Schiene und etwa 120 Fuß von dem Punkt, an dem sich das Flugzeug in die Höhe erhoben hatte, entfernt, beendete den Flug. Ein Jahrzehnt später wird er über die Frechheit staunen, bei diesem Wind mit einer unerprobten Maschine überhaupt geflogen zu sein; noch mal würde er das nicht machen.

Noch dreimal startet der Flyer. Die Flüge werden länger, der letzte dauert schon 59 Sekunden, etwa 260 m gegen den Wind. Schließlich packt eine Böe das Flugzeug am Boden und beschädigt es schwer. An weitere Flüge ist in diesem Jahr nicht mehr zu denken. 98 Sekunden, das war's. Die Wrights ziehen Bilanz: *Der erste Flug dauerte nur 12 Sekunden, sehr bescheiden, verglichen mit dem der Vögel, und doch war es der erste in der Geschichte der Erde, bei dem eine Maschine mit einem Menschen sich selbst durch ihre eigene Kraft in freiem Flug in die Luft erhoben hatte, in waagerechter Bahn, ohne Verminderung der Geschwindigkeit vorwärts geflogen und schließlich gelandet war, ohne zum Wrack zu werden.* Orville telegraphiert an den Vater: *erfolg vier flüge stop donnerstagmorgen stop alle gegen 21 meilen wind stop start vom ebener erde nur mit motorkraft stop durchschnittsgeschwindigkeit in der luft 31 meilen stop längster 57 sekunden stop informiere presse stop zurück weihnachten. orevelle wright.* So, mit Fehlern, kommt das Telegramm in Dayton an.

Sekunden, die die Welt verändern, so heißt es doch immer. Und wie reagiert die Welt? Hält sie den Atem an, steht sie kopf? Kommen die Reporter in Scharen? Betet der Papst? Begreift Europa, diese arrogante Alte Welt, die Herausforderung, die da von drüben kommt, von diesem 80-Millionen-Volk zwischen Atlantik und Pazifik, das in diesen Jahren zu einer Weltwirtschaftsmacht erstarkt?

Mitnichten. Nichts, so gut wie nichts geschieht. Irgend etwas scheint mit der Geschichte von dem uralten Traum der Menschheit nicht zu stimmen. Ein junger Amateurreporter hat sich aus dem Telegramm der Wetterwarte von Kitty Hawk, das in Norfolk an eine der Telegraphengesellschaften weitergegeben wird, eine Reportage zurechtphantasiert, die am 18. Dezember im *Virginian Pilot* erscheint. In der Story ist von einem 3-Meilen-Flug die Rede und von einem Piloten, der mit dem Ausruf »Heureka« vom Sitz springt. Ein paar Blätter drucken das, was Associated Press dann fast textgleich an die Blätter schickt, ziemlich lustlos nach, hartgesottene Redakteure wirft das nicht um. Eine Zeitung in Dayton macht mit der Zeile auf: *Dayton-Boys wetteifern mit dem großen Santos-Dumont.* Begriffen hat wohl keiner, was wirklich geschehen war. Amerika hat im Augenblick genug von der Fliegerei, steht noch unter dem Schock der Nachricht, daß Professor Langleys »Aerodrome«, wie er sein Flugzeug kurioserweise genannt hatte, am 8. Dezember in den Potomac gefallen sei und mit ihm auch der erste Sternmotor der Fluggeschichte. Die amerikanische Regierung streicht die Subventionen für den Wissenschaftler, Langley ist verloren. Und ausgerechnet jetzt, in diesem psychologisch so ungünstigen Augenblick, kommen die Wrights aus den Dünen von Kitty Hawk und behaupten, geflogen zu sein!

Selbst die Wrights in ihrem Erfolgsgefühl schwanken, sehen einerseits die Tatsache, daß sie als erste ein flugfähiges Motorflugzeug haben, begreifen aber auch, wieviel Arbeit in der Zukunft noch getan werden muß. Auf 10000 Dollar veranschlagen sie in diesem Augenblick den Wert ihrer Arbeit. Über 1000 Dollar, auf keinen Fall mehr als 2000, haben sie bisher an Geld investiert, sie haben ja fast alles selbst gemacht. Sie fliegen ohne Instrumente. Am Fahrtwind im Gesicht schätzen sie die Geschwindigkeit, visueller Bodenkontakt zeigt ihnen die Lage, ein stärkerer Luftzug auf der Wange signalisiert ein Slippen. Ihre Bespannung, einfachen Baumwollstoff, nageln sie mit Blaupinnen auf das in Dampf gebogene Holz.

Die nächsten zwei Jahre werden sie noch experimentieren und den »Flyer II«, den »Flyer III« bauen. Sie verstärken die Konstruktion, ändern die Profilwölbung der Flächen, bauen einen neuen Motor ein, verwenden jetzt Rottanne statt Pinienholz. Und sie konstruieren ihre Katapulteinrichtung mit Fallgewicht.

Mit der Presse haben sie es nach der verpatzten Premiere 1903 im Jahre 1904 noch einmal versucht. Ein Dutzend Reporter erscheint bei den Brüdern auf der Huffman Prairie in der Nähe von Dayton, bei diesen völlig uneitlen, auf ihr Werk konzentrierten Männern, die nie zu großen Sprüchen aufgelegt sind. Der einzige Vogel, der sprechen kann, ist der Papagei, sagt Wilbur, und der fliegt nicht sehr hoch. Wilburs Augen können mitlachen, er hat Humor, das verrät auch der schmale Mund. Wilbur ist der auffälligere unter den beiden wettergebräunten, hageren, nicht eben großen Brüdern. Er strahlt Persönlichkeit aus und hat ausgeprägte Gesichtszüge, hohe vorgewölbte Stirn, eine kühne Nase wie Sherlock Holmes. Neben so viel Willensstärke wirkt Orville eher verträumt, intuitiv, fast froh darüber, daß sein wendiger, immer aktiver Bruder für sie denkt und handelt.

Der Umgang mit der Presse steht unter einem Unstern. Bei der offiziellen Einladung klappt nichts, der Wind ist zu schwach, und der Motor macht nicht mit. Die Reporter stehen herum, reißen Witzchen und warten auf eine Sensation, die ausbleiben muß. 80 Flüge, der längste über 5 Minuten, sind die Ausbeute des Jahres 1904 auf der Huffman Prairie. Eine Anwohnerin rennt gelegentlich mit einer Flasche Arnika los, wenn im Flug der Motor wegbleibt. Als die Wrights am 20. September 1904 einen geschlossenen Kreis zurücklegen (Lilienthal: *Theoretisch kreisen wir schon lange, aber wer wird es zuerst praktisch zustandebringen?*), sind natürlich wieder keine Journalisten dabei.

1905: die Wrights ziehen einen vorläufigen Schlußstrich. Ihr Flugzeug, der Flyer III, ist in diesem Jahr an die 40mal geflogen, sie beherrschen ihn in jeder Lage, zumindest in bescheidenen Höhen, liegend und mit schmerzendem Genick. Am 9. Oktober 1905 schreiben sie an den Hauptmann Ferber: *Unsere Versuche vom letzten Monat haben uns gezeigt, daß wir jetzt Maschinen bauen können, die wirklich brauchbar und für viele Zwecke, wie militärische Erkundung usw., geeignet sind . . . Am 5. Oktober hatte unser Flug eine Dauer von 38 Minuten und 3 Sekunden und führte über eine Distanz von 39 Kilometer . . . Die Zeugen dieser Flüge waren so begeistert, daß sie ihre Zungen nicht mehr halten konnten, und deshalb sind unsere Versuche so bekanntgeworden, daß wir im Moment gezwungen sind, sie zu unterbrechen, wenn wir keinen versteckteren Platz finden, um sie weiterzuführen.*

Die Herren im Pariser Aéro-Club schütteln den Kopf, halten alles für amerikanische Übertreibung, für Humbug und Nonsens. Die vermögenden Luftfahrer wollen einfach nicht verstehen, daß die Fahrradhändler in Dayton an die Verwertung ihrer Erfindung denken müssen, daß sie aus der jahrelangen Entwicklungsarbeit nun auch Kapital schlagen wollen, daß sie sich jetzt Zeit lassen und nichts übereilen, weil sie sich aller Welt um Längen voraus wissen. Doch für die Franzosen kommt ihre Geheimhaltung einem Offenbarungseid gleich. Santos-Dumont, immer hitzig, immer impulsiv, auf den Zehenspitzen wippend, schlägt bei einem Herrenessen des Aéro-Club vor, einen Preis von 500000 Francs für den auszusetzen, der 50 km in einer Stunde fliegen kann. Das ist die Herausforderung an die Wrights. Den horrenden Preis wird es zwar so nie geben. Doch die Wrights, sie werden kommen.

Der große Schock

Frankreich lacht über die Brüder aus Ohio, Paris hält sie für Schwindler. Glaubt einfach nicht, daß sie geflogen sind. Europäischer Dünkel. Bis Wilbur Wright, im Sommer 1908, selbst kommt. Mit seinem Doppeldecker. Kaum zwei Minuten Flug genügen, um den Franzosen ihren Rückstand zu zeigen. Einer der französischen Piloten, einer der ersten, ruft entsetzt: »Es gibt uns überhaupt nicht!« Zwei Stunden lang fliegt Wilbur Wright am Ende des Jahres. Von Konkurrenten kaum eine Spur.

Ein sinnigeres Weihnachtsgeschenk für den kleinen Kreis französischer Luftfahrtinteressierter läßt sich kaum denken, als die am 24. Dezember 1905 im Pariser *L'Auto* veröffentlichte Zeichnung vom »Flyer III« der Wrights, die erste, wenn auch primitive und schlecht gedruckte Abbildung von dem sagenhaften Flugzeug der Amerikaner. Georges Besançon, der Herausgeber des *Aérophile*, hatte von den Wrights einen ähnlichen Brief wie Ferber bekommen und ihn in *L'Auto* veröffentlicht. Und nicht nur das. Er hatte auch einen seiner pfiffigsten Reporter nach Dayton in Marsch gesetzt, und der war vor Ort tatsächlich fündig geworden – etwas außerhalb der Legalität allerdings. In der Redaktion der *Dayton Daily News* war es ihm gelungen, eine Zeichnung (oder das Klischee) an sich zu bringen, deren Veröffentlichung die Wrights gerade noch verhindern hatten können. Ihnen lag offenbar nichts an dieser Art von Publizität. Auf dem Bild sind die Startschiene und das vornliegende Höhensteuer gut zu erkennen. Anderes wirkt verwaschen oder schlecht gesehen. Immerhin ist selbst das noch ergiebig genug, um den Franzosen Einzelheiten zu offenbaren, die sie bisher nicht kennen. Ferber sieht in dieser Zeichnung (und einer zweiten, die noch folgt) den Grund dafür, daß Voisins frühe Flugzeuge ebenfalls ein vornliegendes Höhensteuer haben. Ein Weihnachtsgeschenk, mit einem Wort.

»L'affaire Wright« erregt Paris und rührt am französischen Nationalstolz. Die erbitterte Kontroverse um die Frage, ob die Wrights schon mit Motorkraft geflogen, ob sie »flyer« oder »lyer« sind, wie die knappe, böse Formel heißt, Flieger oder Lügner, spaltet den Aéro-Club und die französische Presse in eine Pro- und eine Anti-Wright-Fraktion. Ferber steht an der Spitze der gläubigen Wright-Anhänger. Er hat zusätzlich noch Nachforschungen in Amerika anstellen lassen und ist vom Wahrheitsgehalt der positiven Nachrichten überzeugt. Archdeacon mit seinem Einfluß weiß die Mehrheit hinter sich, die in der angeblichen Fliegerei der Wrights nur einen

großen Bluff sieht und nichts weiter. Für sie sind die Brüder aus Ohio Schwindler und Hochstapler. »L'incident Wright«, sagen sie herablassend: ein Zwischenfall. Skepsis herrscht vor. Die meisten Pariser Auguren halten sich, sehr patriotisch, an die einfache Devise, daß nicht sein kann, was nicht sein darf. Aviation est bien une science française, nicht wahr.
Den Franzosen, die sich gern als »les premiers informateurs de monde« verstehen, will es nicht in den Kopf gehen, weshalb sich die Wrights in diese Geheimniskrämerei flüchten. Haben nicht Tausende die Luftschiffe des Santos-Dumont umlagert? Was in Paris geschieht, kann jedermann kontrollieren – eine muntere illustrierte Presse, mehr als hundert Zeitungen, liegen Tag und Nacht wachsam auf der Lauer. Und nur was hier geschieht, zählt.
Der Presse in Paris entgeht nichts. Sie war dabei, als Gabriel Voisin sich im Sommer 1905 in Gleitflugzeuge auf Schwimmern setzte, sich von einem Motorboot über die Seine schleppen ließ und beim zweiten Startversuch nur mit knapper Not dem Ertrinken entging, als der Gleiter ins Wasser stürzte. Mit diesen Schwimmerflugzeugen, die nach Hargraves Kastendrachenprinzip gebaut sind, beginnt die Tätigkeit der Voisins in der Fliegerei. 1906 eröffnen sie in Billancourt die erste Flugzeugfabrik der Welt.
Journalisten schauen auch einem in Paris lebenden rumänischen Rechtsanwalt über die Schulter, Trajan Vuia, der einen Flugapparat mit Fledermausflügeln ersonnen hat, den ersten übrigens, der auf (vier) Luftreifen rollt. Vuia hat sich, gegen die allgemeine Vorliebe für Doppeldecker, für den Eindecker und damit für ein altbekanntes Prinzip entschieden: Auch William Hensons mächtige »Luftdampfkutsche« von 1843, die damals alle Welt bewegt hatte, war ja ein Eindecker. Vuia schafft zwar nur kurze Luftsprünge und gibt dann auf, beeinflußt aber Konstrukteure, die nach ihm kommen. *Es kommt nicht darauf an, wer etwas macht*, sagt er. *Wichtig ist, daß es gemacht wird. Ich habe nie nach Ruhm gestrebt, denn Ruhm kann einen Mann ruinieren.*
Vor allem aber interessieren sich Journalisten für die Pläne Santos-Dumonts. Sein berühmter Name, seine unleugbaren Erfolge sichern allem, was er sagt und tut, die Aufmerksamkeit der Fachleute und des großen Publikums. Sein frühes Interesse für Flugzeuge hatte ja Signalwirkung gehabt. Santos schuftet, füllt Blatt auf Blatt seines bevorzugten Millimeterpapiers. Gabriel Voisin bringt in die nächtelangen Diskussionen der beiden um Schwerpunktlage, Steuerung und Stabilität seine Erfahrungen mit den Gleitern von Archdeacon und Blériot ein. Was sie schließlich in monatelanger Arbeit zustande gebracht haben, entpuppt sich als ein geradezu abstoßend häßlicher, stoffbespannter, mit Klaviersaiten verspannter Kastendrachen (weshalb Voisin später auch seinen Anteil daran herunterspielt). Ein Ungetüm jedenfalls, die Spannweite beträgt 11,20 m. Die Ruder liegen vorn, der Motor mit Druckpropeller hinten, eine »Ente«. Der Pilot, selbstverständlich Santos-Dumont, steht vor den doppelten, leicht V-förmig gewinkelten Tragflächen, den 24-PS-Motor im Rücken.
Die Belastungsprobe steht noch aus. Der Brasilianer, ein gebranntes Kind,

ist viel zu vorsichtig, als daß er sich dem rohgefügten Apparat ohne eingehende Prüfung anvertraute. In Neuilly werden zwei hohe Pfeiler errichtet, dazwischen wird ein Draht gespannt und die Maschine daran aufgehängt. Das reicht fürs Gleichgewicht und für die Schwerpunktlage. Aber Bewegung? Ein Esel zieht das schwankende Flugzeug gemächlich von Pfosten zu Pfosten, maximal Fußgängertempo, da läßt sich nicht viel testen. Doch wozu hat Santos-Dumont Luftschiffe? Also läßt er sein Flugzeug an seiner Nr. 14, einem Lenkballon, befestigen. Der Motor des Flugzeugs dient beiden als Antrieb. Santos-Dumont im Führerstand meistert auch diese seltsame Kombination aus prallem Luftschiff und eckigem Vogel, er kommt offenbar sogar zu Resultaten. Da das Flugzeug zum erstenmal als Anhängsel seiner Nr. 14 den Boden verlassen hatte, nennt er es »Nr. 14 bis«. Und diese 14-bis, diese häßliche, schwerfällige »Ente«, wird durch die Weltpresse gehen – durch die Flüge von Bagatelle am Bois de Boulogne.
Preise winken wieder in Paris, Preise, die den Brasilianer reizen. Beim »Coupe Ernest Archdeacon« gibt es für den Piloten, der 25 m weit zu fliegen imstande ist, eine Silbertrophäe im Wert von 2000 Francs und 1500 Francs Bargeld für mindestens 100 m; für den Piloten, der die 100 m schafft, legt der Aéro-Club noch einmal 1500 Francs drauf. Beim ersten Versuch bricht nach einem Sprung von ein paar Metern das leichte Fahrgestell weg. Auch die Vorbereitungen für den zweiten Versuch ziehen sich quälend hin, es gibt Probleme. Santos-Dumont rollt mit der 14-bis über das Feld, wieder und wieder. Motorschaden. Neue Rollversuche am Nachmittag. Ein Rad bricht ab. Ein Propellerblatt fliegt weg. Doch Santos gibt sich zuversichtlich. »Ich glaube, daß wir's schaffen.« 16.00 Uhr. Die ungeduldige Menge drängelt, will endlich was sehen. »Zurück!« kommandiert Santos-Dumont mit herrischer Gebärde. Mit etwa 45 km/h rollt das wie aus Riesenkartons ineinandergefügte Gefährt über die holprige Grasnarbe. Vollgas. Santos-Dumont zieht das kleine Rad des Höhensteuers, folgsam hebt sich die Nase. *Und dann,* so ein Augenzeuge, *kommen die beiden Räder wirklich frei. Jetzt sind sie schon zehn, zwanzig, fünfzig Zentimeter über dem Boden, ein Meter, zwei Meter. Und noch immer fliegt das Flugzeug.* Dann neigt es sich auf die linke Seite und setzt hart auf. Wieder brechen die Räder weg. Die Menge rast. 60 m!
Am 12. November 1906, einem sonnigen Tag, steigt Santos-Dumont wieder in den engen Führerstand der verbesserten 14-bis. Sie hat einen stärkeren Motor, 50 PS, und Querruder. Tout Paris ist versammelt. Ein riesiger Mors wartet mit laufendem Motor, soll neben dem Flugzeug herfahren, damit auch ja kein Meter des Fluges den kritischen Augen von Ernest Archdeacon entgeht. Santos-Dumont startet. Wieder hebt sich die Nase, die Maschine vibriert, ihre Räder kommen vom Boden ab, die Speichen drehen sich in der Luft weiter. Tausende sehen es mit angehaltenem Atem. Stehend, leicht nach vorn gebeugt, steuert Santos mit den Händen und den Schultern (die Seile zu den Querrudern laufen auf seinem Rücken zusammen). Wieder spürt er, daß er die Kontrolle über das Flugzeug verliert, noch einmal bricht das Fahrgestell, doch alles läuft glimpflich ab. 220 m,

$21\,^1/_5$ Sekunden. Die gestikulierende, lärmende, lachende Menge holt ihn ein und läßt ihn hochleben. Ob das Fliegen gefährlich ist, will ein Reporter wissen. Das Autofahren berge größere Risiken, sagt Santos-Dumont. *Sehen Sie, beim Fliegen ist die Gefahr des Zusammenstoßens gering.*
Mit diesen offiziell kontrollierten Flügen, diesem »erlösenden Blitzstrahl« *(Wiener Luftschiffer-Zeitung)* hat Santos-Dumont der jungen Bewegung der Aviatik ungeheuren Auftrieb gegeben. Nach diesem 12. November 1906 gibt es kein kleinliches Wenn und Aber mehr, kein Vielleicht oder Doch-nicht wie bei den Wrights, um die es auf einmal so ruhig geworden ist. Fotografen haben auf den Auslöser gedrückt und den eleganten, wie aus dem Ei gepellten Mann am Steuer, 6 m hoch über der Erde, auf die Platte gebannt. Der verwegene Brasilianer hat dem staunenden Europa gezeigt, daß das »Schwerer als Luft«-Prinzip so hirnverbrannt nun auch wieder nicht ist, wie es in diesen Jahren selbst Koryphäen der Technik dem Publikum noch weismachen wollen.
Für verunsicherte Franzosen ist die Welt wieder in Ordnung: Ein französisches Flugzeug hat auf französischem Boden jenen Rekord geflogen, der von nun an alle offiziellen Listen anführen wird, 220 m – am Steuer des Flugzeugs ein Mann, der immer bekannt hat, daß er Frankreich, daß er Paris alles verdanke. »Sie haben das Banner getragen«, sagt Blériot pathetisch. Die schnell erregbaren Franzosen haben Feuer gefangen, finden Gefallen an der Fliegerei. Es wird ein tragischer Augenblick für Santos werden, wenn sein Traum vom ersten Motorflug zerrinnt, wenn er einsehen muß, daß die Wrights zu diesem Zeitpunkt des vermeintlichen Triumphes schon ganze Flugstunden hinter sich hatten.
Die Wrights haben inzwischen einen neuen Motor konstruiert, der senkrechte statt waagerechte Zylinder hat. Sie fliegen aber nicht. Im Mai 1907 trifft Wilbur in Europa ein und fährt zu Verhandlungen nach Paris, um die Flugzeugrechte zu verkaufen. Er bekommt gleich den richtigen Eindruck von den Sitten im »Seinebabel«. Man werde ihnen eine Million Francs für ihr Flugzeug zahlen, läßt man ihn wissen, wenn der Vertrag über 1250000,– Francs laute. Wilbur entgegnet ruhig, sie hätten nichts dagegen, wenn im Vertrag eine höhere Summe stünde, als sie selber erhielten. Aber dann müsse auch der Name des Mannes, der den Rest des Geldes bekäme, im Vertrag genannt sein. Es ist ein Regierungsmitglied. Die Verhandlungen schleppen sich hin. Orville kommt nach, ein Wright-Doppeldecker schwimmt in Lattenkisten über den Atlantik nach Frankreich. Reporter folgen den Brüdern auf Schritt und Tritt, immer auf der Jagd nach der großen Schlagzeile. Sind sie nun »flyer«? Oder vielleicht doch nur »lyer«? Niemand in Europa hat das Wright-Flugzeug bisher gesehen. Es bleibt ein Phantom.
Die Wrights sprechen in Berlin vor, im Kriegsministerium. Doch die Deutschen haben noch keine rechte Meinung von der Fliegerei und halten es mit ihren Luftschiffen. Graf Zeppelin hat gerade mit erfolgreichen Fahrten im Herbst 1907 (eine dauert 8 Stunden) die Reichsregierung überzeugen können, zwei Zeppeline anzukaufen. Auch die 1906 auf Wunsch des

Kaisers und mit Geldern der deutschen Industrie ins Leben gerufene Motorluftschiff-Studiengesellschaft (Stammkapital: 1 Million Mark) will sich vorerst nur mit der »Förderung der Technik und Anwendung von Luftschiffen«, vor allem mit dem System Parseval beschäftigen. Allerdings, die Wrights machen in Berlin einen »vollkommen zuverlässigen und glaubwürdigen Eindruck«. Ein Vorführungsflug, so erfahren sie, werde die Herren in den Ministerien gewiß überzeugen.
Das klingt positiv. Auch in Amerika hat sich das Blatt inzwischen gewendet. Für 25000 Dollar sind die Wrights bereit, dem Nachrichtenkorps einen Doppeldecker zu überlassen, der zwei Personen bei einer Durchschnittsgeschwindigkeit von 40 Meilen in der Stunde und einem Brennstoffvorrat für 125 Meilen befördern kann. Die Vorführung wird für den Spätsommer 1908 vereinbart. In Frankreich hat sich ein Syndikat unter Führung von Lazare Weiller, einem reichen Industriellen, zusammengefunden, das die Rechte für den Bau und Verkauf der Wright-Doppeldecker in Frankreich übernimmt.
Jetzt haben die Wrights in Europa und Amerika Fuß gefaßt. Ab Mai 1908 arbeiten sie wieder an ihrem Flyer und testen ihn in den Kill Devil Hills. Zwei Personen können im Flugzeug sitzen. Als erster Passagier fliegt der Mechaniker mit – der erste Passagierflug der Welt. Der beste dauert 3 Minuten und 40 Sekunden. Nach diesen Versuchen fährt Wilbur gleich nach Europa weiter.
Auf fünf Jahre hatten die Brüder Wright ihren Vorsprung gegenüber den Europäern vor ihrem monatelangen Europatrip geschätzt. Doch die Franzosen haben in der Zwischenzeit nicht geschlafen. Auf dem Exerzierplatz von Issy-les-Moulineaux am linken Seineufer, südlich von Paris, herrscht jetzt Betrieb. Schuppen entstehen am Rande der riesigen, erdbraunen, schmuddeligen Ebene, die auf den ersten Blick eher an eine Moorlandschaft erinnert. Hier sammeln ein paar Piloten erste Erfahrungen, hopsen herum und stürzen hin und wieder auch. Mechaniker rennen zu den Trümmerhaufen und holen den Piloten hervor, bevor sie darangehen, aus den Resten ein neues Flugzeug zu bauen. Es ist nur ein kleines Häufchen von Verrückten, harte Arbeiter allesamt, das sich da im kalten Winterwetter um ein Öfchen schart, um die klammen Hände zu wärmen, bewacht von zwei Polizisten, die um das Feld radeln und Zaungäste im Zaum halten, die immer scharf darauf sind, aus den Trümmerhaufen ein paar Souvenirs zu klauben.
Issy, wie es kurz heißt, wird zum berühmtesten Flugfeld der Franzosen. Louis Blériot schwirrt von einem Bruch zum anderen und tastet sich tapfer an die vernünftigste Form des Eindeckers heran. Langley, der amerikanische Gelehrte, hat ihn zu einem Flugzeug mit zwei V-förmig geneigten Flügelpaaren, einem Tandemeindecker, inspiriert. Immer wieder macht Blériot, ein Bürger in den besten Mannesjahren, mit einer ganzen Kinderschar gesegnet, bei der Landung Bruch, bis das Flugzeug dem ursprünglichen Modell von Mal zu Mal unähnlicher wird. Aber es fliegt jetzt wenigstens. Eine Goldmedaille des Aéro-Clubs ist die einzige tröstliche

Ausbeute seiner verbissenen Arbeit, die ihn selbst schon Hunderttausende gekostet hat. Im November und Dezember 1907 ist er bei seinem siebenten, im Juni 1908 bei seinem achten Modell angelangt. Mit der »VIII-bis« gelingen ihm 25 Flüge – ein Silberstreifen der Hoffnung für den Fabrikanten von Automobillampen.
Die ersten Maschinen der Brüder Voisin werden erprobt. Charles, der jüngere, der Charmeur, der Schürzenjäger, hat das Zeug zum überzeugenden Verkäufer. Gabriel, Mechaniker und Handwerker, kann zeichnen, entwerfen und bauen; als Architekturstudent ist er mit einer Theatertruppe durch die Provinz gezogen. Drei Hobelbänke und eine Bandsäge waren das Inventar ihrer neugegründeten Fabrik. Léon Delagrange, ein junger preisgekrönter Bildhauer, der sich der Aviatik verschrieben hat, wird ihr erster Kunde und kauft ihr erstes, nach eigenen Entwürfen gebautes Flugzeug. Schon diese Voisin-Delagrange I (oder »Léon Delagrange No. 1«, da die frühen Voisins, ein kleiner Werbetrick der Brüder, nach den Käufern benannt werden) zeigt die typischen Merkmale Voisinscher Bauart: Vornliegendes Höhensteuer, Druckpropeller, Gitterrumpf und ein kastenförmiges Leitwerk. Schöner werden die Doppeldecker nie, von Ästhetik keine Spur. Kästen heißen sie, Kastenmöbel, schwer in den Kurven zu fliegen.
Henri Farman, 34 Jahre alt, erscheint in Issy und beherrscht, schlank und schnell, sofort die Szene: Augen, die alles sehen, Hände, die zupacken und präzis arbeiten. Als Radrennfahrer hatte er angefangen, mit seinem Bruder Maurice zählte er zu den besten Tandemfahrern Frankreichs. Bei der Automobilfernfahrt Paris–Wien hatte er in der Klasse der großen Wagen gewonnen und war im Gesamtklassement zweiter hinter Renault geworden. Im Gordon-Bennett-Rennen 1904 in der Auvergne stürzte er in eine Talschlucht und blieb, wie sein Mechaniker, in den Ästen eines Baumes hängen. Farman, so Ferber, verbinde *mit gründlicher Kenntnis der Motoren kalten, berechnenden Wagemut, methodische Zähigkeit und Ausdauer, welche er seiner angelsächsischen Abstammung verdankt.* Vater ist Brite, die Mutter Französin. Er selbst schreibt mal »Henry« und mal »Henri« (und läßt sich erst 1937 in Frankreich, seiner wahren Heimat seit eh und je, einbürgern).
Die Voisin, die er gekauft hat, modelt er gleich um. Zuerst das Fahrgestell. Dann wechselt er die Steuerung und die Anordnung des Motors. Am 26. Oktober 1907 stellt er mit 771 m einen Streckenrekord auf – ein Vorgeschmack auf den 13. Januar 1908. Farman fliegt seinen Voisin-Doppeldekker jetzt so sicher, daß ihm an diesem Tag der erste Kreisflug von 1 km Länge gelingt – für die Zeitgenossen ein Ereignis von historischer Bedeutung. 1 Minute und 28 Sekunden dauert der Flug, Voisin hat persönlich den Propeller angeworfen. Nicht ohne Neid sieht der Konstrukteur nach der Landung, wie Farman gefeiert wird, was dieser mit größter Gelassenheit über sich ergehen läßt. Farman gewinnt mit diesem Flug den von Deutsch de la Meurthe gestifteten Preis von 50000 Francs.
Manches, was in Issy noch recht unausgegoren scheint, wird Geschichte machen: die ersten zierlichen Eindecker von Léon Levavasseur, beispiels-

weise, die zu der ästhetischen »Antoinette« führen. Oder der »De Pischof«-Doppeldecker mit Zugschraube, den sein Erbauer, A. Ritter von Pischof, ein geborener Wiener, Anfang 1908 zum Fliegen bringt. Er benutzt zum erstenmal den »Integral«-Propeller von Chauvière, den ersten voll entwickelten Propeller, der die primitiven Paddel ablöst.
Wilbur Wright kommt Ende Mai 1908 in Frankreich an und muß erst einmal nach einem Flugfeld für seine Flüge Ausschau halten. Bollée, Fabrikant von Dampfwagen, bietet ihm in Le Mans ein Unterkommen. Ende Juni trifft der zerlegte Doppeldecker, der Urtyp des berühmten Wright-Modells A, aus Le Havre ein. Auf der Rennbahn von Hunaudières entsteht ein Hangar. Gewissenhaft, in aller Ruhe montiert Wright sein Flugzeug, 12,50 m Spannweite, 2 m tiefe Flächen, gründlich bis zum Exzess. Er weiß, was auf dem Spiel steht. Einmal verbrüht er sich den linken Arm. Den ungeduldigen, boshaften Franzosen dauert alles viel zu lange. »Der Bluff geht weiter«, höhnt die Presse. In Amerika wird derweil Glenn Curtiss gefeiert, der den Preis des *Scientific American* für den ersten öffentlich geflogenen Kilometer gewonnen hat, während Deutsche und Schweizer Zeppelins Zwölf-Stunden-Fahrt über Luzern und Zürich bejubeln. Was da am Bodensee heranwächst, hat Format und Größe, sieht stabil und tragfähig aus.
Wilbur läßt den Turm für das Fallgewicht aufstellen, das den Doppeldecker über die Startschiene schleudern soll. Er arbeitet ab morgens 6, wie die anderen Arbeiter auch, geht mit ihnen essen, wenn die Sirene ruft, und schläft im Segeltuchbett neben seinem Flugzeug. Diese Mischung aus Selbstbewußtsein und Bescheidenheit verschafft ihm Sympathien. Am 8. August wagt Wilbur den ersten Flug vor versammeltem Publikum, vor sensationshungrigen Zeitungsleuten und zweifelnden, argwöhnischen Mitgliedern des Aéro-Clubs, die nur auf die Blamage des Amerikaners warten. Eine Welle von Skepsis schlägt ihm entgegen. Archdeacon, der Anführer der Anti-Wright-Gruppe, hat seinen Leuten schon scheinbar kenntnisreich erklärt, was an Wrights Flugzeug falsch ist. Wilburs stilles Selbstvertrauen wirkt freilich beruhigend. Er trägt einen einfachen grauen Anzug und eine Mütze. Die Startschiene liegt genau gegen den Wind. »Gentlemen, I'm going to fly«, sagt Wilbur.
Dann fällt das Gewicht. Ein Chauffeur stützt die Tragfläche, bis die Maschine Fahrt aufnimmt und sich selbst im Gleichgewicht hält. Wilbur sieht vor sich nach dem Start ein paar Bäume. Kein Problem für ihn, er biegt nach links ab, beschreibt eine Kurve und kommt dabei fast zum Startplatz zurück. Dann schwenkt er nach rechts und fliegt noch einmal eine große Kurve. Nach 1 Minute und 45 Sekunden landet er – und Frankreich steht kopf. *Für uns in Frankreich und überall hat eine neue Ära des Motorflugs begonnen*, gesteht Blériot. Unfaßbar, wie ein Wunder, scheint den Fliegern die Leichtigkeit, mit der Wright manövriert. Farman, der die Wrights noch im Mai zu einem 10000-Dollar-Wettflug herausgefordert hat, schweigt fortan verschreckt. Und Delagrange, der Künstler, versteigt sich zu dem Ausruf: *Ja, wir sind geschlagen! Es gibt uns überhaupt nicht!*

Mißtrauen schlägt von heut auf morgen in Enthusiasmus um, die Presse schwelgt in Superlativen. Einer schreibt: *Das ist eine Offenbarung in der Flugtechnik. Wer kann noch bezweifeln, daß die Wrights all das wirklich erreicht haben, von dem sie berichten?* Frankreich, dieses überhebliche, selbstherrliche Frankreich, das den Wrights so lange und so verletzend die kalte Schulter gezeigt hatte, verfällt in eine Art Wright-Euphorie. Von Wilbur geflogen zu werden, gehört zum guten Ton in der besten Gesellschaft (den Damen wird vorher der Rock zugebunden), und selbst Orvilles unverschuldeter Sturz in Fort Myer, bei dem Leutnant Selfridge getötet wird, das erste Opfer des Motorflugs, vermag den Ruhm der Wrights kaum zu schmälern.

Wilbur zeigt den Franzosen, was Fliegen ist. Auf dem Exerzierplatz von Auvours fliegt er am 16. September, einen Tag vor Orvilles Sturz, 39 Minuten und 18 Sekunden und kommt schon ein paar Tage darauf auf 1 Stunde, 31 Minuten und 25 Sekunden. Sein Hangar in Le Mans und wenig später, mit der winterlichen Jahreszeit, in Pau wird zu einem Treffpunkt der europäischen Fliegerei. Auch Orville, Rekonvaleszent, kommt aus Fort Myer, bemuttert von der Schwester Katharine, Lehrerin von Beruf, beweglich und aktiv, von amerikanischer Herzlichkeit und Direktheit. Das Dreigespann aus Ohio hält hof. Aus Berlin reist Edmund Rumpler an, sieht staunend, was die Amerikaner geschafft haben, und fühlt *den heißen Wunsch, gleichfalls Maschinen zu schaffen, die so sieghaft die Luft durchziehen können.* Noch völlig im Banne der Wrights läßt er am 10. November 1908 in Berlin die Firma »Edmund Rumpler Luftfahrzeugbau« handelsgerichtlich eintragen, das erste deutsche Flugzeugunternehmen. Franz Wels, von Igo Etrich in Wien zur Erkundung ausgeschickt, geht gleich mit fliegenden Fahnen zum Doppeldecker über. Etrich, der an den Vorstadien seiner »Taube« arbeitet, kündigt dem Treulosen.

Charles Rolls kommt, der Autonarr, und fliegt mit Wilbur Wright. Bald wird er selbst am Flugzeugsteuer sitzen. Alliot Verdon Roe, der eines der populärsten Flugzeuge der Welt konstruieren wird, die Avro 504, radelt 700 km durch Frankreich, kaum einen Pfennig in der Tasche, nur um festzustellen, daß sein Dreidecker halb so schwer, halb so teuer und außerdem unabhängig von der Startschiene ist. Auch die Short Brothers machen den Wrights ihre Aufwartung, Ballonbauer bis dahin, die sich jetzt der Fliegerei zuwenden und Wright-Maschinen in England nachbauen wollen; durch ihre Flugboote werden sie dann berühmt. Alle, die etwas davon verstehen, erkennen den großen Durchbruch, der den Wrights durch die Beherrschung der Quersteuerung gelungen ist, auch wenn die Europäer weiterhin mehr auf Eigenstabilität des Flugzeugs aus sind.

Henri Farman und Louis Blériot treten aus dem überlebensgroßen Schatten der Wrights heraus und retten für Frankreich, was zu retten ist, machen nun selber Fluggeschichte: Sie fliegen über Land. Am 30. Oktober 1908 sagt Farman zu seinen Freunden, sie sollten in ihren Sportwagen steigen und von Châlons nach Reims fahren, er wolle im Flugzeug nachkommen, gedenke in einer halben Stunde da zu sein. Farman, immer ein bißchen

Ratschläge für Aviatiker

1. Ein kleines stabiles Gleitflugmodell ist noch kein Beweis für die Stabilität der groß ausgeführten, motorgetriebenen Flugmaschine; weshalb auch die Nachahmung der Vogelgestalt zwecklos ist.
2. Wohl aber beweist ein motorgetriebenes, kleines Modell, welches durch selbsttätigen Anlauf horizontal zu fliegen vermag, die prinzipielle Möglichkeit und Zweckmäßigkeit der Ausführung im großen.
3. Umgekehrt muß ein solches Modell bei abgestelltem (abgelaufenem) Motor auch stabil, allmählich niedergleiten können.
4. Erst mehrere, in proportional zunehmender Größe nacheinander konstruierte Modelle, welche mit konstanten (Uhrfeder-)Motoren und Luftschrauben gut und entsprechend weit fliegen, geben die Gewähr fürs erfolgreiche Fliegen mit der großen Maschine. Im Verhältnis zu ihrem Gewicht werden kleine Modelle nur in ruhiger Luft, größere auch bei mäßigem Wind funktionieren und leicht schaukelnd stabil bleiben.
5. Größere Flugmaschinen, über 450 kg Gewicht, samt Lenker, haben gegenüber kleinen, leichten Apparaten von 150–200 kg die größeren Chancen des Erfolges, weil sie kräftigeren Vortrieb haben, solider gebaut und stabiler sind als die zu leichten, elastischen und gebrechlichen Apparate. Je schwerer der Drachenflieger, desto stabiler und verläßlicher wird er auch bei stärkerem Wind sein.
6. Kein Konstrukteur wird auf den ersten Wurf die vollkommene Flugmaschine herstellen und erfolgreich fliegen, da die Schwierigkeit der Konstruktion mit der Dimension wächst. Anfängliche Unfälle, Stürze sind nicht als Mißerfolg anzusehen.
7. Unermüdlich fortgesetzte Versuche, welche meistens 3–5 Neukonstruktionen erfordern, die beim »Fliegenlernen« gesammelten Erfahrungen und die erlangte persönliche Geschicklichkeit müssen binnen 2–3 Jahren zum definitiven Erfolg führen.
8. Zur Vornahme der Versuche vom Kleinen bis zum Großen sind zwei Freunde oder Brüder – von denen der eine Motorkenntnisse haben muß, der andere ein wissenschaftlich gebildeter Sportmann sein soll – geschickte Monteure und 170000 Mark notwendig, wenn sie allein arbeiten.
9. Versuchsort und Zeit: Konstruktions- und Versuchsplatz sollen nicht weit voneinander, ein paar Kilometer außerhalb einer großen Stadt, evtl. bei einer Automobil- oder Motorbootfabrik, gelegen sein.
10. Selbst im erfolgreichen Falle sollen die Aviatiker nicht sogleich auf Gewinn rechnen, am allerwenigsten aus ihren Patenten. Ob sie eine lukrative Verwertung ihrer wirklich fliegenden Maschine erzielen können, hängt nicht vom technischen Können, sondern vom Geschäftssinn ab, d.h., ob sie es verstehen, schon während der Versuchszeit eine kapitalkräftige Gesellschaft (womöglich aus Kreisen der Automobilindustriellen) für den Fall wiederholter kilometerlanger Flüge bereitzustellen, so daß die weitere Vervollkommnung und Erzeugung sogleich fortgesetzt werden kann.

v. Lilienbach, Allgemeine Automobil-Zeitung 1908

menschenscheu, hatte sich, um dem lauten Pariser Trubel zu entgehen, auf das Camp de Châlons zurückgezogen und sich einen Hangar errichtet. Farman über seinen Flug, dieses »tollkühne Unternehmen«: *Zuerst war ich etwas erregt. Man weiß nicht, was kommen kann. Als ich mich nach einigen Minuten allein in der Atmosphäre befand und nur auf das Gleichgewicht meines Apparates und auf die Regelmäßigkeit des Motors zählte, sagte ich mir: ›Was werde ich tun, wenn ich mich vor diesen großen Pappeln befinde, die dort das Gelände abschließen?‹ Und während mir diese Gedanken durch den Kopf gingen, kamen die Pappeln auf mich zu. Die Raben, die dort eine lärmende Versammlung abhielten, flogen bei meiner Annäherung entsetzt davon. Oh, diese Pappeln von 30 Metern! Sollte ich nach rechts oder links abbiegen? Mein Entschluß ist rasch gefaßt, denn ich bin kaum 50 Meter von dem breiten und hohen ›Gebüsch‹ entfernt. Ein Ruck am Höhensteuer – und der Apparat erhebt sich schnell und gleitet darüber hinweg. Mit einem sorgenvollen Blick sehe ich unter mich, ob wir nicht die höchsten Zweige streifen. Alles geht gut. Um so besser! Doch ich bin nur einen Augenblick lang ruhig, denn jetzt habe ich schon die Mühle von Mourmelon und das Dorf Mourmelon selbst vor mir. ›Was soll's‹, denke ich, ›man stirbt nur einmal.‹ Die Mühle, das Dorf, die Eisenbahn, ich fliege darüber hinweg . . . Ich befand mich in reiner Luft, wurde von einer sanften Brise umschmeichelt, und die Sonne erhellte mir den unbegrenzten Weg, den ich nahm.* Nach der Landung dicht vor den Sektkellereien von Pommery läßt er das Flugzeug demontieren und kehrt im Automobil nach Châlons zurück. Die Nervenanspannung, sagt er, war zu groß. Mehrmals hatte der Motor ausgesetzt. Gesamtstrecke: 27 km.
Doch das Jahr 1908 gehört den Wrights. Am Ende ist Wilbur in Frankreich über hundertmal gestartet und über 26 Stunden in der Luft geblieben. Etwa sechzig Passagieren hat er das erste Flugerlebnis vermittelt, sechsmal ist er länger als eine Stunde geflogen. Welch ein Schock für die Franzosen! Noch am letzten Tag des Jahres 1908 holt er sich den Michelin-Preis mit einer phantastischen Flugzeit von 2 Stunden, 20 Minuten und 44 1/5 Sekunden. Die Gesamtstrecke, die er dabei geflogen ist, schätzt man auf 160 km. Das bedeutet Weltrekord im Dauerflug. Und das bedeutet auch: Die Wrights haben keine Konkurrenz. Keiner macht ihnen die 20000 Francs des Preises streitig.
Das Wright-Trauma sitzt tief, so tief, daß der Sekretär des Aéro-Clubs, als er Anfang 1909 die ersten Pilotenscheine ausstellt, den Namen konsequent falsch schreibt. »Wrigth« schreibt er, statt »Wright« – eine Fehlleistung, die etwas von dem inneren Widerstand ahnen läßt, mit dem die Franzosen die Wright-Lektion, diese glänzende Widerlegung aller bösen Unterstellungen, zur Kenntnis nehmen.

Drei Zylinder, der Kanal

Der ewige Pechvogel wird zum Glückskind: Louis Blériot schafft den Flug über den Kanal. Im Juli 1909. Latham, der Konkurrent, der Favorit, fällt zweimal ins Wasser. England ist keine Insel mehr. Der Flug von 36½ Minuten hat Symbolkraft. Sie hätten auf ihren Lorbeeren ausgeruht, müssen die Briten sich sagen lassen.

Unangreifbar, uneinnehmbar, unbesiegbar: Albion, Seemacht Nummer eins. »Rule Britannia, Britannia rules the waves«, singt die Nation in selbstgerechtem Stolz, und am Wahrheitsgehalt dieses Opernliedes gibt es wahrlich nichts zu deuteln. Über 50 Linienschiffe furchen die Weltmeere, 30 Panzerkreuzer und 70 Kreuzer, um sie herum fegen die Meuten von 200 Torpedobooten. 130000 Mann dienen auf den Schiffen Seiner Majestät, der größten Armada der Welt. »Ich will nicht sagen, daß sie nicht kommen«, witzelte schon zu Napoleons Zeiten ein englischer Admiral. »Ich möchte nur sagen, daß sie nicht von See her kommen.«
Der Admiral meinte die Franzosen. An der engsten Stelle des Kanals, zwischen Dover und Cap Gris-Nez, schauen sich Briten und Franzosen bei gutem Wetter auf ihre steilen Kreideklippen, die sich hier auf gefährliche 32 km nähern. Der schmale Ärmel, la manche, wie die Franzosen sagen, legt sich seit je wie ein Festungsgraben zwischen Kontinent und Insel, Denken und Glauben, Welten und Welt-Anschauungen. Nur Cäsar, der Nimmersatt, setzte gleich zweimal von der Normandie auf die Insel über, nach ihm die Normannen, das genügte für die Geschicke und die Geschichte der Insel. Was dann noch kam, blieb sehnsuchtsvoller Blick und Träumerei – vor allem jener allzu bequeme Tunnel nach England, der schon Napoleons Ingenieure beschäftigte. Selbst der Wind meint es ja gut mit den Briten in ihrer insularen Abschirmung – Westwind, Nordwestwind herrscht vor. Und so treiben die Freiballons meist von England nach Frankreich, nicht umgekehrt.
Diese Ballonfahrten sind Anfang des 20. Jahrhunderts längst zur Gewohnheit geworden. Für die erste, rund 125 Jahre zuvor, hatte ein amerikanischer Arzt, Dr. John Jeffries, noch ein kleines Vermögen bezahlt, 100 Guineas – ohne jede Erfolgsgarantie. Er war, weiß Gott, auf seine Kosten gekommen. Dafür sorgte Jean-Pierre Blanchard, seinerzeit der geschickteste und lauteste unter allen Promotern der neuen Ballonsensation. Nach einem opulenten Frühstück mit den trinkfesten Stadtvätern von Dover bestiegen die beiden Männer an einem kalten Januartag des Jahres 1785 um 1 Uhr mittags die Gondel ihres Wasserstoffballons und ließen sich über die

Mehr als 2000mal springt der »Vogelmensch« Otto Lilienthal von Hügeln und Hängen bei Berlin. An den Flächen hält er sich mit den Händen fest, steuern kann er durch Verlagerung des Körpergewichts. Diese Flüge, die ersten fotografierten, stehen am Beginn wissenschaftlicher Flugversuche.

Das historische Jahr 1903: Karl Jatho macht erste Hopser (oben), Langleys »Aerodrome« stürzt in den Potomac, die Wrights fliegen am 17. Dezember (liegend: Orville). Rechte Seite: Santos-Dumont (oben) und Blériot (unten) bringen 1906 Europas Fliegerei voran. Deutschland setzt auf Luftschiffe.

14 bis

Blériot (oben links) findet 1907/08 zu der Eindeckerform, die ihn berühmt macht, Henry Farman dreht auf dem Voisin-Doppeldecker am 13. 1. 1908 die erste geschlossene Runde (Mitte). Die Wrights (unten) sind schon wieder weiter: Orville fliegt am 12. 9. 1908 in Fort Myer 1 Stunde und 15 Minuten.

Klippen treiben, allwo sich, welch herrlicher Logenplatz, eine »schöne Gesellschaft« zusammengefunden hatte. Die drei Ballastsäcke mit Sand waren schnell verbraucht; doch der Ballon zeigte die unangenehme Neigung, auf das Wasser niederzugehen. Die beiden Männer warfen alles über Bord, was ihnen unter die Finger kam, Instrumente, Bücher, Verpflegung, Leinen, den Anker, die Verzierung der Gondel. Es half alles nichts, das Wasser kam näher. Frankreich vor Augen, entschlossen sie sich zum Strip, entledigten sich des Mantels und der Jacke, Blanchard gab noch eine Matrosenhose zum besten. Das reichte. Der Wind hatte ein Einsehen und trieb sie nach Frankreich hinein. Über das letzte Waldstück, so will es die Überlieferung, kamen sie hinweg, indem sie die Blase entleerten. Blanchard, der Profi, kassierte Riesensumme. Jeffries bleibt die Ehre.
Der Freiballon gibt sich dem Tanz mit der Windsbraut glückstrahlend hin, kann man 1909 im Stil der Zeit lesen, *während sich die Flugmaschine schon durch ihren klapperdürren Körper jeder vertraulichen Umarmung zu entziehen vermag oder gar wie der Drachenflieger gleich den Kampf aufnimmt.* Wie dieser »Kampf« eines Drachenfliegers aussah, hatten die Wrights den staunenden Europäern vorexerziert. Und Europa, die Alte Welt, fühlte sich durch die Yankees von drüben aufgerufen. Einer, kein Irgendwer, machte sich zum Sprachrohr der Europäer: Lord Northcliffe, Erfolgsmensch so recht nach den neuen Maßstäben des 20. Jahrhunderts, ein Selfmademan, der sich vom Redakteur eines Fahrradblattes zum einflußreichen Londoner Verleger, zum Herrn über zwei oder drei Dutzend Blätter hochgeboxt hatte. Er geht mit der feinen Witterung für die kommende Sensation, mit der großen Geste des Wegbereiters voran. 1000 Britische Pfund, 20000 Mark, will der Zeitungszar demjenigen zahlen, der ihm beweisen kann, daß er den Kanal wirklich überflogen habe, sei es von England nach Frankreich oder umgekehrt.
Oder umgekehrt. Das sagt sich so und rüttelt doch an den Grundfesten, an der genüßlich verkosteten Insellage, am insularen Denken überhaupt. Lord Northcliffes Juristen haben sich mit präzisen Ausführungsbestimmungen gegen jede denkbare Scharlatanerie abzusichern gewußt. So setzen sie fest, daß der Flug mit einem Luftfahrzeug ausgeführt werden müsse, das kein Gas »leichter als die Luft« enthalte. Daß er zwischen Sonnenaufgang und Sonnenuntergang begonnen und beendet werden müsse. Und daß während des Fluges kein Teil des Flugzeugs das Wasser berühren dürfe. Start- und Landeplatz müssen vorher genau festgelegt werden. Außerdem, nicht unwichtig, hafte jeder Bewerber für alle Personen- und Sachschäden. Ein vernehmlicher Startschuß, bewußt als Signal gedacht, um die Briten aus ihrer Lethargie in der Aviatik aufzurütteln. Bis zu jenem 5. Oktober 1908, als Lord Northcliffe die 1000 Pfund stiftete, hatte sich noch kein Flugzeug vom britischen Boden erhoben. Und als es dann ein paar Tage später, am 16. Oktober, tatsächlich geschah und mit einer Bruchlandung endete, saß an den Steuerhebeln des »British Army Aeroplane No. 1« nicht etwa ein Brite, sondern ein Amerikaner: Samuel F. Cody. Er wird noch eine Rolle spielen in der Geschichte.

Freilich, zu den ernsthaften Konkurrenten beim Kanalflug zählt Cody mit seinen Hopsern und Bruchlandungen nicht. Die Briten sind einfach noch nicht soweit. Für John William Dunne, der monatelang unter strenger Geheimhaltung an Flugzeugen mit pfeilförmigen Tragflächen gearbeitet hatte, hat das Kriegsministerium die Subventionen schon wieder gestrichen. Alliot Verdon Roe bastelt in seiner Werkstatt unter einer Eisenbahnbrücke an seinen Dreideckern; »Roe the Hopper« nennen sie ihn spöttisch. Frederick Handley Page, ein Mann von erstaunlichem intellektuellen Zuschnitt, ausgesprochener Individualist, gründet gerade eine Fabrik; das erste Flugzeug, »Bluebird«, kommt aber nicht von der Erde hoch. Und Geoffrey de Havilland hat mit seinem selbstgebauten Doppeldecker schon den ersten Totalschaden hinter sich. Als er sich aus dem Trümmerhaufen befreit, wird er von dem Propeller, der sich weiterdreht, noch mal zu Boden geschlagen.

Auch der deutsche Flugsport liegt rettungslos zurück, besser: es gibt ihn eigentlich noch gar nicht. Über Deutschland kreisen Luftschiffe. Beim ersten Flugtag, Kiel 1908, steht nur ein Däne, Ellehammer, am Start. Die Berliner müssen sich im Januar 1909 mit kurzen »Flugversuchen« – so der einladende Verleger Scherl – zufriedengeben. »Stube, Kammer, Küche« nennen sie den klobigen Kastendrachen aus Paris spöttisch, den Armand Zipfel, Freund der Voisins, schlecht und recht vorführt. Hans Grade und August Euler experimentieren schon, auch in der Luft. Doch für das Abenteuer des Kanalflugs reicht es noch längst nicht. Weder bei den Deutschen noch bei den Briten.

Und die Wrights? Gute Frage. Die Wrights lassen sich hofieren, wie es ihnen nach ihrem Erfolgsprotokoll, nach den mehr als hundert gelungenen Flügen in Le Mans zusteht. Daß sie jetzt ans große Geld wollen, weiß alle Welt. Das Wachsfigurenkabinett der Madame Tussaud, beispielsweise, muß auf das Konterfei der populären Brüder und die Modellierung ihres Flugapparats verzichten, weil sich die Forderungen der Londoner Wright-Vertreter in absurder Höhe bewegen. Geld muß auf den Tisch, Verträge mit Prozenten und Beteiligungen, das Denken ist von Jugend an darauf trainiert. Es wird ewig unverständlich bleiben, daß die Wrights den Stellenwert des Kanalfluges in diesem Tauziehen um Aufträge, um den Bau von Militärmarschinen vor allem, nicht begreifen. Spüren sie wirklich nicht, wie Briten und Franzosen vom Kanalfieber gepackt werden? Sehen sie nicht die unerhörten Absatzchancen auf dem internationalen Markt, die sich dem Gewinner bieten müssen?

Sie gehen konsequent vor, das muß man ihnen lassen. Im wärmeren Süden, auf dem neuen Flugfeld von Pont-Long zu Füßen der Pyrenäen, eröffnen sie Anfang des Jahres 1909 die erste Fliegerschule der Welt. Wright fliegt mit seinen Schülern, dem Grafen Lambert und Paul Tissandier. Ministerpräsident Balfour, der englische König, Prominenz kommt, Pau erlebt selige Tage, die beste Saison seit Menschengedenken. Die Welt blickt auf das Bad – und auf das Flugfeld.

Alfons von Spanien, der »König des Sports«, schaut zu, wie das Flugzeug auf die Startschiene gestellt wird, wie Schüler und Mechaniker das Fallgewicht hochziehen. Ein langgedehntes »Ho« schallt über das Feld, das Zeichen dafür, daß das andere Ende des Seiles am Flugzeug eingeklinkt ist. Wright spritzt Benzin auf die Ansaugventile und nimmt auf dem Außensitz Platz. Dann drehen Mechaniker die hölzernen Luftschrauben durch. Eins, zwei, drei: bei drei wird den beiden Propellern jedesmal ein kräftiger Schwung gegeben, ein paarmal vergebens, dann funktioniert die Zündung, der Motor springt an. Einen Augenblick später schon schnellt der Wright-Doppeldecker Typ A über die Schiene und schwebt.

Diese Abendflüge bei Sonnenuntergang auf der Heide von Pont-Long bleiben allen Zuschauern unvergeßlich. Wie ein großer Teppich liegt die Heide in der Abenddämmerung. Nur hier und dort spiegeln die im Moor zerstreut liegenden Wassertümpel den goldenen Abendhimmel wider. Die Gletscher und schneebedeckten Hänge des Gebirges glühen wie Feuer in den letzten Strahlen der untergehenden Sonne, und scheinbar hoch darüber zieht Wright am purpurnen Abendhimmel seine Bahn, beim Niedergehen glänzen die Flächen. In der Ferne läuten die Glocken der alten Kathedrale.

Dann sind die Wrights schon im sonnigen Italien, geschäftlich, versteht sich, auch dort vom König geehrt. England die nächste Station: Festessen und Goldmedaillen, Ehre, wem Ehre gebührt. Die Heimatstadt Dayton empfängt die kleinen Fahrradfabrikanten, die es zu Weltruhm gebracht haben, mit Triumphbögen, Girlanden und Siegesparaden. Schon rüsten die Brüder zur Arbeit auf zwei Kontinenten: Wilbur für die Vorführungen vor den amerikanischen Militärs, Orville für die mit Schauflügen verbundenen Verhandlungen in Europa. Sie sehen sich als Erfinder, die beiden Wrights, als Ingenieure, nun auch als Kaufleute; für die Zirkusnummer des Kanalflugs bleibt ihnen nur Verachtung. Wilbur in einem Interview: *Die Leute, die außerordentliche Leistungen auf Klavieren, Setzmaschinen, Automobilen ausführen, sind niemals die Erfinder. Der Erfinder hat immer seine größere Aufmerksamkeit auf die Vervollkommnung der Maschine gerichtet als auf die Wettbewerbe für ihre Leistungsfähigkeit oder Dauerhaftigkeit.*

Die sicheren Sieger, wenn denn Prophezeiungen überhaupt einen Sinn haben, fallen also aus. Irgendwelche Konkurrenten weit und breit? Blériot scheint nicht weiterzukommen, wagt Flüge, hat das sprichwörtliche Pech. Henri Farman hat sich nach seinem Krach mit Voisin grollend aufs Land zurückgezogen. (Voisin hatte die Voisin-Farman II an einen jungen englischen Rennfahrer, J. T. C. Moore-Brabazon, verkauft, unterderhand und ohne Farman eingeweiht zu haben.) Jetzt feilt Farman ohne die Voisins am verbesserten Henry Farman III-Doppeldecker, der eines der klassischen europäischen Modelle werden wird. Die Feinarbeiten ziehen sich bis zum Juli hin. Santos-Dumont hat sich nach mißglückten Versuchen mit Nr. 15, 16, 17 wieder energisch seiner Lieblingsidee, der Leichtigkeit, zugewandt. An der Nr. 20, die als »Demoiselle« berühmt wird, testet er im Frühjahr und im Sommer 1909 verschiedene Motore. Für einen Kanalflug kommt dieses Maschinchen natürlich nicht in Frage.

Ein ernsthafter Kandidat bleibt schließlich übrig, und auf den konzentriert sich die Hoffnung sowohl Frankreichs als auch Englands: Hubert Latham. Ein gütiges Geschick hat ihm einen englischen Vater, eine französische Mutter und dazu genug Geld beschert. In Paris geboren und in Oxford erzogen, verwandt mit Bethmann-Hollweg und den de Rougemonts, scheint er allein schon von der Vita her für den Brückenschlag zwischen Kontinent und Insel prädestiniert – ein weltgewandter Sportsmann, ein bißchen schlaksig, immer die Zigarette im Mund. 1905 ist er bereits von London aus mit einem Ballon über den Kanal gefahren. Im Februar 1909 taucht er auf dem Camp de Châlons südöstlich von Reims auf, das Henri Farman 1908 für sich entdeckt hat, ein ideales, ruhiges Fluggelände, auf dem er seine Schuppen baut. Voisin und die Société Antoinette folgen ihm. Latham schult auf der »Antoinette«, einem eleganten Eindecker, der nach der Tochter des Firmeninhabers Gastambide benannt ist.
Dem vollbärtigen, rundbäuchigen Konstrukteur Léon Levavasseur ist mit der Antoinette ein Geniestreich geglückt. Den über und über mit Draht verspannten, plumpen Kästen, von denen ein Kasinowitz sagt, man könne die Intaktheit der Verspannung einfach dadurch prüfen, daß man ein Vögelchen ins Drahtgewirr zwischen die Flächen setze, flöge es davon, sei irgend etwas faul – diesen schwerfälligen »Drachen«, die ihrem Namen alle Ehre machen, hat er einen schmalen, weit ausschwingenden, vogelähnlichen Eindecker entgegengestellt, der die Botschaft, der Mensch habe die Luft erobert, zum erstenmal überzeugend ins Ästhetische überträgt. Zehn Meilen Garantie, nicht mehr und nicht weniger, verspricht der Antoinette-Katalog. Auch das: *Starten: mit eigener Kraft auf zwei Rädern.* Und: *Dieser Typ ist handwerklich mit besonderer Sorgfalt gearbeitet.* Preis mit 50-PS-Antoinette-Motor: 20000 Mark.
Latham ist ohne den geringsten Schimmer vom Fliegen zum Camp de Châlons gekommen. Moore-Brabazon, selbst noch Schüler, gibt ihm die ersten Tips. Ein paar Wochen später sind Lathams Flüge schon Tagesgespräch, gilt Latham als der heiße Tip der Saison, kann er es wagen, die offiziellen Kommissare des Aéro-Clubs, aviatische Prominenz, zur Überwachung eines geplanten Rekordflugs in einem rein französischen Flugzeug nach Châlons zu laden.
5. Juni 1909. Am Vormittag weht ein heftiger Wind. Erst gegen Abend pendelt sich die Windstärke zwischen 10 und 20 km/h ein. Latham entschließt sich trotz der schweren, grauen Wolkenmassen zum Flug. Zweimal rollt er um das Feld, dann läuft der Motor auf vollen Touren. Graziös hebt sich der Apparat vom Boden, steigt auf 40 Meter Höhe, überfliegt Zuschauer und Fotografen und dreht in »rasendem, aber ruhigem Flug« – so ein Korrespondent – die ersten seiner vielen Runden über Schuppen, Pappeln und Tannen. Einmal bricht die Sonne kurz durch die Wolken und beleuchtet mit matten Strahlen den Flieger, den verkleideten Rumpf, die weit ausladenden, leicht v-förmig gestellten Flächen, die segelähnlichen Leitwerke. Deutlich erkennt das hingerissene Publikum, wie Latham ein paarmal die Hände vor dem Kopf kreuzt, um sich eine Zigarette anzuzün-

den (später, so geht das Gerücht, habe man ihm spaßeshalber einen Aschenbecher ins Cockpit montiert). Nach einer Stunde signalisieren hundert rudernde Arme dem Mann an den beiden Steuerrädern den Rekord. Levavasseur, dem Schöpfer der Antoinette, kommen vor Freude die Tränen. Ein scharfer Regen setzt ein und macht dem Schauspiel ein Ende. Durchnäßt und erschöpft landet Latham nach 1 Stunde, 7 Minuten und 37 Sekunden. Freunde und Mechaniker tragen ihn im Triumph vom Feld.
Latham ist Favorit Nummer eins, sein Flugzeug das beste am Markt, an seinem fliegerischen Können nun nicht mehr zu zweifeln. Die Erregung diesseits und jenseits des Kanals steigt, als der Sommer und damit besseres Wetter ins Land zieht. Am 2. Juli kommt Lathams Antoinette in Calais an und wird nach Sangatte gekarrt, wo Lathams Truppe in den baulichen Überresten der alten Kanaltunnelgesellschaft ihr Lager aufgeschlagen hat.
»Was für ein Mann, dieser Latham«, sagt Levavasseur bewundernd. Hubert Latham, 26 Jahre alt, ist ein Star, wie ihn die englische und französische Presse besser nicht hätte erfinden können; ein junger Mann mit dem Temperament eines Künstlers. Blasses, etwas kränkliches Gesicht, schnell wechselnde Stimmungen, immer ein bißchen geistesabwesend, manchmal unausstehlich, schwermütig, schlecht gelaunt. Harry Harper, Reporter des *Daily Mail*, der erste Luftfahrtjournalist, den sich eine Tageszeitung leistet, beobachtet diese nervösen Spannungszustände genau. Uninteressiert, gleichgültig gegenüber allem Normalen, Alltäglichen, Banalen, beginnt Latham eine Sache erst zu reizen, wenn der ganze Mann gefordert wird. Dann allerdings ist er voll da. Fliegen befriedigt ihn, verschafft ihm die Spannung, die er fürs innere Gleichgewicht braucht. Wie andere das Spiel. Gefahr, Lebensgefahr gehört allemal dazu, beim Fliegen wie bei der Großwildjagd. *Ich hab' so ziemlich alle Teile des Flugzeugs während meines Trainings zerbrochen*, sagt er gelassen, ohne Pose.
Probeflug. Ein Schimmel hat das Flugzeug auf eine Anhöhe hoch über der See gezogen, die Küste fällt hier steil ab. Latham ist trotz des ungünstigen Windes gestartet. Auf seinem hohen Sitz hinter den Flächen, auf seinem Flugzeug gleichsam thronend, kämpft er mit den Böen, die Hände an den Steuerrädern zu beiden Seiten des Rumpfes, mit denen er die Seilzüge des Höhenruders (rechte Hand) und der Querruder (linke Hand) bedient. An zwei kleinen Handrädern vor sich kann er den Hub der Benzinpumpe und die Zündung regulieren. Gebannt verfolgt das Publikum Lathams gewagten Flug. Viele sehen zum erstenmal in ihrem Leben ein Flugzeug. Ein paarmal scheint er abzukippen, wenn eine Böe allzu ungestüm unter die Fläche fährt. Latham pariert solche Stöße mit lässiger Steuerbewegung.
Latham wartet, der Wind weht. Journalisten hocken in Bars und Pubs, Marconi-Funkverbindung zwischen Sangatte und Dover. Das französische Torpedoboot »Harpon« liegt in Calais unter Dampf, Polizei steht bereit. Vor der englischen Küste patroulliert eine Armada von Yachten. In Dover werden die offiziellen Feiern vorbereitet, das Publikum darf auf die Mole. Am 15. ist es fast windstill, aber Latham hat Probleme mit der Zündung. Und dann bläst auch schon wieder der Wind ...

19. Juli. Windstille, ideales Wetter. Der Funktelegraph spielt, »Harpon« lichtet den Anker. Latham klettert in den Sitz. Er, der immer ein bißchen abgeschlafft scheint, wirkt in solchen Augenblicken wie ausgewechselt, wie ein anderer, ein neuer Mensch, sprühend, aktiv. Latham startet um 6 Uhr 45, dreht ein paar Runden, schraubt sich hoch, überfliegt die steilen Klippen. Was er in der nächsten halben Stunde braucht, ist jenes Quentchen Glück, mehr ist es ja wirklich nicht, das den strahlenden Helden vom tragikumwitterten Verlierer unterscheidet.
Als Latham die »Harpon« überholt, will er eine Aufnahme von ihr machen. Da spuckt der Motor zum erstenmal. Latham, elektrisiert, prüft alle Leitungen, die er von seinem Sitz aus übersehen kann. Er hört, daß nicht bloß einer der acht Zylinder Fehlzündung hat. *Es war zum Verrücktwerden, aber ich konnte nichts machen. Niemals zuvor hatte mir der Motor bei einem so kurzen Flug einen Streich gespielt.* Über eine Stunde war Latham schon mit ihm geflogen. Diesmal, in diesen entscheidenden Minuten, macht er nach sieben Meilen schlapp.
Die See geht ruhig, die Gischt sprüht auf in feinem Strahl, als die lange Kufe unter dem Bug des Flugzeugs ins Wasser schneidet und sich der bootsförmige Rumpf der Antoinette wie beim Stapellauf schäumend nachschiebt. Latham wird bei der Notlandung nicht einmal naß. Als ihn Minuten später das Torpedoboot erreicht, hockt er rauchend auf der Maschine, die träge auf den Flächen schwabbert. Ein Schlepper bugsiert die arg gestauchte Antoinette nach Calais. Unter den Hochrufen der Einheimischen kehrt Latham zurück. Miß Calais, ein dralles, rotbäckiges Fischermädchen, küßt ihn auf die Wange. Derweil fleddern Souvenirjäger das Flugzeug, bevor es in die Fabrik gebracht werden kann. Zwei Tage später schon trifft die Ersatzmaschine aus Paris ein, die Antoinette VII. Bloß: mit der ist Latham noch nie geflogen. Sie hat Verwindung statt Querruder.
Und jetzt geschieht etwas, womit keiner gerechnet hat. Louis Blériot, der ewige Pechvogel der Aviatik, dem im Juni wieder einmal ein Flugzeug verbrannt ist, meldet sich am 20. Juli offiziell als Wettbewerber. Aus Lathams siegessicherem Alleingang, auf den alle Welt gewartet hat, ist unversehens ein Duell geworden, »Le Match Latham–Blériot«. Und niemand vermag nun noch zu sagen, wie es ausgehen wird.
Blériot, vom Glück wahrlich nicht verwöhnt, braucht Erfolg. Er braucht Selbstbestätigung und vor allem natürlich Geld. Silvester 1908 hat er eine Bilanz aufgemacht, und die war niederschmetternd genug: 780000 Francs Ausgaben bei höchst zweifelhaften Ergebnissen. Blériot bleibt gar keine Wahl. *Ich mußte weitermachen, weil ich nicht anders konnte. Ich mußte weitermachen wie ein Spieler, ich mußte wieder etwas hereinbringen. Ich mußte weitermachen, weil ich meiner Sache sicher war, weil meine Berechnung stimmte. Weil die Lösung auf der Hand lag. Weil ich fliegen mußte. Ich baute Nr. XI, wohl den letzten Apparat. Ich baute ihn mit dem Eifer, mit dem Schiffbrüchige die Balken eines Floßes zusammenfügen.*
Flucht nach vorn also, die einzige Rettung, Trotzreaktion. In Berlin schwingt in diesen Tagen ein Erfinder, Architekt seines Zeichens, einen

schweren Hammer und zertrümmert, wie menschlich, in einem wilden, befreienden Amoklauf sein meterhoch aufgetakeltes Luftgefährt, das um keinen Preis in die Luft gehen will; die Trümmer verrotten auf einem Feld. Auch Blériot muß sich in schlaflosen Nächten gefragt haben, wann Starrsinn, wann Eigensinn in Irrsinn umschlägt. Es bleibt ein Wunder, woher der Mann diese Kraft und die Zuversicht nimmt.
Immerhin, Blériots erster Überlandflug im Oktober 1908 hat aufhorchen lassen, läßt eine Steigerung erwarten. Auch Ansporn bleibt nicht aus. Das »Institut de France« verleiht im Juni 1909 den alle drei Jahren vergebenen Osiris-Preis für herausragende Leistungen in den Wissenschaften, in Kunst und Literatur zu gleichen Teilen an Gabriel Voisin und Louis Blériot – der Akt der Preisvergabe schon eine lobenswerte Tat, ein Stück aktiver Kulturpolitik, das in den Nachbarländern anerkennendes Kopfschütteln hervorruft. 50000 Francs fließen unverhofft in Blériots Kasse. *Ich kann jetzt darangehen, ein paar interessante Sachen zu versuchen*, orakelt er.
Die Bürger von Calais schauen freilich skeptisch, als Blériots zusammengelegter, verschmutzter Apparat auf einem Wagen durch die Straßen rollt, ein kümmerliches Insekt, verglichen mit Lathams Libelle, 25 PS gegen 50 PS, 7,80 m Spannweite der Nr. XI gegenüber den 12,80 m der Antoinette. David gegen Goliath. Blériot hat den unscheinbaren, gedrungenen Eindekker in seiner kleinen Fabrik in Neuilly immer wieder verändert und, wesentlich beeinflußt von Raymond Saulnier, einem jungen, sportlichen Ingenieur, Motor und Propeller getauscht. Jetzt vertraut er dem 60 kg schweren, luftgekühlten Anzani-Motor mit drei sternförmig angeordneten Zylindern. Die neue Integral-Luftschraube von Chauvière, ein Propeller aus Walnußholz, den eine bis dahin auf Klosettbrillen spezialisierte Fabrik handfertigt, macht 1200 Umdrehungen in der Minute.
Die Flugzeuge der beiden Konkurrenten, die improvisierte Antoinette VII, die Latham noch nicht kennt, und die Blériot XI, die gerade eine Woche vorher mit einem 40-km-Überlandflug 14000 Francs gewonnen hat, kommen am 21. Juli an der Küste an. Beide Piloten haben am nächsten Tag mit den Vorbereitungen zu tun. So hat sich Blériot in den Rumpf für alle Fälle einen Schwimmtank einbauen lassen. Am 23. und 24. bläst der Wind zu kräftig.
25. Juli, Sonntag. Levavasseur will Latham bei gutem Wetter um 3 Uhr, sonst um 4 Uhr wecken. Abermals, wie schon bei Wrights unerklärlicher Absage, passiert etwas völlig Unvorhersehbares, nicht Eingeplantes: keiner weckt Latham. Im Terminus-Hotel in Calais, dem Quartier der Blériot-Truppe, herrscht längst Hochbetrieb. Die Wagenkolonne mit ihm und den Journalisten fährt hinaus nach Les Baraques, wo das Flugzeug in der Scheune steht. Zum erstenmal zeigt sich bei diesem Flug der Nutzen drahtloser Wettermeldungen: Der Wind scheint noch lebhaft, doch Blériot kennt die Vorhersage. Sie besagt, daß die Windstärke sehr schnell abnehmen werde. Blériot überprüft sein Flugzeug, die Batterie, den Öl- und Benzinstand. Dann turnt er auf seinen Sitz. Die Füße ruhen auf einer Art Scheit, mit dem er das Seitensteuer bedient. Die Hände umfassen das Lenk-

rad, mit dem er drückend oder ziehend die Höhe regulieren kann und nach links oder rechts schiebend Verwindung gibt: die berühmte Blériotsche Glocke. Am Lenkrad sitzt der Hebel für die Regelung der Zündung und der Kontaktknopf zu deren Unterbrechung.
Blériot, dick verpackt, die Lederkappe über Stirn und Ohren gezogen, startet 4 Uhr 15 auf einer Wiese hinter den Sanddünen zum Probeflug und bleibt ein paar Minuten in der Luft. Der Motor läuft, und der Wind läßt tatsächlich nach; die See allerdings ist noch unruhig. Was fühlt, was denkt ein Mann, nicht mehr der Jüngste und ewig vom Pech verfolgt, in diesem existenzentscheidenden Augenblick? Hat er überhaupt noch Zeit zu denken – an die Schulden, an die vielköpfige Familie, an das Schicksal des Vorgängers, an die Welt da draußen, die seit Wochen mit dem Optimismus des jungen Jahrhunderts auf dieses Zeichen, auf diesen erlösenden Augenblick wartet? Eher denkt er wohl an die Steuerdrähte, die Tanks, die Verspannung, an den kleinen asthmatischen Motor, an diese drei Zylinder, die die vertrackte Gewohnheit haben, nach 20 oder 30 Minuten heißzulaufen. Und diese Zeit braucht er. Mindestens.
Alles oder nichts: Blériot wird fliegen. Er zwängt sich wieder in seinen Sitz, reckt sich dann noch einmal hoch und ruft: »Wo ist Dover?« Die Freunde sind verblüfft. Ein paar Hände deuten vage in die Richtung. Die Mechaniker halten, die Füße in den Boden gestemmt, die schüttelnde und zitternde Maschine. 4 Uhr 41. Blériot hebt den Arm, »Lâchez tout«, loslassen. Er winkt ein letztes Mal, dann holpert die Maschine über das Gras. Von Latham keine Spur. Sieben Minuten später überholt Blériot bereits den zu seiner Begleitung ausgelaufenen Zerstörer »Escopette«. Auf der Brücke verfolgt Blériots von allen bewunderte Frau das Abenteuer.
Gleich nach dem Start hat Blériot das Gas weggenommen. Die neue Schraube zieht großartig. Blériot fliegt etwa 80 m hoch, schaut sich um, sieht nichts, nur Wasser unter sich, keinen Zerstörer, nichts von der französischen Küste, nichts von der englischen. Die ungewohnte Gleichförmigkeit der Wasseroberfläche erschwert die Geschwindigkeitsschätzung. Blériot fliegt ohne Kompaß, und seine konzentrierte Aufmerksamkeit gilt dem Motor. Alles kommt jetzt auf den Motor an. Zehn Minuten lang hängt er über dem endlos scheinenden Wasser zwischen den diesigen Küsten. Es sind die Augenblicke, die er später meint, als er dem *Daily Mail* eine Skizze des Fluges aufzeichnet und eine Stelle mitten über dem Kanal mit einem großen Fragezeichen versieht. Als die Steinklippen endlich in Sicht kommen, erkennt Blériot, daß ihn der Wind zu weit nach Westen, Richtung Deal, getrieben hat. Er legt das Flugzeug in die Kurve, folgt der Küste; Windstöße packen das Flugzeug. Am Rand einer Senke, die sich in der hohen Steilküste abzeichnet, steht ein winziger Mann und schwenkt eine Flagge. Es kann nur Fontaine vom *Matin* sein, ein Journalist, der die festgelegte Landestelle zu markieren hat.
Blériot hat mit Bodenböen zu kämpfen, die ihn aus der Bahn werfen, eine hebt ihn hoch. In 20 m Höhe nimmt er, jetzt ist alles egal, das Gas weg und setzt zur Landung an. Im hügeligen Gelände nahe dem Schloß von

Dover schlittert die Maschine über den Boden, das Fahrgestell wird beschädigt, die Schraube zersplittert, was macht das schon. Er hat den Kanal überflogen. 5 Uhr 17. Stille. Regungslos hockt er mit verkniffenen Augen in seinem Sitz, zu erschöpft, um auch noch glücklich zu sein. Das Öl tropft von Nase und Bart auf den dreckigen Overall. 36 und eine halbe Minute hat der Flug gedauert – und die Welt ist nicht mehr, wie sie vorher war, England keine Insel mehr. Die Franzosen sind in der Tat nicht über See gekommen. Der Zoll, was soll er machen, deklariert das Gefährt dennoch als Yacht, Blériot als Skipper und Eigner. Latham, ganz Gentleman, diktiert tapfer ein Glückwunschtelegramm an Blériot.
Das Geschrei der Zeitungsjungen mit den Extrablättern hat Paris aus dem Schlaf gerissen. Drüben, in Dover, pilgern Tausende in Volksfeststimmung zu dem leichtbeschädigten Flugzeug, um das die Polizei schnell einen Zaun gezogen hat. Es wird dann nach London verfrachtet und im Kaufhaus Selfridge ausgestellt. 120000 ziehen in vier Tagen vorbei. Im Sitz ein Dummy als Pilot. Vorn am Motor hängt ein Schild mit Pfeil: *Das Flugzeug fliegt in diese Richtung*, ein hilfreicher Hinweis für alle, die sich noch der Blériotschen »Ente«, Schwanz nach vorn, erinnern.
Blériots freundliches Lächeln, seine Einfachheit und bürgerliche Bescheidenheit gewinnen ihm an diesem 25. Juli, in dieser Stunde des Triumphs, auf die er jahrelang hingearbeitet hat, alle Herzen. Keiner neidet ihm den Silberpokal, den Scheck über 25000 Francs. Abends fährt er nach Calais zu den jubelnden Landsleuten. Am nächsten Tag zurück nach England, dieses Mal zivil mit der Fähre. Großer Empfang im Savoy-Hotel. Im offenen Wagen nimmt er mit Lord Northcliffe die Ovationen der Londoner entgegen. In Paris warten 50000 am Bahnhof. Acht Tage dauern die Festlichkeiten. Reiter der Republikanischen Garde begleiten ihn. Optimistisch tönt es aus Paris: *Blériot hat den Kanal überquert. Die Kriege sind zu Ende. Es sind keine Kriege mehr möglich, denn es gibt keine Grenzen mehr.* Der *Flugsport* läßt säuerlich etwas von »Akrobatik« und »sensationellem Schaustück« vernehmen. *Die Tragflächen des Flugapparates,* verkündet die Continental-Caoutchouc- und Gutta-Percha-Compagnie, Hannover, in großen Inseraten, *waren mit Continental-Aeroplan-Stoff gespannt.*
H. G. Wells, Romancier, liest den Briten die Leviten – selbstkritische Töne klingen an, ein erstes, nüchternes Begreifen, daß die Welt der Queen Victoria sich radikal verändert. Wenn das Auto und das Flugzeug ohne jeden britischen Beitrag entwickelt werden konnten, so Wells, dann bedeute das, daß irgendwas am ganzen System faul sei, daß irgend etwas in der Erziehung, in der Ausbildung nicht stimme, daß die Schicht mit Kapital und Einfluß die Zeichen der Zeit nicht mehr verstehe. England, dem die Welt die Industrialisierung des 19. Jahrhunderts verdankt, England, die »Schmiede Europas«, ruht auf den Lorbeeren aus und ist in Selbstgefälligkeit erstarrt. Wells hat ja recht. Das mächtige Imperium, ein Drittel der Welt steht unter seinem Einfluß, zwei Drittel der Goldproduktion unter seiner Kontrolle, hat die technische Entwicklung verschlafen. Es war immerhin ein britischer Landsmann aus Yorkshire, Sir George Cayley, der

hundert Jahre zuvor erste Gleitflugzeuge, eins auch mit einem zehnjährigen Buben, starten ließ und in Aufsätzen durchaus moderne Fragen der Längs-, Richtungs- und Querstabilität behandelte. Er sei fest davon überzeugt, so hatte er gesagt, *daß die noble Kunst des Fliegens bald für den Menschen verfügbar sein wird und daß wir bald imstande sein werden, uns und unsere Familien samt Gepäck mit größerer Sicherheit durch die Luft als auf dem Wasser zu transportieren, und zwar mit einer Geschwindigkeit von 30 bis 160 Kilometer in der Stunde.* Hundert Jahre war es jetzt her, daß Cayley den richtigen Weg wies, weg von der Imitierung des Flügelschlags, hin zum Propeller. Die Briten hatten seinem kühnen Gedankenflug nicht folgen wollen. Und jetzt bekommen sie die Quittung.

Zwei Tage nach Blériots historischem Brückenschlag, der Jubel um den »Vogelmenschen« ist noch längst nicht verklungen, fliegt Orville Wright vor der militärischen Abnahmekommission im Beisein von Präsident Taft einen neuen Weltrekord für zwei Personen, Pilot und Passagier. Es scheint fast so, als wollten die Wrights mit diesem mehr als einstündigen Flug in dem ganzen aufdringlichen Spektakel noch einmal der Ordnung halber festgestellt haben, daß sie mühelos gekonnt hätten, wenn sie bloß gewollt hätten. Aber sie hatten eben nicht gewollt.

Anders Latham. An diesem 27. Juli, an dem sich Orville Wright mit Leutnant Frank P. Lahm eine Stunde und zwölf Minuten in der Luft halten kann, startet der »König der Lüfte« zu seinem zweiten Versuch. Etwa 40000 Menschen, die sich auf den Klippen von Dover versammelt haben, sehen Latham zwei Kilometer vor der Küste abermals auf dem Wasser niedergehen. Wieder hat der Antoinette-Motor versagt.

Und jetzt, was Wunder, zeigt Latham Nerven. Der Schock des Scheiterns am Kanal sitzt tiefer als er, immer lässig, äußerlich erkennen läßt. Natürlich, er wird noch siegen, wird mit seinen frühen Höhenflügen über tausend Meter von sich reden machen, mit dem ersten Überlandflug in Deutschland, in Berlin genauer gesagt, mit seinen preisgekrönten sechzehn Flügen über die Seine-Mündung. Etwas »Byroneskes« sagt die *Times* diesem begnadeten Flieger nach, dem ersten, dem die Zuschauer abnehmen, daß Fliegen keine Hexerei, sondern eine ganz natürliche Sache ist. »Ich habe nie einen merkwürdigeren Mann getroffen. Auch keinen furchtloseren«, bekennt Harry Harper, der doch alle kannte.

Aber zwei Jahre später hängt Hubert Latham die Fliegerei, in der er die Kraft gefunden hat, die die Ärzte seinem schmächtigen Körper absprechen wollten, an den Nagel und kehrt zur Großwildjagd zurück. Freunde, die ihn im Urwald trafen, berichten von einem bärtigen Wesen, das nur noch ein Schatten seiner selbst sei. Am 7. Juni 1912 spießt ihn ein angeschossener, rasender Büffel auf, und Latham verblutet, 29 Jahre alt. Sein Leben, sein Schicksal hat sich an jenem sonnigen Julitag über dem Kanal entschieden, als ihn ein gebrochener Schleifkontakt im Stromverteiler aufs Wasser zwang. Latham hat nur aus der Ballongondel auf *beide* Ufer des Kanals geschaut. »Je, n'ai pas une chance«, hat er nach dem zweiten Versuch deprimiert gesagt.

Champagner-Woche

1909: Geburtsjahr der Moderne. Die Avantgarde, Picasso und seine Freunde, formiert sich in Paris. Bei Reims, eine Autostunde entfernt, konkurrieren zum erstenmal Flugzeugmarken und Matadore. Die Franzosen nehmen genüßlich Rache, schlagen die Wrights. Mit einem neuen Motor. Farman heißt der Sieger. Der Dauerrekord steht auf über vier Stunden.

Der geglückte Kanalflug hat Symbolwert. Nie wieder wird eine mannhafte Tat die Menschheit so eindringlich mit einem dramatischen Durchbruch konfrontieren wie dieser beherzte Sprung über den Kanal – nicht Garros' achtstündige Mittelmeerüberquerung und nicht einmal Lindberghs endloser Flug über den Atlantik. Eine neue Zeit bricht an, und Blériot, der »populärste Held der Welt«, Frankreichs Flugzeugführer mit dem »Brevet« Nr. 1, wird ihr Künder. Große, unerhörte Perspektiven tun sich auf, der Mensch fühlt sich als Herr der Technik. Fortschrittsoptimismus.

Die Überwindung der Schwerkraft in der Fliegerei muß Zeitgenossen als letzte, fast übermenschliche Steigerung dieses technischen Aufbruchs erscheinen, der sich im Aufschwung der Elektroindustrie ebenso manifestiert wie in dem weltumspannenden Netz der Nachrichtentechnik, in der Intensivierung des Verkehrs genauso wie in den himmelstürmenden Stahlbetonbauten, die die Skyline der jungen Städte prägen. Fords Fließbänder, die ersten, produzieren jetzt das langlebige Modell T. In einem runden Jahrzehnt hatte sich das Automobil vom Rennwagen zum strapazierfähigen Tourenwagen gemausert. Die Flugzeugindustrie, die von den Fortschritten im Motorenbau profitieren wird, braucht für den Weg vom Experiment bis zum ausdauernden Rekordflugzeug nur noch die Hälfte, kaum mehr als ein Jahrfünft, von 1908 bis 1913.

Unser Jahrhundert bekommt vertraute Züge, schafft sich seine eigenen Helden, den Sieger des Sechstagerennens, den Meisterboxer, den Kanalbezwinger, und alle werden rücksichtslos vermarktet. *Die Fortschritte, die in der Aviatik durch den Monoplan verwirklicht worden sind, können nur verglichen werden mit denjenigen in der Kunst des Rasierens durch den AutoStrop-Rasierapparat,* verheißt ein Inserat, in das Blériot, ganz klein, in seinem Eindecker hineinrattert. *Dank der Anwendung des AutoStrop-Sicherheits-Rasierapparates ist dieser Meister der Fliegekunst auch ein Meister in der Kunst des Rasierens geworden.* Der Text trägt die schwungvolle Unterschrift von Louis Blériot. Er hat in seiner großen Zeit viele solcher Texte unterschrieben. Sport und Geschäft werden in Zukunft nicht mehr voneinander zu trennen sein.

Die gute, die alte Zeit bleibt endgültig zurück, die »Moderne« betritt lärmend die Szene und räumt rigoros mit dem Gestern und Vorgestern auf. In Paris, ihrer Hauptstadt, im Zentrum der motorisierten Bewegung, der automobilistischen wie der aviatischen, formiert sich auch hinter Braque und Picasso die künstlerische Avantgarde Europas im Kubismus und im Futurismus.

Am 20. Februar 1909 druckt der *Figaro* auf der Titelseite ein Manifest der Futuristen, das Marinetti, ein schlanker, mondäner, temperamentvoller Italiener, entworfen hat. Es ist die Kampfansage an jede Tradition. *Wir wollen von der Vergangenheit nichts wissen, wir jungen und starken Futuristen,* heißt es da. Zum erstenmal entzünden sich Künstler an der modernen Zivilisation, an der Kraft einer Lokomotive und der Geschwindigkeit eines Automobils. Ein aufheulender Rennwagen sei schöner als die Nike von Samothrake, sagt einer, ein Gedanke, den Salvadore Dali wieder aufgreifen wird: *Für uns setzt sich Griechenland in der vollendeten Berechnung eines Flugzeugmotors fort.* Kunst müsse die bewegte Welt rings um uns her, die von der »siegreichen Wissenschaft« verwandelte Welt, porträtieren. Marinetti tobt: *Wir wollen preisen die Angriffsbewegung, die fiebrige Schlaflosigkeit, den Laufschritt, den Salto mortale, die Ohrfeige und den Faustschlag! Wir wollen den Krieg verherrlichen, diese einzige Hygiene der Welt, den Militarismus, den Patriotismus, die Vernichtungstat der Freien.* Mit diesen aggressiven, nationalistischen, militaristischen Tönen, mit ihrer Verherrlichung von Gewalt und Brutalität liegen die Futuristen im Trend der Zeit. Diese Saat des Jahres 1909 wird aufgehen.

In diesem Jahr, dem Geburtsjahr der Moderne, scheint auch die Zeit reif, die ersten Flugzeuge öffentlich vorzuführen und die Matadore im geschlossenen Aérodrome aufeinanderzuhetzen. Zum erstenmal konkurriert die Fliegerei in großem Stil mit andern Spielen des Massenzeitalters. Von nun an wird auch Schaufliegen das Entspannungs- und Vergnügungsbedürfnis der Massen befriedigen. Seit Jahresbeginn laufen die Vorbereitungen für die erste »Grande Semaine d'Aviation de la Champagne« – für das große Flugmeeting in der letzten Augustwoche, das Reims, die alte Krönungsstadt mit ihren Champagnerkellern, für einen halben Monat zum Zentrum der Aviatik machen soll.

Champagnermarken kommen ins Spiel: Heidsieck, Mumm, Pommery. Die Champagner-Aristokratie hat an der Fliegernachbarschaft Gefallen gefunden, seit Henri Farman von seinem Übungsplatz Châlons aus mit seinem Doppeldecker den legendären Ausflug nach Reims machte. Moore-Brabazon, der britische Sportsmann, Englands Flugzeugführer Nr. 1, gehört dem »Nouveau Cercle« an, einem vornehmen Club, in dem die Herren der Kellereien miteinander verkehren, und bestaunt Mumm jr., der gelegentlich eine Flasche bester Provenienz ohne abzusetzen durch die Gurgel laufen läßt. Marquis de Polignac, Chef des Hauses Pommery, übernimmt den Vorsitz des Organisationskomitées der Flugwoche.

Die Platzfrage ist sicher seine geringste Sorge. Das riesige Manöverfeld auf der Ebene von Bétheny bietet Raum genug – ist, wie sich dann herausstellt,

sogar ein paar Nummern zu groß für den Zweck: Bei einem Bahnumfang von 10 Kilometern, bei Seitenlängen von je 3750 und 1250 Meter verliert das Publikum die tieffliegenden Flugzeuge schnell aus den Augen (die meisten Piloten fliegen ja tief). Ein kürzerer Kurs würde sie allerdings öfter in die Kurven zwingen, und das würde sich in der Geschwindigkeit, in den Flugzeiten niederschlagen: Rekorde könnten womöglich ausbleiben.
Rekorde aber stehen bei dieser Idealkonkurrenz sozusagen auf dem Pflichtprogramm. Im Hinblick auf das Interesse der Weltöffentlichkeit gehen die Franzosen in die vollen, der Präsident der Republik übernimmt die Schirmherrschaft. Im Norden von Reims entsteht eine Schuppen- und Barackenstadt mit Straßen und mit eigenem Bahnanschluß für die anrollenden Flugzeuge, Fresnay-Aviation. Pompöse Tribünen und ein großes Restaurant mit ein paar hundert Tischen kommen dem französischen Savoir vivre entgegen. Die Organisation dieses Flugspektakels setzt ein für allemal Maßstäbe: direkte Telefonanschlüsse für die Journalisten auf den Tribünen, Dunkelkammern für die Entwicklung der Filme, Parkplätze, auch eine Reparaturwerkstätte für Autoreifen und eine Krankenstation. Ob Fernglasverleih, Blumenverkauf oder Schuhputzsalon, die Veranstalter haben an alles gedacht.
Auch die Höhe der ausgesetzten Preise deutet auf jenen »gallischen Elan«, den die Weltpresse alsbald, wohl auch ein bißchen neidisch, zu rühmen weiß. Den Großen Preis mit 100000 Francs hat sich die Champagner-Metropole Reims nicht nehmen lassen. Zusätzlich haben die Keller-Herren selbst in die Schatulle gegriffen: Heidsieck und Louis Roederer stiften den Schnelligkeitspreis (20000 Francs), Veuve Cliquot-Ponsardin den Passagierpreis (10000 Francs), Moët & Chandon den Höhenpreis (10000 Francs), Pommery & Greno den Rundenpreis (10000 Francs), Mumm den Lenkballonpreis (10000 Francs).
Einer der großen Sportmäzene der Zeit, James Gordon Bennett, hat außerdem dem Aéro-Club de France einen Wanderpreis gewidmet, den Gordon-Bennett-Preis der Lüfte, und auch um diese Trophäe geht es in Reims. Der millionenschwere amerikanische Zeitungszar hatte es stets verstanden, mit seinen Dollars für Aufregung zu sorgen. So hatte er Stanleys unvergessene Urwaldexpedition ins Innere Afrikas finanziert, in deren Verlauf der vermißte Livingstone aufgespürt wurde, und mit seinem renommierten Gordon-Bennett-Cup jahrelang den Automobil- und den Ballonsport gefördert. Auch dieses Mal verspricht sein 25 000-Francs-Preis für die schnellsten zwei Platzrunden ein Höhepunkt des Meetings zu werden.
Allerdings, die Erfahrungen des Jahres 1909 haben den Veranstaltern gezeigt, daß die von sparsamen Zeitgenossen als gewaltig empfundene Gesamtsumme der Preise, runde 200000 Francs, noch längst keine Garantie für das Gelingen der »Großen Woche« bieten konnte. An Warnungen hat es nicht gefehlt. In Monaco blieben die Veranstalter im Frühjahr 1909 auf ihrem stolzen 100000-Francs-Preis sang- und klanglos sitzen, weil keiner der Aviatiker ernsthaft Anstalten gemacht hatte, den verlangten kurzen

Flug über das Meer auszuführen. Ein Schauflug von Legagneux in Wien endete unter ironischen Bravorufen. In Juvisy, im Süden von Paris, mußten die geschäftstüchtigen Veranstalter mit Schrecken erleben, wie die Menschenmasse, die unter glühender Sonne vergeblich auf die versprochenen Starts gewartet hatte, in turbulente, lebensgefährliche Erregung geriet. Noch ist alles, aber auch alles, drin. Ein Aviatik-Meeting bleibt ein Hasardspiel mit ungewissem Ausgang.

Die Nachrichten aus den Lagern der Aviatiker in Frankreich klingen trotz allem verheißungsvoll und stimmen optimistisch. Neue Namen wie der des Blitzstarters Latham auf Antoinette machen seit dem Frühjahr die Runde. Henri Farmans erklärter Musterschüler heißt Roger Sommer und gehört zu jenem kleinen Kreis von Herrenfliegern, die in teuren Wagen, an der Seite einer elegant ausstaffierten Dame, auf dem Flugfeld vorzufahren pflegen: ein »Wunderflieger«.

Der 32jährige, betuchter Industrieller aus der Filzbranche, hat sich einen Henri-Farman-III-Doppeldecker mit einem 50-PS-Vivinus-Motor geleistet und steigert sich von Flug zu Flug; erst eine halbe Stunde, dann über eine Stunde, sogar über zwei Stunden. Schließlich überbietet er, inoffiziell, den Wrightschen Weltrekord um knappe 7 Minuten, kommt auf 2:27:15. Sommer, noch die Sportmütze, Schirm im Nacken, über dem bärtigen Gesicht, erzählt den Journalisten, daß er während des Fluges hinter sich ein beunruhigendes Geräusch gehört habe: *Ich sehe mich um und bemerke, daß sich ein Teil der Verstärkungsleinwand der unteren Tragfläche durch die Feuchtigkeit abgelöst hat und daß die rasche Bewegung der Luft den Beutel, der sich so gebildet hat, immer wieder aufbläht. Daraus resultiert ein Widerstand. Ich glaube schon, daß ich fallen werde, als der sich bauschende Stoff plötzlich zerreißt. Die Schraubenflügel haben ihn erfaßt und zerfetzen ihn. Der Apparat bekommt neuen Schwung. Er steigt mit Leichtigkeit ...*

Ein einfacher Mechaniker, auch das geschieht in diesen Sommermonaten des Jahres 1909, steigert sich zu einem Spitzenverdiener der Aviatik: Louis Paulhan. Sein Voisin-Doppeldecker, mit dem ihm im Juni die ersten Flüge gelingen, wird von einem 50-PS-Gnôme-Motor angetrieben – der erste Rotationsmotor in einem Flugzeug, Vorbote einer neuen Ära der blutjungen Fliegerei.

Von Dover her dringt der Rummel um Blériot auf den Kontinent herüber – Musik für die Geldgeber in Reims. Wer will sich jetzt noch das neuerliche Duell der beiden Kanalkontrahenten Blériot und Latham entgehen lassen? Nur die Wrights selbst sind in Reims geschäftlich verhindert, haben in Amerika, in London und Berlin zu tun – sie lassen fliegen, schicken den jungen Ingenieur Lefèbvre, den Grafen Lambert und Paul Tissandier. An Stelle der Wrights hat der Aero-Club der USA für den Gordon-Bennett-Cup einen anderen Amerikaner nominiert, Glenn Curtiss, delikaterweise den unversöhnlichsten Gegner der Wrights in ihrem weltweiten Patentstreit in Sachen Verwindung.

Zwei Wochen vor Beginn des Meetings kommt Leben in die Holzschuppen, die die Namen der »Rennställe« tragen: Voisin, Farman, Antoinette, Curtiss, Wright, Blériot, Esnault-Pelterie. Lastwagen rumpeln herbei. Auf den Holzbühnen vor den Schuppen stehen die Tragflächen wie Versatzstücke im Filmatelier; Mechaniker montieren die Flugzeuge. Die wichtigsten Konstruktionen fliegen gegeneinander: Wright gegen Voisin, Farman und Curtiss bei den Doppeldeckern, die stupsnäsige Blériot gegen die elegante Antoinette bei den Eindeckern.

Die Kämpen erscheinen zum Training auf der Walstatt. Henri Farman hat sich noch eine Woche vorher im Gesicht verbrüht, als der Kühler auseinanderflog, aber er startet. Lathams Gesichtsverletzung, die von der zweiten Notwasserung im Kanal herrührt, ist verheilt. Selbst Blériot erscheint, o Wunder, ohne sichtbare Blessuren. Glenn Curtiss verstaucht sich beim Sturz mit seinem Flugzeug einen Fuß. Esnault-Pelterie zerschlägt sich im Boxkampf mit einem hemdsärmeligen Kutscher die Hand; er trägt den Arm in einer Bandage. An langen Tafeln sitzen mittags die Flieger mit ihren Mechanikern beim Essen, alle noch voll Zuversicht und guter Dinge.

Indes, die »Große Woche« beginnt mit einer Katastrophe: Bétheny versinkt in kreidigem Morast. Alles läßt sich eben organisieren, bloß das Wetter nicht. Der Himmel, jener Himmel, dem das gewaltige Unternehmen doch gilt, das jetzt Zehntausende mobilisiert, hat alle Schleusen geöffnet, und manchem nachdenklichen Betrachter der dreckigen Szene mag dieser Sturzregen wie ein letzter Aufstand der Elemente gegen die windigen Himmelsstürmer erscheinen. Selbst der *Flugsport*, das nüchterne Fachblatt von Oskar Ursinus, kommt ins Fabulieren: *Vater Zeus zog seine Stirn in Falten, er war gar übler Laune. Weder die klugen Ratschläge seiner Schwester Ceres, noch die tröstenden Liebkosungen seiner Ehegenossin Juno vermochten die drohenden Schatten aus seinem Götterantlitz zu verscheuchen. Jetzt galt's zu handeln. Sämtliche Heerscharen wurden alarmiert, und es erging der Tagesbefehl, daß der Frevelmut der Menschen zu bestrafen und ihrem wahnwitzigen Unterfangen mit allen Mitteln entgegenzutreten sei.* Schlamm und Morast. Die Piloten stapfen gestiefelt durch die tiefen Pfützen, und die Damen raffen, so gut es halt geht, ihre knöchellangen Röcke. So richtig kommen nur die Schuhputzer auf ihre Kosten.

Kurze Flüge am Sonntagvormittag. Schwerer Boden, Wind und Schauer, die Männer hocken sich unter die Tragflächen. Bald weht eine schwarze Flagge auf der Place Royale zu Reims, flattern die nassen, schwarzen Lappen auch auf dem Flugfeld, das bedeutet: kein Start möglich – Wasser auf die Mühle all derer, die das Treffen als verfrüht bezeichnen, die an Monaco und Juvisy erinnern. Erst am Nachmittag gegen 5 Uhr werden die schwarzen Flaggen eingeholt, steigen hoffnungserweckend weiße hoch (vielleicht wird geflogen), folgen endlich, endlich die roten: Fliegen. Jubel bei den Massen, die kein Regen, kein Morast hat abschrecken können. In der nächsten Viertelstunde rollen zehn Flugzeuge zum Start, tummeln sich drei, vier, fünf, in einem Augenblick sieben auf einmal in der Luft, nebeneinander, übereinander – unfaßbar ist das, nie zuvor geschaut. Da nimmt sich das Chaos auf dem Rückweg mit festgefahrenen Automobilen, die im fah-

len Licht der Azetylen-Scheinwerfer aus dem Dreck geschoben werden, nur noch als Zugabe aus.
Montag morgen, zweiter Tag, Wind. Gegen 11 Uhr schwebt erst einmal das französische Militärluftschiff »Colonel Renard« gelb und dick über dem Feld von Bétheny. Bei völliger Windstille gehen dann Delagrange, Bunau-Varilla, Paulhan, Fournier, Latham nacheinander an den Start, Bewerber um den großen Preis, wie die Signale am Mast melden; weiße, rote, schwarze Kegel, Kugeln oder Zylinder, deren Kombinationen anhand des Programmhefts entziffert werden müssen.
Das umständliche System von Chiffren informiert die Zuschauer über Absichten und Erfolge: in welchem Preis die Flieger zu konkurrieren gedenken, und später dann, was sie wirklich geschafft haben. Noch können, noch dürfen die Veranstalter keine feste Startfolge bestimmen. Die Piloten fliegen, wenn sie Wind und Böen glauben meistern zu können. Ihre Flugzeuge rollen zum Startplatz vor die Zeitnehmer, wenn die Mechaniker sie hingetrimmt haben; manche mit eigener Kraft, manche von einem Pferd gezogen oder von Soldaten geschoben – oft genug auch gleich wieder zurück zum Flugzeugschuppen. Paulhan fliegt fünfmal die Bahn ab; Blériot gelingt ein Bahnrekord, der bald von Curtiss geschlagen wird (dessen Geschwindigkeit: 69 km/h). Farman, so sehr in der Favoritenrolle, daß ihn die *Times* vorsichtshalber noch einmal ausdrücklich als Briten deklariert hat – Farman hat kurz eine Runde gedreht und ist verschwunden.
Dienstag, Präsidententag, der Schirmherr gibt sich die Ehre, bringt starken Wind und schlechtes Wetter mit, so daß bis zum Nachmittag an Fliegen nicht zu denken ist. Monsieur Fallière macht samt Gefolge höflich und interessiert die Runde von Schuppen zu Schuppen. Der Voisin-Flieger Etienne Bunau-Varilla, 19 Jahre alt und den Francs-Millionen des *Matin* verwandtschaftlich verbunden, schwenkt artig die Mütze, als er in geringer Höhe als erster an der großen Tribüne entlangschnurrt. Blériot und Curtiss schaukeln sich hoch, werden schneller. Zwischen ihnen, zwischen dem spritzigen französischen Eindecker und dem leicht antiquierten amerikanischen Doppeldecker, muß am Samstag die Entscheidung im Gordon-Bennett-Cup fallen. Abends stürzt sich die aviatische Welt ins offizielle, ins Champagner-Vergnügen.
Schwärzliche Wolken am Mittwoch morgen, schwarze Flaggen, skeptische Blicke der Piloten. Kein Flug bis zum Nachmittag, dafür harte Arbeit vor den Schuppen, an den Maschinen. Immer und überall der gleiche Ärger: verstopfte Vergaserdüsen, verrußte Zündkerzen. Jeder »Rennstall« hat sich eine Fabrik im kleinen aufgebaut, das »Atelier«, besetzt mit einer Truppe von Mechanikern, die das Wort Überstunden nicht kennen und die sich zu jeder Tages- und Nachtzeit, wann immer sie gerade ein paar Stunden Ruhe finden, neben den Flugzeugen verkriechen. Vor allem die rationell arbeitende Blériot-Mannschaft, die ohne große Worte, fast ohne Anleitung Maschinen klarmacht und Motoren »hochkitzelt«, beeindruckt die – wenigen – Kenner. Esnault-Pelterie plagt sich die ganze Woche, seinen roten REP-Eindecker startklar zu machen – vergeblich.

Im Voisin-Stall haben die Mechaniker alle Hände voll zu tun. Der Neuling Henry Fournier, Weltrekordfahrer und einst Sieger der Fernfahrt Paris–Berlin, der seinen Namen auf seinem Voisin plakatieren läßt, dazu noch an der Schwanzbespannung die Genußmittelmarke »Imperial Crown« und darunter »Moteur Itala« – Fournier, der geldversessene Profi, sorgt für Kleinholz. *Als ich kopfüber stürze*, berichtet er, *von einem Wirbel gepackt, der mich von der Seite erfaßt und zu Boden schleudert, schieße ich mit einer Geschwindigkeit von 60 km/h dahin. Wenn ich im Auto gewesen wäre, hätte ich einen Todessturz gemacht. Aber ich sitze im Aéroplan, und der ist aus Holz. Als ich auf die Erde aufschlage, fühle ich das allmähliche, elastische Brechen der einzelnen Teile meines Aéroplans, das mich rettet.* Er stürzt nicht bloß einmal.
Einen läßt die hektische Betriebsamkeit in der Schuppenstadt, die Spannung zwischen den Firmen kalt: Glenn Curtiss, den Mann aus New York, der wie ein exotischer Falter bestaunt wird. Ein paarmal steigt er in seinen »Golden Flyer«, einen stark verspannten Doppeldecker mit vorn liegendem Höhensteuer und einem 30-PS-Curtiss-Motor, klemmt sich zwischen Streben an sein Steuerrad und springt nach höchstens 30 m in die Luft. Tief fliegend dreht er eine seiner schnellen Runden und legt sich wieder in den Liegestuhl vor dem Hangar, stets ansprechbar für Damenbesuch. Auf seinem Schuppen wehen die Stars and Stripes.
Curtiss, Jahrgang 1878, hatte wie so viele Männer der Frühzeit, wie Farman, wie die Wrights, wie Anzani, mit dem Fahrrad begonnen, sich dann dem Motorrad zugewandt und mit leichten Motoren experimentiert. Schon 1906 hatte er mit den Wrights Kontakt. 1908 stieß er auf einen Mann, dessen Erfindungs- und Schaffensdrang einen neuen Tätigkeitsbereich suchte: auf Alexander Graham Bell, den ehemaligen Taubstummenlehrer, der das Telefon erfunden hatte. Der weise, würdige Patriarch mit silberner Bartkrause, in Sachen Fliegerei ein interessierter Amateur und Dilettant, hatte Erfahrung genug, die sich in Amerika und Kanada regenden Kräfte in der »Aerial Experiment Association« zusammenzufassen – ohne die Wrights freilich. Aus dieser Association wird sich die Anti-Wright-Fraktion rekrutieren, die den Brüdern die geschäftliche Nutzung ihrer Erfindungen, vor allem den unerbittlichen Patentkrieg gegen Konkurrenten, übelnimmt und ihnen die Hölle heiß macht.
Die Begegnung zwischen Bell, dem Mann mit Namen, Einfluß, Geld, und Curtiss, dem Motorradrennfahrer und Motorenkenner, brachte die Entwicklung der Aviatik in Amerika voran. Die »June Bug«, die Juni-Wanze, flog seit Juli 1908 in aller Öffentlichkeit und mit Erfolg. Zusammen mit dem Ingenieur Herring, einem erfahrenen Gleitflieger aus Octave Chanutes Fliegerlager, gründet Curtiss 1909 die »Herring-Curtiss-Company«. Im Juni verkauft die Gesellschaft ihre erste Maschine an die »Aeronautic Society of New York«, in der sich Flugenthusiasten mit einem eigenen Flugfeld, einem Flugzeug und Motoren zusammengefunden haben. Es ist der erste Flugzeugverkauf in Amerika überhaupt, Kaufpreis 7500 Dollar. Mit einem neuen, gerade fertig gewordenen Flugzeug, dem »Golden

Flyer«, ist Curtiss nach Reims gekommen, und er kennt nur ein Ziel: die Trophäe des Gordon-Bennett-Cup nach Amerika zu holen. Genauer gesagt: den Wrights eins auszuwischen, die behaupten, Curtiss habe Wrightsches Gedankengut verarbeitet. Das ist nicht die einzige Rechnung, die in Reims beglichen wird. Farman sinnt auf Rache an Voisin. Latham will es Blériot zeigen. Private Duelle.

Donnerstag, vierter Tag, am Nachmittag werden die Maschinen wieder zum Start gezogen oder geschoben. Fournier kehrt schon bald hoch zu Roß zu seinem Team zurück: Bruch. Paulhan, der »kleine Paulhan«, wie alle sagen, ist der Mann des Tages. Bei lebhaftem Wind fliegt er Runde um Runde, gegen unruhige Luft ankämpfend, die seinen Apparat schüttelt. Paulhan schlägt den Weltrekord der Flugdauer um 23 Minuten und kommt auf 2 Stunden, 43 Minuten, 24 Sekunden, wobei er 133,676 km zurücklegt; damit hat er auch den Weltrekord der Flugdistanz um 10 km verbessert. Nur der Mangel an Treibstoff zwingt ihn zur Landung. Das Zauberwort »Gnôme« macht auf den Tribünen die Runde. Der Favorit aber, Farman, bleibt wie vom Erdboden verschluckt. In seinem Schuppen wird hinter verschlossenen Türen geschuftet.

Die Spannung am Freitag wächst: Großer Preis, letzter Tag. Auf der Straße von Reims zum Flugplatz, auf diesen paar Kilometern, schieben sich endlose Fußgängerkolonnen auf beiden Seiten zum Flugplatz, fast stehender Verkehr, Hochbetrieb in den Schuppen-Bistros, in den Kneipen-Zelten, bei Spielzeugverkäufern und Handleserinnen: Jahrmarktstreiben, Kirmesstimmung. Die Taxifahrer aus Paris kassieren horrende Summen, ohne rot zu werden. Schon seit Wochen sind die Betten in Reims und Umgebung ausverkauft, jede Ecke ist belegt, die sich zum Schlafen eignet. Fanatiker kampieren unter den Tribünen, vermögende Sportliebhaber in ihren Autos, die Kamera auf dem Wagendach. In Vierer- und Fünferreihen steht das Publikum hinter dem Zaun, geduldig des Augenblicks harrend, da die ersten Flugzeuge auf dem Startplatz aufgeregt hin und her rollen, riesigen Hühnern gleich, die über den Hof flattern.

Sektfrühstück im Restaurant, High Life auf der Tribüne: Exzellenzen, Minister, Generäle, Lloyd George, Sir Hiram Maxim, Lord Northcliffe. Das Weiß der britischen Offiziersmützen leuchtet. Die Damen konkurrieren mit ausladenden Hutkreationen, Lorgnetten folgen den kühnen Fliegern. Latham (Lesem, wie die Engländer, Lathám, wie die Franzosen sagen) macht Faxen. Läßt die Steuerräder los und schwenkt die Mütze, stützt wie ein Denker das Kinn in die Hand und steht einmal sogar auf, um auf seinen Rivalen Delagrange herabzuschauen. Nur Latham könne die »Antoinette« fliegen, sagen die Konkurrenten; aber das sagen sie von Blériots Eindecker auch. Die Zuschauer schwenken Hüte, Taschentücher, Programmhefte. »Latham! Latham!«

Latham übernimmt die Rolle des Favoriten im Großen Preis: er überbietet Paulhans taufrischen Weltrekord in der Flugdistanz um fast 20 km, bleibt aber wegen Benzinmangel hinter Wrights magischer Zeitmarke. Er fliegt bei Gegenwind von 10 m/s, zeitweilig bei einem Gewittersturm. Blériot

verliert bei einem Flug mit Passagier die Kontrolle und durchbricht einen Zaun; beiden Insassen passiert nichts. Auch Paulhan hat Pech an diesem Freitag. Er startet, hat sich schon vom Boden erhoben, ist etwa 3 m hoch, als Delagrange aus der entgegengesetzten Richtung (Augenzeugen: »in rasendem Tempo«) auf ihn zufliegt. Paulhan sieht die Gefahr in der Schrecksekunde vielleicht zu kritisch, kann auch nicht schnell genug an Höhe gewinnen und drückt, letzte Rettung, das Steuerrad des Voisin nach vorn. Der Doppeldecker kracht auf die Erde, eine Fläche und das Höhenruder zersplittern. Delagrange schwirrt über ihn hinweg. Die Spannung entlädt sich in einem hysterischen Schrei. Delagrange landet, stürzt auf Paulhan zu, der sich etwas benommen aus den Trümmern hochgerappelt hat und umarmt ihn schuldbewußt. Schließlich muß der immer freundliche, immer lächelnde Paulhan noch Delagrange trösten. Doch Paulhans aussichtsreiche Chance im Kampf um den Großen Preis ist dahin.
Henri Farman spannt alle Briten, die für ihn den Daumen drücken, auf die Folter. Erst am Nachmittag läßt er seinen Doppeldecker an den Start rollen. Erst jetzt, 40 Minuten vor dem offiziellen Startschluß für den Großen Preis, zeigt sich, auf welch gewagtes Spiel sich Farman eingelassen hat und was in den Tagen und Nächten, als es in seinem Holzschuppen rumorte, passiert ist: Der Brite hat mitten im Meeting einen Motorenwechsel riskiert. Er hat sich mit zwei Mechanikern in einem Hangar eingeschlossen, abgeschirmt gegen den unliebsamen Besuch jener hohen und höchsten Herrschaften, die staunend Leinwand und Bambus betasten, und ist von heute auf morgen, während die Konkurrenten fleißig ihre Runden drehen, auf ein bis dahin kaum erprobtes Motorensystem umgestiegen, auf den Rotationsmotor. Dabei ist der neue Gnôme, der den schweren, müden Vivinus ersetzt, fast zu spät gekommen. Bruder Maurice (»Dick«) hat außerdem einen neuen Propeller auf der Schulter ins Fliegerlager geschleppt, die Integral-Schraube. Farman bleibt nicht einmal Zeit für einen Probeflug. Nur Henri Farman, dieser Arbeitsfanatiker, dem die Fans einen siebenten Sinn für Motoren zuschreiben, kann es sich erlauben, unter solchem Zeitdruck, ohne jeden Testflug Motor und Propeller zu wechseln. Farman fliegt. In seiner typischen Art dreht er Runde um Runde, immer nur ein paar Meter über dem Boden. Etliche Male spürt der »Tiefflieger« die Propellerböen der höher fliegenden Maschinen, die ihn auf die Erde zu drücken drohen. Aber kühl korrigiert Farman die Stöße, die Rechte am Hebel des Höhensteuers und der Querruder, die Füße auf den Pedalen des Seitensteuers, und zirkelt abgemessen und konzentriert die Bahn – jede Runde 10 Kilometer. Im Durchschnitt 10 Minuten. Er zieht nicht wie die meisten anderen Piloten vor den Pylonen hoch, um unter der Fläche Raum zu haben, und, wieder drückend, von neuem Fahrt zu gewinnen. Farman fliegt gleichmäßig tief, er nimmt die Kurven dank der vier wirkungsvollen Querruder an den Flächenenden in eleganter Schräglage und läßt sich nicht hinausschieben. Die Hunderttausende recken die Hälse; die meisten bekommen gar nicht mit, was vor sich geht. Sie hören nur das anschwellende Raunen und alle zehn Minuten das Knattern des Propellers.

100 Kilometer. Die Luftschiffe, die das Publikum unterhalten, lagern längst wieder vertäut auf der Erde. Farmans Gnôme-Motor läuft ohne Stottern, ohne Spucken – heller und blecherner im Klang als die anderen Motoren. Hinter Farman, hinter den Tragflächen rotieren die sieben Zylinder des luftgekühlten Motors in rasendem Wirbel um die Kurbelwelle, in Öl gebadet, vor Öl triefend – »Gargoyle ›Mobil‹ Öl«, das, schwarz und fettig, vom Propellerwind zerstäubt, die Rumpfstreben und die Ruderbespannung überzieht (Rockefellers Standard-Oil, längst weltweit aktiv, fliegt überall mit).

Farmans monotoner Rundkurs hypnotisiert die Menschenmasse. 133 km: Paulhans Rekord ist gebrochen. Geduldig läßt sich die Menge den Kopf verdrehen: links, rechts, links, rechts, um dem einsamen Flieger zu folgen. 154 km: Lathams Rekord – er war einmal. Begeisterung macht sich Luft. Farman fliegt zu tief für die Massen, die sich auf die Zehenspitzen recken und doch kaum sehen können, ob er die nächste, die übernächste Kurve schafft. »Jetzt ist er unten«, schreit einer. Laute Proteste, ausgestreckte Arme. »Da fliegt er doch!« Tatsächlich: es scheint, als könne Farman, als könne seine »30« ewig kreisen.

Es wird dunkler. Scheinwerfer strahlen die Türme an, die die rechteckige Strecke begrenzen; und immer wieder taucht in ihrem Licht Farmans Doppeldecker auf. Seine Mechaniker, seine Freunde können es nicht fassen, warten jede Sekunde auf das Ploppern der Fehlzündungen, die das Ende ankündigen müssen. Nichts. 170 Kilometer. Die 17. Runde – der Preis ist ihm sicher – dauert exakt eine Zehntel Sekunde länger als die erste Runde drei Stunden zuvor. Hunderttausende Stimmen finden sich zu einem frenetischen Chor, der den 50-PS-Motor in Farmans Rücken übertönt wie Meeresrauschen, ein einziger tosender Schrei, grandiose Klangkulisse des Triumphs. Ein paar später nicht gerechnete Kilometer als Zugabe, dann landet Farman, völlig Herr der Maschine, vor den Tribünen. Die Massen, von der Polizei nicht zu halten, stürzen aufs Flugfeld. Farman zeigt im Gesicht kaum Spuren der letzten Stunden, der vergangenen Tage und Nächte. In diesem einen Augenblick sind alle Rivalitäten um Preise und um Märkte vergessen, werden Farmans Mechaniker Herbster und Charlot in die Hommage an den großen Flieger einbezogen. 3 Stunden, 4 Minuten und $56\,^{2}/_{5}$ Sekunden sind die offiziell bestätigte Zeit, Wrights Rekord: vergessen. Die Proteste wegen des Motorenwechsels lassen nicht lange auf sich warten (und werden abgewiesen).

Am nächsten Tag die pièce de résistance, der Gordon-Bennett-Cup. Glenn Curtiss bringt seinen »Golden Flyer« nach 10 Uhr an den Start und versucht sich erst einmal im »Prix de Tour de Piste«, bei dem die Zeit für eine Runde gewertet wird. Sein V8-Motor läuft vielversprechend, die Runde über 10 km geht mit 7 Minuten $55\,^{2}/_{5}$ Sekunden an ihn. Das macht Mut. Beim Cup entscheidet die Flugzeit von zwei Runden. Curtiss, einmal in Stimmung, geht auf die Jagd, braucht 15 Minuten $50\,^{2}/_{5}$ Sekunden – Lefébvre, der bravouröse Wright-Flieger, 5 Minuten länger. Es sieht nicht gut aus für Frankreich. *Ich glaube, daß die turbulente Luft mir geholfen*

hat, sagt Curtiss, ganz naiv. Dabei hat eine der aufkommenden Böen ihn fast aus dem Sitz geschleudert; er fliegt unangeschnallt.
Latham und Blériot warten bis zum Nachmittag. Blériot hat in Curtiss von Anfang an den ärgsten Konkurrenten gewittert. Er arbeitet während des ganzen Meetings an seinem Apparat, um das Letzte herauszuholen, wechselt zweimal die Schraube, verkleinert schließlich sogar die Tragfläche. Die erste Runde fliegt Blériot in 7 Minuten 53 Sekunden; das entspricht der zweiten, der schnelleren von Curtiss. In der zweiten Runde aber wirft ihn eine Böe aus der Bahn: Sie kostet ihn zehn alles entscheidende Sekunden. Es muß eine grimmige Genugtuung für Curtiss sein, die auf 12500 Francs geschätzte Trophäe des Gordon-Bennett-Cups, ein himmelstrebender Jüngling mit Flügeln, über dessen Kopf ausgerechnet eine Wright-Maschine schwebt, nach Amerika, ins Land der Gebrüder Wright, seiner Intimfeinde, zu entführen. (Herring, sein Kompagnon, will auch etwas von dem Geld sehen und verklagt ihn – der Beginn der Trennung.)
Im Rundenpreis nimmt Blériot an Curtiss Revanche: er fliegt mit 7 Minuten 47⁴/₅ Sekunden die schnellste Bahnrunde – ausgleichende Gerechtigkeit. Für Farmans Doppeldecker, der mit dem neuen Gnôme-Motor zur Höchstform aufläuft, gibt es im Passagierpreis keine Konkurrenz: nur Farman bringt es fertig, zwei Passagiere 10 Minuten und 39 Sekunden lang in der Luft zu halten. Insgesamt 63000 Francs hat Henri Farman, der unumstrittene Sieger von Reims, schließlich kassiert. Latham kommt auf 42000 Francs und erhält vom *Petit Journal* als der vielseitigste, der beständigste Pilot noch 10000 Francs obendrauf. Mit 150 m hält er jetzt den Höhenrekord; im Distanzflug ist er Zweiter, im Geschwindigkeitswettbewerb Dritter geworden. Blériot zieht mit mageren 7000 Francs ab. Diese Runde geht eindeutig an Latham.
Jetzt, nach sieben Wettbewerbstagen, kabeln die Journalisten ihr Resümee hinaus in die Welt, und es gibt kaum einen, der nicht begreift, der es nicht sagt: In dieser Woche ist Geschichte gemacht worden. Reims bedeutet den endgültigen Triumph des »dynamischen Fluges«, den Bruch mit der Herrschaft des aerostatischen Prinzips »leichter als Luft«. Die Flugmaschinen sind viel weiter entwickelt, als die Öffentlichkeit bis dahin wahrgenommen hat. Die scheinbar so zerbrechlichen Kisten, mit der keine Versicherung etwas zu tun haben will, jagen mit fast 80 km/h an den Tribünen entlang und schwingen sich über 100 Meter hoch hinauf in die Lüfte. Nein, das ist kein halsbrecherisches Spielzeug mehr, so viel dämmert den Generälen auf der Tribüne, wenn sie die Piloten Seite an Seite um jeden Meter kämpfen sehen und mit ihren Ferngläsern den spielerisch sich überflügelnden Maschinen folgen. Mochten die Skeptiker auch einwenden, daß die Zahl der gelungenen »Auffahrten« immer noch bescheiden sei, gemessen an den vielen verunglückten Versuchen (von den 38 gemeldeten Flugzeugen haben tatsächlich nur 32 starten können, ein paar bloß zu kurzen Hopsern) – die Endabrechnung von insgesamt 2462 geflogenen Kilometern gibt denen recht, die Reims einen »Wendepunkt«, den Beginn einer neuen Ära nennen. Bereits im September ordert das französische Kriegsministerium die

ersten Flugzeuge, und Tristan Bernard, der mit seinen Aperçus das Pariser Theaterpublikum amüsiert, sagt voraus: *In fünf Jahren wird die Zahl der Flugmaschinen derartig gewachsen sein, daß sie die Sonne verfinstern werden und man genötigt sein wird, ein Flugverbot auszusprechen. Aber man wird für sie, wie für die Untergrundbahn, geräumige Tunnels bauen, die prächtig erleuchtet werden.*

Die Frage nach der Überlegenheit von Ein- oder Doppeldeckern wird in Reims nicht geklärt. Viele Piloten pflegen eher auf den Doppeldecker zu setzen. Bei ihm, sagen sie, haben sie in kritischen Situationen doppelt so lange Zeit zu reagieren. Freilich: In keinem der wichtigen Wettbewerbe taucht der klassische Doppeldecker, der von den Wrights, auf dem ersten Platz auf. Schlimmer noch: Keinem Fachmann können die Schwierigkeiten der »knüppelnden«, schwer arbeitenden Wright-Piloten verborgen bleiben, die mit dem vorn liegenden, zu hart wirkenden Höhensteuer ihre Probleme haben.

Es grenzt schon ans Unglaubliche, daß die Franzosen mit ihren ausdauernden und schneller gewordenen Modellen, mit einem zukunftsweisenden Motor den Vorsprung der Amerikaner aufgeholt haben und selber in Führung gegangen sind. Es wird zwei Jahrzehnte dauern, bis Amerika wieder ein Wörtchen mitzureden hat, dann aber ein gewichtiges. Für die beiden Wrights werden die nächsten Wochen und Monate zu einem Wettflug mit der Zeit. Ihr Monopol auf Dauerflüge, das sie zuvor noch forsch auf Millionen veranschlagen durften, verliert nun von Tag zu Tag an Wert. Reims, eine »Revue von aktuellstem Inhalt« (so ein Journalist), hat Signalwirkung. Spontan werden französische Flieger für ein Berliner Flugmeeting verpflichtet, obwohl es noch gar keinen Flugplatz gibt. Und noch im fernen Rußland halten Augenzeugen in den nächsten Monaten Vorträge, zeigen einem staunenden Publikum die Fotografien.

Sonntag, letzter Tag, Ausklang in Reims. Paris macht sich früh auf die Beine, noch einmal klingeln die Kassen. Mehr als eine Million Zuschauer haben während der »aviatischen Woche« fast eine Million Francs bezahlt. Die Veranstalter sind auf ihre Kosten gekommen, Reims und Umgebung bis auf die letzte Flasche ausgeplündert.

Schon am Vormittag gab es Zucker für all die, denen es nur um die Sensation geht. Léon Bathiat, alter Tandem-Gegner der Farmans, ist auf dem Breguet-Doppeldecker gestartet, ein Rad unter dem Rumpf, je ein Rad an den Tragflächenenden, hat eine Kurve zu kurz genommen und die Erde berührt. Nach schlingernden Bewegungen überschlägt sich die Maschine, Bathiat wird herausgeschleudert, aus. Für den Augenblick jedenfalls. Denn der robuste Doppeldecker mit vorn liegendem Zugpropeller (und nicht wie bei Voisin, Curtiss, Farman, mit hinten liegendem Druckpropeller) erweist sich als Modell mit Zukunft, als das Flugzeug, auf das die Militärs warten.

Blériot hat mit seiner »XII« ungefähr 75 km/h erreicht, als der Motor ausfällt. Wie ein Stein plumpst der Eindecker auf die Erde, das Benzin fängt Feuer. Beherzte Helfer können Blériot aus den Trümmern ziehen, er hat sich die Hände verbrannt. *Ein Beweis*, schreibt aus Reims Dr. Herbert

Elias, Chefredakteur der *Illustrierten Aeronautischen Mitteilungen,* Berlin, *ein Beweis, wie ungefährlich der Flugsport ist.* Der Satz ist typisch für den lebensfrohen Optimismus dieser Zeit, die in dem Tod des Leutnants Selfridge, der ja bloß Wrights Passagier war, nicht mehr als einen Ausrutscher des ansonsten wohlmeinenden Schicksals sehen will.

Reims, in der Tat, ist bis auf ein paar Blessuren noch einmal glimpflich abgegangen. Am 5. September aber stürzt Eugène Lefèbvre aus 6 m Höhe, jener sympathische, junge Ingenieur, der das Publikum in Reims noch eine Woche zuvor mit seinen waghalsigen Einlagen, mit seinen Tiefflugattacken auf Flugfeld-Fotografen so prächtig unterhalten hat. Lefèbvre, 25 Jahre alt, stirbt beim Routine-Testflug eines in Frankreich gebauten Wright-Doppeldeckers.

Zwei Wochen später verunglückt Ferdinand Ferber, der Mann, der Lilienthals Erbe in Europa verwaltet. In Reims hat er unter seinem Pseudonym »de Rue« ohne Fortune gekämpft, er ist nie ein großer Flieger gewesen. Doch unvergessen bleiben seine Verdienste um die frühe Popularisierung des Flugsports in Frankreich, denen das Land nun seinen Aufstieg zur aviatischen Weltmacht verdankt. Ferber wird unter dem Motor hervorgezogen und stirbt Minuten später an inneren Blutungen.

Die Zeit der technischen Spielerei, jene Jahre, in denen das Fliegen, ja das Abheben vom Boden noch eher die Ausnahme war, haben ein Ende. Es wird ernst. Entscheidend ist die Geschwindigkeit, predigt Blériot immer wieder. Doch damit, mit größerer Geschwindigkeit und Höhe, nimmt die Materialbeanspruchung, nimmt das unberechenbare Risiko zu. Etliche der lebenslustigen Jungen, die in Reims ausgelassen die Champagnerflaschen kreisen lassen, werden die nächsten Monate, die nächsten Jahre nicht überleben.

Idol gegen Kumpel

Zeppelins Erfolge machen andere Länder nervös. Die Briten sehen Ufo-Erscheinungen am Nachthimmel: Deutsche Zeppeline. Am 29. August 1909 jubelt Berlin dem Grafen zu – »Zeppelin-Tag«. In Tegel trifft er Wilbur Wright. Auch die Franzosen kommen, um den Deutschen das Fliegen zu zeigen. In Johannisthal, auf dem ersten deutschen Flugfeld, holen sie sich jede Mark, die es zu gewinnen gibt. Latham fliegt von Tempelhof nach Johannistal. 10 Minuten dauert dieser erste deutsche Überlandflug.

Ein Gespenst geht um in Europa – das Gespenst der Zeppeline. Mag die französische Presse nach den Erfolgen der Flugwoche von Reims auch hämisch über die Fahrtunterbrechungen und Notlandungen der gasgefüllten deutschen Luftschiffe herziehen – Schadenfreude ist die schönste Freude – die Stimmung des Jahres 1909, ohnehin schon nicht die beste im Europa der Großmächte, der gehässigen Konkurrenten und eifersüchtigen Rivalen, wird durch die Existenz der Zeppeline noch zusätzlich belastet. Mit einer hochemotionalisierten Willensbekundung hatte das deutsche Volk nach der »LZ 4«-Katastrophe von Echterdingen im August 1908 ein stattliches Vermögen von 6096555 Mark für Zeppelin aufgebracht, Geld genug für die »Zeppelin-Stiftung«, dem Grafen die verauslagten Mittel zurückzuerstatten, Vorhandenes zu verbessern und Neues, Größeres zu verwirklichen.
Andere Völker, vor allem die selbstbewußten Briten, werden bei solchem Muskelspiel nervös. Der deutsche Konkurrenzdruck auf traditionell nach England orientierte Märkte, das Selbsttor mit dem »Made in Germany«-Gesetz, der unheimliche Ehrgeiz, mit dem sich der deutsche Kaiser und Admiral Tirpitz auf den Ausbau der Schlachtflotte werfen, dieser »Luxusflotte«, wie Winston Churchill, Erster Seelord, mäkelt, verheißt den Briten nichts Gutes für die Zukunft, macht sie mißtrauisch gegen eine Welt, die ihnen ihre imperiale Vormachtstellung neiden könnte. Wozu, so fragen die Zeitungen gereizt, wozu sollen denn die Riesenluftschiffe des unverwüstlichen Grafen dienen, wenn nicht zur Attacke auf die Nachbarn? Zu spät hat die Regierung in London, in maritimem Denken befangen, die möglichen Gefahren aus der Luft erkannt. Jetzt sehen sich die Briten, völlig auf das Wettrüsten der Hochseeflotten konzentriert, unvermittelt den Zeppelinen der Deutschen und den Flugzeugen der Franzosen ausgeliefert.
Gerade zu diesem kritischen Zeitpunkt erscheint in England ein Buch über den Luftkrieg der Zukunft, das die Furcht vor der Existenz neuer, unbe-

kannter Machtmittel bis zur Hysterie schürt. Der Autor, R. P. Hearne, hat die Möglichkeiten kriegerischer Aueinandersetzungen unter dem Gesichtspunkt der neuen Gefahr aus der Luft kombinatorisch durchgespielt: den Konflikt mit Frankreich, den Krieg mit einer deutsch-französischen Koalition, den Kampf mit Deutschland – ein Kampf, der, laut Hearne, in Zukunft unter Einsatz von benzin- und petroleumgefüllten Bomben mit großer Brandwirkung, von Stinkbomben mit giftigen Gasen, von Lufttorpedos und Luftminen geführt werden könnte.
Was der Autor (»Ich verabscheue den Krieg!«) als Denkanstoß anbietet, was der vielgelesene H. G. Wells auch noch zu dem feurig-blutigen Science-Fiction-Roman *Der Luftkrieg* ausmalt, an dessen Ende nach gräßlichen Luftschlachten eine aus den Fugen geratene, total demolierte Welt steht, kann empfindliche Gemüter tatsächlich um die Teeruhe bringen. Wells Phantasie verlegt den Zukunftskrieg nach Amerika, sieht eine deutsche Luftflotte über New York und die Entscheidungsschlacht über den Niagarafällen stattfinden. Hearnes Warnungen klingen realistischer. Er spricht von deutschen Luftschiffen über England, die im Schutz der Dunkelheit, unerwartet und unerreichbar, Flottenstützpunkte überfallen und so den Boden für die von langer Hand geplante Invasion bereiten. Überraschung sei der »schrecklichste Zug des Luftkrieges«. Nichts scheint jetzt noch sicher: *Zwei Luftschiffe könnten genügen, durch gar nicht abzuschätzende Zerstörungen einen wichtigen Teil unserer Flotte außer Gefecht zu setzen.*
Wen wundert es, daß in diesem Klima von Angst und Massensuggestion wie gerufen unbekannte Flugobjekte am Nachthimmel auftauchen, die fatal an bekannte Flugobjekte, nämlich an deutsche Zeppeline erinnern? Mr. Lefbridge, fahrender Künstler notabene, gibt zu Protokoll: er sei nachts zum Cearphilly-Berg hinaufgestiegen. Auf dem Gipfel habe er ein riesiges Ding in Form einer Zigarre gesehen. Zwei Männer hätten dicht dabeigestanden, sie hätten dicke Pelzröcke und Mützen getragen, die vom Kopf nur das Gesicht freiließen. Lefbridge will sich dem Objekt bis auf fünfzig Schritt genähert haben, als ihn die beiden entdeckt und hastig etwas vom Boden gehoben hätten, wobei sie ärgerlich in einer fremden Sprache zu schimpfen schienen. Plötzlich, so Mr. Lefbridge, habe sich das lange Ding von der Erde erhoben. Als es einige Fuß hochgestiegen sei, hätten sich die beiden Männer in eine vom Luftschiff herabhängende Gondel gesetzt, die unten Räder hatte, und seien in Richtung Cardiff davongeflogen. Über den Docks von Cardiff wird das Fahrzeug nochmals ausgemacht. *Zwei scharfe Lichter durchdrangen die Dunkelheit, Motoren surrten.*
Rätselhaft wie der Besuch muß die Hinterlassenschaft erscheinen. Reporter finden angeblich, neben anderem, Ausschnitte aus englischen Zeitungen über Luftschiffe und die deutsche Armee. Tagelang geistert im Mai 1909 der sogenannte »Fliegende Holländer« durch Zeitungen und über den Nachthimmel, in Deutschland begleitet von ratlosen Kommentaren: *Vergeblich bemühen wir uns in unseren aufgeklärten Tagen, die Quellen solch modernen Aberglaubens aufzuspüren.*

Bezeichnenderweise entwickeln die »Gespenster-Luftschiffe«, diese Materialisationsphänomene eingebildeter und unterstellter Eroberungsgelüste, nur über der britischen Insel jene nachtwandlerische Sicherheit, mit der sie von der Nordsee kommen, ihre Scheinwerfer spielen lassen und sich dann surrend in Richtung See wieder entfernen. Über Deutschland selbst erweisen sie sich als höchst reparaturanfällig.

Zeppelin hin, Zeppelin her,
Zeppelin hat kein Luftschiff mehr.
Zeppelin auf und Zeppelin nieder,
Zeppelin hat ein Luftschiff wieder.
Zip, Zap, Zeppelin,
's Luftschiff ist schon wieder hin,

zählen die Kinder beim Spielen. Das klingt nach Volkesstimme, hört sich anders an als die gedrechselten Lobeshymnen auf den »Luft-Großadmiral« (so der Dichter Ernst von Wolzogen). Und es trifft den Kern.
Dabei imponiert Zeppelins visionäre Kraft. Scheinbar unberührt von schmählichen Havarien, kalkuliert er in öffentlichen Vorträgen schon ganz ernsthaft Kosten und Erträge des praktischen Luftschiffbetriebs durch, nachdem er begriffen hat, daß der Zeppelinbau vom Militär allein nicht leben kann. Für den Verkehr Berlin–Kopenhagen sieht das so aus: Anlagekapital: ein Luftschiff, Hauptstation in Berlin, Landungsstation Kopenhagen, Kosten eine Million; Einnahmen: je hundert Flüge hin und hundert Flüge zurück im Jahr mit durchschnittlich je 25 Reisenden zu 50 Mark ergeben eine Viertelmillion Mark. Davon gehen ab für Versicherungen, Abschreibungen und Betriebskosten 150000 Mark. Bleiben immer noch 100000 Mark, gleich 10 v.H. Reineinnahme. Eine allzu optimistische Kalkulation, wie sich zeigen wird.
Zunächst steht, bescheidener, die Reichshauptstadt auf dem Programm. Seit Pfingsten 1909, als der Graf mit seinem Luftschiff bis Bitterfeld in Mitteldeutschland kam, rechnet Berlin mit dem Zeppelin-Besuch. Während in Frankreich auf dem Manöverfeld von Bétheny die Flugzeugmotoren knattern – mehr auf dem Boden als in der Luft, wie deutsche Zeppelinanhänger höhnen –, macht sich der wasserstoffgefüllte Koloß »LZ 6« in den Morgenstunden des 27. August, einem Freitag, vom Bodensee auf den langen Marsch zur fälligen Reverenz vor dem Kaiser. In Ulm läuten die Glocken des Münsters, in anderen Städten krachen Böllerschüsse. Ein Zylinder springt, Zwischenlandung, ein Ersatzzylinder wird nach Nürnberg beordert. Der Pariser *Figaro* mit erhobenem Zeigefinger: *Im Kriege gibt es keine Daimler-Fabrik in der Nähe, die während der Fahrt einen neuen Motor liefern könnte.*
Starker Gegenwind am Sonnabend über den Bergen der Fränkischen Schweiz, volle Maschinenkraft. Am Nachmittag fliegt der linke, vordere Propeller weg. Graf Zeppelin macht mit dem Kaiser den neuen Ankunftstermin, Sonntag mittag, aus, Extrablätter melden die Verzögerung der

wartenden Bevölkerung. Der Graf steigt am Sonntag morgen in Bitterfeld, einer gut ausgerüsteten Zwischenlandestation, selbst in die Gondel des Luftschiffs, das mit drei statt vier Motoren aus dichtem Bodennebel in den lichten Sonnenschein aufschwebt. Scherls *Woche* fiebert: *Es wartet der Kaiser, es wartet Berlin. Komm, König der Luft: Zeppelin! Zeppelin!*
Die Stadt ist buchstäblich aus dem Häuschen, Hunderttausende auf Dächern und auf Lauben, auf Bäumen und Laternen – »Zeppelin-Tag«, das Wort wirkt noch lange nach, steht für nationale Euphorie und die Erfüllung eines langgehegten Wunschtraums. Längst ist das 135 m lange, bespannte Aluminiumgerüst zum »silbernen Zauberfisch« mythologisiert. Dr. Hugo Eckener, ehemaliger Journalist und nun des Grafen engster Mitarbeiter und eifrigster Propagandist, verklärt den Zeppelin vollends zu einer Art Medium: Er wirkt, sagt er, als käme er aus einer besseren Welt und verschwände dorthin auch wieder. Der Zeppelin, Symbol deutschen Erfindergeistes, entzieht sich prosaischer, technischer Erklärung und entschwebt, eine Art Archetypus, in den Gefilden des Kollektivbewußtseins. Der Stolz auf das Werk eint Kaiser und Untertanen, arm und reich, Nord und Süd in einem seltenen Augenblick nationaler und sozialer Harmonie. Die *Woche*: *Heut' gibt es nur Brüder und keine Partei – heiß schlägt das Herz, und die Brust atmet frei.*
Ein herrlicher Spätsommertag, der 29. August 1909, dieser unvergeßliche Sonntag, schwache Luftbewegung. In zivilen Höhen schwebend, 150 bis 200 m, zeigt Zeppelin seinen Zeppelin den Berlinern, bis er pünktlich um 12 Uhr 30 auf dem Tempelhofer Feld vor Kaiser und Publikum die Manövrierfähigkeit seines Luftschiffs demonstriert. Nach einer Viertelstunde beginnt für die zehn Männer in der Gondel die Kreuzfahrt über die City, über Dom und Reichstag. Salutierend nimmt der Graf, diese deutsche Vaterfigur, dieser Held und Sieger, die Huldigungen der Berliner entgegen. *Nicht um mehrere Jahre meines Lebens,* schreibt er dem Berliner Bürgermeister, *möchte ich die Stunden des Hinunterschauens auf die meiner im festlichen Schmuck harrende Riesenstadt und den Eindruck missen, daß die Herzen der dort unten winkenden und rufenden Millionen mir und meinem Werke zugewendet waren.*
Großer Bahnhof auf dem Tegeler Schießplatz. Kaiser und Kaiserin stapfen durch Sand und hohes Gras, hinterdrein der kaiserliche Standartenträger, um den »jugendlichen Helden« in dem grandiosen Spektakel, den 71jährigen Grafen, zu begrüßen. Welch ein Triumph nach all den Niederlagen! Immer wieder schüttelt Wilhelm dem Grafen die Hand und klopft ihm auf die Schulter. Die Kapelle spielt »Deutschland, Deutschland über alles« und keiner, keiner auf dem weiten Feld, der das nicht empfände.
In der jauchzenden Menge steht noch ein berühmter Mann mit weißem Stehkragen und Zylinder, vom Kaiser persönlich geladen: Orville Wright, inzwischen wie Bruder Wilbur Ehrendoktor der Technischen Hochschule München *in Anerkennung seiner zielsicheren, kühnen und folgenreichen Lösung des Flugproblems.* Einige Augenblicke lang tauschen die drei, alle auf der Höhe ihres Ruhms, Höflichkeiten aus: ein jovial lachender Wil-

helm, ein strahlender Zeppelin, Ehrendoktor auch er, ein schüchtern wirkender Wright, der kaum ein Wort Deutsch spricht (und der dann auch, als er im September eine Zeppelinfahrt nach Mannheim mitmacht, buchstäblich verlorengeht und erst bei seinem Fußmarsch in die Stadt, wo ein Empfang stattfinden soll, wieder aufgespürt werden kann).
In Tegel treffen sie sich an diesem 29. August 1909 – gewiß ein historischer Augenblick. Mit einem Lächeln und allerhand Freundlichkeiten wird die bitterernste Konkurrenz der beiden Systeme »Leichter als Luft« und »Schwerer als Luft«, werden die entstehenden Entscheidungen überspielt. Drei Millionen Menschen sind auf den Beinen. Der Kaiser und Zeppelin auf dem Balkon des Schlosses, dem Grafen kommen die Tränen. Berlin im Taumel, Jubel, Jubel, Jubel. Zeppelins Tag.
Wright in Berlin, Zeppelin in Berlin, das muß – naheliegend – Beobachter der Szenerie nach dem unvergeßlichen »Zeppelin-Tag« zu Vergleichen reizen. Der Zeppelin, so kann man lesen, wirke wie eine überirdische Offenbarung, titanisch; *wie etwas jenseits alles Menschenwillens und Menschenkönnens Stehendes, wie ein vom Himmel losgelöstes und auf die Erde niederfallendes Stück Olymp;* der Graf ein Zeus, majestätisch. Wright hingegen erinnere an eine ungeheure Biene, Symbol des Fleißes. Wörtlich, und das entspricht genau der Stimmung in Deutschland: *Vor Zeppelin möchte man sich verneigen, Wright möchte man die Hand schütteln.*
Idol gegen Kumpel. Beide Erfinder, der verwegene Militär und der stockzivile Yankee, gehen in den Endspurt: Zeppelin mit seinen Kontakten auf höchster Ebene und mit Demonstrationsfahrten; Wright mit Schauflügen und anlaufender Flugzeugproduktion. Schon am nächsten Tage (»LZ 6« liegt bewegungsunfähig in der Nähe von Wittenberg am Boden) trifft Graf Zeppelin Kaiser Franz Joseph in Friedrichshafen, rüstet Orville Wright auf dem Tempelhofer Feld zu Probeflügen. Er ist auf Einladung von August Scherl nach Berlin gekommen. Der Verleger, unheimlich aktiv und vielseitig interessiert, betreibt außer florierenden Blättern wie dem *Berliner Lokalanzeiger* und *Die Woche* auch millionenfressende Hobbies, beispielsweise die Konstruktion einer technisch machbaren Einschienenbahn mit einem Kreiselsystem. Einmal in Berlin, kann sich Wright auch um seine Firma kümmern, die Gesellschaft m. b. H. »Flugmaschine Wright«. Sie ist am 13. Mai 1909 in den Räumen der AEG gegründet worden. Am Stammkapital von einer halben Million haben sich AEG und Borsig, Krupp, Stinnes, das Bankhaus Delbrück, Leo & Co. und die Motorluftschiff-Studiengesellschaft beteiligt, die bei einer Tochtergesellschaft Parsevals Luftschiffe bauen läßt – beste Adressen. Anfang 1910 wird die Fabrik in Reinickendorf Überstunden machen und deshalb den Preis pro Doppeldecker von 20000 auf 22000 Mark erhöhen.
Wright fliegt im September für Scherls Geld und zur Werbung für den *Berliner Lokalanzeiger*. Er zeigt den Berlinern, die sich noch der ziemlich kläglichen Sprünge eines Armand Zipfel Anfang 1909 erinnern, zu welcher Perfektion die Wrights, zumindest sie, die Aviatik gebracht haben. Nach einem Hornsignal karren Arbeiter auf Laufrädern den ganz aus Holz ge-

zimmerten Flugapparat zur Startschiene. Mucksmäuschenstill verfolgen viele Tausende mit Kind und Kegel, bei Butterstullen und einer Weißen die Vorbereitungen des Fliegers, das Anlassen des Motors und Wrights penible Inspektion. Dumpf fällt das Gewicht im Startturm, reißt den Doppeldecker nach vorn, der sich vom Boden löst und langsam auf 15 Meter erhebt, begleitet vom Hurra der Menge und den kritischen Blicken der Generalität, an ihrer Spitze der Chef des Generalstabs, Helmuth von Moltke. Fast 20 Minuten lang zieht Wright seine Kreise, 50 km/h schnell, mal steigend und mal fallend in der für ihn typischen Wellenbewegung; mit einer Leichtigkeit jedenfalls, die selbst die schnelle Berliner Schnauze zur Sprachlosigkeit verurteilt.

Flugs geht das surrende Insekt, dessen Flügel im Sonnenlicht weiß schimmern, dessen Knochenbau fast durchsichtig erscheint, am Septemberhimmel auf Rekordjagd und überfliegt am 17. September den auf 160 m emporgelassenen Kontrollballon um 15 oder 20 m. Stürmischer Beifall, auch die Kaiserin klatscht mit. Die Sportkommission erkennt auf 172 m, Weltrekord. Fliegt am nächsten Tag, beladen mit Pilot und einem Passagier, dem Kapitän Engelhard, Runde um Runde, bis die Uhren 1 Stunde, 35 Minuten und 47 Sekunden anzeigen: neuer Weltrekord im Dauerflug mit Passagier. Und das alles mit einem Motor von 30 PS!

Wrights souveräne Ruhe, seine unglaubliche Beherrschung der Maschine im Flug wirken so überzeugend, daß schließlich die Frau des Hauptmanns Hildebrandt, der so viel für Wrights Ruhm in Deutschland getan hat, neben Orville Platz nimmt, die Füße auf eine Latte gestemmt, den Benzintank in Kopfhöhe neben sich, ängstlich zuerst. Doch mit dem Fliegen, sobald sich das Ohr an das Surren der beiden Propeller gewöhnt hat, verfliegt die Angst. *Meine Sorge war nur*, sagt sie nachher, *den Schleier auf meinem Kopf festzuhalten, damit er mir bei der raschen Fahrt nicht davonflog.* Abends notiert sich Orville kleine Sottisen ins Tagebuch: *Little fellow with monocle at Tempelhofer – Herzog von Ratibor.* Da meint man die Stimme von Wrights deutschem Großvater zu hören, erklärter Gegner von Adel und Militarismus, Emigrant.

Wright zieht sich aufs Bornstedter Feld bei Potsdam zurück und schult dort die zukünftigen Lehrer seiner Firma, den Korvettenkapitän a. D. Paul Engelhard, der 1906 aus der Marine ausgeschieden ist, ein Luftschiffführer, und Fridolin Keidel, vorher Chauffeur und Mechaniker in der Augsburger Ballonfabrik von August Riedinger, Münchner. Die Wrights haben ihren Doppeldecker als erste so eingerichtet, daß beide Sitze, nebeneinander angeordnet, mit Höhensteuerhebeln ausgerüstet sind, so daß der Mit-Flieger vom Piloten durch ständiges Mitführen der Steuer allmählich die Handhabung des Apparates erlernt. Da beim Wright-Flugzeug der Motor nicht in der Mitte des Flugzeugs liegt, sondern seitlich, und sein Gewicht durch die Last des Führers ausgeglichen wird, sitzt Wright, wenn er allein fliegt, auf dem Außensitz: Er ist ein »Außenflieger«. Seine ersten Schüler, die gemeinsam mit ihm den in der Mitte liegenden Hebel für die Flächenverwindung benutzen, sind »Innenflieger«, und deren Schüler wieder »Außen-

flieger«. Fliegt ein »Innenflieger« allein, so wird der äußere Sitz mit Ballast, mit Bleigewichten beschwert.
Gegen einen Wright unter höchster Schirmherrschaft, gegen einen längst nicht mehr rational zu fassenden Zeppelin-Mythos vor allem, haben die französischen Piloten anzufliegen, die in diesem September 1909, angelockt von der guten deutschen Goldmark, zu der »Berliner Aviatischen Woche« kommen. Latham zuerst, beim Kaufhaus Wertheim unter Vertrag, das die »Latham-Flüge« auf dem Tempelhofer Feld klotzig plakatiert. Der »gentleman de l'air« bringt einen Hauch der Großen Welt an die Spree. Sein erster Start mißlingt, die Antoinette steht kopf, er hat sich zum Glück angeschnallt. Die hochbezahlten Pflichtübungen nach der Reparatur vollführt er mit der ihm eigenen Lässigkeit. Das Publikum liebt diesen Flirt mit den Zuschauern, denen er beim Fliegen zuwinkt. (Wright dagegen wirkt wie sein eigenes Denkmal: immer voll konzentriert.)
Latham sorgt für eine Sensation: Bevor er seinen Vertrag bei Wertheim erfüllt hat, beginnt auf dem neuen, aus dem Boden gestampften Flugfeld bei dem Dörfchen Johannisthal bereits die »Aviatische Woche«. Wertheim gibt seinen Starflieger nach einigem Geplänkel frei und schickt ein süßsaures Telegramm ins »Esplanade«: *Verzichte endgültig auf Ihre weiteren Flüge, Ihnen herzlichst für die großartigen Leistungen dankend.* Das anstehende Problem des Transports, des Auseinandernehmens und Wiedermontierens seiner »Antoinette« umgeht Latham auf ebenso unbekümmerte wie rationelle Weise: Er fliegt einfach vom Exerzierplatz Tempelhof zum Flugfeld Johannisthal, Luftlinie 10 km.
Fliegen außerhalb abgegrenzter Plätze – das hat es in Deutschland noch nicht gegeben. Tausende sind an diesem 27. September zum Tempelhofer Feld gepilgert, um den Abflug zu sehen. Latham, gelber Überzieher, karierte Sportmütze, fährt mit dem Wagen die Strecke ab, die er zu fliegen hat. Fünf Mechaniker arbeiten inzwischen an der Antoinette. Gegen 3 Uhr erscheint der Pilot, prüft Maschine und Motor und läßt sich in den Sitz heben, der seinen Körper wie ein Luk umgibt. Nach 120 m hebt die Antoinette vom Tempelhofer Feld ab. Autos nehmen die Verfolgung auf.
Ich schätze 130 m Höhe, so berichtet Latham, der mit den Reportern deutsch parliert, *als ich mich Britz nähere, dessen Kirche neben dem weißen Krankenhaus von Rixdorf meine Richtungspunkte sein sollten. Ich habe sie kaum nötig, denn schon nach zwei Minuten Flug in gerader Richtung gewahre ich weit in der Ferne den gelben Fesselballon des Flugplatzes Johannisthal.* Er habe ein »vollkommenes Gefühl der Sicherheit« gehabt, jawohl. Der Flug, der erste Überlandflug in Deutschland, dauerte 10 Minuten und 54 Sekunden – *ein neuer Markstein in der Entwicklung des jungen Flugmaschinenwesens,* wie ein Fachblatt kommentiert. Bis heute hält sich hartnäckig das Gerücht, daß Latham für den Flug von der Polizei eine Strafe wegen groben Unfugs erhalten habe (was nirgends belegt ist).
Unten auf der Erde stehen die Menschen stumm und staunend und schauen dieser noch nie gesehenen Erscheinung nach, *dem querfeldein fliegenden Menschen, dem die Zukunft gehört (BZ am Mittag).* Mit Megaphonen wird

in Johannisthal gemeldet, daß Latham Tempelhof verlassen hat. Alle starren in Richtung Westen, lange, lastend lange Minuten. Ungeduldige steigen auf die Stühle, atemlose Spannung, bis sich Rufe fortpflanzen und die Arme sich recken: Latham! Von Sekunde zu Sekunde wachsen die Dimensionen seiner graziösen Antoinette, die etwa 150 m hoch auf das Flugfeld zuhält. Tausende rufen den Namen des Fliegers. Latham, kerzengerader Sitz, winkt mit der Hand, Frauen lassen Taschentücher wehen. Das Orchester spielt die Marseillaise, ein paar Händedrücke, preußisch-karg. Latham, wieder leicht vornübergebeugt, fast kränklich, steckt sich gelangweilt eine Zigarette an und beobachtet den Transport seiner Maschine.
Johannisthal, das neue Flugfeld von Berlin, ist gerade noch rechtzeitig zum Auftakt dieser ersten großen internationalen Flugveranstaltung in Deutschland fertig geworden – in Tag- und Nachtarbeit. Die einflußreichen Herren der »Deutschen Flugplatz-Gesellschaft« haben ganze Kompanien der Berliner Eisenbahn-Regimenter auf die Beine gebracht, die den Kiefernbestand des 800 Morgen großen Geländes abholzen und die Stubben sprengen (einziges Entgelt: Extraverpflegung). Nach drei Wochen stehen die Tribünen, die Restaurants, die Hangars, der Zaun um den Platz. Bloß mit der Startbahn hat es nicht mehr so richtig geklappt. An den ersten Tagen brechen einige der 300 bis 400 kg schweren Flugzeuge in die hastig gewalzte Erde ein, die Kufen am Fahrgestell machen sich bezahlt. Überhastet, das ist denn auch die häufigste Kritik nach dem Meeting.
Die »Aviatische Woche« selbst, dieses »Wettfliegen der ersten Aviatiker der Welt« mit Preisen von rund 200000 Mark, wird ein gefundenes Fressen für die Gewinner von Reims. Wright, der Berliner Platzhirsch, stellt sich nicht, nimmt auch in seinen Tagebüchern gar nicht Notiz von der welschen Konkurrenz. Eine Million Zuschauer, schätzt man, kommen nach Johannisthal, die meisten machen es sich außerhalb des 3 m hohen Zaunes bequem, Zaungäste, umsonst. Die Musik schmettert, wie sinnig, den Gladiatorenmarsch, Motoren knattern und heulen, die kilometerweite Ebene stinkt nach Auspuffgasen und halbverbranntem Rizinusöl. Die Damen der Flieger stehen in Pose, die Aviatiker natürlich auch: Stars, Objekt aller Ferngläser.
Henri Farman zieht wieder, wie in Reims, seine monotonen Runden um die vier Wendemarken, ein paar Meter hoch, mehr nicht, das trägt dem Sicherheitsfanatiker die unfreundlichen Beinamen »Trüffelsucher« und »Blindschleiche« ein. Ein elektrischer Apparat registriert Zeiten und Schnelligkeit der Flugzeuge auf Papierstreifen. Das Publikum liebt, was Wunder, Draufgänger wie Latham, Rougier und de Caters, den Baron, der aus Spaß mal dicht über Farman hinwegfliegt und ihn dadurch zur Landung zwingt. Rabiatiker sagen die Insider, statt Aviatiker. De Caters, Belgier und nicht mehr der Jüngste, Weltrekordler im Automobil und im Motorboot, Mercedes-Fahrer bei den harten Gordon-Bennett-Rennen, Kavalier der alten Schule, der selbst während der Autorennen seine Frau auf der Tribüne grüßt – de Caters erwirbt sich die größten Sympathien, auch wenn er am Ende mit einem Trostpreis vorliebnehmen muß.

Unfälle gehören zur Tagesordnung. Molon und Blériot kollidieren mit dem Zaun. Latham bleibt an einem Baum hängen, kommt aber mit einer leichten Kopfverletzung von. Immer wieder gehen die Kreise, Dreiecke und Rechtecke am Mast hoch, die in Zahlenchiffren erfolglose Versuche, Schäden und Stürze melden: 140 beispielsweise bedeutet Motordefekt; 141 Zündungsdefekt; 143 Wechsel des Propellers. 151 signalisiert eine kostspielige Steigerung: Apparat zertrümmert. Die Leute am Mast haben zu tun.

Manches, was geschieht, hat keine Chiffren und steht nicht im Programm. So geht einmal ein Pilot verloren. Emilio Edwards, ein 23jähriger Gesandtschaftssekretär mit geringer Flugerfahrung, ist mit seinem knallgelben Voisin, dem »Kanarienvogel«, abgestürzt. Gendarmen galoppieren über das Feld; Autos rasen zu den Trümmern, in denen fieberhaft nach dem Piloten gesucht wird – ohne Erfolg. Im grauen Licht der Dämmerung hat niemand bemerkt, daß Edwards vor dem Sturz abgesprungen und ziellos, mit den Nerven fertig, querfeldein gelaufen ist.

Einmal wird ein Motor gestohlen. Rougier, der lebensprühende, gestikulierende Franzose, holt den ENV-Motor ab, der für de Caters auf dem Bahnhof eingetroffen ist, und baut ihn unverfroren in seinen Voisin-Doppeldecker ein – »indélicatement«, wie der Absender, die Pariser Firma Eisemann-Necker-Verdier, telegraphiert. Proteste, Telegramme hin und her, Wirbel. Hinter der vorgehaltenen Hand flüstert man, alles sei abgekartetes Spiel, in Berlin werde Rougier und in Frankfurt, beim folgenden Meeting, de Caters gewinnen. Genauso kommt es. Rougier, der an seinen Hebeln sitzt wie ein Herr an seinem Schreibtisch, der Großverdiener des Jahres 1909, Rougier macht Kasse in Berlin, 65 000 Mark. Von Deutschen kaum eine Spur. Hermann Dorner, nur er, hopst mit seinem Eigenbau tapfer ein paarmal übers Feld. Unverdrossen schwenken Kinder Fahnen mit dem Spruch »Unsere Zukunft liegt in der Luft«.

Einmal gibt es auch handfesten Krach um Blériot und das liebe Geld. Blériot, der bewunderte, ehrerbietig begrüßte Kanalbezwinger, der Mann mit der Adlernase und dem Adlerblick, holt sich in diesen Monaten, als die französische Meute nach den Erfolgen von Reims über die eilends präparierten Flugfelder Europas hereinbricht, ein gut Teil des Geldes zurück, das er in den Jahren der Mißerfolge in seine Flugversuche gesteckt hatte. Blériot in Berlin, Köln und Frankfurt; Blériot in Wien, wo er im Fluge vor dem Kaiser seine Mütze zieht und der greise Franz-Joseph »Sehr hübsch, in der Tat sehr hübsch« murmelt; Blériot in Bukarest, wo der Motor explodiert; Blériot in Konstantinopel, wo er wieder einmal abstürzt und verletzt liegenbleibt.

Kein Wunder, daß bei solchem Terminkalender die Zeit in Berlin knapp wird. Die Flugplatzgesellschaft glaubt, ihn mit 25 000 Francs für alle Wettbewerbe eingekauft zu haben. Blériot, anderer Meinung, verabschiedet sich nach drei Tagen unter Hinweis auf weitere Verpflichtungen und 107 Bestellungen in seiner Fabrik. Als sich – fälschlich – das Gerücht verbreitet, die Veranstalter hätten die Blériot-Maschinen beschlagnahmt, gehen bei

Zweimal mißlingt Hubert Latham im Juli 1909 die Überquerung des Kanals (oben, nach der Notwasserung). Blériot schafft den Sprung von Frankreich nach England mit einem winzigen Dreizylinder von Anzani (links). In England baut Alliot Verdon Roe, jahrelang ein sprichwörtlicher Pechvogel, 1909 seine ersten Dreidecker, Vorläufer der »Avros«.

Farmans und Antoinettes (oben) liefern sich bei der Flugwoche von Reims 1909 Duelle, manche Maschine stürzt ab. Linke Seite: Breguet (oben) konstruiert einen Doppeldecker mit Zugpropeller, das Modell der Zukunft, Santos-Dumont ein leichtes Volksflugzeug (unten). Flieger sind Helden, gern fotografiert.

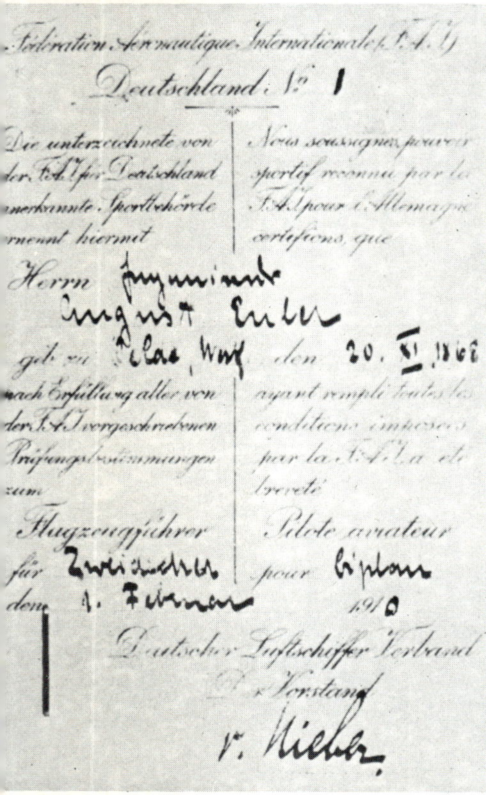

Fédération Aéronautique Internationale (F.A.I.)

Deutschland No 1

Die unterzeichnete von der F.A.I. für Deutschland anerkannte Sportbehörde ernennt hiermit | Nous soussignés, pouvoir sportif reconnu par la F.A.I. pour l'Allemagne certifions, que

Herrn Ingenieur August Euler

geb. zu Oelde, Westf. den 20. XI. 1868

nach Erfüllung aller von der F.A.I. vorgeschriebenen Prüfungsbestimmungen zum | ayant rempli toutes les conditions imposées par la F.A.I. a été breveté

Flugzeugführer | Pilote aviateur

für Zweidecker | pour biplan

den 1. Februar 1910

Deutscher Luftschiffer Verband

Der Vorstand

v. Nieber

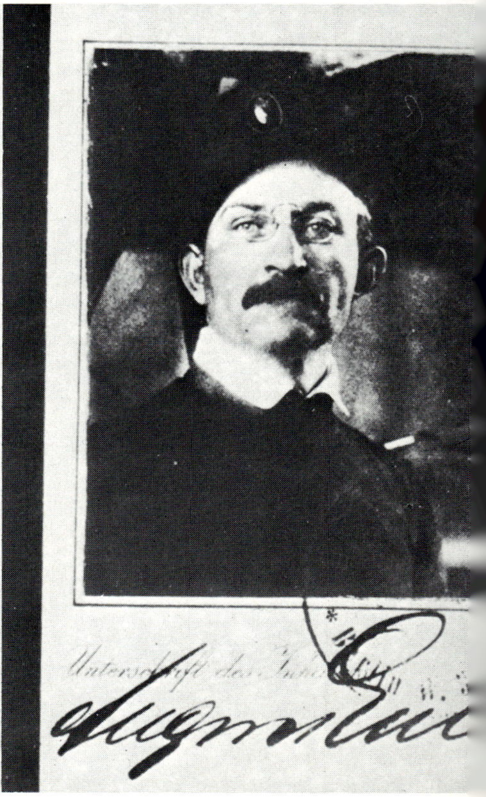

In einer Art Hängematte sitzend, fliegt Hans Grade in Johannisthal die erste »8« und holt sich mit seiner selbstkonstruierten Maschine 40000 Goldmark. Den ersten deutschen Pilotenschein erhält August Euler, der zuerst französische Flugzeuge in Lizenz baut. Grade wird die Nr. 2.

den französischen Piloten Streikparolen um. Doch die Flugzeuge reisen verpackt ihrem Piloten nach, gefolgt allerdings von den Schriftsätzen der Rechtsanwälte. Der Prozeß schleppt sich bis 1914 hin und geht aus wie das Hornberger Schießen.

Am Ende jagen die Franzosen aus Berlin mit der Beute davon – zu neuen Taten, neuem Geld. Nach Köln, nach Frankfurt und so weiter, Spa, Paris, Doncaster, Blackpool, Antwerpen – die verwegenen, umschwärmten Männer, die mit der Bahn anreisen, das Flugzeug auf dem Güterwagen, werden überall gebraucht.

Zurück bleibt ein tief beeindrucktes Publikum, das einem »neuen Franzosentum« glaubt begegnet zu sein, wo es sich doch nur durch die selbsterfundene Mär vom frivolen Pariser »Oh, là, là« den Blick für die Courage der Franzosen hat verbauen lassen. Ungehalten räsoniert ein liberales Blatt: *Bei uns haben die jungen Leute viel Schneidigkeit, aber wenig Unternehmungsgeist. Woher sollen Zeit und Lust kommen, um die Luft zu kämpfen, wenn Sauf- und Raufcomment als unerläßliche Vorbereitungen für die Leitung der Staatsgeschäfte gelten?* Zurück bleibt weiter ein abwiegelndes Kriegsministerium *(Der Aeroplan ist in seiner gegenwärtigen Gestalt für militärische Zwecke noch durchaus ungeeignet).* Zurück bleibt auch, nicht zu vergessen, eine Flugplatzgesellschaft am Rande der Pleite.

Die Deutschen haben ihre Lektion weg, suchen nun nach Gründen für den Vorsprung der flinken Nachbarn. Deutsche Gründlichkeit muß herhalten und, wie anders, der faustische Hang zum Grübeln, die Verschiedenheit der Nationalcharaktere, all diese Mentalitätsfragen. Grundlegend, bedächtig und überaus ordentlich, wie es sich ziemt, hat Deutschland jedenfalls den Schritt ins Zeitalter der Luftfahrt im Sommer 1909 mit einer Bestandsaufnahme begonnen, der »Internationalen Luftfahrtausstellung«, ILA. Weitblickende, mäzenatische Frankfurter Bürger haben sie den zaudernden Münchnern weggeschnappt, haben 1,25 Millionen Mark aufgebracht und einige Hunderttausend für die Preise dazu. Was immer Bezug zur Luftfahrt hat, Motoren und Instrumente, Bespannungsstoffe, Propeller, sogar Luftschiffproviant, wird einem staunenden Publikum in der Festhalle am Hohenzollernplatz präsentiert; selbst die Brieftauben mit Kamera fehlen nicht.

Monatelang, von Juli bis Oktober 1909, steht das fortschrittliche Frankfurt, die reiche Messestadt, die Stadt der 600 Goldmark-Millionäre, im Zeichen dieser Superschau, der »Ersten Experimental-Ausstellung für alle Gebiete der Luftschiffahrt«. 120000 Mark hat ein »Luftschiff-Panorama« gekostet, das für 1 Mark Eintritt eine Fahrt in der Gondel mit wunderbarem Ausblick in die Tiefe, Frankfurt aus der Vogelschau und dazu noch Wolkenregionen suggeriert. Dabei surren NAG-Motoren.

Zeppelin kommt von Süden her, Parseval veranstaltet Rundflüge, pro Passagier 200 Mark. Drei Lenkballons, Parseval, Clouth, Ruthenberg, liegen in ihren Hallen. Major Georg von Tschudi, befehlsgewohnter Preuße, führt ein strenges Regiment auf dem Ballonplatz, kahlköpfig, heisere Kommandostimme. Einmal hängt er mit Zylinder und Gehrock in Haus-

höhe am Schlepptau, ohne es loszulassen. Ein andermal zerdrischt er, auch in Zivil preußischer Offizier, seinen Regenschirm auf dem Kopf eines Helfers, als der in die Luftschiffer-Kommandos allzu laut seine Hochs auf den Grafen Zeppelin brüllt. Dem Syndikus der ILA, der auf die Möglichkeit eines Unglücks zu sprechen kommt, es wird ja viel mit Gas gearbeitet, entgegnet Tschudi ungerührt: *Dann heißt es eben rechts die Toten, links die Verwundeten, die Mitte bleibt frei.*
Es passiert nichts Ernsthaftes. Zeppelin, Parseval, Clouth, Gross, Siemens-Schuckert, Schütte, sie alle präsentieren Deutschland während der ILA als das Luftschiffland Nummer eins auf der Welt – günstig für das Investitionsklima, Geld sitzt jetzt lockerer als zuvor. Der Gründung der ersten Luftreederei der Welt, der »Deutschen Luftfahrt AG« (DELAG), steht somit nichts mehr im Wege. Sie wird am 16. 10. 1909 vollzogen: Luftschiff-Verkehr soll die Zeppelin-Werft am Bodensee lebensfähig erhalten. 15 Millionen, die Zeppelin-Spenden mitgerechnet, hat Deutschland innerhalb von zwei Jahren für seine Luftschiff-Flotte aufgewendet, errechnet ein Fachblatt, offensichtlich ein paar Millionen zu viel, um auch noch im Flugzeugbau mitzuhalten. Der wilhelminische Hang zum Kolossalen und Monumentalen hat triumphiert. Mit Zeppelin, der weißhaarigen, würdigen Vaterfigur, mit seinen gigantischen Schöpfungen, diesem Staatsschauspiel, immer größer, immer schöner, beliebt sich der junge deutsche Staat zu identifizieren: das Luftschiff als Symbol erstarkter deutscher Großmachtstellung, ein Hätschelkind wie Kaiser Wilhelms Flotte. Wer will da schon rechten: liegen die Zeppeline, diese »Dreadnoughts der Lüfte«, nicht im Trend des jungen 20. Jahrhunderts, das sich in einer Art Rausch zu immer monströseren Schöpfungen, zu schnellen Luxusdampfern und schwergepanzerten, schwerarmierten Schlachtschiffen, den »Dreadnoughts«, zu Riesenbrücken und Wolkenkratzern steigert? Es steht schlecht um Lilienthals fragiles Erbe. Betreten macht noch ein Jahr später der Verein Deutscher Flugtechniker Kasse, nachdem er zur Errichtung eines Lilienthal-Denkmals aufgerufen hat: 3631,25 Mark ergibt die Summe unterm Strich, peinlich, peinlich. Fürs erste heißt der Sieger Zeppelin.
Französische und amerikanische Aviatiker, und nur sie, sorgen weiter für die Schlagzeilen. Farman fliegt im November über vier Stunden, und Santos-Dumont überzeugt die Skeptiker vom Flugvermögen seiner winzigen, preiswerten »Demoiselle«. Wilbur Wright wagt sich auf den Hudson hinaus, nachdem er seinem Flugzeug zur Vorsicht ein rotgestrichenes Kanu anverleibt hat. Der Comte de Lambert zieht am 18. Oktober mit seiner Wright eine Schleife um den Eiffelturm und sieht unter seinem Sitzbrett, zwischen Beinen und Steuerhebeln, die Kamine von Paris – ein forsches, ein gefährliches Unternehmen, das dem Grafen die Ehrenlegion einbringt und die Wrights aufs äußerste erbost: er gehöre in ein Irrenhaus, sagen sie. Latham fliegt zur Fasanenjagd, nimmt auch einen Kinematographen an Bord, der den Flugplatz von Châlons filmt.
Je nach Wohlwollen schätzt man Deutschlands Rückstand in der Aviatik im Herbst 1909 auf ein bis anderthalb Jahre.

Grades »8« und Eulers Kurven

Deutschland: Zeppelin-Land. Hans Grade und August Euler nehmen die Sache der Fliegerei in die Hand. 40000 Mark verdient sich Grade mit der ersten geflogenen »8«. Euler, Deutschlands Flugzeugführer Nr. 1, schlägt sich mit den sieggewohnten Franzosen. Frankreich fliegt allen voran, nicht mehr zu bremsen. Zögernder Aufbruch in Europa.

Ein Staatsschatz hätte nicht aufwendiger beschützt, nicht unter alarmierenderen Sicherheitsvorkehrungen transportiert werden können als das erste deutsche Flugzeug, das durch die Straßen einer Stadt rollt. Der Apparat ist zwar noch nicht flugfähig, es fehlt wie immer am richtigen Motor. Zu Ausstellungszwecken scheint er aber geeignet.

Polizei und Gendarmerie sperren in Kiel Straßen ab, um Verkehrsstörungen zu vermeiden; der Flottenchef hat zusätzlich mehrere hundert Matrosen abkommandiert, die Gewehr bei Fuß an den Chausseebäumen stehen. Durch dieses martialische Spalier holpert in der Dämmerung eines Junimorgens des Jahres 1908 ein Leiterwagen mit Rumpf und Tragflächen von der Fabrik in Richtung Sportplatz an der Eckernförder Chaussee, wo die Montage vorgenommen werden soll – ohne den Konstrukteur, Oberleutnant zur See Otto Fritzsche. Er ist kurz zuvor tödlich verunglückt – und mit ihm der einzige deutsche Bewerber um die 5000 Goldmark, die der Kieler Verkehrsverein, seiner Zeit um etliches vorauspreschend, für ein »Preisfliegen mit Flugmaschinen ›schwerer als Luft‹« auszugeben bereit ist. Der Wettbewerb soll anläßlich eines Sportfestes am 28. Juni 1908 stattfinden.

Fritzsche, ein Sachse, bekannter und beliebter Sportsmann, ein Offizier, der gelegentlich auch den Kommiß durch den Kakao zieht, hat sich dank der väterlichen Erbschaft einen Wagenpark mit eigener Werkstatt leisten können, ist selbst Autorennen gefahren und hat sich zudem um sein selbstkonstruiertes, selbstfinanziertes Flugzeug gekümmert, das seit dem Winter 1906 Stück für Stück bei der Kieler Maschinenfabrik Mordhorst entsteht. Ein Bruder in Chikago versorgt ihn seit Jahren mit allen Neuigkeiten von den Wrights. Fritzsche hat sein Flugzeug im Juni 1908 testen wollen – dieser »tüchtige, begabte Offizier« mit seinem »frischen, heiteren Wesen«. Doch diese Formulierungen sind schon seinem Nachruf entnommen. Nach einer (unnötigen) Vollbremsung ist er unter seinen neuen Opel-Rennwagen geraten. Und nun steht sein unerprobter Eindecker auf dem Sportplatz – ein Schauobjekt, mehr nicht.

Von Konkurrenz kann keine Rede mehr sein. Ein einziger einsamer Flieger bleibt übrig: Jakob Christian H. Ellehammer, Sohn eines Schiffszimmermanns, in den Augen seiner Landsleute ein »dänischer Edison«, auf jeden Fall eine dieser manischen Erfindernaturen, die ihr Leben lang mit vielen, mit allzu vielen Dingen beschäftigt sind. Er hat ein Gestell auf drei Fahrrad-Rädern mit geschwungenen, segelförmigen Flächen mitgebracht, das von einem selbstgebauten 35-PS-Motor angetrieben wird. Die Preisrichter drücken beide Augen zu und lassen den Luftsprung von 47 m, den der Däne nicht ohne Schwierigkeiten, dicht über dem Boden geschafft hat, in Ermangelung von besseren Resultaten als Preisflug gelten. 5000 Mark für den ersten öffentlichen Motorflug in Deutschland.

Was sich in diesem Sommer 1908, während die Wrights in Le Mans die Franzosen das Staunen und das Fürchten lehren, in Deutschland tut, findet vornehmlich in ein paar Köpfen statt – Ideen, Projekte, Visionen. Wilhelm Focke, der künstlerisch beseelte, ältere Bruder des späteren Flugzeugindustriellen Henrich, rechnet und strichelt an seinem »Drachenflieger mit hintereinander liegenden, verschieden großen Tragflächen«. Das Kaiserliche Patentamt erteilt ihm auf diese »Ente« mit hintenliegendem Motor und mit vornliegenden, mittragenden Steuerflächen am 18. Dezember 1908 ein Patent. Im September 1909 macht sie bei Potsdam ihren ersten Sprung.

Denkarbeit und Theoriebewältigung. Die kurzen, zappligen Stummfilmstreifen von den ersten Motorflügen in Frankreich beflügeln Studenten und Erfinder. An kleinen, langsam größer werdenden Flugmodellen sammeln sie erste praktische Erfahrungen mit der Schwerpunktlage und der Stabilität. Lilienthals Experimente finden als notwendig erkannte Vorstufe des Motorfluges wieder Beachtung und neue Adepten. Wolfmüller, unverbesserlich, übt fast schon verzweifelt bei Landsberg – vor feixendem Publikum. Andere steigen auf die Dünen an der Ostsee, hängen sich, auf die schmerzenden Arme gestützt, zwischen zwei Stäbe, zwängen sich in kauernder Stellung in eine Art Holzkäfig und schweben, immer entschlossener, abwärts, 40 m sind schon viel. Oder sie stehen, an die Streben geklammert, zwischen zwei Flächen, während rennende Freunde oder auch schon mal Autos die schlingernden, leinwandbespannten Gestelle vorwärts zerren – Gleichgewichtsübungen in einer neuen Dimension, Eingewöhnung auf Wind und Geschwindigkeit, Reaktionsteste auf unerwartete Fluglagen.

Der 26jährige Diplom-Ingenieur Hermann Dorner, Schiffbauer, der einer der klügsten Flugzeugkonstrukteure werden soll, auch wenn ihm die nötigen Ellbogen fehlen und sein Hang zur technischen Perfektion ihm immer wieder einen Strich durch die kommerzielle Rechnung macht, hat sich einen auf drei Rädern laufenden Gleiter ohne Seitensteuer gefertigt. Das Hinterrad ist lenkbar. Durch gleiche oder entgegengesetzte Drehung des geteilten Flügels um seine neutrale Achse gedenkt Dorner, die Wirkung eines Höhensteuers und eines Querruders zu erreichen.

Seine Flugversuche macht er auf dem Gelände eines Rieselgutes bei Berlin, nachdem ihm die Schöneberger Gemeindeverwaltung eine Versicherungsprämie von 75 Mark für die Sicherheit des Viehbestandes abverlangt hat.

Vor seinen Flugdrachen läßt Dorner an langem Seil einen Ackergaul spannen. Mit einer Trillerpfeife übermittelt er dem Reiter seine Signale für die Gangart des Pferdes. Er selbst liegt lang auf dem Bauch, im Gestell angeschnallt und steuert mit der linken Hand den linken, mit der rechten den rechten Flügel. Beim ersten Abheben empfindet er, physisch und psychisch, ein derartiges Unbehagen, daß er nur den einen Gedanken hat, ganz schnell wieder zur Erde zurückzukehren. Nach den ersten Sprüngen, nach den ersten schmerzhaften Bruchlandungen geht er zu sitzender Stellung über, die Flügel mit den Füßen und das Hinterrad mit einer Fahrradlenkstange steuernd.
Seine Erfahrungen bei diesen Flügen von 60, auch von 80 m, die 1909 in sein erstes Motorflugzeug eingehen: Die Einstellung der Flügelverwindung funktioniert schlecht, weil die von der Verspannung herrührenden Gesamtkräfte über den Fußhebel geführt sind und diesen mit großer Kraft in der 0-Stellung halten. An gekrümmten Metallplatten hat Dorner die Lage der neutralen Flügelachse im Wasser ermittelt – reine Theorie: In der Praxis liegt der Schwerpunkt zu weit hinten. Stimmt die Flugrichtung nicht mehr mit der Richtung des Zugseiles überein, wie das bei jeder größeren Steuerhilfe der Fall ist, treten unberechenbare Flugzustände auf. Die Folge: Bruch, und das nicht nur einmal.
Tastendes Vordringen ins Ungewisse, Experimente ohne die nötige Kommunikation, Eigenbrötelei bis zur Kuriosität. Einer der frühen Gleitflieger, ein Gärtner im Norddeutschen, ruft später beim Anblick richtiger Motorflugzeuge in ehrlicher Erregung: »De hebben mi mien Patent stohlen, de Hunnen!« Der Schritt vom Gleit- zum Motorflug ist für die meisten zu groß, übersteigt vor allem ihre Mittel. Einer, ein einziger, ein Motorenfachmann allerdings und pommerscher Dickschädel dazu, geht schon in diesem Jahr 1909 unvermittelt zur Sache, ohne alle bedächtigen Wenn und Aber: Hans Grade, 29 Jahre alt. Er ist den anderen um einiges voraus, ist denn auch der erste, der den Mut aufbringt, ein Motorflugzeug in aller Öffentlichkeit zu erproben (Jatho hat 1903 aus guten Gründen die Abgeschiedenheit der Heide vorgezogen).
Grade, graduierter Ingenieur, versteht etwas von Motoren – von *leichten* Motoren. Er hat sich einen »kraftstoffgleichgültigen« Zwei-Takt-Motor patentieren lassen, der mit Benzin, Benzol, Spiritus oder Petroleum betrieben werden kann. Mit dieser Konstruktion und dem Geld eines Freundes gründet er die Grade-Motoren-Werke in Magdeburg und holt sich auf Motorrädern viele Preise. In seinem Werdegang erinnert manches an Glenn Curtiss, den Amerikaner – besessen sind sie ja alle. *Vom Benzingeruch geht eine ganz bestimmte Magie aus*, empfand Grade. *Wer ihr einmal verfallen ist, kann ihr nicht mehr entweichen.*
Früh, schon in der Schulzeit, hat er Drachen fliegen lassen. Literatur kam dazu, Lilienthal vor allem. Als er 1907 und 1908 seine Militärzeit bei den Pionieren abdient, formen sich vage Vorstellungen zu greifbaren Ergebnissen. Erst bosselt er in aller Stille abends und in der halben Nacht. Dann, während das Werk wächst und sich nicht mehr verheimlichen läßt, in zu-

sätzlich gewährter freier Zeit in einem Schuppen des Wasserübungsplatzes. Grade baut seine Flugmaschine ohne Anleitung und ohne bewußte Anlehnung an Vorbilder. Die autogene Schweißerei ist noch in den Kinderschuhen. Das Gestell wird in der Hauptsache gelötet. Biegevorrichtungen für Stahlrohr gibt es nicht, Spannschlösser sind unbekannt. Alles muß erst selbst entwickelt, alles im Selbstbau hergestellt werden. Grade mit dem Understatement der Pioniere: *Das war doch zeitweise recht schwierig.*

Anfang September 1908 ist das Werk vollendet: ein Dreidecker von 8 m Spannweite mit einem selbstkonstruierten Sechszylinder-Zweitakt-Motor von 36 PS – durchweg Grades Eigenbau bis auf die Räder, die Batterie, die Zündkerzen und die Zündspule; sogar der Unterbrecher und der Stromverteiler für die Batteriezündung sind selbst gebaut. Der Motor läuft tatsächlich, und auch der hausgemachte Stahlpropeller fliegt nicht auseinander. Doch jetzt kommt ja erst die Hauptsache, das Fliegen. Da erheben sich zwei Fragen: Wie fliegt man überhaupt? Und: Fliegt die eigene Maschine? Eine *Gleichung mit zwei Unbekannten*, wie er sagt, zu deren Lösung *eine gewisse Portion Wurstigkeit und Selbstvertrauen* gehört. Grade hat beides.

Er probiert seinen Apparat auf dem Krakauer Anger in Magdeburg. Rollt vorsichtig, mal 15, höchstens 30 km langsam, über den unebenen Acker gegen den Wind an. Dann stellt er den Dreidecker auf einen kleinen Hügel. Die Freunde (und die Skeptiker) legen sich auf die Erde, wenn Grade mit laufendem Motor vom Hügel herabgleitet. Er fühlt sich immer mutiger, wenn ihm die Zuschauer Sekunden später bestätigen, daß er sich ein paar Zentimeter in die Luft erhoben hat. Bei einem der ersten Hopser landet er auf dem Fahrrad seines Kompaniechefs, der sich die Flugkünste seines »Einjährigen« anschauen will. Der aufgeschnallte Degen geht dabei in Trümmer.

Und dann, am 28. Oktober 1908, der erste »Flug« – unfreiwillig. Während Grade übt, läuft ihm eine Frau über den Weg. Ihm bleibt keine andere Wahl: Um die Frau nicht zu überrollen, muß er die Maschine hochreißen. Sein Dreidecker schießt etwa 8 m in die Höhe, rutscht dann aber, übersteuert, ab und macht Bruch. Der verdutzte Pilot bleibt unverletzt. Aus jeder folgenden Bruchlandung lernt Grade, vergrößert die Flächen, verändert den Propeller, vereinfacht vor allem die Steuerung, die zuvor aus zwei Steuerrädern und einem Hebel bestanden hat. Mehr Fläche, mehr Sicherheit: Nach dieser Devise bauen in diesen Monaten auch Ambroise Goupy in Frankreich und Alliot Verdon Roe in England ihre Dreidecker. Ungefähr siebzig Sprünge macht Grade mit seinem Dreidecker auf dem Exerzierplatz, darunter schon längere, die er freilich selbst wenige Jahre später in einer ersten biographischen Darstellung nicht mehr als »Flüge« deklariert wissen will. Irgendwas stimmt an seiner Maschine nach all den Versuchen mit dem Schwerpunkt nicht mehr. Wenn er den Motor abstellt, bäumt sie sich auf und stürzt.

Neubeginn im Jahre 1909 – weg vom Dreidecker, ein Eindecker jetzt. Noch ist Grade offen nach allen Seiten; noch hängt er an keinem System

Verhaltungsmaßregeln bei Flugübungen mit Gleitfliegern

Der Schlesische Flugsport-Klub gibt seinen Mitgliedern einige fundamentale Verhaltungsmaßregeln, die wir in Nachstehendem wörtlich wiedergeben:

1. Flugübungen sollen nur von solchen Mitgliedern vorgenommen werden, die die feste Absicht haben, sich dauernd und eingehend mit dem Flugsport zu befassen. Für sogenanntes »Mal probieren« wollen wir gern die ausrangierten Apparate zur Verfügung stellen.
2. Merkt der Führer, daß der Apparat Vorderwind von oben bekommt und stürzen will, so ist sofort im Laufen innezuhalten und der Apparat kräftig nach oben zu drücken beziehungsweise mit ihm in die Höhe zu springen (Schutz in der Luft suchen, nicht am Boden).
3. Beim Sprung oder überhaupt in der Luft darf der Apparat unter keinen Umständen losgelassen werden, da das gefürchtete Überschlagen nach hinten bei diesen Apparaten nie eintreten kann.
4. Nur wenn plötzlicher Seitenwind auftritt und der Führer ist nicht imstande, den Apparat in der Mitte festzuhalten, muß er ihn sofort freigeben. Der Apparat überschlägt sich dann zwar, beschädigt sich aber dabei niemals.
5. Dagegen zerbricht er sofort, wenn er an einer anderen Stelle als an den Schulterblättern oder den starken Bambusstangen des Mittelgerüstes gehalten wird.
6. Deshalb sollen auch keine Umstehenden beispringen und den Apparat zu halten versuchen. Es ist viel besser, der Führer hilft sich selber, da er die Punkte kennt, an denen er gehalten werden muß.

– im Gegenteil, er hat Phantasie genug, sich andere, einfachere vorzustellen. *Wenn ich in den Jahren 1909, 1910 mal vergnügte Gesichter, lachende, ja laut widersprechende Menschen sehen wollte, brauchte ich in meinen Vorträgen, die ich in deutschen Städten hielt, nur von der Zukunft der Aviatik zu erzählen.* Und er hat ja Visionen! Er sieht Sportler in der Luft und Kaufleute, sieht Flugzeuge von 6 m Spannweite und Riesenmaschinen mit zehn Motoren, langsam fliegend oder »wie der Blitz durch die Luft jagend«. Ein Phantast? Grade glaubt, allem Gelächter zum Trotz, so fest an die Zukunftsaussichten der Fliegerei, daß er seine Existenz riskiert und mit Sack und Pack, zwei Eisenbahnwagen voll, auf eine Heidefläche mit Weihnachtsbäumen, nach dem abgelegenen Bork bei Berlin, umzieht. Grades Ziel, auf das er sich nach dem Aufbau des Schuppens konzentriert: der Lanz-Preis der Lüfte. 40000 Mark. Er braucht sie, um zu überleben.
Der Stifter des Preises, Großindustrieller in Mannheim, gebietet über ein Heer von einigen tausend Arbeitern, die landwirtschaftliche Geräte und Lokomobile fertigen, schwergewichtige Dampfwagen, Schlepper für die Industrie und die Landwirtschaft. Dr. Karl Lanz hat schon mit einem

Geldpreis für Impulse im Motorbootsport gesorgt – im ersten Jahrzehnt des 20. Jahrhunderts eine populäre Sportart mit großen Wettbewerben, vor allem an der französischen Mittelmeerküste; auch dabei geht es, wie bei Autos und Flugzeugen, vor allem um die Motoren. Seit der Gründung des »Luftschiffbau Schütte-Lanz« im April 1909 arbeitet sein Kapital zudem in der jungen Luftfahrtindustrie. Prof. Johann Schütte setzt wie Zeppelin auf starre Luftschiffe, allerdings mit einem Sperrholzgerüst.

Für die 40000 Mark des Lanz-Preises, kein Pappenstiel, gibt es exakt ausgeschriebene Bedingungen, und sie schließen sogar das unrühmliche Ende ein: *Der Preisbewerber trägt die alleinige Verantwortung für jeglichen Schaden, der durch seine Versuche angerichtet werden sollte. Das Flugschiff*, heißt es in der Ausschreibung, *darf kein Gas zum Tragen benötigen, während der Fahrt den Boden nicht berühren und muß unbeschädigt landen.* Das Flugzeug muß – so die Aufgabe – von der 100 m langen Startlinie zwei 1000 m voneinander entfernte Marken umfliegen, davon die zweite Marke im entgegengesetzten Drehungssinn wie die erste, und dann zur Startlinie zurückkehren, die 500 m entfernt parallel zur Verbindungslinie der Marken liegt.

Die Tatsache, daß das Lanz-Geld schon seit April 1908 auf seinen Abruf harrt, kennzeichnet den Schwierigkeitsgrad und den Stand der deutschen Flugzeugentwicklung. Die wichtigste Bestimmung lautet nämlich: *Das Flugschiff muß von einem Deutschen konstruiert, in allen seinen Teilen in Deutschland hergestellt und von einem Deutschen geführt werden.* Das engt den Kreis der Kandidaten gewaltig ein, reduziert ihn genaugenommen im Herbst 1909 auf *einen* Namen: Hans Grade. Die andern, wer will es ihnen verdenken, haben sich nach Frankreich orientiert und um Lizenzen gekümmert: Gustav Otto in München bei Blériot; Dr. Walter Huth, Gründer der Albatros-Werke in Berlin, um Antoinette und Farman; August Euler in Frankfurt um Voisin. Eine eigene, flugfähige Konstruktion, mit einem deutschen Motor, die besitzt nur Hans Grade.

Er probt in Bork den Ernstfall, übt Kurventechnik und versucht, die geforderte Gesamtstrecke, 2500 oder 3000 m, abzufliegen. Am 4. September gelingt ihm vor ein paar Zuschauern ein Dauerrekord für rein deutsche Flugmaschinen: 2 Minuten und 6 Sekunden! Ein paarmal fliegt er die ganze Länge des Flugfeldes ab, landet, wendet seinen handlichen Eindecker bei laufendem Motor und steigt von neuem auf. *Lustig knattern die Explosionen über das Feld*, meldet ein Reporter. *Dichte Wolken verbrannten Öles ziehen sich über den Boden entlang.* Ein Phänomen, dieses kleine, leichte Flugzeug, das seine Verwandtschaft mit der »Demoiselle« und der »Libelle« Santos-Dumonts nicht verleugnen kann: Leichtigkeit, die Leitidee des Brasilianers, hat auch hier, bei diesem über und über mit Drähten verspannten Bambusgerippe, triumphiert. Grade sitzt in einer Art Liegestuhlmatte, die unter den Flügeln aufgehängt ist, sitzt da wie die Spinne im Netz, umgeben von Drähten, schräg über sich den selbstkonstruierten Zweitakt-Motor.

Kühner geworden nach den ersten gelungenen Flügen, lenkt er die

Maschine mit seinem »Pumpenschwengel«, einer in einem Universalgelenk gelagerten Steuerstange, die er tatsächlich wie eine Pumpe auf und ab bewegt, etwa 15 m hoch über den Wald – und schon ereilt ihn das Schicksal. Der vordere Teil des Rahmens vibriert, ein Zeichen dafür, daß die Schraube nicht intakt ist. Dann kracht es über ihm. Grade stellt sofort den Motor ab. Hinter ihm fliegt ein Schraubenflügel weg, vor ihm baumelt der andere, und unter sich hat er noch etwa 300 m Wald bis zum Flugfeld. So gleitet er auf die Fichten nieder. Der Rahmen zerbricht, das Flugzeug knickt wie ein Chapeau claque zusammen. Grade wird in den nächsten Jahren noch einige Male vom Baum geholt werden – unverletzt wie diesmal.
Die nächsten Tage verbringt er mit seinem Mechaniker an der Werkbank in dem niedrigen, etwas dunklen Schuppen am Rande des Waldes, umgeben von Propellern und Felgen, von Stahl- und Bambusrohren, abgeschirmt gegen Neugierige durch die Warnung an der Tür: »Der Eintritt ist Unberechtigten streng verboten. Zuwiderhandelnde werden rücksichtslos entfernt.« Fliegerei hat in diesen Tagen überall den Nimbus des Geheimnisvollen. Im Oktober kann er dem Publikum aus Berlin mit seiner wiederhergestellten »hopsenden Hängematte« eine Reihe gelungener Flüge zeigen – preiswürdige Flüge, Lanz-Preis-würdige.
Grade hätte sich den Preis gern zu Hause auf seinem »Mars«-Flugfeld geholt, wo er sich inzwischen auskennt. Doch die standesbewußten, hochnäsigen Herren des Deutschen Luftschiffer-Verbandes, die die Sportkommission bilden, haben den Ingenieur, der meist in billigen Anzügen steckt, scheußliche Schlipse trägt und seine Hosenbeine in Schaftstiefel stopft, nach Johannisthal beordert. Also packt er folgsam sein Flugzeug zusammen und bezieht einen Schuppen in Johannisthal.
Andächtige Stille, eine Art Feierlichkeit breitet sich aus, als Grade am Nachmittag des 30. Oktober seinen Eindecker bei leichtem, günstigem Wind aus dem Schuppen ziehen läßt. Prominenz hat sich versammelt, Major von Parseval, Victor de Beauclair, der berühmte Ballonfahrer und Alpenüberquerer, der 1908 sensationelle 56 Stunden in der Luft geblieben ist, Flugtechniker wie Hermann Dorner, Wissenschaftler. Dr. Karl Lanz, der Preisstifter, wohnt der Prüfung des Apparates auf seine rein deutsche Provenienz bei. Die reichlich verwendeten Bambusstangen, exotische Importe, läßt man als unvermeidlich durchgehen. »Metzeler Aeroplanstoff« steht unübersehbar auf dem Seitenleitwerk.
Dann klettert Grade in seine Hängematte und ergreift den Pumpenschwengel; die Zuschauer stehen im Propellerwind aus Staub und Grasfetzen. Der leichte Eindecker braucht nur eine kurze Rollstrecke, nur ein paar Sekunden, dann löst er sich vom Boden und brummt in 3 m Höhe über die Startlinie, erhebt sich auf 10 m und steuert auf den ersten Wendeposten los, den er in großem Bogen sicher umkreist. Seit Tagen ist die Eleganz dieser Flüge, die leichte Lenkbarkeit des Flugzeugs das Tagesgespräch der Kenner. *Flieger und Flugapparat scheinen eins zu sein*, berichtet die *Vossische Zeitung*, woraus sich unschwer auf die flattrigen, fahrigen, zuckenden Versuche, auf die ruckartigen, panischen und oft genug hilflosen Steuerbe-

wegungen schließen läßt, die das Bild vom Flieger als einem lebensmüden Akrobaten prägen.
Nicht so Grade. Er: gravitätisch, keine Dramatik bitte. Zirkelt seine »8« wie die pure Selbstverständlichkeit, umfliegt auch den zweiten Wendepfosten, wie er es so oft geübt hat, die Linke am Pumpenschwengel, mit der Rechten das Gas regulierend, die Füße fest auf die Laufradachse gestemmt. Kehrt zur Startlinie zurück und landet nach einer großen Schleife fast genau vor seinem Schuppen. Begeisterte Freunde stülpen »Hänschen« einen Lorbeerkranz über die Schultern. 4 Minuten 4 Sekunden Gesamtflugzeit, davon 2 Minuten 43 Sekunden für den Lanz-Preis. Dr. Lanz überreicht den Scheck über 40000 Mark – für Grade der Beginn seiner Fliegerkarriere, die das Fliegen in deutschen Provinzen populär macht, Startkapital außerdem für seine Flugzeugfabrik in Bork.
Fortschritt im Zeppelinland, gemächlich, sachte. Im selben Oktober 1909 hat es ja, quasi unverhofft, noch eine zweite Premiere für Deutschlands dahinkrebsende Aviatik gegeben. Sie hängt ursächlich mit einem mittelgroßen, stämmigen Herrn mit Zwicker und Pfeife namens August Euler zusammen, einem deutschen Weltmann, gewandt und gebildet, Englisch, Französisch und Russisch fließend. Mit dem großen Leonhard Euler, dem Mathematiker in Petersburg, ist er in direkter Linie verwandt. Den Russen hatte er das Brennabor-Fahrrad gebracht und später die Erfahrung der Franzosen in Qualitätsstahlsorten nach Deutschland importiert, umgekehrt auch Firmen wie Bosch zum Durchbruch in Frankreich verholfen. August Euler in seiner Mittlerfunktion denkt in Märkten, sieht die Vorteile internationaler Zusammenarbeit. Seit Jahren betreibt er eine eigene Firma für Automobilzubehör, Geld stinkt nicht und macht unabhängig.
Euler, Rennfahrer auf dem Fahrradsattel und am Volant, der »tolle Euler«, der holländischer Boxmeister gewesen und mit Buffalo Bill um die Wette geradelt sein soll, macht nicht in Kleinklein, er will Herr im Haus bleiben, nimmt keinen Teilhaber auf, nicht mal einen Bankkredit, und setzt zumindest einen Teil seines Vermögens auf die Karte Aviatik: *Ich bin immer ein Abenteurer gewesen; mit meinem redlich verdienten Geld habe ich mir Gefahren erkauft.* Am 30. Januar 1909 schließt er mit der preußischen Militärverwaltung einen Mietvertrag, der ihm die Benutzung eines Teils des Truppenübungsplatzes Griesheimer Sand in Darmstadt sichert. Im März steht sein Betrieb, ein Konstruktionsbüro, eine Werkstatt, eine Montagehalle, diese immerhin 50 m lang, 20 m breit und 9 m hoch; im »Pilotenhaus« ein Lehrzimmer und zwei Schlafzimmer für Schüler. Das hat Hand und Fuß und läßt auf zielgerichtete Arbeit schließen, wenn auch zunächst nur »zu sportlichen Zwecken« (so Euler an Prof. Prandtl in Göttingen).
Euler, kein Freund von Halbheiten, geht methodisch vor, macht erst mal Versuche mit Gleitflugzeugen von einem 30 m hohen Sandhügel, dem »Chimborasso«. Im April kommen die ersten Flugzeuge, Voisins erprobte Doppeldecker. Er selbst nennt das, was an den Zeichenmaschinen, an den Dreh- und Werkzeugbänken der Griesheimer Werkstatt geschieht, *eigene*

Arbeit und eigene Konstruktion in Anlehnung an die Fabrikationserfahrung von Voisin. Man munkelt auch von Schritten des französischen Kriegsministeriums, die es den Voisins unmöglich machen, den Vertrag zu erfüllen. Sicher ist, daß Eulers Version des Gitterrumpfdoppeldeckers mit Druckschraube und vorderem Höhenruder feingliedriger wirkt als die etwas plumpe französische und daß er das Gewicht auf etwa die Hälfte der schwerfälligeren Voisin-Version entschlackt.
Es geht nur langsam vorwärts bei den Flugversuchen. Wolle man fliegen, so Euler halb ironisch, dürfte man möglichst nur mit Leinenhose und Hemd bekleidet sein, und selbst das Portemonnaie müßte aus Gewichtsgründen zurückbleiben. Hellmuth Hirth, der Flieger-Star der nächsten Jahre, wird angesichts des Schneckentempos nervös und ergreift die Flucht aus dem Eulerschen Unternehmen. Als sich auch noch Zeitungen über Eulers kümmerliche Sprünge lustig machen (»August, laß das Fliegen sein«), stürmt er, Temperamentsbrocken, fuchsteufelswild in die Redaktion des *Frankfurter Generalanzeigers*, stößt den angebotenen Stuhl mit dem Fuß ärgerlich beiseite und verlangt, auf dem Redaktionstisch sitzend, nachdrücklich eine Gegendarstellung. In diesen Tagen wird der Satz geprägt: »August Euler, lerne fliegen ohne zu klagen.«
Seine Flugkünste hat er inzwischen so weit vervollkommnet, daß er an den Start auf der ILA im nahen Frankfurt denken kann, die ja auch eine »fliegende Ausstellung« sein soll. Bloß, was da so hängt in der Festhalle und was da steht, Lilienthals Gleiter und ein phantastischer Sechsdecker von Pega, Karl Jathos Drachenflieger und Bruno Poelkes Gleiter, das wirkt denn doch ein bißchen dürftig und kleinkariert, zu stumm und leblos vor allem. Das p.p. Publikum will Aktion sehen, verständlicherweise, es verlangt nach dem Hörspiel der sägenden und plärrenden, vor allem immer wieder stotternden und ploppernden Motoren, nach dem herzmuskelbewegenden Schauspiel der schaukelnden, bockenden und manchmal auch stürzenden Maschinen.
Franzosen müssen her, die sorgen überall für Betrieb. Tschudi muß freilich sein schönstes Berliner Französisch aufbieten und mit größeren Schecks winken, ehe sich die Herren der Lüfte im Anschluß an Berlin nach Frankfurt Anfang Oktober bitten lassen. Die Preisflut der ILA, die nichts ungeschoren läßt, nicht die Flugmaschinenmodelle und die Propeller, nicht die Ballonfotografien, Ballonhallenentwürfe und die Korbbeleuchtung – sie wirft auch an die 100000 Mark für die verwöhnten Aviatiker aus. Um die geht es jetzt. Euler als einziger Deutscher am Start.
Mut hat er ja, der 40jährige Senior auf dem Flugfeld, sich dieser übermächtigen Franzosen-Riege zu stellen, neben deren Leistungen die Meldung, Euler sei am 27. August offiziell kontrollierte 2 Minuten und 32 Sekunden in der Luft geblieben, habe das ILA-Fluggelände zweimal in 8 bis 10 m Höhe umkreist und die Kurven elegant genommen, sich auch nicht gerade triumphal ausnimmt. Vor Euler hat schon de Caters, Neuling auch er, geübt und den Frankfurtern, die von Luftschiffen und Ballons genug gesehen haben, richtiges Fliegen gezeigt. *Er läßt den Motor auf hohe Tourenzahl*

kommen und nimmt kurz entschlossen einen wuchtigen Anlauf, schreibt ein Reporter. *Langsam hebt sich zuerst das Seitensteuer vom Boden ab, und dann geschieht das Unerwartete: Der Apparat verläßt den Boden und schwebt frei durch die Luft. Ein Jubel ohnegleichen bemächtigt sich der Zuschauer. Fremde Personen eilen auf den glücklichen Aviatiker zu, um ihm gerührt die Hand zu drücken.* Die Zeit: 5 Minuten und 17 Sekunden. So, mit dem »Unerwarteten«, beginnt das Fliegen in Frankfurt.

De Caters steigert sich im September auf 35 Minuten. Die verzückte Menge durchbricht die Schranken und trägt den Piloten in den Umkleideraum. Jatho, der alte Recke, erscheint auf dem Rebstocker Feld und macht Bruch. Sonst: Langeweile auf dem Fluggelände, schlechtes Wetter. Von den 99 Ausstellungstagen regnet es an 63 – tödlich für die Aviatik, die Wind und Regen fürchtet wie die Pest. So schickt die Königin-Mutter von Holland ungeduldig ihren Adjutanten zu Euler mit der Frage, ob er nicht aufzusteigen gedenke. Euler deutet mit seinem Pfeifenstiel mißmutig auf die langsam dahinsegelnden Wolken. Pikiert bemerkt der Adjutant, dann werde Ihre Majestät wohl nicht mehr länger warten können. Euler, ein Mann mit Zivilcourage, repliziert mit unüberhörbarem Groll: *Dann sagen Sie Ihrer Majestät, Jahrtausende hätten darauf gewartet, einen Menschen fliegen zu sehen. Da werde Ihre Majestät wohl auch noch ein wenig warten können.* Es kommt auch vor, daß er grimmig auf Zuschauer losgeht, die über seine Versuche zu lachen wagen.

Dann kommt Leben in die Buden, Franzosen fallen ein: Rougier, Blériot, Latham; auch de Caters taucht wieder auf. Jetzt geht es um das große Geld. Nur Euler hat Chancen, mitzuhalten, Außenseiterchancen. Als Rougier, ohne sich anzustrengen, den »Parseval III« überfliegt, spielt die Menge verrückt. Um so größer die Enttäuschung, als Latham von dem nassen, schweren Boden nicht loskommt und aufgibt. Die »Aviatische Woche« reduziert sich schließlich auf den Zweikampf zwischen de Caters (auf Voisin) und Blériot mit seinem quirligen Eindecker. Der 5-km-Geschwindigkeitspreis, harmlose 2400 Mark, ist Blériot nicht zu nehmen. Dafür hält sich der Baron 1 Stunde und 17 Minuten in der Luft, 5 Minuten länger als Blériot, und das macht stolze 40000 Mark für den Belgier. Bei dem von Krupp gestifteten Preis für die besten Höhensteuerflüge – 15 m hoch gespannte Drähte müssen unter- und überflogen werden – kann Blériot noch mal de Caters schlagen, den »fliegenden Kater«, wie ihn die Presse in einem Atemzug mit der »radfahrenden Eule« nennt. Ja, und Euler?

Euler hält sich tapfer. Am 7. Oktober umfliegt er viermal das Flugfeld und setzt sich mit 4,5 km im Preis für den weitesten Distanzflug gegen Latham und Rougier durch. Insgesamt zieht er von der ILA, Aufmunterungs- und Jungfernpreise eingeschlossen, mit 6300 Mark nach Hause. Das erste Mal hat ein Deutscher gegen härteste internationale Konkurrenz bestanden und dafür den bronzenen Ehrenpreis des Aéro-Clubs von Frankreich bekommen. Na also!

Mehr als anderthalb Millionen Menschen haben die verregnete ILA besucht – ein enormer Impuls für die junge Luftfahrtbewegung. Willy Messerschmitt, neun Jahre alt, läuft an Vaters Hand durch die Hallen, und Ernst Heinkel, schon Student, hat ein Standardwerk aus seiner Handbibliothek verhökern müssen, um die Fahrt nach Frankfurt zu finanzieren. Hellmuth Hirth, der wohlhabende Fabrikantensohn, ist von Blériots Eindecker so fasziniert, daß er sich in Vaters Fabrik gleich eine gutgemeinte Kopie baut. Otto Lindpaintner, Student und Rennfahrer, sieht zum erstenmal Flugzeuge und reist gleich tief beeindruckt nach Frankreich.

Nicht nur ins Biographische wirkt die Ausstellung. Zum erstenmal haben hier Techniker unter der wissenschaftlichen Leitung von Professor Ludwig Prandtl Propeller nicht auf einem festen Versuchsstand, sondern auf einem von der Luftschraube bewegten Wagen geprüft und gemessen. Die Schienen der Versuchsstrecke sind fast 3 km lang; der größte zugelassene Propeller hat einen Durchmesser von 5 m. Nicht nur das. Während der Ausstellung melden siebzig Beobachter aus einem Umkreis von 150 km ihre Wetterbeobachtungen dem meteorologischen Institut in der Kuppel der Festhalle – ein Wetterdienst für Ballonfahrer, aus dem sich, vor allem durch die bahnbrechenden Arbeiten des Initiators, Professor Franz Linke, allmählich ein regelrechter Flugwetterdienst entwickelt. Und selbst von den eher kümmerlichen Gleitflugversuchen am Bahndamm, die allesamt ein Dresdener Kunstmaler gewinnt, der nachts unter den Tischen der Ausstellungshalle schläft, geht noch wenig später in Deutschland die Segelflugbegeisterung aus, die seit 1911 und 1912 mit dem Namen Wasserkuppe verbunden ist. Modellbauer stellen aus, Kinder lassen Spielzeugmodelle fliegen, und selbst die Lebkuchenindustrie hält sich an Latham und Zeppelin, die gängigen Helden.

Das Flugzeug ist akzeptiert, zumindest im tonangebenden Frankreich, als das legendäre Jahr 1909 sich neigt und das opferreiche Flugjahr 1910 beginnt. Lenin, verrückt nach allem Neuen, radelt in Paris hinaus zu den Flugfeldern, wobei er von einem Autofahrer, auch noch einem Adeligen, umgefahren wird, und mokiert sich über Johannisthal: *Direktor Arthur Müller hat Fürsten und Prinzen hinzugezogen, ihnen Millionen abgenommen . . ., selbst ›Gratisaktien‹ eingesteckt und weiterverkauft.* Franz Kafka notiert auf dem Flugfeld von Brescia seine Impressionen, sieht Blériot, *den Kopf fest auf dem Halse,* und Blériots Frau mit mütterlichem Gesicht. Auf den billigen Zuschauerplätzen drängen sich 50000 Menschen, und Kafka versucht, sich der neuen Empfindungen bewußt zu werden. *Was geschieht denn? Hier oben ist zwanzig Meter über der Erde ein Mensch in einem Holzgestell verfangen und wehrt sich gegen eine freiwillig übernommene unsichtbare Gefahr.* Kafka sieht die »langen Damen der heutigen Mode« und auf der Bühne den Erfolgskomponisten Puccini, »Trinkernase«.

Fliegen ist fashionable. Den Ingenieuren und Konstrukteuren, die sich über die spezifische Flächenbelastung, über Steuerflächen und deren Übersetzung zu den Steuerhebeln, über Stabilisierungsflächen den Kopf zerbrechen, den Tüftlern und Bastlern, die der Gedanke an die Wölbung und den Neigungswinkel der Flächen, an Drehung und Steigung der Propellerblätter nicht zur Ruhe kommen läßt, ihnen folgen schon die Snobs, die Millio-

näre auf dem Fuße, die es schick finden, sich mit PS-Zahlen zu schmücken. Wanamaker mit seinen Warenhaus-Millionen ordert Blériot. William K. Vanderbilt, in der dritten Generation das Eisenbahn-, Grundstücks- und Bergwerksvermögen mehrend, sammelt Wrights und Farmans. Mortimer Singer, eines der 25 Kinder des rastlosen Nähmaschinen-Singer, auch schon über die 50, führt an Bord seiner Yacht einen Lenkballon mit und legt sich zwei Flugzeuge zu. Prinz Georges Bibesco aus Bukarest, passionierter Motorbootfahrer, holt sich in Frankreich den Pilotenschein Nr. 20. Fliegen gilt seit Reims als ein zusätzlicher Nervenkitzel des mondänen Lebens.
Auch die Terrain-Gesellschaft von Heliopolis bei Kairo, auf den Verkauf von Villen und Parzellen bedacht, verspricht sich im winterwarmen Ägypten Zulauf und Reklame von einem Aufgebot an bekannten Aviatikern; bei ihrem Meeting im Februar 1910 stürzt Singer ab und bricht sich alle Knochen. Der erste Roman der Fliegerei läuft schon durch die Presse, *Forse che si, forse che no, »Vielleicht – vielleicht auch nicht«*. Gabriele d'Annunzio, ein feinfühliger, exhibitionistischer Dichter, bekannt durch die skrupellose Vermarktung seiner Affäre mit der großen Eleonore Duse, hat während des Meetings in Brescia 1909 bei Curtiss zum erstenmal den Passagiersitz bestiegen. Jetzt findet er kühne Formulierungen für und über die wortkargen Flieger, zum Beispiel: *Die Empfindung des unerhört Neuen lebte in jeder seiner Bewegungen. Er flog dahin wie auf seiner eigenen schwellenden Lust.*
Die Wrights, die Hand schon am Drücker zum ganz großen Geld, ihre Gesellschaft residiert im vornehmen New York, ihre Anwälte verhandeln mit Vanderbilt, Gould und Collier, erklären selbstbewußt: *Wir sind überzeugt, daß der Aeroplan in drei Jahren ebenso populär sein wird wie das Automobil.* Gut gesehen. Bloß Frankreich ist von nun an immer ein paar Schritte vornweg, in der Technik genauso wie in der Reklame. Santos-Dumont erhält in Paris das erste Denkmal der Fluggeschichte. Bei der »Exposition Aérienne« im Herbst 1909 hebt sich im Grand Palais der Blériot-Eindecker, der Star der Kanalüberquerung, aus einem riesigen Blumenbeet, und ringsherum gruppieren sich die vier Ehrenstände von Wright, Farman, Antoinette und Esnault-Pelterie. Schon taucht die erste »Aviatresse« auf den französischen Flugfeldern auf und steigt im langen Rock auf den Führersitz. Voisin, der feurige Charles Voisin, hat die sportliche Autofahrerin mit kundiger Hand zur Fliegerei verführt, sehr zum Ärger des Bruders, der die fesche Lebedame, diese Baronin de Laroche, wie sie sich zu nennen beliebt, nie so recht ausstehen konnte und das Verhältnis naserümpfend mißbilligt.
Noch am Silvestertag des großen Jahres 1909 setzt sich August Euler auf dem Griesheimer Truppenübungsplatz ans Steuer seines Doppeldeckers, dreht seine Platzrunden und erfüllt damit die von der »Fédération Aéronautique Internationale« aufgestellten Bedingungen für das Pilotenpatent. Euler bekommt vom »Deutschen Luftschiffer-Verband« den deutschen Flugzeugführerschein Nr. 1, ein graues Heftchen, in dem Zivil- und Militärbehörden in sechs Sprachen – Deutsch, Französisch, Englisch, Italie-

nisch, Spanisch und Russisch – ersucht werden, dem Inhaber jederzeit Schutz und Hilfe zu gewähren. Nr. 2: Hans Grade.
Zögernder Aufbruch überall in Europa, in Italien, Österreich, England (in der Schweiz, dem klassischen Ballonfahrerland, läßt die Fliegerei noch ein bißchen auf sich warten). In Turin gründet Franz Miller die erste italienische Flugzeugwerkstatt, und auf dem Flugfeld von Centocelle bei Rom üben Piloten auf Wright-Maschinen. Der erste Tote: ein Leutnant, der sich verzweifelt bemüht, Zuschauer von einer landenden Maschine fernzuhalten und dabei selbst vom Propeller am Kopf getroffen wird. Der Rat von Wiener Neustadt, einer Industriestadt 50 km südlich von Wien, stellt im Juni 1909 für 2500 Kronen eine Halle auf, in die als erster Mieter Igo Etrich einzieht. Sein Gehilfe und Pilot Karl Illner fliegt auf dem Steinfeld, dem ersten »offiziellen österreichischen Flugfeld«, schon im August 40 m weit und 4 m hoch – ein schwacher Trost für jenen Redakteur in Wien, der die einheimischen Aviatiker angefleht hat: *Zeigt uns endlich etwas, zeigt der Welt, daß wir in Österreich nicht lauter Papier-Aviatiker haben!* Im November schwebt Etrichs der Natur nachempfundene Schöpfung zum erstenmal über die ganze Länge des Steinfelds.
Auch in Großbritannien hat nun einer die 1000 Pfund des *Daily Mail* für die erste Rundflugmeile in einer rein britischen Maschine gewonnen: J. T. C. Moore-Brabazon, einer dieser gutaussehenden, selbstsicheren und ein bißchen arroganten Jungs aus vermögendem Haus, die als Schüler den ersten Staub von Automobilen geschluckt haben und von der Technik nicht mehr loskommen. Harrow und das Trinity-College hat er hinter sich, das halbe Volontärsjahr in den Darracq-Werken bei Paris nicht gescheut. »Brab«, Sportsmann sein Leben lang (mit 85 wird er noch einmal auf dem Bauch den berüchtigten Cresta-Run in St. Moritz hinunterrasen), Rennfahrer und Sieger im mörderischen Ardennen-Rundrennen, ist ein Freund des großen Charles Stewart Rolls, des Mitbegründers von Rolls-Royce. Manche Nacht hat er mit ihm, dem manisch Geizigen, der noch im feinen Aeroclub seine Stulle auspackt, spartanisch unter dem Rennwagen statt im Hotel verbracht. Wenn er Wert auf dessen Gesellschaft legt, muß er für Rolls bei der Bahnfahrt die Differenz zwischen der 2. und der 1. Klasse bezahlen.
Brab macht, sehr englisch, auch beim Fliegen seine Späßchen. Er beklebt sein Flugzeug mit Wahlplakaten für die Tories und nimmt sogar das sarkastische Wort der Fluggegner, daß doch Schweine fliegen sollten, mit hübscher Ironie wörtlich. In einem kleinen Korb hebt er ein lebendes Spanferkel mit seinem Flugzeug in die Lüfte, ein Schildchen dran: »I am the first pig to fly«.

Das gnadenlose Duell

Bargeld lacht. Die ausgesetzten Preise für Piloten gehen (weltweit) in die Millionen. 200000 Mark allein für die 300 km zwischen London und Manchester. Zwei Farman-Flieger, ein Brite, ein Franzose, gehen bei dem Rennen bis an die Grenze physischer Belastbarkeit. Durchnäßt, unterkühlt, erstarrt torkeln sie von ihrem Sitz. Der Brite fliegt sogar nachts – und verliert.

Geld liegt in der Luft, viel Geld. Eine runde Million Mark (1350000 Francs exakt) hat allein der Aéro-Club de France für seine zehn großen Flugmeetings im Jahre 1910 lockergemacht, Heliopolis eingeschlossen, diese Werbeveranstaltung des belgischen Bodenspekulanten Empain: eine Million für die besten Piloten. Goldwährung. Kein Wunder, daß solch Geldsegen, solch ein Scheckregen Männer lockt, die es gewohnt sind, für Bargeld ausdauernd Runde um Runde zu drehen: Autorennfahrer vor allem und Radrennfahrer, »Flieger« wie »Steher«. Ob Holzbahn, Rennbahn oder Flugbahn, für sie, die »Chauffeure«, sind das auswechselbare Möglichkeiten, ans große Geld zu kommen.

Es gibt ja nicht nur die Flugmeetings. Zu diesen horrenden Summen kommen noch Dutzende von Spezialpreisen – Preise von Unternehmern, die ihre Firmennamen gedruckt sehen wollen, Preise von Vereinen, von Zeitungen, von Städten, die sich ein bißchen Touristenrummel à la Pau versprechen, Preise von Wohltätern wie von Wichtigtuern. In einer seitenfüllenden Fleißarbeit hat *Flight* in London (The World's First Aero Weekly) übersichtlich aufgelistet, was, teils an verstecktem Ort, an Pfunden und Dollar, an Mark und Francs der tollkühnen Männer in ihren wackligen Kisten harrt. Weltweit summiert sich das zu Millionenschätzen.

Von nichts kommt nichts – die Franzosen haben das, sehr irdisch, als erste begriffen, und noch Jahre später wird man in Deutschland ganz ernsthaft deren frühes Mäzenatentum als Grund für ihren Vorsprung ins Feld führen. 100000 Francs, beispielsweise, haben die beiden Reifenindustriellen André und Edouard Michelin dem »Flugzeuglenker« zugedacht, der es fertigbringt, mit einem Passagier von einem Ort des Departements Seine oder Seins-et-Oise zu starten, den Arc de Triomphe in Paris und die Kathedrale von Clermont-Ferrand zu umrunden und dann auf dem Gipfel des Puy de Dôme in der Auvergne zu landen, alles in weniger als sechs Stunden. Auch die Champagner-Produzenten lassen sich nicht lumpen. Ruinart bietet dem Aviatiker, der als erster an einem zweiten oder vierten Sonnabend/Sonntag eines Monats den Kanal überquert, die Summe von 12500 Francs. Der Marquis de Polignac, das Organisationsgenie von

Reims, seither Ritter der Ehrenlegion, animiert die Flieger mit halbjährlich 7500 Francs zu Rekorden im Geradeausfliegen – ein Wanderpokal, der französische Piloten in den nächsten drei Jahren zu mächtigen Leistungen anstachelt.

Bargeld lacht. Deutsch de la Meurthe, der Ölmagnat, zweigt von seinen Millionen drei jährliche Preise von 20000 Francs für einen 100-km-Flug mit Rückkehr zum Startplatz, also über 200 km, ab. Bare 10000 Francs, der Prix Dollfuss, winkt dem, der sich eine Stunde lang 200 m hochhalten kann; 15000 Francs gibt die Strecke Mailand–Turin her. Und so weiter, bis herunter zu den läppischen 1000-Francs-Preisen, die von der schnellen Entwicklung überholt werden: Ein Prix de la Compagnie d'Aviation für die Dame, die auf einer Flugmaschine zuerst einen Kilometer zurücklegt; ein Prix de la Financière für den kleinsten Aeroplan; ein Prix Arnoux für den Flugtechniker, der einen Kilometer über einer mit Bäumen bepflanzten Straße fliegt. Latham holt sich noch Ende 1910 in Baltimore beiläufig 500 Dollar von einem sportbegeisterten Millionär einfach dadurch, daß er an dessen Haus, besser: an dessen Krankenbett vorbeifliegt.

Für Geld sind die Herren Flieger immer zu haben, ihr Sport kostet Geld genug. Unter den großzügigen Gaben, unter all den kuriosen Ansinnen (so legt der Schloßherr von Parc aux Dames 5000 Francs für den Piloten bereit, der nach einem Flug von 50 km im Schloßpark landet), muß *ein* Preis den wenigen Aviatikern, die sich der Aufgabe gewachsen fühlen, geradezu aufreizend ins Auge stechen: Der *Daily Mail*-Preis von 10000 Pfund für einen Flug von London nach Manchester. 10000 Pfund, 200000 Mark, das lohnt schon Schweiß und Mühe. Der 300-km-Flug, so die Ausschreibung, muß an einem Punkt beginnen, der nicht weiter als acht Kilometer von der Redaktion des *Daily Mail*, vom Zentrum Londons entfernt ist. Zwei Zwischenlandungen zur Treibstoffaufnahme sind erlaubt. Innerhalb von vierundzwanzig Stunden muß der Flug in einem Radius von acht Kilometern um Manchester beendet sein.

Dieser 10000-Pfund-Preis stand schon seit Jahren. *Punch*, das satirische Blatt, hat ihn anläßlich der Stiftung nach Kräften verulkt, indem es seinerseits drei Preise von je 10000 Pfund ausgesetzt hat: Für den ersten Astronauten, der zum Mars und zurück fliegt; für den ersten Menschen, der zum Erdmittelpunkt vordringt; und für den ersten Schwimmer, der von England nach Amerika schwimmt. Mit solchem satirischen Geschütz glaubt man, auf ein Unternehmen wie den Flug von London nach Manchester zielen zu müssen. Auf ein Wahnsinnsunternehmen, mit einem Wort.

Der erste Anwärter auf die Riesensumme hat bereits im Herbst 1909 entnervt aufgegeben; ausgerechnet der Mann in England, dem die paar Eingeweihten wirklich zutrauen, daß er es packen würde: Samuel Franklin Cody, eine der schillerndsten, auch eine der verwegensten Figuren dieser bewegten Pionierjahre. Cody hat alles versucht – und er ist weiß Gott ein Willensmensch, dieser dynamische Amerikaner, Texaner noch dazu, der oft mit dem legendären »Buffalo Bill« verwechselt wird.

Sie sind ja auch zum Verwechseln ähnlich. Nicht nur weitläufige Verwandtschaft und die Namensgleichheit verbinden den Flieger Samuel mit dem Büffelschlächter William Frederic Cody, sondern ebenso eine Showkarriere und ein hochentwickelter Sinn für Showeffekte. Mit breitrandigem Texashut und Cowboystiefeln, mit langwallendem Haar und kühn gestutztem Zwirbelbart war der selbsternannte »Colonel« Sam Cody eines Tages samt Familie auf der britischen Insel aufgetaucht, ein erfolgloser Goldprospektor, ehemaliger Trapper und Zureiter, jetzt »King of the Cowboys«, wie er sich nennt, Chef einer schießenden, lassoschwingenden Wildwest-Truppe, die durch Englands Music Halls tingelt, seine Frau schießt ebenso gut wie er selbst.

The Klondyke Nugget, ein blutiges Melodrama, bringt Geld in die meist leere Familienkasse und lenkt Codys unbändigen Tatendrang in eine neue Richtung: gen Himmel. Der häuserfüllende Bühnenrenner finanziert von nun an Experimente mit immer größeren, manntragenden Drachengestellen. Hoch zu Roß dirigiert Cody mit seiner tiefdröhnenden Stimme die Bedienungsmannschaft, die die aneinandergekoppelten Drachen höher und höher steigen läßt. Er bleibt den Militärs wohl stets ein bißchen suspekt; doch lange können sie an den Versuchen mit den hochschwebenden Beobachtungsgondeln nicht vorbeigehen. Cody sorgt selbst für die nötige Reklame, als er sich von seinem im Winde treibenden Drachen im Boot über den Kanal schleppen läßt. Schließlich überzeugt Codys Intelligenz, sein zupackender Sinn fürs Praktische auch höheren Orts: Er bekommt den neugeschaffenen Posten des »Chief Kite Instructor« in Farnborough. Karriere? Na ja. Gesellschaftliche Aufwertung, immerhin, er hat Offiziersrang. Tausend Pfund kassiert er im Jahr für seine Lehrtätigkeit und für die Bauüberwachung; dazu kommt noch freies Futter für seinen berühmten weißen Hengst.

Cody, nie ein Spinner, immer ein Mann der Tat, geht jetzt Schritt für Schritt weiter – von den Drachen zu noch größeren, bis zu 15 m ausladenden Gleitern, die er, ein wilder Reiter, mit feinem Gefühl zu balancieren versteht, liegend. Einer seiner Söhne stürzt ab, quält sich ein Jahr mit seinen Verletzungen. Als die zündende Idee erweist sich 1907 der Einbau eines 12-PS-Motors in einen Gleiter-Doppeldecker – jene Phase der Entwicklung also, die Lilienthal ein gutes Jahrzehnt zuvor nicht mehr erlebt hat. Ohne Besatzung, am Draht erhebt sich der Gleiter ein paarmal auf dem Feld von Farnborough; einmal mehr als vier Minuten lang.

Jetzt endlich ist Cody in seinem Element, ist der vitale 47jährige, dieser Tag- und Nachtarbeiter, nicht mehr zu halten. In geduldiger Experimentierarbeit baut er den berühmten »British Army Aeroplane No. 1«, ein den Wrights nachempfundener, stark verspannter Bambusdrachen mit zwei Druckpropellern und vornliegendem Höhensteuer. Mit diesem fossilen Flugdrachen gelingt ihm am 16. Oktober 1908 der erste Flug auf britischem Boden. Er endet nach 27 Sekunden mit einer Bruchlandung. Von Januar bis Juli 1909 fliegt Cody, ständig am Umbau, über dreißigmal; der Union Jack flattert an einer Strebe. Mit der königlichen Ballonfabrik als Rückendeckung kommt er besser voran als die einheimischen Wettbewerber, als

Roe, die Short Brothers, Handley Page, Dunne. Auf Laffan's Plain liftet er zum erstenmal in England Passagiere, darunter auch seine Frau, die Kunstschützin Leila. Er kündigt schließlich sogar den Flug nach Manchester an. Doch die Briten halten vergeblich nach ihm Ausschau. Nach vier entmutigenden Flugversuchen muß er kapitulieren, dieser Flug ist ein paar Nummern zu groß. Cody ist jetzt zwar geehrt, ein berühmter Mann, nun auch britischer Staatsbürger und geladener Gast beim Festbankett für Blériot. Doch er wird weiter mit seinem klapprigen Auto fahren, wird auch in Zukunft die Pfundnoten für seine Flugzeuge zusammenkratzen müssen; gereicht hat es nie.

Nein, verglichen mit den agilen Franzosen wirkt alles, was in England oder in Deutschland geschieht, noch reichlich amateurhaft – Einzelgängertum, gelegentlich nicht ohne Komik. Beim Meeting von Doncaster posieren die Piloten für die Fotografen auf ihren in einer Linie aufgestellten Maschinen. Die Kameras klicken – es gibt ein Krachen und Splittern. Ein Flugapparat ist zusammengebrochen; der Besitzer, ein Mr. Windham, liegt bedeppert im Gras. Kann man es Zeitgenossen verdenken, wenn sie Zweifel hegen, ob die 300 km von London nach Manchester für ein Flugzeug überhaupt zu schaffen seien?

Der nächste Bewerber, der sich rührt, ist weithin unbekannt. Doch das Temperament, mit dem dieser Claude Grahame-White in die Redaktion des *Daily Mail* stürmt, die Überlegenheit seiner Ansichten und Argumente überzeugen. Da ist einer, der es wissen will – Autonarr, Maschinen- und Elektroingenieur, der große Junge aus gutem Haus, wach, energisch, voller Ungeduld. In Reims bei der »Grande Semaine« hat er eine Blériot geordert und dann wochenlang in Blériots Fabrik gestanden, wie die Arbeiter, von morgens 6 Uhr bis abends 6 Uhr.

Typisch für die ungestüme, unorthodoxe Art des Claude Grahame-White ist sein erster Versuch mit der neuen Blériot-Maschine im Herbst 1909 gewesen. Viel zu kribbelig, um noch auf die Mechaniker zu warten, die sich zum Morgengrauen angesagt haben, startet er zusammen mit seinem Freund Captain Fleetwood Wilson den Motor. Zwanzig Minuten üben sie das Rollen; dann hat Grahame-White die kräftige Maschine unter Kontrolle und wagt, etwa 10 m hoch, den ersten Flug. Als sie niedergehen, wartet eine Menschenmenge auf sie. Die Mechaniker sind eingetroffen und haben Fotografen mitgebracht, die scharf auf Fotos sind – auf Trümmerfotos, versteht sich.

Für den Preisflug hat sich Grahame-White bei Farman einen Doppeldecker gekauft, das war das einfachste; viel bleibt noch zu tun. Auf der Strecke müssen hervorstechende Orientierungspunkte und Landeplätze für das Tanken festgelegt werden, vor allem aber geeignete Notlandeplätze. Da er beim Flug der Bahnstrecke der London & North-Western-Railway zu folgen gedenkt, fährt er mit der Eisenbahn zwischen Euston und Manchester auf und ab. Die Bahngesellschaft läßt derweil an Abzweigungen die Schwellen der nach Norden führenden Strecke weiß streichen, um jeden Irrtum des Piloten zu verhindern. Henri Farman beaufsichtigt selbst die

Montage. Viel Zeit bleibt Grahame-White nicht mehr. Louis Paulhan, Inhaber des Höhenweltrekords mit 1269 m, schwimmt schon Richtung England auf dem Ozean. Er ist nach seinen Erfolgen in Amerika überzeugt davon, London–Manchester in zwei oder drei Tagen zu erledigen.
Ein leichter, frostiger Wind weht über die ebene Fläche des Park Royal außerhalb Londons, als der Farman-Doppeldecker am Morgen des 23. April 1910 auf seinen vier Rädern aus dem Schuppen gezogen wird. Um 5 Uhr 17 startet Grahame-White und dreht wie vereinbart eine Runde um einen nahe gelegenen Gasometer, wo die Offiziellen des Royal Aero Club eine Flagge schwenken. Die »Cheers« der Menschenmenge dringen zu dem Flieger empor – ein letzter ermutigender Gruß vor einem Kampf, der die sportversessenen Briten, für Augenblicke jedenfalls, an diesem Sonnabend selbst das Cup Final, Newcastle gegen Barnsley, vergessen läßt.
Es ist eine Schinderei von Anfang an. Mit Schrecken sehen Journalisten, die auf der nächsten Eisenbahnbrücke warten, daß Grahame-White die vollgetankte Maschine mit ihrem schwachen Motor kaum in der Luft halten kann, sosehr er auch mit den Rudern arbeitet. Ein heftiger Rückenwind drückt ihn scheinbar unaufhaltsam zu Boden, schon kommt er in gefährliche Nähe der Telegrafendrähte. Nur wenige Meter hoch schnurrt die behäbig schaukelnde Farman über die Männer auf der Brücke hinweg, scheint dann aber ein wenig vom Boden, von den Häusern freizukommen. Schließlich entschwebt sie, der Bahn folgend, ins freie Land. Die Wagen mit den Begleitern und den offiziellen Beobachtern nehmen die Verfolgung auf. Grahame-White fliegt Luftlinie, die Bahn immer im Auge behaltend; er sieht auch die Wagen auf der Landstraße nach Manchester. Die Polizei ist informiert, die Autos tragen Kennzeichen. Sie fahren schnell, und auf mehr als 70 km/h kommt der Farman nicht.
Grahame-White fliegt, und der eisige Morgenwind bläst unbarmherzig durch den Panzer der Fliegerkombination und der Pullover darunter. Es gibt keinen Schutz gegen die eisige Zugluft. Die Hände an den Hebeln verkrampfen, die Beine werden bis zur Gefühllosigkeit gelähmt. Es ist sein erster großer Streckenflug. Psychisch ist er auf die Strapazen nicht vorbereitet, auf das Stampfen, Schlingern und Schütteln. Sein Denken, oder was man so nennen kann, wenn sich die Erstarrung durch den Körper frißt, reduziert sich immer mehr auf den einen Gedanken: niederzugehen, aufzuhören, Schluß zu machen. Er reagiert nur noch mechanisch. Nach 75 km glaubt Grahame-White die Besinnung zu verlieren. Der Griff zur Brandy-Flasche hilft ihm über den kritischen Punkt. Der erste der beiden begleitenden Dampfwagen wartet schon ein paar Minuten auf dem Landeplatz in Rugby, als Grahame-White mit letzter Kraftanstrengung landet. Er kann sich nicht mehr bewegen. Männer heben den unterkühlten Körper aus dem Sitz, eine schlotternde Figur, zum Gotterbarmen. Eine Lady reicht ihm mütterlich ihren Muff, und so wankt Grahame-White, schwer gezeichnet, von seinen Freunden gestützt, in eine nahe Hütte.
93 Meilen bleiben als Rest für den wieder zu Kräften gekommenen Piloten – kümmerliche 170 km; das muß doch zu schaffen sein. Zwei Flugstunden,

vielleicht ein bißchen mehr für den langsamen Farman, das hängt vom Wind ab. Und der stürmt nach dem neuerlichen Start in Rugby gegen Grahame-White. Bei diesem widerlichen Wetter rächt es sich, daß der Brite keine Erfahrung im Streckenflug hat. Er ist das Stampfen und Schütteln, die unablässige Arbeit an den Hebeln nicht gewohnt, um die Windstöße zu parieren. Schlimmer, er kommt vom Kurs ab und muß sich durch harte Böen zur Bahnlinie zurückkämpfen, während sich unten die Baumkronen biegen.

Tamworth. 30 Meilen hat er geschafft, dem Gegenwind abgerungen. Noch 60 Meilen bis Manchester, der Sieg ist greifbar nahe, Paulhan vergessen. Als das Städtchen mit Häusern und Straßen unter ihm liegt, setzt der Gnôme-Motor aus. Stundenlang hat er ohne jede Störung gearbeitet. Ausgerechnet jetzt, angesichts der Stadt, läßt er nach. Setzt aus, kommt wieder, ein paar Zylinder arbeiten nicht. Während die Maschine mit der geringen Motorkraft kaum noch zu steuern ist und der Wind ihn schüttelt, hält Grahame-White nach einem Landeplatz Ausschau. Noch ist ja nichts verloren, zwei Landungen stehen ihm zu. Als er auf einem Feld aufsetzt, trifft ihn eine Böe von der Seite. Eine der beiden mit Gummibändern an den Achsen befestigten Gleitkufen zersplittert bei dem harten Bodenkontakt.

Grahame-White rennt zu einer Signalbox an der Bahnlinie, um seinen Standort zu melden. Dann muß er sich schleunigst wieder um die Maschine kümmern, die sich im Wind selbständig zu machen sucht. Die menschenleere Wiese füllt sich gottlob, Autos halten. Bald trifft auch die Begleitmannschaft ein und organisiert die Absperrung, um die anschwellende Menschenmenge vom allzu neugierigen Betasten und vom Bekritzeln der Flächen, eine beliebte Sitte, abzuhalten. Der Mechaniker der Gnôme-Fabrik, ein kleiner, kauziger Kerl, einer dieser Medizinmänner mit dem magischen Blick für den eigenwilligen Motor, besieht sich den Schaden – gewußt wo, da redet keiner drein. Der Wind frischt immer mehr auf. An einen Start ist zur Stunde nicht zu denken. Der mitgenommene Grahame-White läßt sich in den Ort fahren, um auszuruhen. Natürlich steht die angepflockte Maschine unter Aufsicht, Henri Farman hat sich selbst darum gekümmert. Aber was nützt das schon. Eine jähe Böe fährt in der Nacht dem Doppeldecker zwischen die Flächen, reißt ihn los und hebelt ihn auf den Rücken. Aus der Traum.

Grahame-White, kurz vor dem Erfolg, steht vor einem Trümmerhaufen, die 200 000 Mark kann er erst einmal in den Wind schreiben. Umsonst, für nichts die Plackerei im eisigen Luftzug; vergeblich die Organisation des Fluges, der ganze Aufwand vertan – und Paulhan in London. Es spricht für die psychische Konstitution und den ungebrochenen Siegeswillen Grahame-Whites, daß er sofort nach der Schreckensmeldung, ohne langes Lamentieren, an die Vorbereitung des zweiten Fluges geht. Denn jetzt zählt wirklich jede Minute.

Der Heimvorteil des Briten zahlt sich aus. Während Mechaniker den Trümmerhaufen zerlegen, organisiert Grahame-White Güterwagen nach London. Die *Daily Mail* stellt für die Reparaturarbeiten ihre Luftschiffhalle zur Verfügung. Die Tragflächen der Maschine müssen praktisch neu gebaut werden. Die Arbeiter schuften in Tag- und Nachtschichten. Nach 48 Stunden steht die Maschine, Draht für Draht neu verspannt, im Morgengrauen wieder auf dem Feld von Wormwood Scrubs. Bloß: Inzwischen wartet auch Paulhan in Hendon, startbereit, auf gutes Wetter. Und der erfahrene Franzose hat die schnellere, bessere Farman. Andererseits besitzt Grahame-White die bessere Streckenkenntnis. Ein offenes Rennen, ein gefundenes Fressen für die *Daily Mail.*

Paulhan, der Optimist, immer die Ruhe selbst, hat unglaubliches Glück gehabt. Am Dienstag ist seine Maschine in Folkstone eingetroffen. Die Kisten erweisen sich als zu breit für die Wagen der S.E. and C. Railway, und so rollen sie auf der Landstraße gen London, während Paulhan die Flugstrecke abfährt. Von Mittwoch morgen an hat er mit seiner eingespielten Mannschaft unter Henri Farmans Aufsicht den Apparat aufgebaut. Viel Zeit bleibt da nicht fürs Essen oder für Pausen. Um 5 Uhr nachmittags kann Paulhan aufatmen. Seine Farman steht flugfertig auf dem Flugfeld von Hendon. Auch Grahame-White hat seine Farman zu einer kurzen Inspektion aus dem Schuppen rollen lassen. Kaputt wie alle von der tagelangen Schufterei, legt er sich in einem Hotel in seiner Montur aufs Ohr.

Paulhan liegt auf der Lauer – Louis Paulhan, dieser »kleine Franzose«, der so methodisch arbeiten und so großartig kämpfen kann. Die Zeitungen schwelgen in seinem Leben, einer Vita so recht nach Journalistenart: Mit 16 Jahren Seiltänzer und Reiter in einem französischen Zirkus, wenn man den Blättern glauben darf; dann Seemann, Steuermann auf den Weltmeeren; schließlich Freiwilliger beim ersten französischen Luftschifferbataillon. Er hat den Obersten Renard gekannt, den »grand old man« der Ballontruppe und hat für Ferber, den unvergessenen Vorkämpfer der Aviatik, gearbeitet, hat auch an den Versuchen mit dem Luftschiff »Ville de Paris« in der Fabrik von Surcouf teilgenommen; zwei Francs erhielt er für die erste erfolgreiche Fahrt nach Châlons. Sein Sinn für die Luftfahrt war damit geweckt. Er gründete eine Fabrik für die beliebten Spielzeug-Flugmodelle und gewann bei einem Wettbewerb den ersten Preis, einen Voisin-Gleitflieger. Zum Ankauf des nötigen Motors mußte sich eine Gesellschaft von Geldgebern zusammenfinden. Mit dem legendären Meeting von Reims, mit dem Gnôme-Motor, diesem großen Wurf, beginnt die Karriere dieses gutmütigen, ruhigen Mannes, dem keiner den Südfranzosen anmerkt. Mit und gegen Latham steigert er sich in den Höhenweltrekorden. – Ein Mann ohne Nerven, wie es scheint, gelöst, freundlich und heiter.

Paulhan wagt den Überraschungscoup. Mit feinem Wetterinstinkt nutzt er ein kurzes Nachlassen des Windes, hängt sich den Holzrahmen mit der Streckenkarte um den Hals, gibt seiner Frau den Abschiedskuß und klettert auf das Sitzbrett. Der Gnôme läuft einwandfrei. 5 Uhr 31 notiert der Offizielle des Aero-Club als Abflugzeit am Friedhof Hampstead. Paulhans Freunde, Madame Paulhan und Henri Farman mit ihnen, preschen mit ihren Wagen zum nächsten Bahnhof, wo ein gemieteter Sonderzug unter Dampf steht.

Auch Paulhan dient der Schienenstrang als Wegmarkierung. Er sucht den Weg des geringsten Widerstandes in wechselnden Höhen zwischen 150 und 400 Meter, wie das eingebaute Aneroid-Barometer nach dem Flug zeigt. Im Tageslicht fällt es ihm leicht, den Kurs zu halten – Watford, Cheddington, Leighton, 40 Meilen schon, 6 Uhr 20. Kurz zuvor hat ein Sportwagen vor Grahame-Whites Hotel gestoppt, wo die Freunde noch unschlüssig über das Wetter beraten. Der Schreckensruf »Paulhan ist gestartet!« beendet die Diskussion, jagt Grahame-White aus dem Bett und auf das Flugfeld. Die Farman rollt aus dem Schuppen, fliegender Start trotz des Windes – gleichgültig, hinterher! Paulhans Vorsprung: eine Stunde.
Das hat sich denn doch keiner in den kühnsten Träumen ausgemalt, daß ein Riesenpreis, der seit Jahren zu gewinnen ist, an einem Tag, auf den letzten Kilometern entschieden werden würde. Einer der großen Zweikämpfe des Flugsports beginnt, und es soll Fluggeschichte machen, dieses Duell der beiden Farman-Piloten, des Briten gegen den Franzosen, des Ingenieurs gegen den Mechaniker, des Sohns aus gutem Haus gegen den »nouveau riche«, des (älteren) Anfängers gegen den (jüngeren) Erfahrenen, der von der Pike auf gedient hat. Kann Grahame-Whites unbestreitbarer Schneid die schwächere Leistung seines Motors noch wettmachen? Oder ist Paulhan nach seinem Blitzstart nicht mehr zu schlagen? Der Wettflug über 300 km wird zum Weltgespräch, ein Flug, der schließlich 4 Stunden und 12 Minuten reine Flugzeit dauert, mehr nicht, und bei dem doch beide Flieger bis an die Grenze der körperlichen Belastbarkeit gehen.
Paulhan kämpft gegen die Einsamkeit des Fliegers in der Abenddämmerung, pfeift zuerst noch vor sich hin, singt laut ein Lied. Dann regnet es zwischendurch, die Sicht verschlechtert sich. Bei Rugby haben Flugzeug und Sonderzug zueinander gefunden, Frau Paulhan kann ihren Mann winken sehen. Im Aussichtswagen versammeln sich Journalisten mit Ferngläsern, um den »Minister of Aviation«, den »President of the Republic of the Air«, wie er am nächsten Tag genannt werden wird, bei seiner aufreibenden Arbeit zu bestaunen. Überall Neugierige, am Bahndamm, auf den Straßen. In den brodelnden Luftmassen hat Paulhan einige der bösesten Augenblicke seiner Fliegerlaufbahn zu überstehen. Einmal reißt ihn ein Windstoß fast vom Sitz, als die Maschine abrupt fällt und er sich an einer Verstrebung festklammern muß. 117 Meilen schafft er, vom Regen durchnäßt, verfroren, erstarrt. Dann zwingt ihn die Dunkelheit in der Nähe von Litchfield zurück auf die Erde. Schornsteine und Telegrafenmasten, er ahnt sie bei der Landung mehr, als daß er sie noch wahrnehmen kann. Die Bevölkerung reagiert unfreundlich auf den Ankömmling: Sie hat Grahame-White erwartet und nicht den erschöpften Franzosen. Soldaten bewachen nachts die Maschine. Paulhan, Eis in den Adern, erholt sich im Hotel, er kommt ja aus der harten Schule der Seeleute.
Grahame-White? Er will, vorsichtig, eine Landung in der Dunkelheit vermeiden und ist schon eine Viertelstunde vor Paulhan in einem Feld niedergegangen, nur 60 Meilen von London entfernt – Paulhan klar in Führung. Kriegsrat, Chancenbesprechung, Verfahrenstüftelei in den Lagern.

Grahame-White, kühler Brite, Realist, gibt die Devise aus: Nachtflug. Auf die überraschende Attacke im Schutz der Nacht dürfte selbst ein Paulhan nicht gefaßt sein. Nur so, durch das Noch-nie-Dagewesene, kann er seinen mit allen Wassern gewaschenen Konkurrenten noch überrumpeln. Der Franzose hat ihn kalt erwischt. Jetzt wird der Brite zurückschlagen. Nachtflug: das sagt sich so. In die Nacht hineinfliegen, verrückt, das hat es doch noch nie gegeben, ein Überlandflug in der Dunkelheit, verrückt, ja, ja, in der eisigen Kälte der Aprilnacht und fast ohne Orientierungsmöglichkeiten. Aber Grahame-White muß es wagen, wenn er siegen will.
2 Uhr 50. Eine dunkle, kühle, britische Aprilnacht. Wind. Zurück auf die Folterbank, auf den Sitz der Farman. Noch kann Grahame-White siegen, und nur das zählt. Die Scheinwerfer der Automobile tauchen die Wiese in ein müdes Licht, zeigen dem Piloten den Verlauf der eingrenzenden Hecke. Er kommt nach kurzem Anlauf tatsächlich frei und verliert sich im Schwarz der Nacht. Die wilde Jagd, der erste Nachtflug der Geschichte beginnt. Auf der Straße Richtung Norden, Richtung Manchester jagt ein Wagen voraus. Auf der Karte haben Pilot und Fahrer zuvor eine Straßenkreuzung ausgemacht. Da hält das Auto und strahlt mit seinem Licht die Front eines Gasthofes an. Als Orientierung muß das genügen. Ratlosigkeit beim Gastwirt, der, aufgescheucht, geblendet, den Wageninsassen seine Hilfe anbietet.
Grahame-White fliegt tief, fast wie ein Heckenspringer, so kommt es den Augenzeugen vor. Die Männer am Gasthof hören den Motorlärm und sehen den feurigen Reif der Auspuffflämmchen näher kommen, sie brüllen hinauf zu dem Mann im Dunkeln. Gehorsam folgt der schwarze Nachtvogel dem Fingerzeig der Scheinwerfer auf der Straße und schwebt, ein schwerer, dröhnender Schatten, über dem Automobil. Die Männer nehmen schemenhaft den Piloten wahr, womöglich einen winkenden Arm. Ein, zwei Minuten lang mischt sich Motorengebrüll mit Flugzeuggeknatter; dann schert Grahame-White Richtung Eisenbahn aus, wo er eine funkensprühende Lokomotive entdeckt hat.
In den Londoner Redaktionen überschlagen sich die Nachrichten. Man spricht bereits von einem Kopf-an-Kopf-Rennen. Keiner weiß genau, was geschieht, es riecht nach einer Sensation. Rugby liegt hinter Grahame-White, als er spürt, daß er gegen den Wind immer langsamer vorankommt. Er fliegt schon über eine Stunde. Litchfield kommt näher, noch 25, noch 20 Kilometer trennen ihn von seinem Rivalen. Paulhans Vorsprung schmilzt von Minute zu Minute. Doch der Wind in der bergigen Gegend frischt stark auf, wird zu stark, dreht ihn zweimal, zieht ihn zur Erde nieder. Die bockende Farman gerät schließlich völlig außer Kontrolle.
Drei Minuten vor Grahame-Whites Notlandung auf einem abgelegenen Feld ist Paulhan in der ersten Dämmerung wieder gestartet, dieser Meisterflieger, der sich nun, dem Sonderzug folgend, mit Wind und Regen herumschlägt. Freunde und Journalisten sehen Paulhan kämpfen, sehen, wie er den Gitterkasten mit seinen 1200 Pfund, mit vierzig Quadratmeter Tragflächen durch die Böen bugsiert, den Gnôme im Kreuz, das Höhensteuer vor sich. Während Grahame-White, allein mit seiner Verzweiflung,

den Kopf frierend zwischen die Schultern eingezogen, der Helfer harrt, in dumpfer, eiskalter Wut noch immer entschlossen, bis nach Manchester zu fliegen, trotzt Paulhan Kilometer um Kilometer dem fiesen Aprilwetter – 200000 Mark, dem Ruhm entgegen.

Tausende warten in den frühen Morgenstunden auf einem Feld an der Bahnlinie, die ins Zentrum von Manchester führt. Sie sehen gegen 5 Uhr 30 einen Punkt am Horizont, sehen den Farman größer und größer werden – und wissen doch bis zuletzt nicht, wer der Sieger ist, der sich sicher zur Landung in der Nähe der ausgelegten Bettlaken anschickt. Der Doppeldecker rollt aus, Louis Paulhan rappelt sich von seinem Sitz auf. Respekt vor seiner Energieleistung verdrängt in den nächsten turbulenten Minuten jeden Nationalismus. »Bravo, Frenchman«, immer wieder »Bravo, Frenchman!« Nur mit Mühe kann er zur Bahn durchkommen. »Very cold«, das ist alles, was Paulhan statt einer Rede hervorbringt.

Grahame-White hat nicht aufgegeben und ist wieder aufgestiegen. Schon nach einer Viertelstunde reißt ihm der Regen ein Stück von der Bespannung los, abermals muß er notlanden. Die Nachricht von Paulhans Ankunft in Manchester platzt in die gaffende Menge, die das Flugzeug umsteht. Was dann folgt, gehört zu den großen Augenblicken des Sports. Auch als Verlierer, noch in seiner Verzweiflung, wächst Grahame-White über sich hinaus und hadert keinen Augenblick mit dem widrigen Geschick, selbst jetzt nicht, er wie Paulhan am Ende seiner Kräfte. *Ich gratuliere ihm von Herzen*, brüllt er in die Menge. *Drei Hurras auf Louis Paulhan!* Dann sendet er ein Telegramm nach Manchester. *Ich ergreife die erste Gelegenheit, um Ihnen zu Ihrer glänzenden Leistung meine herzlichen Glückwünsche auszusprechen. Der bessere Mann hat gewonnen. Grahame-White.*

Härter ist im Sport wohl selten gekämpft, fairer gewiß nie verloren worden. Der bessere Flieger hat gesiegt, kein Zweifel. Doch Claude Grahame-White, der ehrenvoll Unterlegene, wird auf einer Woge nationaler Begeisterung emporgetragen und über Nacht zum Nationalhelden. Sein Kämpferherz hat den Briten, diesem Seefahrervolk, das sich in der Fliegerei schon rettungslos abgeschlagen sah, neuen Mut gemacht. Grahame-White wird seine Landsleute auch weiterhin anstacheln: »Wake up England«, unter diesem Motto wird er 1912 eine große Werbekampagne betreiben.

Vorerst aber verblüfft und entzückt der populäre, nun mit Ehrungen überhäufte Mann durch ausgefallene Flüge. Er kreuzt um Mitternacht über Trafalgar Square auf und am hellichten Tag über der paradierenden englischen Flotte und erscheint selbst zur Gerichtsverhandlung (Delikt: Überschreiten der Geschwindigkeitsbegrenzung im Auto) in seinem Flugzeug.

Im Herbst 1910 kommt auch er schließlich noch auf seine Kosten, vor allem in Amerika. Beim Belmont-Park-Meeting in New York gewinnt er mit einer telegraphisch georderten Blériot den Gordon-Bennett-Cup für England – gegen Asse wie Latham und Leblanc und in der glänzenden Manier des Draufgängers. Grahame-White fliegt noch, fliegt bis zum Sieg, während ihm schon der Zündgeruch von schwelendem Holz, das sich an dem erhitzten Gnôme entzündet hat, in die Nase sticht.

Eindecker-Festival

»Nieder mit der Wissenschaft! Es lebe die Religion!« brüllen die Männer. Dann zünden sie den Hangar an. Flieger leben gefährlich. Die wartenden Massen wissen nichts von den Tücken der Motoren und des Windes. Flieger um so mehr. Trotz Sturm beenden französische Piloten den Ostfrankreich-Rundflug 1910. Auch wenn ihnen Karten und Brillen davongeflogen sind.

Ein toter Mann ist nicht viel wert. Ein toter Flieger läßt keine Herzen höher schlagen, da wehen keine Taschentücher. Nur der Erfolg erotisiert, diese unerhörte Kühnheit, die sich körperlich überträgt. Ein toter Flieger aber ist ein toter Flieger: Dahin der Rausch, vorbei die Träume vom wahren Mannestum, vom ikarischen Helden oder Halbgott gar. Die Nachwelt vergißt schnell, feiert allenfalls noch die Krieger in ihrem Ordensschmuck. Es wird gut sein für die Flieger in ihren verölten Jacken, sich damit ohne jede Illusion vertraut zu machen.

Léon Delagrange ist tot, der 36jährige Bildhauer, einer der allerersten Flieger überhaupt, damals 1907, 60 m der Jungfernflug, und dann der erste Passagierflug mit einer Frau, 1908 in Turin – Delagrange ist tot, abgestürzt am 3. Januar des Jahres 1910. Beschämung ist wohl das mindeste, was den Betrachter der unwürdigen Szenen in Paris beschleicht, die dem Tod des Fliegers folgen. Blitzlichter zucken, als ein Angestellter des Auktionshauses Drouot mit dem Fuß in das Gewirr von rostigen Eisenteilen tritt, um es auseinanderzuzerren, und der Auktionator mit dem Ausruf beginnt. 39 Francs für den Propeller, für den Flügel 310 Francs, 18 Francs für die Konstruktionszeichnungen eines neuen Flugzeugs. Der Gnôme-Motor bringt 7000, angemessen. Vorher haben seine künstlerischen Erzeugnisse, seine Möbel, seine Wertobjekte nur mäßiges Interesse gefunden. Die Marmorgruppe *Liebe und Jugend*, sein bestes Werk, geht für 960 Francs einschließlich der Reproduktionsrechte weg. Die Familie des Fliegers, die ihm die Künstlerlaufbahn mit der Aufkündigung aller Beziehungen vergalt, hat die Erbschaft ausgeschlagen, um nicht für Schulden aufkommen zu müssen.

Das Leben eines Fliegers gilt nicht viel. »Aviation ist kein Fußballspiel«, hat Louis Paulhan, der doch so leicht nicht aus der Ruhe zu bringen ist, auf dem Flugfeld von Douai in die gierige, geile Menge gebrüllt, die von ihm Flüge sehen will und nicht bloß Motorreparaturen. Sie hört nicht auf zu lärmen, bis die Veranstalter die Rückzahlung der Eintrittsgelder ankündigen. Wie soll sie auch, in völliger Unkenntnis der Probleme, das aufgeregte, scheinbar sinnlose Hin- und Herrollen des Flugzeugs deuten, wie begreifen, daß schon leichte Böen das zerbrechliche Holzgestell in die

Bäume, auf ein Schuppendach drücken können? Lathams abenteuerlicher Sturmflug in Blackpool, als die Antoinette in der Luft stand, fast ohne einen Meter voranzukommen und nach der waghalsigen Wendung auf der Gegengeraden mit 120 km/h entlangschoß, bleibt vorerst eine riskante, fast selbstmörderische Einzelleistung. Flug heißt immer noch Schönwetter-Flug, und selbst dann zählt das »Auffahren« in die Luft eher zu den Ausnahmen. Meist macht der Motor nicht mit, ist einfach nicht auf volle Touren zu kriegen oder gibt bloß Schnarchlaute von sich. Oder die Schraube zieht nicht.

Aber mach einer das der aufgeregten, pfeifenden, johlenden Menge klar, die stundenlang steht und wartet und schließlich die Geduld verliert! Überall bilden sich jetzt Komitees, die irgendeine Fläche mit Flaggenmasten abstecken, Tribünen errichten, in den Zeitungen bombastisch inserieren und sich Aviatiker holen, die auf den von Gräben und Löchern durchfurchten Aerodromen ihre Knochen zu Markte tragen sollen. Viele sind unerfahrene Flieger. *Die Aviatiker wachsen wie die Champignons aus der Erde. Und, wie die Champignons, sind sie nicht alle von guter Qualität,* schreibt ein Pariser Sportblatt kritisch. Wie sollen das Zuschauer beurteilen, die zum erstenmal in ihrem Leben ein Flugzeug sehen?

Es kommt zu Unruhen, fast zu Katastrophen. In Belfast entzieht sich James Radley, wahrhaftig kein Feigling, der randalierenden Menge und der drohenden Demolierung seiner Blériot durch Flucht in die Luft, wider besseres Wissen – und landet prompt im Baum. Flügelbruch, Propellerbruch. Bei Marseille durchbrechen Zuschauer die Barrieren und stürzen sich auf die Schuppen der Flieger, schwemmen fünfzig Gendarmen einfach weg. Auch in Neapel müssen Polizisten gegen eine rasende Menge vorgehen.

Im spanischen Durango ist die Hölle los. Mr. Gibbs, ein Farman-Pilot, sieht sich einer Masse von 30000 Menschen gegenüber, die ihren Spaß und ihr Opfer haben will, koste es, was es wolle. Stierkampfstimmung, olé! Als die Maschine aus dem Hangar gerollt wird, fällt ein Schwarm über sie her. Eine Blériot versucht zu starten – umsonst, sie schafft es nicht. Die schäumende Menge beginnt mit Steinen zu werfen. Die Guardia Civil wird nicht Herr der Lage. Wilde Gesellen dringen in den Schuppen ein und fuchteln mit dem Messer in der Hand herum, ohne auf Gibbs' geduldige Worte zu hören, der ihnen sein Problem mit dem Zündapparat auseinandersetzen will. »Nieder mit der Wissenschaft! Es lebe die Religion!« wird gebrüllt. Die aufgebrachten, fanatischen Männer machen Anstalten, den Flieger zu erstechen. Unter polizeilichem Schutz entkommt Gibbs mit Mühe und Not. Eine halbe Stunde später steht alles, Flugzeug, Treibstoff, Hangar, in Flammen.

Selbst die alles andere als heißblütigen Schweizer, die auf dem neuen Flugfeld im ausgedehnten Torfmoor zwischen Dübendorf und Wangen Flügen zuschauen und dann zu einer Unfallstelle eilen, liefern sich mit dem Wachpersonal nach wüsten Szenen Schlägereien, bis die Polizei einschreitet. Gar nicht auszudenken, was wohl geschehen wäre, wenn sich die 750000 Inder

in Bewegung gesetzt hätten, die nach Kalkutta gekommen waren, um einen Bristol-Doppeldecker fliegen zu sehen. Doch asiatischer Fatalismus, fakirhafte Ausdauer und großzügiger Umgang mit der Zeit kommen dem Zustand der Aviatik sehr entgegen. Im Jahr 1910 braucht man Geduld.
In Budapest hingegen, Juni 1910, bleiben die sehnlichst erwarteten Zuschauermassen des Wetters wegen aus – und die mit hohen Garantiesummen verpflichteten »großen Kanonen«, die gehätschelten Großverdiener Latham, Rougier und Paulhan am liebsten im Schuppen. Rougier, beispielsweise, fliegt in zehn Tagen sage und schreibe 21 Minuten und kommt damit auf den sagenhaften Minutenschnitt von 2100 Francs. Das bittere Ende: Pfändung der Flugzeuge, Prozesse, Betrugs- und Erpressungsklagen, Skandale.
Während der Flugtage, immerhin, passiert Aufregendes. Eugen Wiencziers, der Schlesier, kreist in seiner Antoinette aus Johannisthal, die anstelle des überempfindlichen Antoinette-Motors mit einem 50-PS-Gnôme-Motor ausgerüstet ist. Nach 45 Minuten machen die Zuschauer erregte Zeichen: ein Verwindungsdraht flattert im Wind. Wiencziers sieht die Gefahr und geht nieder, aber in 10 m Höhe klappt ein Flügel nach oben weg und die Antoinette stürzt wie ein Stein. Der Pilot, kaltblütig, rettet sich mit einem kühnen Sprung über dem Boden. Zurück bleibt ein Trümmerhaufen.
Keiner der renommierten Piloten wie Latham, Efimoff, Illner, Engelhard, keiner bleibt von einem Sturz oder einer Bruchlandung verschont. Schließlich zieht einer der besten französischen Automobilrennfahrer, Wagner, mit dem Hauptpreis von dannen. Er hat mit seinem Hanriot-Eindecker geduldig Runde um Runde gedreht. Paulhan sorgt bei starkem Wind mit einer Startstrecke von 11,05 m für einen Rekord. Und die reichen Damen von Budapest stiften der Baronin de Laroche aus Paris, der einzigen Fliegerin, 10000 Francs.
Alle Welt schaut nach Frankreich. Hier werden die Zeichen gesetzt, hier tut sich was, lassen sich die Tendenzen der Zukunft ablesen. Blériots Eindecker werden zum Massenartikel; wöchentlich rollen sechs Flugzeuge und vier Motoren aus der Fabrik. Auch Paulhans Erfolge auf dem Farman-Doppeldecker steigern die Nachfrage. *Der wunde Punkt der Farman-Apparate,* so ein deutscher Kenner, *ist die minuziös richtige Einstellung der rückwärtigen Zelle. Ist diese in Ordnung, dann ist das Fliegen mit diesem Typ bei ruhigem Wetter relativ leicht und ohne Gefahr zu lernen.* Die eleganten Antoinettes haben die Käufer enttäuscht. Sie lassen sich schwer fliegen und werden nur von wenigen Piloten gemeistert.
Deutsche wie Österreicher zieht es auf die französischen Exerzierplätze, nach Issy-les-Moulineaux und Mourmelon, nach Châlons sur Marne und nach Pau. Otto Erich Lindpaintner aus München, Sproß aus dem reichen Künstlerhause des Malers Franz von Stuck, kauft sich sein erstes Flugzeug. Emil Jeannin, ein junger Elsässer Sportsmann, Bruder des Gründers der Argus-Werke in Berlin, bereitet sich auf eine glänzende Fliegerkarriere in Deutschland vor. Felix Laitsch, ein sächsischer Ingenieur, am Bau der Par-

seval-Luftschiffe beteiligt, schult bei Voisin. Auch Österreicher wie Josef Sablatnig, ein promovierter Ingenieur, und Adolf Warlachowski lernen aus den Erfahrungen der Franzosen.
In Frankreich ist jetzt alles möglich. Ein Reservist, der zur Übung einberufen wird, erhält vom General die Erlaubnis, seinen Doppeldecker mit in die Kaserne zu nehmen und in seiner Freizeit auf dem Kasernenhof zu üben. Ein Bourgeois in Buc klagt gegen den Flugzeughersteller Maurice Farman wegen Ruhestörung. Der Oberstadtbaumeister von Paris entwirft das Bild der Stadt von morgen: im Zentrum ein hoher Turm, Leuchtturm für Luftschiffer und Telegraphenstation zugleich. Um das Stadtzentrum ein Ring von Häusern mit flachen Dächern, Landeplätze für alle Arten von Luftfahrzeugen; von hier starten sie in die Hauptstädte anderer Länder. Frankreich denkt der Zeit voraus.
Im Juli trifft sich die Fliegerwelt zum zweitenmal in Reims, dieser »Weltbörse für flugtechnische Geschäfte jeder Art«. In Reims schließen Regierungsvertreter Kontrakte über sechs- und siebenstellige Summen ab. In Reims steigen und fallen, je nach den Erfolgen der Piloten, die Kurse der Markennamen, hier in Reims schaut sich auch die Konkurrenz um. Die Flugbahn ist diesmal um die Hälfte, auf 5 km, verkürzt. 46 Teilnehmer haben gemeldet; auch die Großverdiener fliegen brav ohne Garantie und ohne Entgelt, nur um die Preise. Die Sonderzüge aus Paris sind jeden Tag überfüllt, neidisch sehen die deutschen Besucher die Begeisterung der Franzosen für die Aviatik.
Das Meeting steht im Zeichen der Rekorde. Beobachtern, die Léon Morane an den Tribünen vorbeifegen sehen, stockt der Atem. »Wie eine Schwalbe, die Krähen überholt«, sagt einer über die Blériot mit dem 100-PS-Motor. Reims wird, bei böigem Wind, ein Festival der Eindecker. Es kommt vor, daß stundenlang nur Antoinettes, Blériots und Hanriots in der Luft sind. Zerknirscht, betreten, deprimiert sehen Konstrukteure von Doppeldekkern wie Voisin, Farman und Sommer zu. Farman hält schon eine Trennung der Wettbewerbe nach Ein- und Doppeldeckern für angezeigt – Farman, der Sieger des Vorjahrs, abgeschlagen nun.
Gleich am ersten Tag werden dem enthusiasmierten Publikum freilich Grenzen und Gefahren der Fliegerei deutlich. Wachter, ein erfahrener Antoinette-Pilot, fliegt bei einer Windgeschwindigkeit von 16 m/s, und er fliegt hoch. Plötzlich bricht eine Fläche. Die Maschine neigt sich zur Seite, auch die zweite Fläche reißt weg. Wie eine Rakete rast der Rumpf auf die Erde zu, hinter sich Abgesplittertes und flatternde Fetzen der Bespannung. Alle starren auf den winzigen, einsamen, verlorenen Menschen von Fleisch und Blut. In letzter Todesangst, ein Funke Denken noch, versucht er, auf dem Rumpf zum Höhensteuer zu hangeln, bis ihn die krachende Fontäne von Erde, Stahl und Holz verschlingt. Ein grausames Bild, das Augenzeugen nie wieder loswerden. Wachters Frau steht auf dem Flugfeld.
Auch die erste Fliegerin der Welt, Raymonde de Laroche, stürzt schwer. In 15 m Höhe fällt der Motor aus, man hört sie schreien. Aufrecht stehend umklammert sie eine Strebe und hält sich schützend einen Arm vor das

Gesicht, über dem Boden versucht sie noch abzuspringen. Schwer verletzt liegt sie in dem Wrack und schreit: *Lindpaintner ist ein Bandit!* Dabei ist der Münchner an dem Unfall völlig unschuldig.
Reims 1910: ein Meeting der Superlative. *Man wird schließlich ganz abgestumpft,* meldet ein Berichterstatter, *und beachtet es kaum noch, wenn wieder einmal der weiße Weltrekordball am Mast gehißt wird.* Sämtliche Rekorde, Schnelligkeit, Dauer und Höhe, purzeln, werden an manchen Tagen zweimal, dreimal überboten. Anders als noch ein Jahr zuvor, als die Piloten losflogen, wann sie wollten, und, wichtiger, wann sie konnten, stehen jetzt drei Flugzeuge mit laufendem Motor nebeneinander und starten im Abstand von einer Minute nach einem Schuß. Am letzten Tag holt sich Jan Olieslagers den Michelin-Pokal, ein belgisches Proletarierkind, das seit seinem zwölften Lebensjahr in der Fabrik gestanden hat – Mechaniker, Radrennfahrer, Autorennfahrer, die übliche Ochsentour des Aufstiegs. Seine Herkunft aus armen Verhältnissen wird ihm noch Jahre später anhängen, als aus dem wilden »Teufel von Antwerpen« ein Jagdflieger mit zahlreichen Luftsiegen geworden ist. Ein belgisches Gesetz von 1836 verbietet seine Beförderung zum Hauptmann, und Olieslagers quittiert den Dienst (um an die zwanzig Bücher über die Luftfahrt zu schreiben).
Olieslagers kommt in Reims auf die unglaubliche Zeit von 5 Stunden und 3 Minuten. Er fliegt eine Blériot. Frankreichs Vormachtstellung in der Fliegerei scheint jetzt unantastbar und wird lautstark gegen das Furore um die langen Zeppelinfahrten ausgespielt. Reims war ja noch nicht alles. Die Franzosen, einmal in Siegerlaune, immer in Siegerpose, satteln nach diesem Triumph noch drauf. Im August boxen sich ihre besten Piloten durch den Osten Frankreichs, fast bis an die deutsch-französische Grenze, Legagneux wagt sogar einen kecken Sprung darüber hinweg, was einigen Wirbel verursacht. Einen *chauvinistischen Gaumenkitzel* nennt es der *Flugsport.* Was der *Matin,* die große Pariser Zeitung, sich da als Rundflug hat einfallen lassen, hätte vor Reims noch als großer Bluff abqualifiziert werden können, so unwahrscheinlich klingt die Ausschreibung.
Anspruch auf die ausgesetzten 100000 Francs hat nur, wer am 7. August von Issy-les-Moulineaux nach Troyes, am 9. von Troyes nach Nancy, am 11. von Nancy nach Mézières, am 13. nach Douai, am 15. nach Amiens und am 17. zurück nach Issy, im ganzen 786 km fliegt, und zwar jeweils zwischen 5 Uhr morgens und 5 Uhr 30 nachmittags. Das heißt: keine freie Zeitwahl mehr, kein Warten auf günstiges Wetter, statt dessen ein genau festgelegtes Reglement. Das Erstaunlichste aber ist, daß trotzdem acht Flieger in Paris an der Startlinie stehen.
Unglaublich, was die Piloten in diesen Tagen physisch leisten, wie die Extrablätter des *Matin* jeden Abend von der Strecke berichten. Die Orientierung erweist sich als schwierig, das vorgesehene System, verschiedenfarbige Fahnen auf Fabrikschornsteinen und Kirchtürmen, als völlig wirklichkeitsfremd. Bei schlechtem Wetter, bei starkem Wind und im Nebel verirren sich die Piloten, müssen landen, beschädigen Fahrgestell und Propeller. Einer nimmt einen Bauern als Pfadfinder an Bord, aber der wird

gleich luftkrank. Lindpaintner kommt mit einer stark blutenden Schnittwunde an, die er sich an einem Draht zugezogen hat. Heftige Winde versuchen die Flugzeuge zu Boden zu drücken, hindern sie schon am Start. Leblanc erreicht Nancy nur dank der Zeichen, die ihm vom Boden her, durch Abfeuern von Schüssen und brennende Scheiterhaufen, gegeben werden. Den Blériot-Fliegern folgt ein Werkzeugwagen der Firma, auf dem die neuen Propeller liegen, im Lederfutteral, damit die geleimten Fugen in der Nässe nicht aufquellen.
Lindpaintners Flug gerät zu einem grotesken Abenteuer. Auf der Etappe nach Nancy streikt nach einer knappen Stunde der Motor, er muß notlanden. Dabei knickt eine Fahrgestellstrebe, eine einzige nur. Die Mechaniker lassen auf sich warten, und während der Instandsetzung fängt es zu regnen an, so daß Lindpaintner auf durchweichtem Boden trotz mehrfacher Versuche schließlich nicht mehr vom Boden loskommt. Also nehmen sie das Flugzeug auseinander und bringen es auf einem Lastwagen nach Nancy. Am nächsten Tag, bei der Montage, entdecken sie zu ihrem nicht gelinden Schrecken, daß auf dem Transport eine Fläche verlorengegangen ist – unmöglich, eine neue so schnell zu beschaffen. Ratlos stehen Pilot und Mechaniker herum. Zufällig kommt in diesem Augenblick von einem benachbarten Militärflugplatz ein französischer Offizier angeflogen und versucht zu landen, verkalkuliert sich aber und rollt mit vollem Schwung in den Zaun. Ihm passiert nichts, doch die Maschine ist ein Trümmerhaufen, aus dem die Mechaniker triumphierend genau die Fläche ziehen, die Lindpaintner braucht. Am nächsten Morgen kann er wieder starten.
Allerdings bringt er seinen Sommer-Doppeldecker jetzt kaum noch über 100 m hinauf. In dieser Höhe torkelt er über Nancy hinweg und bleibt am nächsten, höheren Hügel kleben. Wieder wird die Maschine auseinandergenommen, diesmal auf Sommers Fabrikflugplatz transportiert und zusammengebaut. Am nächsten Tag startet Lindpaintner nach Mézières. Beim Fliegen merkt er, daß sich die Maschine immer mehr nach rechts neigt, und daß er den ganzen Ausschlag der Verwindungsklappen braucht, um sie geradezuhalten. Kleine Böen muß er mit dem Seitensteuer ausgleichen, so daß er von dem Ziel, das in der Ferne schon sichtbar wird, seitlich immer weiter abtreibt. Ein paar Kilometer vor Mézières muß er dann doch notlanden, weil das Flugzeug endgültig nach rechts abzurutschen droht. Charles Weymann, der Amerikaner, sieht Lindpaintner inmitten der schönen Hügellandschaft verlassen bei seiner Maschine sitzen und will bei ihm landen, um ihn mitzunehmen. Er rumpelt in einen Graben, Fahrgestell und untere Tragfläche gehen dabei in Fetzen. Weymann und Lindpaintner nehmen die Sache mit Humor und machen sich zu Fuß auf den Weg nach Mézières. Ein Bauer leiht ihnen unterwegs sein Fahrrad. Und so kommen beide Piloten auf *einem* Fahrrad auf dem Flugplatz an.
Die vierte Etappe am 13. August, die 145 km von Mézières nach Douai, wird zu einem »Ruhmestag in der Geschichte der Flugtechnik«. Legagneux und Mamet versuchen es morgens, dem Sturm zum Trotz. Sie müssen landen, taumeln steif und unsicher von ihrem Sitz, mit brennendem, gedunse-

nem Gesicht und schwindligem Kopf, überanstrengt, fertig. Einer berichtet von lähmender Angstempfindung, die von Visionen begleitet war; zu seiner Linken glaubte er die Türme einer Kathedrale zu sehen. Wieder, wie schon bei dem Flug von London nach Manchester, zeigt sich die enorme körperliche und nervliche Anspannung bei Überlandflügen, die Angst des Alleinseins, das Ausgeliefertsein an die Elemente.

Leblanc und Aubrun, die Blériot-Flieger, Sieger von Reims, retten den Rundflug, verhindern die Blamage. Sie starten am Nachmittag, als das Unwetter nachzulassen scheint und die Sonne durchbricht. Dennoch werden sie bei ihrem erschöpfenden Kampf mit dem Wind so sehr umhergeschleudert, daß sie ihre Brillen verlieren und ihre Karten davonflattern sehen. Aubrun nennt den Flug die zwei schlimmsten Stunden seines Lebens. Vergeblich versucht er, auf einer Ebene zu landen, der Sturm treibt ihn im Kreis herum. Halb wider Willen gelingt ihm endlich eine Landung auf einem Bergplateau. Er versucht seinen Motor wieder in Gang zu bringen, vergeblich. Aubrun läuft in die nächste Stadt, um sich Benzin zu holen und telegraphiert an Blériot, man möge ihn holen. Während er ratlos an seinem Motor herumfingert, setzt sich der Gnôme plötzlich wieder in Gang. Aubrun schwingt sich in die Maschine und startet. Immer wieder wollen ihn die Windwirbel während des Fluges aus dem Sitz reißen. Entkräftet sinkt er schließlich in Douai in die Arme seiner Freunde. Leblanc geht es ähnlich. Nur diese beiden Piloten durchfliegen alle Etappen und erreichen Paris – zwei von den fünfunddreißig gemeldeten.

Niemand hat dieses Ergebnis beim Rundflug, zwei Flieger am Ziel, für möglich gehalten, schließlich liegen die ersten vorsichtigen Flüge der Wrights in Europa erst zwei Jahre zurück. Weder Nebel und Regen noch starker Wind, der sich bis zum Sturm auswuchs, vermochte die Sieger aufzuhalten. Vom »Sturmschritt-Tempo des Fortschritts« spricht die deutsche Presse beeindruckt, von einem »Austerlitz der französischen Aviatik« die französische. Vor allem die französische Militärfliegerei erhält durch diesen Rundflug einen mächtigen Impuls. Denn diese ersten Flüge nach Kompaß und Karte verweisen auf die nächste Etappe, auf die Überlandflüge, die ja das Flugzeug für die Militärs erst interessant machen. Schon im September fliegt der Peruaner Jean Bielovucic, der beim Circuit aufgeben mußte, mit seiner Voisin in drei genau festgelegten Etappen von Paris nach Bordeaux. Um jeden Kirchturm zieht er dabei Kreise. Zwanzig Jahre sind erst seit der Radrennfahrt Paris–Bordeaux vergangen, zehn Jahre seit dem wilden Autorennen. Wer will es den Feuilletonisten verdenken, wenn sie im Flugzeug ein »echtes Kind unseres schnellebigen Zeitalters« sehen?

Leblanc, Blériots alter Freund, der für die Gesamtstrecke des Rundflugs 12 Stunden und 56 Minuten gebraucht und damit 127000 Francs gewonnen hat, und Aubrun (13 Stunden 28 Minuten) sind übrigens auf der vorletzten Etappe mit ausgesuchten Brieftauben um die Wette geflogen. Leblanc überholt die Tauben, erreicht das Ziel mit 6 Minuten Vorsprung. Aubrun wird geschlagen. Eins zu eins für Mutter Natur.

Viele Unfälle verlaufen glimpflich. Die Flugzeuge sind relativ langsam, Holz dämpft zumeist den Aufprall. Für Laffont freilich gibt es keine Rettung mehr, als eine Tragfläche abbricht – ein seltenes Foto (unten links). Die Schrecksekunde eines Zusammenstoßes muß noch der Zeichner rekonstruieren.

Halsbrecherische Kunststücke sind vor allem in Amerika gefragt, hier entsteht der »Luftzirkus«, bei dem aus der Sensation schnell tödlicher Ernst wird. Claude Grahame-White, ein Schüler Farmans (unten), entzückt die Amerikaner, als er in einer Straße am Weißen Haus landet und wieder startet.

Henri Fabre, ein französischer Ingenieur, baut eine »Ente«, ein Flugzeug mit hintenliegendem Motor und vornliegendem Leitwerk. Mit Schwimmern will er damit vom Wasser starten, was ihm im März 1910 tatsächlich gelingt – im Gegensatz zu dem englischen Leutnant, dessen Ungetüm (unten) sich nie erhebt.

Ihre französische Abstammung können die ersten Albatros-Doppeldecker für das deutsche Militär (oben) nicht verleugnen. Voisin-Fliegerin ist die erste Pilotin der Welt, die Baronin de Laroche. Emil Jeannin, ein Elsässer, gehört zu den markanten Fliegerpersönlichkeiten auf deutschen Flugfeldern.

Zwischen Friedhof und Zirkus

Auf dem Holzplatz, beim Eisenhändler, holen sich die frühen Pioniere der Fliegerei das Baumaterial für ihre Kisten. Gearbeitet wird in irgendwelchen Winkeln von Exerzierplätzen. Zwei Brüder, Pennäler, bauen sich ein großes Luftschiff – Jugend forscht. Johannisthal wird zur Keimzelle der Fliegerei und einer deutschen Flugzeugindustrie. Eine neue Fachsprache entsteht. Auch der Gesetzgeber versucht sich auf diesem Neuland.

Deutschland schaut zu, was die Franzosen machen. Das Kriegsministerium in Berlin hat mit der Fliegerei wenig im Sinn, hatte 1907 den Wrights einen Korb gegeben, als die ihre Erfindung anboten, aber die Brüder waren ja allen Europäern zu teuer. Berlin setzt auf die Luftschiffe Zeppelins und Parsevals und muß gehörig gedrängt werden, wenigstens *ein* Flugzeugprojekt zu verwirklichen: die Maschine des Stuttgarter Regierungsbaumeisters W. S. Hoffmann. Ende Januar 1910 steht der Eigenbau der Verkehrstruppe auf dem Tempelhofer Feld, ein merkwürdiges Vehikel. Der Doppeldecker hat kein Seitensteuer am Rumpf, die Steuerwirkung soll durch Verstellen der Flächen erreicht werden.

Hoffmann, ein Schwager von Paul Daimler, technischer Beirat der Inspektion der Verkehrstruppen, will mit der Kraft eines 60-PS-ENV-Motors vom Boden loskommen und läßt eine leicht abfallende Gleitbahn mit Schienen zimmern. Eine hohe Militärkommission ist auf dem Tempelhofer Feld erschienen, um das Ergebnis in Augenschein zu nehmen. Ein Pilot findet sich nicht, keiner in diesem Kreis kann fliegen. Also setzt sich der Referatsleiter für Luftschiffwesen bei der »Versuchsanstalt der Verkehrstruppen«, Hauptmann Wolfram de le Roi, ans Steuer. Auch er hat noch nie in einem Flugzeug gesessen. Der Propeller wird angeworfen und die Maschine gleitet auf der Schienenbahn abwärts, de le Roi zieht das Höhensteuer und merkt, daß sie nach etwa 30 m abhebt. Doch der Schwanz stößt dabei stark auf, aus etwa 10 m Höhe stürzt das Flugzeug nach links ab. Der Mann am Steuer bleibt unverletzt. Ein zweiter Versuch endet gleichfalls mit Bruch. Die Reste des ersten deutschen Militärflugzeugs hängen schließlich als Kronleuchter in Döberitz, wo sich die Fliegertruppe niederläßt. Dr. Huth, Chef der Albatros-Werke in Johannisthal, leiht dem Militär seine eigene französische Farman und dazu seinen Chauffeur, Simon Brunnhuber, der in Frankreich fliegen gelernt hat, und, unter einem akademischen Pseudonym, die ersten drei Offiziere unterrichtet.

Johannisthals ödes Flugfeld erwacht aus dem Schlaf. Die hellwachen

Schuljungen, die ihre Mützen jetzt wie die Flieger mit dem Schirm nach hinten tragen, haben Auge und Ohr für das, was auf dem eingezäunten Flugfeld vorgeht. Schnell haben sie heraus, was sich in den langen Kisten befindet, die vom Bahnhof anrollen, und bald hören sie schon am Motorengeräusch, wer auf dem Platz am Arbeiten und am Probieren ist. Es fällt ihnen nicht schwer, das verläßliche, gar nicht laute Brummen des Gradeschen Zweitakters (»Wüstenhummel«) vom Knattern des Wright-Motors zu unterscheiden, dessen Kettengerassel sich manchmal so anhört wie das Kratzen der Kaffeemühle zu Hause. Sie kennen das Klappern der Vierzylinder mit niedriger Drehzahl genauso wie das Schnarpsen und Schnurpsen des Gnôme beim Ein- und Ausschalten der Zündung.
Ein Geräusch aber elektrisiert sie alle: das dumpfe Poltern, mit dem die hölzernen Klapptore der Schuppen auf die Erde fallen, wenn die Mechaniker sie nicht, wie es sich gehört, langsam rückwärts gehend, abstützen. Dann wissen die Jungen, die auf Bäumen und Laubendächern hocken und den Monteuren das Bier bringen, daß sie bei der Arbeit zuschauen dürfen, vielleicht bei einem Motorenprobelauf oder sogar bei einem Start, vorausgesetzt, der gestrenge Herr von Tschudi mit seinem drohend geschwungenen Spazierstock läßt sich nicht blicken.
Start, das klingt so selbstverständlich. Als Hermann Dorner, einer der ersten Schuppenmeister in Johannisthal, im Januar 1910 Geldgebern und Vertretern des Kriegsministeriums seinen Hochdecker vorführen will, müssen sich die Herren erst einmal eine Stunde lang im scharfen, kalten Südost die Beine vertreten, bevor das Flugzeug überhaupt ins Freie gerollt wird. Dreimal setzt Dorner dann in seinem Eigenbau zum Flug an. Aber er bringt es nur zu kurzen Sprüngen; ein freier Flug will an diesem Tag nicht gelingen. Der durchgefrorenen Kommission bleibt der Blick in den Hangar. Sie konstatiert, höflich, mit Genugtuung, die Fortschritte.
Dorner, lange, allzu lange Verfechter des tiefliegenden Schwerpunkts, braucht noch Monate, bis er seinen charakteristischen Hochdecker fest in der Hand hat. Er sitzt unter der Tragfläche, und das aus gutem Grund: *Die Geschwindigkeit der Maschine, das erste Tanzen und Abheben der Räder, die Seitenstabilität mit genauer Entfernungsschätzung des Flügelendes vom Boden, vor allem die Bodeneinzelheiten lassen sich unter der Fläche weit besser übersehen als über ihr . . . Ein Überschlagen des Apparates, ob nach vorne oder seitlich, ist beim Sitz auf der Fläche jedenfalls lebensgefährlich, während ich unter der Fläche die schwersten Stürze gemacht habe, ohne mich nennenswert zu verletzen.*
Den wassergekühlten 22-PS-Motor hat Dorner vor sich. Unter dem Sitz hindurch führt eine Antriebswelle, und von ihr ein langer, störanfälliger Kettenantrieb zum Druckpropeller oben, hinter dem Flügel. In immer neuen Versuchen bekommt Dorner allmählich das nötige Gefühl für die Steuerwirkung, überwindet er auch die Abneigung gegen Schräglagen. *Man achte sorgfältig auf die Folgen des größeren Kraftverbrauchs in der Kurve,* rät er Anfängern, *auf Verlangsamung der Geschwindigkeit und Änderung der Höhenlage und gehe zeitig wieder zum geraden Kurs über,*

Reglement für Flugplätze und Flugfelder

1. Unter Flugplätzen sind eingefriedigte Plätze zu verstehen, auf denen die Zuschauerplätze von der Flug- und Laufbahn durch Schranken getrennt sind.
2. Auch auf Flugfeldern müssen, wenn Zuschauer gegen Bezahlung zugelassen werden, diese von den Aufstiegs- und Landungsplatz-Schranken ferngehalten werden.
3. An dem Publikum zugänglichen Plätzen dürfen Flugzeuge nicht mit eigener Motorkraft fahren.
4. Erprobungen von Propellern dürfen nicht an dem Publikum zugänglichen Plätzen stattfinden, es sei denn innerhalb der Schuppen. In diesem Falle müssen die Schuppen für Besucher gesperrt werden.
5. Für Flugplätze und -felder muß eine Platzordnung aufgestellt werden, die in allen Flugzeugschuppen anzuheften ist. In diesen sind außerdem die Unfallverhütungsvorschriften der Berufsgenossenschaft für Feinmechanik und Elektrotechnik anzuheften.
6. Die Schuppen sind mit Feuerlöschern auszustatten.
7. Auf dem Platze müssen Feuerlöschanlagen vorhanden sein. Im übrigen sind die bau- und feuerpolizeilichen Vorschriften maßgebend.
8. Wettbewerbe dürfen nur auf Flugplätzen stattfinden oder auf Flugfeldern, die durch Errichtung von Zäunen, Schranken oder andere geeignete Maßnahmen den an Flugplätzen zu stellenden Forderungen genügen.
9. Bei Wettbewerben und Schauflügen müssen alle Personen, deren Anwesenheit auf der Flugbahn nicht für die Durchführung der Veranstaltung erforderlich ist, von der Flugbahn ferngehalten werden.
10. Die bei vorstehenden Veranstaltungen zum Betreten der Flugbahn Berechtigten sind durch Armbinden zu kennzeichnen.
11. Den Mitgliedern der Flugsportkommission des Deutschen Luftschiffer-Verbandes ist bei allen Gelegenheiten Zutritt auch zu den im übrigen abgesperrten Teilen von Flugplätzen und Flugfeldern zu gewähren.
12. Die Verbandsvereine dürfen innerhalb eines Umkreises von 30 km Radius nur über die Veranstaltungen *eines* Flugplatzes das Protektorat übernehmen.

1910

ehe die größte Schwierigkeit, nämlich die Verwindung, das Können übersteigt. Goldene Worte. Seine Devise: »Maximalhöhe zwotausend.« Millimeter.

Dorners Besucher im winterkalten, stillen Johannisthal hören aus dem Nachbarschuppen französische Chansons. Da arbeitet Gabriel Poulain, einst Radweltmeister, an seinem dritten Flugzeug; seine Frau ist seine Dolmetscherin. Kapitän Engelhard, der »Platzchampion«, Wright-Flieger mit dem Flugzeugführerschein Nr. 3, erholt sich gerade mit zerschnittenem Gesicht von einem Sturz; Ende März wird er vor verwöhntem Publikum in St. Moritz über dem Eis des Sees in dünner Luft erste, frenetisch bejubelte Vorstellungen geben. Die Brüder Timm experimentieren mit einem leichten Eindecker, der nur 170 kg wiegen soll. Bruno Hanuschke, 17 Jahre alt und schon mit Gleitflugerfahrung, teilt mit ihnen den Schuppen. Geld ist knapp bei allen, die Wintermiete beträgt 150, die Sommermiete 400 Mark monatlich.

Im Frühjahr wird es auf dem Flugfeld lebendig. Flugzeuge torkeln, tänzeln und taumeln durch die Luft, ungeschickt wie ein Betrunkener auf glattem Parkett. Ab und zu hört man ein lautes Krachen und das Splittern von Holz. Poulain fegt in kurzen Sprüngen über den Boden hin, fährt sich einmal in einem Karnickelloch fest, kommt aber wieder frei und hopst und holpert weiter; da habe man das Kopfnicken gelernt, witzelt einer. Adolf Behrend, Flugzeugführer Nr. 7, im Varieté später als Schlangenmensch »Salerno« weltbekannt, kommt mit seinem Eindecker immer besser zurecht und holt sich im April den (zweiten) Lanz-Preis, 7000 Goldmark.

Große Auffahrt, großer Auftritt in Johannisthal: »Mimi« erscheint mit seinem Rennwagen, Emil Jeannin. Der elegante, lebenslustige Mann bringt eine mondäne Note in die spartanische Arbeitswelt. Der Elsässer, ein Frauenheld, immer lächelnd mit den schönen Zähnen, und immer ein bißchen zu auffällig gekleidet, macht die ängstliche deutsche Fliegerei gleich mit französischen Maßstäben vertraut, kreist 2 Stunden, 1 Minute und 55 Sekunden über dem Flugfeld, deutscher Rekord, und schwirrt auch in Richtung Rudow über Land, 10 km in 8 Minuten.

Jeannin, selbstbewußt und selbstgefällig, fliegt Farman, den Doppeldecker mit der hinteren Steuerzelle und dem vorn liegenden Höhensteuer. Wie ein auf Rollen gesetzter Storch stakelt sich dieses verstrebte und verdrahtete Ungetüm vorwärts, jede Bodenunebenheit gibt den beiden Laufräderpaaren Gelegenheit, ihre Selbständigkeit zu erproben. Mit kräftigem Gasgeben, dem »Schluck aus der Pulle«, bekämpft Jeannin diese Gelüste und bekommt den Aviatik-Farman mit viel »Treten« in das Seitensteuer wieder dahin, wohin er soll. Beim Landen nimmt er Gas weg und kippt ihn vornüber. Leise grollt der Motor im Kreuz. Zwei- oder dreimal fängt er die Maschine zu kurzem Horizontalflug ab, dann hat er sich »heruntergegast«. Jeannin ist der Star des Jahres 1910, die Rolle steht ihm gut, Johannisthal gehört ihm.

Johannisthal, dieser Riesenplatz in Hauptstadtnähe, 800 Morgen Land, wird zum Sammelpunkt für viele Einzelgänger, zum dringend benötigten Zentrum der Fliegerei. Fast alle Forderungen, die experimentierende Flieger an einen Flugplatz stellen, werden hier erfüllt. Es gibt eine eingezäunte Roll- und Flugbahn, feste Schuppen und Reparaturwerkstätten, eine richtige Haftpflichtversicherung, durchgehenden Restaurationsbetrieb für Flieger und Mechaniker, Verkauf von Markenöl und -benzin, Aufsichtspersonal bei Tag und Nacht. Hier in Johannisthal ist man unter seinesgleichen, kann man schauen und abschauen, lernen, staunen, bewundern. Etwas wie Nestwärme macht sich breit, Aussprache ist möglich, Fachsimpelei bei Kaffee oder Bier. Man hat die gleichen Sorgen, die gleichen Probleme.

Auch Fabrikanten, erste Vorboten einer Flugzeugindustrie, wissen diese Konzentration an einem Ort zu schätzen, mieten sich in Schuppen ein und ziehen einen selbstbewußten Facharbeiterstamm nach – die Albatros-Flugzeugwerke zuerst, von Dr. Walther Huth im Dezember 1909 gegründet. Der ehemalige Berufsoffizier hatte krankheitshalber seinen Abschied genommen und Naturwissenschaften studiert. Dann packte ihn die Fliegerei. Für Huth bleibt Lathams Flug in Berlin der größte Eindruck seines Lebens, auch wenn er dann nur wenige Antoinettes in Lizenz baut und statt dessen für die Heeresverwaltung deutsche Nachbauten von Farman- und Sommer-Doppeldeckern herausbringt. Anläßlich der Gründung der Flugzeugfabrik rät übrigens eine Berliner Amtsstelle der Familie, den Sohn unter Kuratel stellen zu lassen: Ein Mann, der so etwas tue, gehöre ins Irrenhaus.

In Adlershof, am anderen, abgeschiedenen Ende des Flugplatzes, hat sich die Wright-Gesellschaft unter Paul Engelhard, dem ehemaligen Luftschiffführer, niedergelassen. »Unser Käpp'n« nennen sie ihn fast ehrfürchtig, wenn er es nicht hört. Alle verehren den ernsten, stillen, vornehmen Mann mit dem Cäsarenkopf, der sich und sein Leben den Wright-Maschinen verschrieben hat. Er haßt, selbst eine imposante und eindrucksvolle Persönlichkeit, jeden Personenkult und entzieht sich öffentlicher Beachtung in einem Maße, das an Schroffheit grenzt. Engelhard und Keidel sind die Lehrer der Schule, einer von ihnen sitzt beim Unterricht neben dem Schüler, auf der Kante des unteren Tragdecks, die Füße auf dem rechteckigen Lattengerüst. Zwischen den Beinen geht der Blick in die Tiefe, fünf oder sechs Meter, höher wird ja nicht geflogen. Vor der Brust schaukelt die Leine zum Abstellen des Motors. In den beiden Händen hält der Schüler zwei Hebel und dreht mit etwa 60 km/h Runde um Runde.

Später folgt auch Edmund Rumpler aus Lichtenberg nach Johannisthal, ein Motorfachmann, der seit seinem ersten Besuch bei den Wrights in Frankreich den Fortschritt der Flugtechnik im Ausland aufmerksam studierte. In Wien, während seiner Studienzeit, hatte er einen älteren Herrn mit weißem Bart getroffen, Wilhelm Kress, einen der unermüdlichen Vorkämpfer der Fliegerei: *Bei unseren Unterhaltungen im Kaffeehaus dienten oft die Marmorplatten des Tisches als Zeichenebene für die zahlreichen Skizzen, die wir entwarfen. Wenn wir in der Hitze des Gefechts eine Platte mit Strichen bedeckt hatten, wurde an einem anderen Tisch Platz genommen, an dem die Arbeit von neuem begann.* Als Rumpler mit den Erfahrungen seiner Arbeit bei Daimler und Adler an die Gründung einer Flugzeugfabrik denkt, geht es ihm wie Huth: Er wird für verrückt gehalten. Vom Fliegen soll der wissenschaftlich Geschulte die Hände lassen, wenn er nicht seine Seriosität aufs Spiel setzen will. Rumpler baut nach eingereichten Skizzen und Plänen, und er baut alles, gegen Geld.

An Geld freilich fehlt es an allen Ecken und Enden. *Das Reich und der Staat rühren keinen Finger für eine Angelegenheit, die wegen ihrer großen Entwicklungsmöglichkeiten überall anderswo von den Behörden auf das reichlichste finanziell unterstützt wird,* barmt ein Fachblatt. Die kaufmännisch unbedarften Flieger müssen sich mit Möbelhändlern und Zeitungsleuten herumschlagen, die sie bei Flugvorführungen mit fragwürdigen Gewinnprozenten (statt einer Garantiesumme) abspeisen wollen. Für die Johannisthaler Flugwoche im Mai 1910 muß sich eigens eine »Vereinigung zur Förderung der Fliegekunst« bilden, die »ohne jeden persönlichen Vorteil ihre Kräfte der guten nationalen Sache« widmen will. Dringendstes Ziel der Gründungsmitglieder, unter ihnen Krupp von Bohlen-Halbach, Dr. Lanz, James von Bleichröder: die Beschaffung von Geldpreisen für die Flugwettbewerbe in Deutschland.

Was dann trotz dieser patriotischen Initiative, trotz der 50000 Mark geboten wird, gibt denen recht, die von »Schönwetterfliegerei« sprechen und von Flugzeugen als »großen, weißen Dämmerungsfaltern«, weil sie nur in den frühen Morgen- und späten Abendstunden, möglichst bei Windstille, aufsteigen. Das gar nicht sonderlich interessierte Publikum sieht zum erstenmal »Kunstflüge«: Gleitflüge, Wendungen auf möglichst kleinem Kreis, Landungen möglichst nahe einem vorgeschriebenen Punkt. Am fünften Tag gehen gleich vier Flugzeuge in Trümmer.

Einer, ein Farman-Flieger, zeigt den Berlinern nach der Flugwoche, daß die Flugtechnik weiter ist, als die langweiligen Wettbewerbe ahnen lassen. Schon während der Flugwoche hat Alfred Frey, der sich in Amerika vom Minenarbeiter zum wohlhabenden Mann hochgearbeitet hat, durch Kreisen *innerhalb* der Wendepfosten zu verstehen gegeben, daß er auf die kümmerlichen Geldpreise pfeift. Ein Ausflug über den Platz hinaus bringt ihm per Einschreiben die Androhung der Disqualifikation. Vor seinem geplanten Flug über die Hauptstadt hat er keine Offiziellen benachrichtigt. Denn alle Vorsicht spricht dagegen.

Am 23. Mai, abends 7 Uhr 32, startet er in Johannisthal. Frey selbst über seinen Flug, dieses »große Wagnis«: *Der Motor funktioniert tadellos, das Herzklopfen verschwindet, und mich überkommt eine vollkommene, große Ruhe. Ich richte meinen Apparat nach Nordwesten, lasse Rixdorf rechts liegen und fliege über das Tempelhofer Feld. Ein genaues Studium der Berliner Karte hilft mir weiter über das gewaltige Häusermeer der Metropole. Ich erblicke unter mir die Kasernements der Bellealliancestraße, mache an deren Ende einen Bogen nach links und fliege dann die Königgrätzer Straße entlang. Weite, grüne Flächen, die sich deutlich von dem bräunlichen Schwarz der Dächer abheben, weisen mich zum Tiergarten. Hier mache ich einen fast kreisförmigen Bogen und fliege dann über das Brandenburger Tor hinweg, die Linden hinunter bis zum Schloß. Hinter diesem erblicke ich den Lauf der Spree, und die gibt mir die weitere Richtung meiner Fahrt.* 38 Minuten dauert der Flug, Frey fliegt etwa 300 m hoch. In der Innenstadt bricht der Verkehr zusammen, auf Plätzen und Straßen bringen Passanten Hochrufe aus. Vom Blick auf die Stadt hat der Flieger nicht viel gehabt. *Mein Augenmerk war auf die Innehaltung der richtigen Richtung, auf den Motor und dessen Bedienung gerichtet. Das nimmt einen Flugtechniker vollkommen in Anspruch.*

Dieser Erstflug über eine deutsche Großstadt, als Demonstration gedacht, schreckt die Behörden auf. Sie verbieten sofort das Überfliegen von Städten, lockern das Verbot aber bald wieder, schränken es ein auf Sprengstofffabriken, Petroleumanlagen und Gasanstalten. Die Regierungspräsidenten, die Ministerien haben es ja nicht leicht. Einerseits hatten sie wenig Erfahrung mit Flugzeugen, andererseits kann ihnen nichts daran liegen, neue, unabsehbare Entwicklungen, den sogenannten Kulturfortschritt, durch drakonische Maßnahmen aufzuhalten. Zudem brüten die Juristen schon seit der Internationalisierung des Ballonsports über verbindlichen Vereinbarungen zwischen den Regierungen.

Ärger mit Ballons hat es genug gegeben. Ist beispielsweise das Festhalten eines niedrigfliegenden Luftballons am Schlepptau wider den Willen der Luftschiffer Freiheitsberaubung? Das Reichsgericht sagt im Frühjahr 1910 in letzter Instanz: Jawohl, es ist. Zu dieser Zeit haben die Luftrechtler schon zwei Theorien ad acta gelegt: die von der allgemeinen Freiheit des Luftraumes und die Schichtentheorie, also die Zweiteilung des Luftraumes in bestimmter, festzulegender Höhe durch eine Horizontale.

Die Auffassung der Juristen, daß die Vorgänge im Luftraum über dem Gebiet eines Staates der Jurisdiktion dieses Staates unterstellt werden müssen, erfordert, wie im Seerecht, eine Kennzeichnungspflicht der Fahrzeuge. Aber wie? Das Anbringen einer Fahne zur Unterscheidung der Nationalität hält Blériot für unpraktisch und sogar gefährlich, weil sich die Fahne leicht in den Motor oder in die Drähte verwickeln kann. Immerhin, eine Art Luftverkehrsordnung, die das Verhältnis von Ballon, Luftschiff und Flugzeug zueinander regelt, scheint unvermeidlich. Auch hier, beim Überhol- und Ausweichvorgang oder bei der Kennzeichnung mit Laternen während der Nacht, glaubt man sich an das Vorbild der Seefahrt halten zu können.

Zollbehörden melden sich zu Wort, die in der Luftfahrt ein Mittel zum Schmuggel im großen Stil sehen. Und schon zerbricht man sich den Kopf, wie denn »polizeiliche Luftflieger« für Ordnung sorgen können. *Die Vernichtung eines Flugzeuges in der Luft*, schreibt *Der Luftverkehr* sehr einleuchtend, *hat andere Wirkungen als die Vernichtung eines Schiffes auf hoher See. Das Schiff geht unter, ohne weitere außerhalb seiner selbst liegende Interessen zu gefährden. Das Flugzeug geht zur Erde nieder und gefährdet, je nach dem Orte, fremdes Leben und fremdes Eigentum.*

Die Tatsache, daß »die Luft dem Sieger sich beugen und ihren Rücken als Trägerin für die Himmelsstürmer hergeben muß«, wie es ein Buchautor gerade blumig formuliert, stellt Rechtsanwälte und Richter nach den ersten tödlichen Unfällen auf Flugplätzen vor schwierige Fragen. Vorläufig neigen sie zu der Ansicht, daß ein Aeroplan, solange er den Boden noch nicht verlassen hat, mit einem Automobil zu vergleichen ist. Er muß deshalb mit der gleichen Vorsicht gesteuert werden. Solche Fragen sind keineswegs akademisch. Es geht um Haftpflicht für Hinterbliebene und Verletzte. Noch 1911 werden bei manchen Meetings die Piloten für die Schäden haftbar gemacht.

Neuland für die Gesetzgeber, Neuland auch für die Sprachschöpfer. Wer

sagt denn, daß ein Flugzeug ausgerechnet Flugzeug heißen muß? Warum spricht man nicht, in Erinnerung an Lilienthal, von einem »Lil«? Dieser Vorschlag ist ernsthaft gemacht worden. Oberstleutnant Moedebeck, Herausgeber eines wichtigen Luftfahrtjahrbuchs, hat das »Flugzeug«, wie Lilienthal, aus der Mottenkiste des 19. Jahrhunderts reaktiviert und es als gutes deutsches Wort gegen die gängigen Monoplane, Biplane und Aeroplane, gegen Flugdrachen und Kraftdrachen, Drachenflieger und Flugschiffe (so noch die Ausschreibung des Lanz-Preises) durchgesetzt. Eine neue Fachsprache entsteht in langjähriger Arbeit, eine Sprache, die in sich stimmen und möglichst deutsch sein soll. Worte wie Flügel, Triebwerk, Rumpf setzen sich erst langsam durch.
Kommissionen tagen, und Gesetzgeber beraten, um die Fliegerei in den Griff zu bekommen, die ersten Lehraufträge an Universitäten werden vergeben. Was die Aviatiker selbst vor allem brauchen, ist neben dem nötigen Geld Platz, Platz und noch mal Platz – Plätze, wo die Erfinder ungeniert ihre Geistesprodukte auf ihre praktische Verwertbarkeit prüfen können. Meist montieren sie ihre verdrahteten Lattengestelle in irgendeiner Exerzierplatzecke, und schnell sammeln sich Neugierige und Schaulustige, vor allem Scharen von Kindern, die das Wunderding unbedingt aus der Nähe bestaunen wollen, aber nicht begreifen, daß sich die Enden des Propellers mit einer Geschwindigkeit von 150 m/s drehen, und die sich auch wenig oder nichts unter Geschwindigkeit, diesem neuen Reizwort des 20. Jahrhunderts, vorstellen können. Man muß ihnen deshalb klarmachen, daß ein Flieger nicht dem Passanten ausweichen kann und daß der sich um Himmels willen so schnell wie möglich auf die Erde werfen soll, wenn ein Flugzeug auf ihn zuhält.
Westlich von München, an der Bahnstrecke nach Lindau, wird eine kilometerlange Mauer gezogen, und der dritte deutsche Flugplatz entsteht: Puchheim. Die »Akademie für Aviatik«, ein Zusammenschluß von Geldgebern, kauft 76 Hektar des moorigen Grundes, stellt Hangars, Werkstätten und ein Restaurant auf und legt eine Start- und Landestrecke mit Bohlen aus. Die erste Münchner Fliegerwoche im Mai 1910 leidet unter dem Wetter. Tausende übersteigen ungeduldig die Schranken und überschwemmen das Flugfeld. Jeannin holt sich bei schwachen Leistungen alle Preise. Bald kommt Gustav Otto, der Sohn des berühmten Nikolaus Otto, des Schöpfers des Viertakt-Motors, nach Puchheim, richtet Werkstätten ein und betreibt eine Fliegerschule.
Wie im Dachauer Moos erscheinen in diesen Monaten bedeutend aussehende Herren vornehmlich an abgelegenen Plätzen und nehmen das Land in Augenschein: angehende Flugpioniere, die ein ruhiges Plätzchen zu pachten suchen. So schließt Max Oertz, Erbauer der kaiserlichen Yachten und somit ein Mann mit Geld, Erfolg und Namen, im Süden von Hamburg, in Schneverdingen, einen Vertrag über 500 Morgen baumloser Lüneburger Heide. Der schweigsame Oertz, einer der vielen Schiffbauer wie Schütte und Dorner, die zur Fliegerei finden, scheut die Öffentlichkeit und zieht einen bewachten, unzugänglichen Privatflugplatz für seine Experi-

mente vor. Ingenieuren und Arbeitern untersagt er jede Information der Öffentlichkeit.
Bei seinem Doppeldecker in Gitterrumpfart liegt das Höhensteuer hinten, ein Fortschritt gegenüber Wright, Voisin und Farman. In der Tragflächenform haben sich (geheime) Modellversuche niedergeschlagen: Die Flächen sind gestaffelt, leicht V-förmig und nach hinten »gepfeilt«. Der 37-PS-Motor, so unzuverlässig und leistungsschwach wie die meisten Motoren, wirkt über eine Kette auf den Druckpropeller. Für den Start hat sich Oertz eine 300 m lange abschüssige Startbahn einfallen lassen; die Gleitschienen auf der Rutschbahn werden mit grüner Seife eingerieben. Tatsächlich fliegt der Oertz-Doppeldecker etliche Male und landet auch wieder auf seinen Kufen.
Die große Welt bricht in den nächsten beiden Jahren in das abgeschiedene Heidedorf ein. Prinz Heinrich erscheint wiederholt mit großem Gefolge, um den Renneindecker von Oertz zu begutachten. Flieger wohnen mit ihrem weiblichen Anhang im Dorfgasthof – »exzellente Damen«, wie sich der Gemeindechronist genießerisch erinnert. Einige sollen sich sehr gelangweilt haben, kein Wunder: Dem Pariser *L'Auto*, das anläßlich eines tödlichen Absturzes über Schneverdingen berichtet, erscheint die Lüneburger Heide als ein Land ohne Zeitrechnung, mit Wacholderbüschen, die aus der Zeit Karls des Großen stammen mögen, und mit Einwohnern, die in der Einsamkeit das Sprechen verlernt haben.
Oertz, der Yachtkonstrukteur, der eine halbe Million in die Flugzeugentwicklung steckt, bevor er sich Flugbooten zuwendet, ist nicht der einzige Fremde in dieser Pionierbranche – wie denn auch. Sie steht vorerst jedem offen, der den Mut hat, sich auslachen zu lassen, dem Eigenwilligen also. Igo Etrich, der auf dem österreichischen Steinfeld experimentiert, kommt aus der Textilindustrie; Wels, sein erster Mitarbeiter, war ursprünglich Fechtmeister, Illner, sein zweiter, Spinnereiwerkmeister. Da gibt es den Brauereibesitzer, der mit seinem selbstkonstruierten Doppeldecker gegen einen Baum rast, und den Arzt aus Rathenow, der seinen ersten Eindecker bei dem ortsansässigen Stellmacher in Auftrag gibt. Auch ein Mannheimer Peitschenfabrikant steckt eine Menge Geld in den Flugzeugbau.
Den meisten Pionieren geht schon das Ersparte aus, bevor sie überhaupt daran denken können, fliegend ihr Leben zu riskieren. Walter Schudeisky, nur ein Beispiel, hat sich auf dem Bremer Exerzierplatz einen Schuppen aufstellen dürfen. Darin steht sein massiver Doppeldecker, den Rumpler, viel zu schwer, gebaut hat. »Und det Ding soll fliegen?« fragen Neugierige boshaft. Es fliegt, aber so richtig doch erst, nachdem die obere Tragfläche wieder abmontiert ist. Ein ungeübter Flieger – Schudeisky hat inzwischen Flugverbot auf dem Exerzierplatz – macht aus der Maschine schließlich einen Trümmerhaufen. 20000 Mark hat der Ingenieur in die Fliegerei gesteckt, 38 Mark Schrottwert bekommt er mit Hängen und Würgen für das Wrack. Er muß wieder an seinen Beruf, an seine Arbeit als Schiffbauingenieur, denken. Und so wie ihm geht es vielen.
Einige hungern freilich eher, als daß sie aufgeben. In Wandsbek werkt einer

in einem primitiven Holzschuppen von früh bis spät, die Pläne für einen stabilen, automobilähnlichen Eindecker im Kopf, der auf jeder Chaussee starten kann. Niemand darf einen Blick in den Schuppen werfen. Dem Erfinder fehlt das Geld für die Patentanmeldung, er lebt in ständiger Angst, daß ihm seine Ideen gestohlen werden könnten. Die fälligen Jahresgebühren für Patente sind gerade für minderbemittelte Erfinder tödlich.
Stück für Stück spart sich mancher sein Flugvehikel vom Munde ab – jeder sein eigener Konstrukteur und Pilot, sein eigener Schlosser, Schweißer, Tischler, Sattler, Maler. Was sie brauchen, kaufen sie bei Eisenwarenhändlern und auf Holzplätzen. Sie bauen so, wie es ihnen ihr Gefühl und ihr Instinkt eingibt, wie sie es den Vögeln abgeschaut zu haben glauben, ohne Kenntnis von der Festigkeit des Baumaterials, des Holzes oder der Spanndrähte. In Johannisthal verspannt einer mit weichem Messingdraht, statt mit Klaviersaiten, »weil wir so viel davon zu Hause haben«. Jede Verbesserung, jeder Fortschritt wird durch eigene, leidvolle Erfahrung erkämpft. Es gibt kaum Vorbilder, Probieren geht über Studieren. Gearbeitet wird mit den simpelsten Mitteln. Den Propellerzug im Stand stellen sie fest, indem sie eine Federwaage zwischen Flugzeug und Schuppenpfosten spannen. Oder sie drücken den Taschen-Tourenzähler vor dem Start auf die Motornabe. Oft genug enden die Versuche mit totalem Bruch; manchmal rührt sich das fertige Flugzeug Gott sei Dank nicht von der Stelle. Manch einer geht mit leeren Händen, mit wunden Gliedern vom Flugfeld.
Experimentiert wird überall mit der gleichen Unbekümmertheit, ob nun Siemens-Schuckert auf dem Firmenschild steht oder schlicht Krieger, kaiserlicher Chauffeur, der an seinem eigenen Flugzeug arbeitet und immer seine Paradeuniform anzieht, wenn hoher Besuch kommt und, hoffentlich, neues Geld bringt. Die Siemens-Schuckert-Werke bauen gerade am größten unstarren Luftschiff der Welt und lassen nebenher in einer kleinen Werkstatt an einem Flugzeug basteln. Im März 1910 startet der Doppeldecker auf dem Bornstedter Exerzierfeld bei Potsdam mit drei Mann Besatzung. Fliegen kann keiner. Eigentlich soll das Flugzeug auch nur rollen. Der Pilot sitzt vor dem 45-PS-Argus-Motor, Hans Dietzius, einer der Luftschiffkonstrukteure, links auf der Fläche, den Vergaserhebel in der Hand, rechts noch ein Techniker. Dietzius gibt Gas, die Maschine steigt, die Männer können schon die Garnisonkirche in Potsdam sehen. Der Pilot geht in die Kurve, Richtung Startplatz, was er eigentlich nicht soll. Immer stärker neigt sich die Maschine, die Verwindung reicht nicht aus. Bruchlandung, zerrissene Hosen. Am Nachmittag geht Dietzius mit leichten Schrammen in die Kirche, zu seiner Hochzeit.
Bei so viel lausbübischer Verwegenheit ist der erste Todessturz schon programmiert – der erste in Deutschland seit Lilienthal. Am 18. Juni 1910 steigt Thaddäus Robl in Stettin bei einem Flugmeeting auf. Der Bayer, den die Freunde »Thaddi« nennen, ein Urviech, immer von Freundinnen und Freunden umringt, kommt vom Radrennsport her, war Weltmeister und warf in seiner besten Zeit schon mal Geldstücke in die jubelnde Menge (ein deutscher Meister kann auf 50000 Mark kommen, pro Jahr). Jetzt versucht

er, in der Fliegerei an seine großen Erfolge auf der Holzbahn anzuknüpfen. Um seinen Anhängern etwas zu bieten, macht er einen der ebenso gewagten wie beliebten steilen Gleitflüge. Über dem Boden will er die Maschine abfangen. Zu spät. Eine Kufe berührt den Erdboden, das Flugzeug wird wie ein Kreisel herumgeschleudert und bricht mit einem kanonenschußartigen Knall in sich zusammen. Robl, der populäre, vitale Münchner, liegt mit gebrochener Wirbelsäule neben den Trümmern. Bis 1914 werden es 75 Tote sein – zu einer Zeit wohlgemerkt, wo es nur ein paar hundert Piloten gibt.

Kann man es dem Bürger verargen, wenn er in diesem halsbrecherischen Sport das spleenige Steckenpferd einiger Selbstmordkandidaten sieht, wenn er im Umkreis der Flieger eine Atmosphäre zu spüren vermeint, in der sich, so Henrich Focke, Abenteurertum und Zirkus, Irrenhaus und Friedhof gruselig mischen? Auf dem Cannstatter Wasen, dem Exerzierplatz und Volksfestgelände, müssen Aviatiker, die auf der Grasfläche üben wollen, eine Gebühr von 50 Mark bezahlen. Dafür erscheint die Polizei, hißt am Mast einen Signalkorb und sperrt die Zugänge ab. Adam Glück, ein Gipsermeister und Rennfahrer, ist unter den ersten Aviatikern auf dem Cannstatter Wasen. Über sein Motorrad baut er sich ein flugzeugähnliches Gebilde. Auch die beiden Söhne des Kommerzienrats Vollmoeller versuchen sich hier als Konstrukteure, Karl Gustav, der Dichter, und Hans, der Pilot, einer der jüngsten unter den Fliegern. Mit einem Dreizylinder-Motor von 14 PS gelingt Hans der erste Flug, und Karl Gustav besingt die Gefahr als »aller Schöne und aller Taten Herrin«. Ihr Flugzeug, in der Karosseriefabrik Auer in Bad Cannstatt gebaut, wird nach vielen Jahren in einer Scheuer in Vaihingen, unter Heu und Stroh, wiederauftauchen.

Jugend wagt, Jugend forscht. Sie vor allem wird von der neuen Bewegung gepackt. Manche fachsimpeln schon in der Schule und bekritzeln Löschblätter und Heftränder mit phantastischen Konstruktionszeichnungen – blutjunge Kerlchen, die die Fliegerei ihr Leben lang nicht mehr loslassen wird. Bruno Jablonsky meldet schon während der Schulzeit Konstruktionen zum Patent an. Im September 1909 steht in einer Bremer Abiturientenzeitung die Notiz: Henrich Focke, dem Kommilitonen, sei es gelungen, vom Dach seines Elternhauses auf die Erde zu fliegen; sollte ihm auch der Flug in umgekehrter Richtung gelingen, dürfte das Flugproblem endgültig gelöst sein.

Pennälerscherze. Aber da ist ja mehr als der schnelle, kurze Eifer der Jugend, heute dies und morgen das. Da wird ganz systematisch gearbeitet und Schritt für Schritt vorgegangen: Die Beherrschung des Gleitflugzeugs ist die Grundlage für den Bau des ersten Motorflugzeugs. Wie und wann machen das Volontäre mit zehnstündiger Arbeitszeit? Wie organisieren, wie finanzieren sie ihre Arbeit am eigenen Flugzeug? Der Motor, ein 8-PS-Motor, stammt von einem reichen Bremer Mäzen, Oscar Müller, einem Importkaufmann, der aus reiner Begeisterung ganz früh fliegen lernt (Pilotenschein Nr. 25) und sich dabei beide Beine bricht. Alles übrige um den Motor herum, Holz, Klaviersaiten und gefirnißtes Gewebe, verdienen

Focke und Kirchhoff durch Griechisch-Unterricht und durch die Ausstellung ihres Hanggleiters »mit erläuternden Worten«, außerdem durch Spenden und »Strafgelder« in der Familie.
Eine kleine Wasserturbine wird aus der Wasserleitung bei Fockes betrieben, da sägen sie die Hölzer für die Flügel. Im Garten der Kirchhoffs wird mit der Nähmaschine die Bespannung genäht. Der Hangar auf dem Exerzierplatz, ein Holzskelett mit Dachpappe, kostet 60 Mark. Überflüssig zu sagen, daß dieses erste Flugzeug, eine »Ente«, nie geflogen ist – zum Glück. Eine Fahrradkette soll den selbstgeleimten Propeller antreiben! Es wird noch Jahre dauern, bis sie stolz von einem Flug über einen halben Kilometer in 6 bis 7 m Höhe berichten können.
Aufs Ganze gehen gleich die Brüder Steffen. Monatelang, jahrelang bauen die Schüler, Autodidakten mit erstaunlicher technischer Begabung, in Kronshagen bei Kiel an ihrem eigenen starren Luftschiff. Das Stahlgerüst entsteht in einer Kieler Maschinenfabrik, in einer Halle setzen sie das 32 m lange Fahrzeug zusammen. Bei der Planung haben sie allerdings nicht an die unten aufgehängte Gondel gedacht, dadurch wird die Halle zu niedrig. Die Patentlösung: Man hebt unter dem Luftschiff einen Graben aus. Die Stoffbahnen für das Luftschiff stichelt die Mutter auf der Nähmaschine zusammen. Bruno Steffen ist gerade Oberprimaner, als die beiden mit ihrer »Kilia« den ersten Aufstieg unternehmen. Mit ihren Erfahrungen kommen sie 1911 zur Motorfliegerei, entwerfen sie 1914 ein Riesenflugzeug.
»Flugplatzküken«, so nennt man in Johannisthal Bruno Hanuschke mit seinem Pennälergesicht, das sich mit trotzigem Mund um Männlichkeit bemüht. Er hat sich schon während der Schulzeit das erste Gleitflugzeug gebaut. Jetzt schlägt er sich, 18 Jahre alt, bis zum ersten Flug im August 1910 mit einem widerspenstigen Motor herum und macht sich bei dem ruhigen, zurückhaltenden Poulain, dem Schuppennachbarn aus Frankreich, mit dem dauerhafteren Stahlrohrbau vertraut, der an seinem leichten Eindecker den Bambus, wie ihn Grade benutzt, ersetzen wird.
Noch bestimmt Frankreichs Export an Ideen und Erfahrung die Richtung, Mülhausen im Elsaß, Sitz der Aviatik, ist dabei ein wichtiger Umschlagplatz. Noch beherrschen französische Motoren, französische Propeller und die in Frankreich geschulten Piloten die Szene, »Mimi« Jeannin, Lindpaintner, Laitsch, Brunnhuber, Wiencziers. Das Jahr 1910 steht im Zeichen der Zweikämpfe zwischen »Mimi« und »Lind«, wie Lindpaintner in Kameradenkreisen genannt wird. Je eine Flugwoche gewinnen die beiden in Johannisthal, je eine in Puchheim. »Lind«, dessen Stiefvater Franz von Stuck seine symbolisch-allegorischen Bilder nicht unter 50000 Mark nach Amerika verkauft, fährt im offenen Wagen vor, die hübsche Freundin an der Seite. Der 25jährige Amateurrennfahrer pflegt standesgemäß im noblen »Adlon« abzusteigen und bereichert die Rubrik »Stand« im Verzeichnis der Pilotenschein-Inhaber neben Ingenieuren wie Grade, Euler, Dorner und Thelen, neben Offizieren wie Engelhard und Ellery von Gorrissen um die interessante Variante des »Rentiers«. Er steckt sein Geld in Flugzeuge. Jeannin, sein Konkurrent, der »König der Flieger«, eine Mischung

aus Menjou und Hans Albers, schmückt sich mit Frauen, die ihn schließlich, sagt man, ruinieren.
Als ein »deutsches Reims« feiert die Presse die August-Flugwoche 1910 in Johannisthal überschwenglich – allzu überschwenglich: die »wertbare Mindestleistung« beim Höhenflug beginnt schon bei 50 m, während der Weltrekord bereits auf 1886 m steht. Aber immerhin, eine Zeitlang tummeln sich sieben Maschinen über dem Flugfeld, Grund genug, von einem »Glanztag der nationalen Aviatik« zu sprechen, auch wenn es, außer Dorners »Brummer«, vornehmlich ausländische Fabrikate sind, Antoinette, Voisin und Wrights »flinke Propellermühlen«, die ihre Kreise ziehen. Farman wird bei Aviatik, Sommer bei Albatros nachgebaut. Behrend, in schwarzem Leder, startet mit gespaltenem Fußknochen und muß wegen unerträglicher Schmerzen landen. Der schneidige Ellery von Gorrissen, Flugzeugführer Nr. 4, schmächtige Rennreiterfigur, gerader Scheitel, flotter Kneifer auf der Nase, fliegt zum Krankenhaus Britz, um einen abgestürzten Kollegen zu besuchen, aber der ist noch bewußtlos. Gorrissen kann nur seine Karte abgeben und nach Johannisthal zurückfliegen.
Bei dieser Flugwoche sind nur Deutsche zugelassen. Unter ihnen fällt einer besonders auf, der schweigsamste: Robert Thelen (Nr. 9), ein kühner Kurvenflieger auf seiner Wright. Der fast finster wirkende Mann von unerschrockenem Mut und zäher Ausdauer, der »Mann mit der eisernen Maske«, pflegt seine eigenen Konstruktionen selbst zu erproben und frißt stolz und eigensinnig sein sprichwörtliches Pech in sich hinein. Öfter als irgendeiner stürzt er in Johannisthal – und wird schließlich technischer Leiter der Albatros-Werke. Jetzt, 1910, gewinnt er die Preise des Kriegsministers, den Höhenpreis (299 m) und den Belastungspreis (210 kg).
Ein »Markstein«, diese Augustwoche in Johannisthal, sichtbarer Fortschritt, auch wenn man sich ein Jahr später, anläßlich des Deutschen Rundflugs 1911, nur mit Schaudern an den »armseligen Zustand der deutschen Fliegerei« anno 1910 erinnern wird. Kein Zweifel, das Selbstbewußtsein steigt, den Franzosen gegenüber, den Zeppelin-Anhängern gegenüber. August Euler rechnet seinen kleinmütigen Landsleuten nach dem ersten deutschen Überlandflug Frankfurt–Mannheim mit Donnergrollen vor, daß die Franzosen auch nur mit Wasser kochen: Wie viele hatten denn beim Circuit gemeldet und wie viele waren in Paris angekommen?!
In Frankfurt rollen zehn Flieger an den Start, und vier werden sogar in Mannheim ankommen – trotz erheblicher Schwierigkeiten. Thelen platzt ein Zylinder, er geht während der Reparatur zum Friseur. Gorrissen schlägt mit seiner schwerbeladenen Maschine auf. Lochners Benzin muß unterwegs durch Taschentücher gefiltert werden. Jeannin wird see- oder besser luftkrank, der Wind spielt mit seinem Aviatik-Doppeldecker, will ihn im Kreise drehen, er muß beim Steuern alle Energie aufbieten. Lindpaintner klagt nach der Landung über Schmerzen in den Armen von den heftigen Steuerbewegungen. Sieger wird Jeannin, der sich rühmt, 1910 insgesamt 140000 Mark erflogen zu haben, ein Drittel aller Preise – zu einer Zeit, da hochherrschaftliche Villen 50000 oder 60000 Mark kosten.

Allerdings, gemessen an französischen Maßstäben, an dieser nationalen Begeisterungswoge, diesem Rausch und Entzücken, ein ganzes Land Feuer und Flamme, fehlt hierzulande noch die große mitreißende Bewegung. Was die Industrie braucht, was die Flieger erwarten, ist vor allem der finanzielle Ansporn, wie er einem Grafen Zeppelin in so überwältigender Weise zuteil geworden war. Aber noch bleibt der Geldhahn abgedreht und das Militär abwartend, vorsichtig, zaghaft. 10000 Mark für den Sieger in Johannisthal, das ist zu wenig, um dafür Leben und Flugzeuge zu riskieren. Beim Flug Frankfurt–Mannheim spenden vermögende Flieger wie Mumm und Euler selbst Preise, damit mehr Geld in die Kasse kommt.

Was Deutschen wie Österreichern vorerst als Ermutigung genügen muß, sind die munteren Einzelleistungen, wie Freys riskanter Flug über dem Häusermeer von Berlin im Mai. Josef Sablatnig, Ingenieur, sportlicher Typ, durch seine Gleitflugversuche bekannt, startet am 9. August abends zum Nachtflug über Wien. Fahrradlampen am Fahrgestell und an den Höhensteuerstreben sollen die Landung erleichtern. Der Pilot und sein Passagier tragen elektrische Taschenlampen um den Hals. Eine Viertelstunde lang kreuzt Sablatnig über dem Weichbild der Stadt, 700 m hoch. Kurz nach 11 Uhr muß er dann auf einem Stoppelfeld wegen Benzinmangels notlanden. Die *Neue Freie Presse: Vom militärischen Standpunkt aus ist das Gelingen dieses kühnen Fluges von hoher Bedeutung.*

Lindpaintner, geborener Münchner, läßt sich eine echt Münchner Sensation nicht nehmen: den Flug über die Wies'n beim Oktober-Fest. Als eine »Mischung aus überlegter Kaltblütigkeit und dem harmlosen Frohsinn eines Knaben« beschreibt ein Augenzeuge das Naturell des Fliegers, der von den französischen Flugfeldern nach Puchheim gekommen ist und seinen deutschen Pilotenschein vor einer Kommission gemacht hat, die bis dahin noch nie ein Flugzeug gesehen hat. Beim ersten Versuch kommt Lindpaintner von Puchheim nur bis Pasing und muß wieder umkehren. Am 19. 9., abends 6 Minuten vor 6 Uhr, startet er wieder, und diesmal schafft er es. Brausender Jubel schlägt ihm entgegen, daß es selbst die hartgesottensten Biertrinker von ihren Sitzbänken reißt. Mit dem Maßkrug in der Hand stürzen sie aus den Zelten und schwenken ihn grüßend zu dem Flieger hinauf, der in 200 m Höhe die Festwiese, diesen »aufgestörten Ameisenhaufen«, überfliegt. Lindpaintner beläßt es vorsichtig bei einer Schleife und landet nach 35 Minuten wieder in Puchheim. Vom Münchner Magistrat bekommt er für diesen Flug die Silberne Oktoberfest-Medaille. Sie wird sonst erfolgreichen Viehzüchtern überreicht.

Wer einen vernünftig konstruierten Apparat besitzt und damit umzugehen weiß, sagt Lindpaintner, für den sei ein Flug eine ebenso ungefährliche Sache wie eine Fahrt mit einer Autodroschke. Was freilich dennoch alles geschehen kann, hat sich ein paar Tage vorher in Wien gezeigt. Da kollidieren bei einem Flug ausgerechnet zwei Brüder, Karl und Adolf Warlachowski. Und die Polizei erstattet prompt Anzeige wegen eines »unberechtigten und die öffentliche Sicherheit gefährdenden Zusammenstoßes zweier Flugapparate in den Lüften«.

Bruch-Rechnung

Ein paar tausend Goldmark müssen Flugschüler für die Ausbildung hinblättern. Außerdem tragen sie die Kosten für jeden Bruch. Manche Schule hält sich am Bruch der Schüler schadlos, lebt schlecht und recht davon. Viele Pioniere bringen sich das Fliegen selbst bei – fliegen plötzlich, oft ohne es zu wollen. »Ein Flugapparat ist weder ein offener Sarg noch ein Kinderspielzeug«, sagt Europas prominentester Pilot, Prinz Heinrich (der mit der Mütze).

Flugzeuge, so etwa ist die landläufige Vorstellung im Jahre 1910, neigen so lange zum Absturz, bis der Pilot gelernt hat, sie durch kunstgerechte Steuermanöver daran zu hindern. Bruch gilt mithin als unabwendbares Schicksal, Bruch in jeder Form, vom Kopfstand auf unebenen Plätzen mit ihren Kaninchenlöchern bis zum weichen Durchsacken auf elastische Baumkronen. Beim Flugmeeting im schottischen Lanark müssen beiläufig 270 Bäume gefällt werden, um notgelandete Flugzeuge aus den Wipfeln zu holen. »Hier oben ist alles in Ordnung«, ruft bei anderer Gelegenheit ein deutscher Militärflieger besorgten Fragern aus den Wipfeln zu.

»Bruchrisiko«: Das rüde Wort hängt wie ein Damoklesschwert über allen Flugschülern, die sich das Geld in der Familie zusammengekratzt haben; meist geht es ans mühsam Ersparte. Bruchrisiko, diese drückende, bedrükkende Hypothek, lastet schwer auf ihnen, sitzt im Nacken und macht verkrampft, läßt in Sekundenschnelle schöne Träume zerrinnen und hehre Ziele in unerreichbarer Ferne verschwinden. Manche Schulen leben bloß von den hinterlegten Geldern, schreiben überhöhte Rechnungen aus und lassen die Schüler bluten, brummen ihnen ungerührt auch die Unterhaltskosten der schwer strapazierten Flugzeuge auf – wer will das angesichts der gerissenen Drähte, der gesprungenen Holzteile, der gebrochenen Schraubenbolzen und geplatzten Reifen schon so genau unterscheiden? Bruchrisiko . . .

Bei Blériot notiert sich im Jahre 1910 ein Schüler, was so alles innerhalb von ein paar Tagen passiert: Beim Rollen stößt ein Rad gegen einen Erdhügel, das Fahrgestell bricht, dann der Propeller; ein Flugzeug überschlägt sich beim Rollen nach einem Radbruch; ein rollendes Flugzeug wird von einem Windstoß gegen einen Zaun gedrückt, der Propeller splittert, die Motorachse verbiegt sich, das Fahrgestell knickt weg; Vergaserbrand, Benzin entzündet sich, das Flugzeug brennt; eine Maschine wird vom Wind gegen eine Wendemarke getrieben, Flügelbruch, Absturz; der Motor versagt in 30 m Höhe, die Maschine ist ein Trümmerhaufen; einem Schüler fliegt in 150 m Höhe der Propeller weg, er macht einen Gleitflug, landet glatt. Und so weiter, die Liste ist lang. Das Schönste: Keiner der Schüler wird dabei ernstlich verletzt! Holz federt, die Geschwindigkeit ist minimal, die Höhe meistens auch.

Ein Flugapparat ist weder ein offenes Grab, noch ein Kinderspielzeug, schreibt Europas prominentester Flugschüler, ein Mann, der es wissen muß. Als Autor verbirgt er sich hinter den Initialen »HP«, im zivilen Alltag des Wilhelminischen Reiches aber gebührt ihm die Anrede »Königliche Hoheit«. HP, das bedeutet auch Pferdestärke (horse power) und steht einem Manne wohl an, der mit dem Einfluß, der ihm aus seiner hohen gesellschaftlichen Stellung im Reich zuwächst, viel für die Motorisierung in Deutschland tun konnte und tut: Prinz Heinrich, ein jüngerer Bruder Kaiser Wilhelms II., Großadmiral der Kaiserlichen Flotte und Generalinspekteur der Marine.

Der bärtige Seemann mit 25jähriger Diensterfahrung auf den Weltmeeren, dieser aktive Sportsmann, Dr. Ing. e.h. der Technischen Hochschule in Berlin und Dr. jur. h.c. der Harvard University, will nicht so recht in das Bild der verweichlichten Hofkamarilla passen, die den Kaiser in Berlin abschirmt. Schon 1902 hatte er auf einem amerikanischen Dampfautomobil chauffieren gelernt, später selbst auf seinem Benzinwagen Geschwindigkeitskonkurrenzen bestritten und einen Ehrenpreis für die jährlichen Prinz-Heinrich-Fahrten gestiftet, die den Motoren- und Wagenbau in Deutschland produktiv beeinflussen. Obwohl man weiß, daß er Zeppelins Werk unterstützt, an der Arktis-Vorexpedition 1910 teilgenommen hat und im Fesselballon auf Spitzbergen aufgestiegen ist, löst die Meldung im Oktober 1910, daß sich der Prinz der nicht ungefährlichen Aviatik zuwenden würde, ein Mann von 48 Jahren immerhin und Familienvater, ungläubiges Staunen aus. Doch sie stimmt.

Prinz Heinrich schult bei August Euler. Grades Schule in Bork, Eulers Schule in Darmstadt erfreuen sich 1910 des größten Zuspruchs. Sie erteilen den Unterricht beim Kauf eines Flugzeugs kostenlos (ein Euler-Doppeldecker kostet 21000 Mark, ein Grade-Eindecker 5000 Mark). Wer kein Flugzeug kauft, hat für die Lehrzeit bis zum Erwerb des Pilotenzeugnisses mit etwa 3000 Mark, bei Euler sogar mit 5000 Mark zu rechnen. Kein Wunder, daß immer wieder junge Leute per Zeitungsinserat nach »hochherzigen Gönnern« oder »Edeldenkenden« fahnden, die die Schulzeit vorfinanzieren. Ein Gesundheitszeugnis wird zunächst nicht verlangt. So kann es passieren, daß ein Herrenflieger wie Otto Lindpaintner kurioserweise erst *nach* seinen Erfolgen von Militärärzten für fluguntauglich erklärt wird.

Um Fliegerführer zu werden, hat der Wright-Pilot Paul Tissandier gesagt, *genügt es vollkommen, ein guter Sportsmann, ganz einfach ein leidlich abgehärteter Mann zu sein, der in jedem Augenblick Herr seines Willens ist.*

Die sich's zutrauen, stehen dann eines taufrischen Morgens verwegen-verlegen vor ihrem Lehrer und einer jener »Drahtkommoden«, jener »Eierkisten« oder »Luftkutschen«, die sie in den nächsten Wochen bis in die Träume verfolgen soll: Kavallerieoffiziere, Schneid im Blut und Balance im

Gefühl, Pionier- und Eisenbahnoffiziere, die der Gedanke an die neue Waffe, an die »Waffe der Zukunft«, fasziniert; Ingenieure, die an den Hochschulen genug Theorie gebüffelt haben, unruhige, aber kreative Geister; Jungen, die ihren Lilienthal verschlungen, die Zeppelin zugewinkt haben, halbe Kinder, Abiturienten, Milchgesichter; Rennfahrer, Chauffeure, die im Flugzeug nichts weiter sehen als einen Rennwagen mit Tragflächen; begüterte Söhne, die Nietzsches Imperativ »Gefährlich leben!« allzu wörtlich nehmen; Abenteurer auch, Profitjäger, scharf auf das schnelle große Geld.

Aus dem Halbdunkel der Holzhallen steigt ihnen der Geruch von Leim und Öl in die Nase. Die Startbahn vor den Schuppen ist abgemäht. Der Lehrer, sagen wir Euler, beginnt mit der Theorie. *Propeller bewegen geneigte Tragflächen gegen die Luft*, erklärt er. *Dadurch wird Druck an den Tragflächen hervorgerufen. Dieser Druck auf die gegen ihn geneigten Tragflächen hebt die Tragflächen mit dem an ihnen aufgehängten oder befestigten Motor und den Piloten während der Vorwärtsbewegung in die Luft.* Euler legt großen Wert auf den theoretischen Unterricht, der ein Vielfaches der Zeit des praktischen Flugunterrichts beansprucht. Drei bis vier Wochen Ausbildungszeit rechnet man bei einem talentierten Schüler. Dabei wird die reine Flugzeit etwa 45 Minuten betragen, verteilt auf etwa vier Flugtage, das macht acht bis zehn Flüge. Vorher hat der Schüler das Rollen geübt, eine halbe Stunde vielleicht, das soll und muß genügen, bei Euler jedenfalls. Und dessen Vorsicht ist berühmt. Bevor er seine Schüler starten läßt, pflegt er selbst eine Platzrunde zu drehen. Dann gibt er seine Weisungen: *Ihr könnt fliegen. Aber in der oberen Waldecke herrscht ein Seitenwind, daher nicht den ganzen Platz umfliegen.*

»HP« schult auf Eulers neuem Militär-Doppeldecker, Spannweite 10 m, dessen Vorzüge die »Euler Flugmaschinen-Werke« in einer Anzeige so schildern: *Der Motor, das Benzin- und Ölgefäß, alle Betätigungsorgane für die Steuerungen sind ebenso wie der Sitz des Steuermanns und des Passagiers innerhalb eines bootsförmigen geschlossenen Rumpfes angebracht, welch letzterer der Luft weniger Stirnwiderstand bietet als die der Luft entgegengestellte Körperoberfläche des Piloten und des eventuell neben ihm sitzenden Passagiers.* Der Prinz, vom Typ her eine Art preußischer Henri Farman, will sich »durch persönliche Erfahrungen diesem neuen Gebiete menschlicher Erfindung nähern«.

In der Lehrmaschine erlebt Prinz Heinrich einige beklemmende Momente. Rollend und springend jagt er die primitive Piste herunter, keine Bodenberührung mehr, der Apparat bewegt sich mit »erstaunlicher Geschwindigkeit« von der Erde fort. Nach dem Verlassen der Erde sofort wieder Kontakt zum Boden suchen, hat Euler immer wieder gepredigt. Der Prinz steuert nach unten, das Ende der Lehrstrecke, wo schulmäßig gelandet werden muß, ist nicht mehr fern. Er spürt beunruhigende, unerklärliche Bewegungen der Maschine, hat die Empfindung, daß sie mit ihm durchgeht, ein Busch taucht in gefährlicher Nähe auf, er fliegt etwa 10 m hoch. Schluß mit der Vorwärtsbewegung, denkt er in seiner Unsicherheit. Ein

Ruck am Kurzschlußhebel. Der Motor stockt. Der Doppeldecker fällt und schlägt mit dem Fahrgestell, dann mit dem Schwanzende vernehmlich auf. Ruhe. Zerknirscht sitzt der Prinz da und raucht eine Zigarette, bevor Eulers gebremstes Donnerwetter auf ihn niedergeht: *Geflogen sind Sie ganz gut. Aber den Motor haben Sie in der Luft abgestellt. Und ich habe Ihnen doch hundertmal gesagt, daß Sie das nicht dürfen!*
Der Prinz, »ein ganzer Mann«, wie Hirth, Deutschlands erfolgreichster Flieger, später sagt, arbeitet seine Flugerfahrung auf. *Ich gestehe ganz offen, daß, trotz allen Widerstrebens, die vielen Unglücksfälle der letzten Zeit immer wieder vor mein geistiges Auge traten und daß ich daher meiner ganzen Willenskraft bedurfte, um die Anfangsstadien des Lernens zu überwinden.* Euler, der auch Prinzessin Heinrich und deren Hofdamen in der Luft umherkutschiert, bloß um die Familie zu beruhigen, tut das Seine zur seelischen Stärkung, als er dem Prinzen vor dessen erstem Alleinflug die klassischen Worte mit auf den Weg gibt: *Königliche Hoheit, denken Sie daran, daß Sie 20000 Mark unter dem Hintern haben.* Nach der bestandenen Prüfung, Pilotenschein Nr. 38, ist »PH«, wie er in Fliegerkreisen genannt wird, das erste Mitglied eines regierenden Hauses mit Flugzeugführerpatent – zu dieser Zeit außerdem, mit 48, der älteste Flugzeugführer der Welt.
Techniker kommen bei Hans Grade, dem Mann der Motorenpraxis, auf ihre Kosten. Wie die Schlosser stehen die Schüler um den Apparat herum und säubern mit der Drahtbürste die Zündkerzen. Es folgt das Einsetzen von Kolbenringen, die Prüfung des Vergasers und der Ölpumpe. Immer wieder müssen die Stahlblechpropeller mit kräftigen Hammerschlägen gerade geklopft werden. Mit dem »Schwengeln« hat der praktische Flugunterricht angefangen. Grade macht vor, wie seine geübte Linke mit dem Pumpenschwengel drehend, ziehend, drückend, seitlich mal links, mal rechts rührend und führend umgeht. Dann dürfen die Schüler ran. Grade stellt sich vor die Maschine und markiert mit den Armen »Luft«. Arm hoch: Höhensteuer. Arm herunter: Tiefensteuer. Bei Euler spielt sich solch erstes Flugtraining im Zimmer, in einem ausgebauten Rennautositz mit Flugsteuerung ab – primitive Vorstufe des Link-Trainers.
Nächster Schritt bei Grade: die Bedienung des Motors. Leicht ist er ja, der 24-PS-Zweitakter aus Grades eigener Produktion, das hat er den Konkurrenten voraus. Dafür braucht er ständige Zuwendung. Ein Augenblick der Unachtsamkeit hat manchen Grade-Piloten den Sieg gekostet. Die Regulierung der Gaszuführung liegt allein in der Hand und im Gehör des Fliegers. Der Motor hängt schräg über ihm, und die hocherhobene Rechte muß ständig gefühlvoll an der Benzinspindel spielen. Nimmt er die Hand auch nur eine Sekunde weg, darf er ziemlich sicher sein, daß der Motor ein paarmal beleidigt gluckst und stehenbleibt. Anstatt des Motors läuft das Benzin – der Motor ist versoffen. Das muß in Teamarbeit noch und noch geübt werden. Der Übende sitzt, nein, er hängt in der Matte unter der Tragfläche und versucht sich an den Tücken des Motors, während sein Kamerad beim Anwerfen des Propellers ins Schwitzen kommt.

Schlimmstenfalls muß der Pilot alles selber machen. Er dreht die Benzinspindel so weit auf, daß gerade das »Benzin kommt«, windet sich aus der Hängematte, durch Spanndrähte, fast auf der Erde kriechend, hindurch und um die Maschine herum zum Propeller, anwerfen, »burrrrrr« macht der Motor, zurück in die Matte; und wenn der Pilot gerade die Hand zur Benzinspindel hochnehmen will, um richtig Gas zu geben, bleibt »blubb, blubb, blubb« der Motor wieder weg. Die ganz Klugen nehmen sich Steine und Knüppel mit, um das selbständige Losrollen des Flugzeugs zu vermeiden. Mit den Beinen müssen sie dann die primitiven Bremsklötze wieder wegstoßen, »Propellerspiel« nennen die Flugschüler dieses Turnkunststück, ein beliebter und belachter Zeitvertreib. Einmal hätte er auch blutig enden können. Ein Flugzeugführer blieb nach dem Anwerfen in den Spanndrähten hängen und stürzte zu Boden, während die herrenlose Maschine auf die Zuschauer losholperte, vorneweg die rasend rotierenden Blechschneiden des Propellers. Einer der Schüler, Wilhelm Siegert, warf sich dem Flugzeug in den Weg, packte es an einem Flügel und riß es aus der Fahrtrichtung. Dabei büßte er einen Finger ein und bekam dann die Rettungsmedaille.

Letztes Pensum: Das Rollen – danach wird es ernst. Die Flugzeuge sind nicht nur bei Grade Einsitzer. Die ersten Flüge sind fast immer Alleinflüge. Grade macht es wieder vor. Bei ihm sieht alles so einfach aus: Gasgeben, Pumpenschwengel vorwärts drücken, mit erhobenem Schwanz vorwärts rollen. Andächtig hört die Schar die Ratschläge ihres verehrten Lehrers – ein wilder Haufen in Räuberzivil, ein wahrhaftes Rollkommando in abenteuerlicher Kostümierung; Grade hat ja gewarnt: *Schau'n Sie meine Lederjacke an. Die könnte der beste Ölbenzin-Reservetank sein.*

Einer nach dem anderen zwängt sich in die Schaukelmatte, um die Startbahn, die auf den Waldrand zuführt, abzurollen. Das hat seine Tücken. Draufgänger geben kräftig Gas und drücken auf die Tube, den Schwengel. Die Folge: Der Schwanz kommt übermäßig hoch, fast fetzt der Propeller in die Märkische Heide. Als Reaktion darauf wird der Schwengel zu stark angezogen. Die 150 Kilo plus Pilot schnellen widerborstig hoch, der Motor hat noch nicht genug Gas, blubbert, Rückprall auf die Erde, auf die stählerne Laufradachse – eine Sache von ein paar Sekunden. Nur die blauen Flecken von der Bodenberührung halten sich länger.

Eines windstillen Morgens ist der große Augenblick gekommen – jenes heißersehnte, in Gedanken immer wieder durchgespielte Wagnis des ersten Fluges, für das sie all die belastenden Verpflichtungen eingegangen sind, für das sich die jungen Offiziere haben Phantasten schimpfen und dumme Bemerkungen über diese »groteske Betätigung« gefallen lassen müssen. Tenor: Wollen Sie nun Offizièr bleiben oder Akrobat werden? Dieser Augenblick der Einsamkeit in der Schaukel unter dem brummenden Motor, diese Minute angespannter Konzentration, die in dem erlösenden Willensakt des Loskommens von der Erde gipfeln soll: Fliegen, bewußtes Fliegen. Die Reihenfolge wird unter den Schülern ausgeknobelt, Stein, Schere, Papier. Noch einmal schärft Grade dem Mann in der Matte ein:

Wenn die Maschine fliegt, gleich einen Zahn zurück. Dann rollt er, wie er es dutzendmal geübt hat, der Schwanz hebt sich, der Schüler fühlt halb Angst halb unsägliche Wonne, du fliegst. Seine Kameraden liegen auf der Erde und brüllen begeistert Bravo, wenn sie die Räder die Grasspitzen streifen sehen. Geflogen! In der Bahnhofsgaststätte von Bork wird wieder ein Bild über dem Stammsofa aufgehängt. Freibier.
Die ersten Kurven dicht über der Erde folgen. Propellerwind zaust Haar und Hose. Auspuffdreck fegt ins Gesicht, verölt die Brille. Sie fliegen mit einfachen, ungesicherten Steuerdrähten und ohne Tachometer, nur nach Gehör, schaukeln inmitten eines Gewirrs von dünnen Spanndrähten in Waldeshöhe um das Flugfeld, die Putzwolle im Ärmel, den ewig leckenden Benzin- und Öltank über dem Kopf. Bei der Landung bremsen sie den rollenden Eindecker mit den Absätzen und holen sich an den Stubben verstauchte Knöchel. Einmal reißt der Stoff des Sitzes, und die rollende Maschine schleift den vor Schmerz schreienden Schüler über den Platz.
Siegert, männlich-sportlich, schon über 40, ein gestandener Ballonfahrer und im Krieg Inspekteur der Fliegertruppen, macht in dem wilden, vergnügten Haufen der Schüler seine Gedichte über das Fliegen , stanzt ein paar auf einem Prägeautomaten in Aluminiumstreifen – berühmte Verse, unvergessen unter den Fliegern der Pionierjahre:

Erst kriechst du wie ein Käfer rum,
Ein Schrecken für das Publikum;
Und später sieht dein Fliegen aus
Wie das der jungen Fledermaus.
Die Seelenwanderung führt dich nun
Ins Stadium »Betrunkenes Huhn«,
Allwo du wechselnd torkelst, fliegst,
Springst, schwebst und auf dem Boden liegst.
Es folgt das Bild der lahmen Krähe.
In einer Kurve, wehe, wehe!
Der himmelwärts genomm'nen Richtung
Folgt die Periode der Vernichtung . . .

Erfahrungen mit der wirbelnden Luft, diesem »tückischen Element«, mit Sonnenböen und Bodenwirbeln, muß jeder selbst machen, wenn er sich zum erstenmal über Wälder und Tribünendächer erhebt und plötzlich Böen zu spüren bekommt.
Grade zu seinen Schülern: *Ein plötzlich hinter einem Wald oder hinter einer Hausecke, die man eben passiert, vorbeiströmender Windstoß kann den Apparat in gefährliche Schwankungen versetzen. Da muß man vor allen Dingen Gewandtheit, scharfen Blick für die Umgebung und die daraus entspringende Überlegung haben, ob man dort oder dort, an jener Hausecke vorbei, über jenes schrägliegende Dach hinwegfliegen darf oder ob man dies Hindernis lieber durch seitliches Ausbiegen vermeiden soll.* Grade hat Windstöße erlebt, die ihn 10 m auf- und niederschleuderten, und er hat

dabei gar nicht reagiert, sondern sich einfach schaukeln lassen. In Leipzig treibt ihn der Wind in die Baumkronen. In Nizza schwimmt er nach einem Sturz neben seinem Flugzeug in der Var. Wie die alten Segelschiffskapitäne, die die Nase in den Wind halten, entwickeln die Piloten ein scharfes Gespür für die Fallen, die ihnen, nie sehr hoch fliegend, von der Landschaft, von Flüssen und Alleen her drohen. Damals soll der Kommandeur der Fliegerschule in Johannisthal Befehl ausgegeben haben, wegen der Böen an den Flußufern über den Teltowkanal nur noch über die Teltower Brücke zu fliegen. Die Flieger in Johannisthal kennen sich im Schlaf mit den Böen aus, die sie bei einer Platzrunde über Hallen und Boden erwarten, haben Namen dafür, sprechen von der »Ballonhallenböe«, von der »Albatrosböe«, der »Wright-Böe«. Schlägt mal eine zu, rattert ein Cyclonette-Dreirad mit dem Roten Kreuz zu dem abgestürzten Flugzeug.

Grade und Euler, die beiden verehrten und bewunderten Vatergestalten der deutschen Fliegerei, Vorbilder für eine ganze Fliegergeneration, beide Kaufmann, Konstrukteur und Lehrer in einem, haben sich das Fliegen noch selbst beibringen müssen, haben Monate und Monate gebraucht, ehe sie ihre selbstgebauten Apparate beherrschten. Auch Adolf Behrend, der sich im April 1910 nach Grade den zweiten Lanz-Preis geholt hat, versucht es auf seinem Schultze-Herfort-Eindecker so lange, bis er die Maschine unter Kontrolle hat und er die erste Runde wagen kann. *Gelehrt hat mich das Fliegen niemand, und ich bin darüber froh; dadurch, daß ich mir alles selbst angeeignet habe, kenne und beherrsche ich meine Maschine jetzt aus dem ff.* Auch ein Standpunkt.

So machen es viele – freiwillig oder unfreiwillig. Karl Grulich, später Chefkonstrukteur von Harlan, unter Fliegern als Typ des »besseren Herrn« bewitzelt, rollt nichtsahnend auf dem Flugfeld von Johannisthal und kommt erst zur Besinnung, als er schon 30 oder 40 m hoch fliegt. Er stellt vor Schreck den Motor ab und kracht auf die linke Fahrgestellhälfte: Stauchungen, Blutergüsse, anschließende Ohnmacht. Leo Roth, wenig später ein verwegener Einflieger, hat sich schon den Spitznamen »Harzer Roller« eingehandelt, weil er – die Schule hat gerade keinen Lehrer und deshalb wohl auch auf Bruchgeld verzichtet – jeden Morgen eine große Runde auf dem Johannisthaler Flugfeld rollt. Eines Morgens faßt er sich ein Herz und zieht einfach das Höhensteuer: Ehe er sich's versieht, ist er etwa 100 m hoch über der Zeppelinhalle. Er macht sein Examen ohne Fluglehrer. Es gibt Dutzende solcher Geschichten.

Anthony Fokker steigt in seine selbstgebaute »Spinne« und fliegt. Hellmuth Hirth baut sich mit 23 eine Blériot-Kopie, mit der er – der Motor ist viel zu schwach – mehr stürzt als fliegt. Erst als er von Daimler einen 50-PS-Luftschiffmotor erhält, einen schweren Motor, der die kleine Maschine stark kopflastig macht, schafft er »nette Sprünge« und kurze Flüge. Hirth, der Star des Jahres 1911, ist wie Euler, wie Grade, wie fast alle großen Flieger dieser Zeit, ein Sicherheitsfanatiker. Er wird nicht müde, seinen Schülern einzubleuen, wie wichtig die Zustandskontrolle vor dem Flug ist. Er selbst geht sogar so weit, vor einem Flug mit einem Passagier erst einmal allein zu fliegen. Hirth, ein Beau, seiner Erscheinung und Wirkung durchaus bewußt, hat psychologisches Gespür, kennt sich selbst wohl auch gut genug, um Flugschüler im fortgeschrittenen Lernstadium vor der latenten Versuchung zu Husarenstücken eindringlich zu warnen – »besonders, wenn bekannte Damen in der Nähe sind«.

So viel Fingerspitzengefühl für Charaktere und Temperamente, so viel Menschenkenntnis, so viel leidvolle Erfahrung (Euler: *Machen Sie nichts, was Sie sich nicht vor dem Flug mit Bestimmtheit vorgenommen hätten*) bringen freilich nicht alle Fluglehrer mit, wie auch. Viele sind nicht älter als ihre Flugschüler, junge Spunde halt, die schneidig fliegen können, nicht mehr und nicht weniger. Noch vor dem Ersten Weltkrieg pflegt einer, schon ein älteres Original freilich, den Unterricht mit den entwaffnenden Worten zu beginnen: »Ick bin der Fluglehrer, und ihr seid die Flugstifte; und det is'n Apparat, mit dem man in die Lüfte steigt!« Mechaniker, die sich das Fliegen beigebracht haben, bescheiden den wißbegierigen Flugschüler mit dem Satz: »Weeß ick nich. Det mußte unterm Arsch haben.« Robert Thelen, Lehrer bei der Wright-Gesellschaft, ein Mann mit eigenen Problemen, öffnet den Mund – nach einem geflügelten Wort – nur, um sich eine Zigarette zwischen die Lippen zu stecken. Was mag sich in solchem Schüler-Lehrer-Verhältnis an Wut und Aggression gestaut haben! Im Streß der Flugversuche, angesichts der Rechnungen, die das bißchen Ersparte zerrinnen lassen, ohne daß sich ein Erfolg einstellen will, spielt sich so manche Tragödie ab. In Reims geht ein Flugschüler, ein sächsischer Medizinstudent, mit dem Revolver auf den Chefpiloten Védrines los; Piloten trennen die Streithähne. In der englischen Blériot-Schule von Hendon greift ein Schweizer in seiner Verzweiflung zum Browning, erschießt den Chefinstrukteur, verletzt den Werkmeister der Schule und begeht Selbstmord.

Auch bei Blériot ist das Schulgeld eher Nebensache, das Bruchgeld die Haupteinnahmequelle. Und gegen Bruch ist keiner gefeit. Rollen, immer wieder rollen steht auf dem Lehrprogramm. Sechs bis acht Wochen braucht ein Schüler, bis er mit erhobenem Schwanz eine lange, schöne Gerade rollen kann, trotz der Eigenheit des drehbaren, schlenkrigen Blériotschen Fahrgestells, das es der Maschine erlaubt, sich auch seitlich schiebend, wie eine Krabbe zu bewegen. Schließlich geht das Rollen in erste unmerkliche Hupfer über. Landen hat nicht zum Unterrichtsstoff gehört. Man drückt den Vogel, schaltet die Zündung ab und läßt ihn aushopsen.

Brillenträger haben ihr spezielles Problem. Die Gläser sind nach wenigen Augenblicken verölt, weil in den Zylindern des kleinen Anzani-Motors Löcher sind, die »Ströme von Rizinusdampf« – so ein Flugschüler – ausspeien. Erst bei der Prüfung, für die zwei Platzrunden erhält der Schüler ein »stubenreines« Flugzeug. Den Höhenschreiber – erforderliche Höhe: 50 m – schnallt er sich auf den Rücken. Um auf dem vorgeschriebenen Punkt zu landen, springen Piloten nach der Bodenberührung manchmal aus dem Sitz und hängen sich bremsend an den Schwanz. Geflogen wird nur bei Windstille, morgens und abends. Theoretischer Unterricht findet bei Blériot nicht statt, weshalb der *Flugsport* über die »hirnlosen Abenteurer« schimpft, die man »zu Helden« und »Märtyrern der Wissenschaft« stempelt.

Immerhin, aus den Schulen in Frankreich, der Antoinette-Schule und der Voisin-Schule in Mourmelon, der Blériot-Schule in Issy-les-Moulineaux, der Sommer-Schule in Bétheny, geht die »Fliegekunst«, diese Bewegung in drei Dimensionen, hinaus in die Welt, in die europäischen Länder wie nach Übersee. 354 Piloten haben bis Ende 1910 die Prüfung abgelegt; 272 davon sind Franzosen – und 32 schon tot. Erste vorsichtige Psychogramme des Pilotenberufs entstehen, formuliert noch in einem Vokabular, dem für das Neue, das Unerhörte die rechten Worte fehlen, so beispielsweise:

Ruhe und Geistesgegenwart sind unerläßliche Erfordernisse; dabei muß man die wechselnden Bedingungen des Fluges klar erfassen und rasch überlegen können, um die richtigen Maßnahmen zu veranlassen. Man muß die Fähigkeit gewinnen, die Schwankungen des Apparates sozusagen unbewußt durch entsprechende Veränderung der einzelnen Steuerorgane auszugleichen. Jeder stärkere Reflex, jede brüske Einwirkung ist zu vermeiden. Der Pilot muß gleichsam mit der Maschine verwachsen sein, um seine normale lokomotorische Bewegung durch Hand und Fuß in Flug umsetzen zu können. Sein Tast- und Muskelsinn haben eine erweiterte Wirkungssphäre gewonnen; sein peripheres Nervensystem reicht gewissermaßen bis an den äußeren Rand der Flugflächen. Die Schwankungen im Gange der Maschine oder Veränderungen der Windstärke müssen dieser Art durch sanfte Impulse paralysiert werden, um die Stabilität des Fluges zu erhalten. Das Ohr des Piloten muß geschärft sein, um aus etwa auffallenden Geräuschen ein Gebrechen des Motors rechtzeitig zu erkennen . . .

Manch einer ist dabei rettungslos überfordert, kommt über das Rollen nie hinaus. Einer, ein Mann mit Geld und Humor, hängt sich die horrenden Bruchrechnungen wie Girlanden in seinen Hangar in Pau. »Schneid, Besonnenheit, fester Wille und Ruhe«, wie »HP« die Grundbedingungen definiert hat – manch einen verlassen sie im Augenblick des ersten Luftsprungs. Da ist das Hirn plötzlich blutleer, die Nerven machen nicht mehr mit. Kraftlos, willenlos, wehrlos prallt der Mann mit seiner Maschine gegen die Einzäunung oder auch mal gegen den nächsten Schuppen. Wer fliegt, versucht Gott, hat die deutsche Kaiserin gesagt. Zuschauern stehen die Haare zu Berge, wenn Flugzeuge mit einem Neuling am Steuer hüpfend, bockend, auskeilend durchgehen, wenn der Schüler in der Panik des plötzlichen, nie erlebten Steigens zu viel Tiefensteuer gibt und mit laufendem Motor, im steilen Winkel auf die Erde zuschießt. »Wenn man den Flugapparat besteigt«, bekennt einer vor Kaufleuten, »dann frage man sich ehrlich, ob die Stärke der Nerven der Anstrengung gewachsen ist.« Es grenzt schon ans Wunderbare, daß in einer gutbesuchten Schule wie der von Hans Grade im Laufe der Vorkriegsjahre kein tödlicher Unfall passiert.

Beide, Grade wie Euler, diese Vaterfiguren der deutschen Fliegerei, der pommersche Dickkopp und der westfälische Dickschädel, wirken organi-

sierend und beispielgebend weiter. Ihre Schüler gründen Schulen und Fabriken. Hans Grade schwebt eine Art Volksfliegerei vor. Er sieht im schwachmotorigen Flugzeug, in der leichten Sportmaschine die größten Entwicklungsmöglichkeiten. Der bescheidene Mann von rührender Geduld, immer voller Ideen und voller Humor, hat die Fliegerei in Deutschland erst richtig populär gemacht, vor allem in der Provinz, wo er auf Wiesen und Exerzierplätzen, auf Rennbahnen und Sportplätzen, sogar auf Tennisplätzen startet. Mit dem zusammenlegbaren, leicht montierbaren Grade-Eindecker ziehen er und Schüler wie Kahnt, Schwandt und Krumsiek über die Dörfer, stecken den Zaun neben dem Bierzelt ab und kassieren ein schmales Eintrittsgeld. Benzin gibt's in der Drogerie! Für Hunderttausende, die immer noch vom Zeppelin träumen, die erste Begegnung mit einem Flugzeug.
Euler, Kämpfernatur von suggestiver Ausstrahlung und Redner dazu, hat die Gründung des Deutschen Fliegerbundes im April 1910 angeregt, verficht seine Ansichten als Sachverständiger der Flugzeugindustrie vor dem Reichstag, hilft beim Zustandekommen der Nationalflugspende, läßt sich beiläufig auch als erster das starr eingebaute, nach vorn schießende MG im Flugzeug einfallen. Die junge Wissenschaft vom Fliegen verdankt ihm viel. Er ist kein Mann der großen Reklame, aber für Überraschungen gut. Am 25. 10. 1910 stellt er einen deutschen Dauerflugrekord auf: 3 Stunden 6 Minuten 18 Sekunden, ein Rekord, der sich ein Jahr lang hält. Immer zu Späßchen aufgelegt, hat er sich eine eigene Flagge zugelegt: Blau mit weißem Flieger. An seiner historischen Sendung zweifelt Euler keinen Augenblick. Den Behörden, die ihm eine Wasserleitung zum Flugplatz verweigern, schreibt er: *In hundert Jahren wird irgendein Mann in Ihrem Stadtparlament aufstehen und vorschlagen, diesem Pionier des Fliegens, August Euler, ein Denkmal zu setzen. Ich und alle meine Piloten verbitten uns jetzt schon dieses Denkmal, weil man uns im Leben das Wasser nicht reichen wollte.* Der Frankfurter Oberbürgermeister notiert am Rand: *Dem Manne ist die Wasserleitung sofort gratis zu verlegen.*

Im Höhenrausch

»Höher zu qualifizierende Selbstmörder«: So sieht der Allgemeine Deutsche Versicherungsverein die Piloten – was Wunder. Ohne Instrumente steigt Latham zum erstenmal in die Wolken. Bis auf 3000 m treiben sich Amerikaner und Franzosen in ihren luftigen, offenen Maschinen hinauf, bis die Vergaser vereisen. Ärzte konstatieren bei Höhenfliegern Kopfschmerzen, Harndrang, Schlafsucht, Todesfurcht. Ein Peruaner, Geo Chavez, knüppelt sich durch die wilden Fallwinde der Alpentäler von der Schweiz nach Italien. Er kommt auch durch. Aber mit den Nerven ist er fertig, mit den Kräften am Ende. Die Tat, der Tod bewegt die Welt.

Uns kann keenem nischt passieren, weil wir pathologisch sind, dichtet August Euler, dieser vitale Mann, Feuerkopf und Künstler, und Max Reinhardt, später Starregisseur der Goldenen Zwanziger, debütiert mit dem Chanson Unter den Linden in Berlin.

Weil wir pathologisch sind . . . Klingt das nicht nach ironischem Selbstporträt eines Mannes, der sich stets, beim Fahrrad, beim Automobil und jetzt beim Flugzeug, als Pionier der ersten Stunde gesehen hat? Zieht sich da nicht selbst einer durch den Kakao? Mehr: Trifft das nicht exakt die Stimmung gutbürgerlicher Kreise, die diesem lebensgefährlichen Unfug, genannt Aviatik, nur ein Kopfschütteln abgewinnen können? Was sind denn das für verschrobene Gesellen, die sich in ihr gotterbärmlich enges Cockpit kauern, wenn es nicht überhaupt bloß ein Schemel vor der rotierenden Schraube ist, in einer braungrauen Wolke von stinkenden Auspuffgasen und Staub nach 30, 40 m Anlauf in die Luft schaukeln, und berußt wie die Heizer, durchgefroren vom kalten Strahl des Propellers, taub vom Geknatter des Auspuffs, entkräftet von den Anstrengungen des Steuerns wieder landen – was um Himmels willen treibt diese Männer hinauf in die Luft, in der doch, jedes Kind sieht das an seinem Drachen, gefährliche Unruhe herrscht?

Sind das wirklich Männer mit »festem Willen und Besonnenheit«, wie ihnen Prinz Heinrich bescheinigt, gar »Auserwählte«, wie der Dichter d'Annunzio schwärmt – oder nicht doch bloß Verrückte und Akrobaten, wie es das gesunde Volksempfinden sieht, »höher zu qualifizierende Selbstmörder«, wie es der Allgemeine Deutsche Versicherungsverein so köstlich formuliert? Was ist bei diesen Nachtarbeitern und Frühaufstehern, die schon vor Sonnenaufgang in ihren unzugänglichen Schuppen rumoren und monatelange Schinderei auf sich nehmen, leichtfertiges Spiel mit dem Leben, was Sendungsbewußtsein und Glaube an den Fortschritt? »Reif für Euler«, das jedenfalls ist die Umschreibung für tatendurstige, verwegene Leutnants in der Frankfurter Garnison.

Wilbur Wright, der ältere der beiden Brüder, hatte um die Jahrhundertwende notiert: *Seit einigen Jahren werde ich von dem Gedanken verfolgt, daß es dem Menschen möglich sei zu fliegen. Diese Krankheit hat an Schwere zugenommen, und ich glaube, daß sie mich bald einen beträchtlichen Betrag an Geld kosten wird, wenn nicht gar mein Leben.* Wright, einer der nüchternsten unter den Pionieren und alles andere als ein Hasardeur, hat tatsächlich das Wort »Krankheit« gebraucht, um diesen quälenden Zustand des Suchens und Entdeckens, dieses Hin und Her zwischen Hoffnung und Verzweiflung zu umschreiben. Er hätte auch Obsession sagen können oder Passion, Rausch, Droge, Fieber, Sucht – es stimmt ja alles.

»Ich bin von Natur aus Enthusiast«, sagt ein junger Mann, der von Java über Holland nach Deutschland kommt und hier seine ersten Sprünge vollführt, Fokker ist sein Name. Ein Zug zum Enthusiasmus ist bei allen spürbar, die sich dieser phantastischen technischen Herausforderung stellen, gewiß der größten, die dem Menschen des 20. Jahrhunderts geblieben ist. Enthusiasmus – und dazu ein unglaublicher Wille zur Selbstverwirklichung, der diese oft genug künstlerischen, phantasievollen Naturen in der Welt herumtreibt, bis sie schließlich konsequent bei der Fliegerei landen.

Roland Garros, später ein Höhenweltrekordmann, der auch als erster das Mittelmeer ohne Zwischenlandung überfliegt, träumt von frühester Jugend an, daß ihm die Gabe des Fliegens verliehen sei, träumt als Kind von Flügen über Nizza, »ohne Maschine, einzig mit den Mitteln meines Körpers«. Bei fast allen Fliegern dieser frühen Zeit, die der Magie des Benzingeruchs (Grade), dem Faszinosum des Motors erlegen sind, taucht die Vorstellung auf, sie seien eins geworden mit ihrem Flugzeug, seien ein Reiter, der sich mit seinem Pferd völlig verwachsen fühlt. Sie haben Vertrauen zueinander, die beiden, sie verstehen sich.

Fliegen, das bedeutet vor allem ein unglaubliches Lustgefühl, Loslösung von Zeit und Raum, völliges Vergessen der Erdenschwere, hinreißende Steigerung des Lebens. *Ein wenig erregt ist man immer, wenn man einen größeren Flug antreten soll,* schreibt einer, K. K. Rittmeister. *Schließlich weiß man, daß es einem auch an den Kragen gehen kann. Das ist keine Furcht, man fordert ja die Gefahr heraus. Und das ist herrlich! Erhöhtes Daseinsgefühl hat man ja doch nur in den Stunden, in denen man das Leben in den größten Anspannungen aller Sinne, aller Nervenkraft genießt.*

Fliegen als Steigerungsform des Daseins, Todesgefahr als Lebenselixier: Das ist der neue, unverwechselbare Ton des 20. Jahrhunderts, der Ton einer Aufbruchs- und Ausbruchsstimmung, bewußter Grenzerweiterung, ja Grenzüberschreitung. Abgeschottet gegen eine gelangweilte, verweichlichte Gesellschaft versammeln sich auf den frühen Flugfeldern reiche, sportliche Jungen und Proletarierkinder, Radrennfahrer oder Mechaniker,

die in diesem sozialen Freiraum einer Männerwelt ihre Chance zum sozialen Aufstieg wittern. Eine Art von Chancengleichheit gibt es in der Tat: die vor dem Tod. Das Flugzeug sei ein »Werkzeug der Erkenntnis und Selbsterkenntnis«, wird später einer schreiben. Die Nähe von Aviatik und Alpinismus liegt auf der Hand, nicht nur bei Schweizer Fliegern wie Bider und Mitterholzer, wo sie erkannt und ausgesprochen wird. Sich einer Herausforderung stellen, sich alles abverlangen, das kann von Bergsteigern stammen wie von den ersten Fliegern, diesen Technikfetischisten und Naturliebhabern; Geoffrey de Havilland kennzeichnet die Lerchennester auf dem Boden, damit er sie bei seinen Rollversuchen nicht zerstört.
Idealismus sucht nach einem Motiv, Tatkraft nach Bestätigung. *Vielleicht können wir es nur nicht ertragen, in Reih und Glied mit dem Durchschnitt zu leben und zu sterben, von kommenden Geschlechtern vergessen zu werden. Nennt man das Ehrgeiz?* So hatte Andrée, der Ballonfahrer, der tragische Nordpolfahrer, auf der ruhelosen, schlaflosen Reise in den Tod notiert. Und einer, der es weiß Gott nicht nötig gehabt hätte, sich eine Beschäftigung zu suchen, der es sich hätte leisten können, fröhlich in den Tag zu leben, wie so viele in Paris, Geo Chavez, erklärt einem Freund: *Je n'aime pas vivre la vie bête de snobs de Paris! Il me faut faire quelque chose.* Er muß einfach etwas unternehmen, dieser reiche Bankierssohn – und so wird er Flieger, einer jener Söhne aus dem unpolitischen Bürger- oder Großbürgertum, die mit der Eroberung der Luft das Ihre zur Veränderung der Welt beizutragen gedenken.
Da ist sicher auch elitäre Flucht aus einem sich langsam abzeichnenden »Zeitalter der Massen« im Spiel, aristokratischer Verdruß an einer Zeit, die sich mehr und mehr in satter, behäbiger Bürgerlichkeit und plattem Materialismus gefällt. Eine junge, lebenslustige Bohème probt die Freiheit, emanzipiert sich und bricht aus, läßt die verschmockte viktorianische Enge hinter sich, den Muff musealer Wohnungen und sucht nach Luft und Weite – Fortsetzung des großen Aufbruchs, den das Fahrrad vor zwei Jahrzehnten gebracht hatte, Fortsetzung mit anderen, gefährlicheren Mitteln. Sportlich sind sie ja alle, viele sind Rennen gefahren, im Fahrradsattel und im Automobil. Ihre fliegerischen Lustgefühle sind auch Luftgefühl. *Ein Rausch ist das Schweben und Schauen! Die Empfindung der Gewichtslosigkeit begeistert. Die Mengen frischer, reiner Luft, die vorüberfluten, feuern seltsam an.*
Und sie fliegen höher und höher, Suchtkranke allesamt.
Latham, wer sonst, hatte mit dem hohen Spiel begonnen, hatte die psychologische Barriere, immer in Bodennähe, immer in Sichtkontakt zu bleiben, kühn durchbrochen und sich zum erstenmal hinauf in die Wolken gewagt – ohne Instrumente, versteht sich. Als er in die Watte hineinfliegt, nur auf seinen Gleichgewichtssinn vertrauend, glaubt er sich seiner Sache völlig sicher, denkt er gar nicht an drohende Orientierungslosigkeit. Als er dann aber höher steigt und auch unter sich weiter nichts als die dahinziehenden Wolken sieht, weiß er nicht mehr, ob er gerade oder in einer Kurve, horizontal oder seitlich geneigt fliegt. Wolken unter, neben und über ihm ver-

wirren ihm die Sinne, es packt ihn peinigende Angst. Totenbleich landet er, Blériot muß ihn stützen. Später hilft ein faszinierend einfaches Instrument dem Piloten beim Flug in den Wolken: ein dünnes, zu einem Halbkreis gebogenes Rohr, in dem eine Kugel rollt. Sie bleibt bei horizontaler Lage des Flugzeugs ruhig an der tiefsten Stelle des Rohrs liegen, reagiert aber, sich bewegend, auf seitliche Schwankungen.

Paulhan hat Lathams Tausend-Meter-Marke in Amerika auf 1270 Meter hochgesetzt. Ein halbes Jahr hält der Rekord, bis sich Walther Brookins auf seinem Wright-Doppeldecker in einer Stunde und zwei Minuten auf 1883 Meter schraubt. Dann bleibt der Motor stehen – Benzinmangel. Der Apparat stürzt fast senkrecht an die hundert Meter, bis Brookins auf seinem ungeschützten, freien Sitz die Maschine wieder unter Kontrolle hat und glatt landet. Der Schock des Sturzes sitzt so tief, daß er längere Zeit nicht sprechen kann. Im August 1910 stürzt er in die Zuschauer – tot.

Ihr Leben hängt an einem stotternden Motor, dessen Leistung in der dünner werdenden Luft nachläßt, an einem Vergaser, der vereist, an ein paar Drähten, deren Spannung im unruhigen Wetter gefährlich hoch ist. Sonderbare Empfindungen gehen durch den Kopf, immer drückender wird das Gefühl der Einsamkeit. Sie versuchen sich durch den Blick auf den Tourenzähler abzulenken, fangen auch an, mit dem Flugzeug, ihrem einzigen Gefährten, zu reden. »Sei brav«, sagen sie, oder: »Du wirst doch keine Geschichten machen.« Auf die Mechaniker gestützt, taumeln sie nach der Landung zu ihrem Hangar. Die Hände hängen schwer herab, die Finger sind blau angelaufen, die Augen rot umrändert, die Lippen blaublaß, die Wangen brennen wie Feuer. Manchmal schmerzt der Kopf tagelang, oder sie fallen für Stunden in einen schweren, gepeinigten Schlaf. Zerebrale Symptome.

Armstrong Drexel bezwingt als erster die Zweitausend – noch im Herbst 1909 hat man eine Höhe von 1000 m als die absolute Grenze betrachtet. In einer Art Rausch steigt der Millionärssohn höher und höher – bis Panik ihn überkommt, bis Bilder von erfrorenen Händen und Füßen ihm durch den Kopf schießen, Erinnerungsfetzen an Brookins' tödlichen Sturz. Am Ende seiner Kraft, schon kraftlos, gelähmt, läßt er die kleine Maschine einfach ein paar hundert Meter fallen. Zeitweilige Taubheit bleibt.

Was diese Piloten, es ist ja nur eine Handvoll, physisch und psychisch aus sich herausholen, was sie sich in der Eiseskälte, in der wattigen, wolkigen Hölle der Einsamkeit abfordern, muß die Mediziner auf den Plan rufen. Hier können sie studieren, wie der Körper auf extreme Belastungen reagiert. Auch bei den sich steigernden Geschwindigkeiten der Automobile glaubten sie ja, bei den Fahrern Veränderungen registrieren zu können. Einer hat sogar die Ansicht vertreten, daß es bei Automobilfahrern wegen der gespannten Aufmerksamkeit und wegen des Motorenlärms zu zerebraler Neurasthenie kommen könne, zu langsam abnehmender Potenz und schließlich zu völliger Impotenz. Wie würde sich das erst bei Aviatikern auswirken? Die Ärzte, die in der Umgebung von Flugfeldern praktizieren, haben gut zu tun. Kaum ein Flieger, der nicht schon eine Gehirner-

schütterung, Knochenbrüche, Brandwunden, Prellungen oder Quetschungen auskurieren mußte. Besonders unangenehm sind die Spanndrahtschnitte und die Holzsplitter unter der Haut. Hals-, Nasen- und Ohrenleiden kommen hinzu, die von dem ölgeschwängerten Luftstrom des Propellers herrühren, und jetzt, bei den Höhenflügen, die ersten Erfrierungen. Die Ärzte haben herausgefunden, daß es, ähnlich wie die Bergkrankheit, eine Art »Fliegerkrankheit« geben müsse, »le mal des aviateurs«, eine typische Form der Erschöpfung. Sie äußert sich darin, daß nach der Landung »die Seelenstimmung gestört, der Pilot zerstreut, wie geistesabwesend erscheint oder auch Gereiztheit hervortritt«.
Zwei Franzosen gehen im September 1910 anläßlich des Meetings von Bordeaux diesen Phänomenen einer *Pathologie der Aviatik* zum erstenmal auf den Grund, indem sie, ein Meilenstein der Luftfahrtmedizin, beteiligte Flieger wie Morane, Legagneux, Bielovucic befragen und ihren Puls und ihren Blutdruck messen – einzigartige Testergebnisse zu der Frage, wie der Körper auf höchste Beanspruchungen reagiert und ob er sich an sie zu gewöhnen vermag. Was sie feststellen, berichten die Mediziner der Pariser Akademie der Wissenschaften – folgendes in Kürze:
Beim Aufstieg: schnelleres, kürzeres Atmen in etwa 1500 m Höhe, schnellerer Herzschlag. Unbehagen und Angstgefühl infolge der Einsamkeit in großen Höhen. Verminderung des Gehörs ab 1200 m. Ohrenknacken ab 1800 m, doch gewöhnt sich der Flieger allmählich an die Höhe. Das Knakken wird seltener. Bei Neulingen Ohrenknacken schon in 300–400 m Höhe, hin und wieder Halluzinationen. Leichter Kopfschmerz ab 1500 m. In gleicher Höhe starker Harndrang. Von 1000 m ab werden die willkürlichen Bewegungen nervöser, die Reflexbewegungen deutlicher.
Beim Niedergehen, beim »Abstieg«, der meistens im Gleitflug mit 6–7 m/s, 300–400 m in der Minute vollführt wird: Starkes Herzklopfen, Ohrenknacken und -sausen, besonders gegen Ende. Sehr starker Blutandrang nach dem Kopfe, Kopfschmerz, Blasendrang, Schlafsucht. Häufig großes Angstgefühl (Todesfurcht), gemildert durch die Halbbetäubung. Die willkürlichen Bewegungen werden langsam, schwerfällig, ungeschickt: gefahrvolle Nachlässigkeit – Nonchalance.
Léon Morane hat all diese Symptome bei seinem Weltrekordflug verspürt, die gehobene Stimmung zuerst, die Übelkeit, das Schwindelgefühl und die Mattigkeit – ein Flug, der für die Zeitgenossen »eines der großartigsten und dramatischsten Ereignisse war, die die Geschichte des Flugsports zu verzeichnen hatte«. Beim Meeting von Le Havre-Trouville im September 1910 ist er um 5 Uhr gestartet und gewinnt, eine Acht über der anderen drehend, langsam an Höhe. Von Windung zu Windung klingt das Knattern des Gnôme schwächer, verliert für Augenblicke jede Härte, scheint sich ins Blau des Himmels zu verlieren, wie die Blériot-Maschine und der 24jährige in ihr, verstummt eine halbe Stunde nach dem Start ganz, ist einfach nicht mehr da, in ein Nichts aufgelöst inmitten der Federwölkchen. Tausende suchen den Himmel ab, der Morane verschluckt hat. Ist er aufs Wasser hinausgetrieben, schon ein Opfer des Meeres? Draußen kreuzen Segler, un-

Kritik aus dem Lager der Hubschrauber-Anhänger

Die zehn ärgsten Feinde des Drachenfluges:

1. Der **»frische Wind«** von 5 Sekundenmeter aufwärts. – Bei 8–12 skm Wind ist schon jedes Fliegen unmöglich, da zu viele Böen, Windstöße und Luftwirbel auftreten!
2. Die **auf-** und **absteigenden »Luftwirbel«** (trombenartig) bei starker Lufterwärmung und bei Wolkenschatten, – diese kippen das Flugzeug einfach um!
3. Die **»Luftlöcher«** – Verdünnungen der Luftmaterie durch erhitzte steigende Luft! – Sie erzeugen halbseitige Senkungen und Stürze.
4. Auch der **»Nebel«** ist ein sehr böser Feind, weil man beim Niedergehen die gefahrbringenden Gegenstände nicht sieht.
5. Wirkt **»Regen«** stets sehr belastend auf das Flugzeug, er zwingt häufig zu Notlandungen auf schlüpfrigem Boden. – Bei Regen zu fliegen verbietet auch meist ein bösartiger Wind!
6. Sind Feinde die **»Wellen«** – bei Wasserlandungen. – Das Flugzeug schwankt und kentert dann sofort, oder es wird am Ufer zerschlagen. Wieviel Flugtage bleiben im Jahr noch übrig, um den hier genannten **Naturwiderwärtigkeiten** aus dem Wege zu gehen?

Höchstens 80–90 Tage!

7. Besteht ein arger Feind in dem Reißen des Verspannungs-Materials, wie Drähte, Spanner, Oesen usw. – Schlechte Stellen sind vorher kaum wahrzunehmen. Der Flügelbruch ist dann unvermeidlich. – Seltener sind heute Unfälle durch Motordefekte, verursacht durch Benzinrohrbruch, Verstopfen der Zuleitung und schlechte Kerzen.
8. Gefahr, die »Landungsgeschwindigkeit«, (das Böseste), sie muß bis zum Aufsetzen der Räder beibehalten werden. Die Ausrollstrecke ist bei starken, schnellen, schweren Flugzeugen meist 200–300 Meter lang!
9. Die **Furchen im Erdboden** sind dabei sehr gefahrvoll!
10. **Steine** oder **Holzstücke** am Erdboden werden dem Flieger und dem Flugzeug oft zum Verderben!

Zusammenfassung:
Bei all' diesen Punkten zehnmal mit Glück auf fremdem Terrain durchzukommen, ist so gut und selten wie das **»große Los«** gewinnen.

Nachdruck gestattet: Zur Schonung der Menschen sogar sehr erwünscht.

möglich. Unruhe im Organisationskomitee, stockendes, gedämpftes Palaver auf den Tribünen, Mollstimmung. Lastende, kribbelige Ungewißheit, die sich in einem tausendfach aufgenommenen Schrei entlädt: in Richtung Toques stürzt ein Flugzeug fast senkrecht auf die Erde zu. Es muß, es kann nur Morane sein. Schon ist die Vision hinter einem Hügel verschwunden. Ärzte und Ambulanzen jagen in hupenden Wagen von dannen. Morane, der arme Morane . . .

Sie finden ihn nach ein paar Kilometern, als er gerade seinen Barographen losschnallt. Mit steifgefrorenen Fingern greift Morane nach der angebotenen Zigarette. *Ich dachte schon, daß ich keine mehr rauchen würde*, scherzt er müde. Steif und erschöpft, aber sicher, den Rekord geschlagen zu haben, hatte er zum Gleitflug angesetzt und zweimal den Gnôme an- und wieder abgestellt. Beim drittenmal, Höhe 2000 Meter, drehte sich der Propeller nicht mehr. Die Sturzgeschwindigkeit nahm zu. Ein mächtiger Luftstrom nahm ihm den Atem. Er fühlte die Kraft schwinden, die Böen zu parieren, die das Flugzeug packten, während die Erde auf ihn zuraste. Ein letztes Aufbäumen, ein verzweifeltes Ziehen am Höhensteuer, schon angesichts des sicheren Todes – heftig, aber ohne Kleinholz prallte die Blériot in ein Kornfeld. In diesen Höhen (er ist auf 2582 Meter gekommen) sei die Arbeit des Motors zu unsicher, sagt Morane. Fünf Tage später, am 8. September, hält Geo Chavez über dem Flugfeld von Issy-les-Moulineaux noch hundert saure Meter länger durch, ein Stück freien Himmels über sich, ein Stück Erde unter sich, um sich herum weiße Wände von Dampf. 2680 Meter. Erst als er in den erstarrten Händen kein Gefühl mehr hat, läßt er sich zurückfallen.

Geo Chavez: Der Name des wohlerzogenen, in Paris geborenen Peruaners, macht Schlagzeilen in den nächsten Wochen, sorgt für ein publizistisches Monsterschauspiel, zu dem über hundert Journalisten aus aller Welt in die Schweizer Berge reisen – Chavez, dieser bartlose, bleiche, sportgestählte Jüngling im eleganten Sportdress, der die Federn zu Wendungen wie der von der »menschlichen Prometheus-Natur, die rastlos vorwärts hastet auf dem Weg des technischen Fortschritts« inspiriert und, als alles vorbei ist, einem italienischen Starreporter das Bild eingibt, Chavez sei »wie eine mythologische Gottheit aus den Wolken herabgestiegen auf unseren Boden«. Auch Chavez selbst, jugendselig und erfolgstrunken, mens sana in corpore sano, sorgt für hochfliegende Maximen. *Das Leben hingeben, ohne einen Erfolg zu haben, wäre töricht; es hingeben, um zu siegen, das ist schön.*

Gelegenheiten gibt es genug. Mailand hat für den September 1910 eine glänzende Flugwoche ausgeschrieben, ein dick gepolstertes Preisangebot auch für verwöhnte Ansprüche. 320000 Lire, das garantiert internationale Besetzung. Als Attraktion denken sich die Veranstalter etwas Großartiges, Aufregendes aus, die Alpenüberquerung im Flugzeug. Das klingt zwar kühn, beinahe tollkühn, liegt aber nach den sensationellen Höhenrekorden dieses Jahres durchaus im Bereich des Möglichen. Die Flieger müssen auf 2600 m steigen, werden allerdings auf der zerklüfteten, etwa 40 km langen Alpenstrecke kaum zwei Plätze zur Notlandung finden. Die vorgesehene Strecke zwischen Brig im Rhonetal und Mailand, 150 km Luftlinie insgesamt über den Simplon-Paß und den Lago Maggiore, soll den Fliegern durch starke Rauchfeuer kenntlich gemacht werden. Die Pfarrer der Gemeinden an der Strecke sind ersucht worden, ihre Pfarrkinder zur Hilfeleistung aufzurufen.

Das Aufgebot der Piloten, nur die erfahrensten sind zugelassen, hat sich schnell gelichtet – ein paar verunglücken schon vorher, anderen fehlt es an verläßlichen Maschinen. Eindeutiger Favorit bei dem Kampf um die 70000 Lire: Geo Chavez, der Leistungssportler in Topform, Meisterläufer über 400 m und 1500 m, Meisterspringer, Fußballer, athletisch trainiert; auch darauf wird es ja bei den zu erwartenden Strapazen ankommen. Der Höhenweltrekordmann nimmt die Sache ernst. Er trifft schon ein paar Tage vorher in Brig ein, studiert die Flugstrecke, besteigt Berge, skizziert sich mit Fliegeraugen seine eigene Karte von der Landschaft. Er macht auch seine Späßchen, als am Sonntag, dem schweizerischen Buß- und Bettag, das Fliegen in Brig von den Behörden verboten worden ist. Von seinem Hotelzimmer aus, hinter dem Vorhang verborgen, beschallt er die Menschenmenge, die einen Flug erwartet hat, durch einen Benzintrichter: *Was wollt ihr hier? Die Flieger sind fort. Geht nach Hause und spart euer Geld!* Abends kündigt er der Kommission den Flugbeginn für Montag morgen 6 Uhr an. Die Streckenposten werden alarmiert. Die Nacht ist hell und klar.

Am Morgen trifft Chavez den letzten verbliebenen Konkurrenten auf dem Flugfeld, einen unauffälligen, jungen Mann mit glattem Gesicht und randloser Brille, in dem ein Berichterstatter eher einen jungen Theologen als einen Flieger zu sehen meint: Charles Weymann, gerade 21 Jahre alt, naturalisierter Amerikaner, auf Haiti geboren, Weltrekordinhaber im Passagierflug (aber das ändert sich ja von Tag zu Tag). Henri Farman ist eigens nach Brig gekommen, um für den Amerikaner eine leichte Spezialkonstruktion zu montieren.

Ein Händedruck, in den Schuppen flackert das Kerzenlicht. Benzintank und Motorleitungen der Blériot sind mit Asbest und Watte umwickelt. Chavez, der Bankierssohn, dem es an nichts fehlt, hat sich eine Spezialbekleidung zugelegt, einen wasserundurchlässigen Overall, einen dicken Pullover, Lederjacke, Bergschuhe. Zum Schluß setzt er seinen ledernen Sturzhelm auf. Todesengel-Assoziationen. Ein Pariser Journalist notiert: »Man könnte es den Anzug eines zum Tode Verurteilten nennen.«

Publikum sammelt sich. Auf dem Simplon Windstille, quäkt das Telefon, leichte Bewölkung in Domodossola. Gegen 6 ziehen die Mechaniker die Blériot aus dem Schuppen – ein Böllerschuß, die weiße Flagge, Zeichen des bevorstehenden Fluges. Letzte Kontrollen, die Karte, der Barograph. Chavez hebt die Hand, die Mechaniker lassen sich fallen. 6 Uhr 16. Die Menge winkt, schreit ihr Lebewohl. Dann ist es totenstill. In drei großen Kreisen steigt der Peruaner auf 2200 m, verläßt dann das Rhonetal und fliegt, weiter steigend, auf den Simplon zu, ein schwarzer Strich am sonnengetränkten Morgenhimmel. Noch einmal kommt Bewegung in die Menge, als das Flugzeug, ein Punkt nur noch, zwischen den Bergen verschwindet.

Bis 1400 m konstatiert Chavez Windstille, bei 2000 m eine schwache, regelmäßige Luftbewegung, die ihn nicht beunruhigt. Als er in einer Höhe von 2200 m auf den Paß zuhält und schon das Hotel auf dem Simplonkulm ausmachen kann, sieht er sich zwischen zwei Schichten, zwischen dem Boden-

Frankreich fliegt in der Welt voran – mit Doppeldeckern wie denen aus Farmans Fabrik (oben) und vor allem mit seinen schnellen, schnittigen Eindeckern vom Typ Nieuport oder Blériot (unten, beim Gordon-Bennett-Cup 1911). Ende 1911 sind alle wichtigen Weltrekorde in französischem Besitz.

Der »Colonel« Cody mit seinem gezwirbelten Bart, gebürtiger Amerikaner, genießt als Flugpionier in England einen legendären Ruf. Seine immer wieder veränderten Flugzeuge sind wegen ihrer Dimensionen berühmt. Um vier Passagiere 11 Kilometer zu fliegen, baut er einen Austro-Daimler-Motor ein.

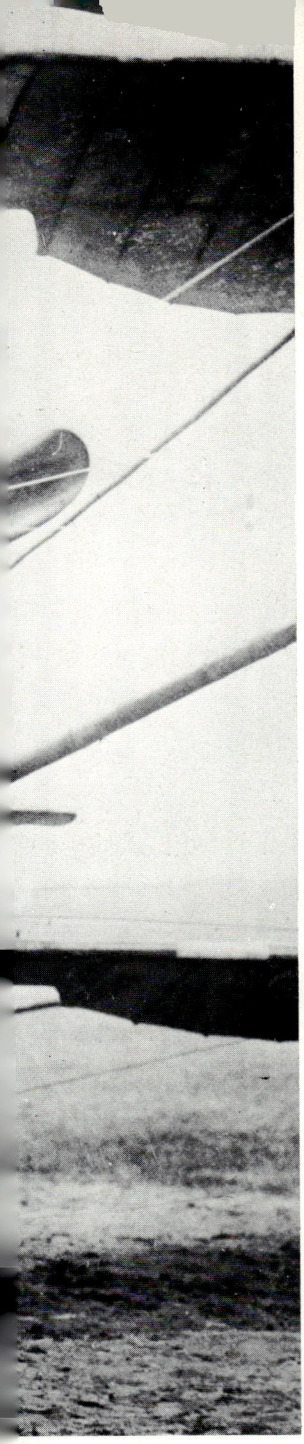

Die ersten Passagiere, Freiwillige durchweg, leben gefährlich: Sie stehen oder liegen auf den Flächen oder drängeln sich im allzu engen Cockpit. Breguet (Mitte) bringt es als erster fertig, mehr Nutzlast zu heben, als das Flugzeug selbst wiegt. Der Unfug mit Halbwüchsigen wird dann verboten.

Frankreich verdankt seine Vormachtstellung nicht zuletzt dem Gnôme-Motor, einem Umlauf- oder Rotationsmotor, der sich mit seinen sieben Zylindern um die Kurbelwelle dreht (rechts). Védrines (oben), ein regelrechter Rabauke, der nach dem Krieg als erster auf einem Pariser Kaufhaus landet, und Beaumont (unten), ein Marineoffizier, holen sich mit Gnôme-Motoren die begehrtesten Preise.

nebel im Tal und unbeweglichen Wolken über sich. Chavez' Entschluß: die Wolken zu durchstoßen und mit dem Kompaß Richtung Süd zu fliegen. Schon ist er auf 2400 m, der Gnôme hält durch, nicht ohne Stottern. In diesem Augenblick, über dem Schallberg, trifft ihn die erste Böe, reißt ihn wütend 50, 60 m in die Tiefe, daß Chavez sich entsetzt am Steuer festkrampft. Er hat das Gefühl, daß ihm der Sitz unter dem Körper davonfliegen würde. Der Barograph, der vor ihm baumelt, schlägt ihm ins Gesicht. Man hatte ihn gewarnt: Fallwinde, die von den Gletschern niedergehen.
Die Blériot bäumt sich auf. Neue Schläge treffen die Flächen – Chavez: als ob Hunderte von Händen den Flügel packen und alle nach verschiedenen Richtungen zögen. Die Leinwand, die Verstrebungen, die Drähte, alles ächzt und stöhnt und scheint in Fetzen davonfliegen zu wollen. Niemals zuvor hat er eine solche Urgewalt verspürt. Geschlagen, vor den Kopf geschlagen, dreht er ab, bloß zurück ins wärmende Rhonetal, über dem jetzt auch Weymann seine Kreise zieht. Auf einer kleinen Wiese außerhalb der Flugplatzumzäunung setzt er auf, Auslauffläche 50 m. Das reicht, und das will er, verdammt noch mal, in einem Aufwallen von innerer Disziplin, noch einmal wissen. 22 Minuten ist Chavez in der Luft gewesen, nicht mehr. Jetzt sitzt er im Cockpit, halb betäubt und nicht fähig, Fragen zu beantworten. »Schrecklich, schrecklich«, wiederholt er später. Und: Wenn er sich heute nicht den Schädel gebrochen habe, werde er ihn sich wohl niemals brechen. Auch das soll er gesagt haben: »Der Sieger gewinnt den Tod.« Der erste Angriff ist abgeschlagen. Die Berge haben triumphiert. Die Freunde, die Augenzeugen atmen auf.
Aufschub für den zum Erfolg Verurteilten, Atemholen, Verarbeiten der bösen Erfahrungen. Angst? Nicht bei Chavez. Der neigt nicht zu Depressionen. Mittags hat er, immer noch in seinem dicken Pilotendreß, mit Freunden und Sportfunktionären in Domodossola gespeist, guter Laune und mit mächtigem Appetit. Am nächsten Tag, immer noch schlechtes Wetter, fährt er im Wagen die Strecke bis Mailand ab. Wo er erscheint, gibt es Ovationen. Mittwoch: trostloses Wetter, nachmittags fliegt ein Teil des Wirtschaftszeltes auf dem Flugfeld von Brig weg. Am Donnerstag startet Weymann, ein ruhiger, fast unerschütterlicher Mann, der 1911 den Gordon-Bennett-Cup gewinnen wird, ein paarmal zum Probefliegen und begeistert die Zuschauer durch sein geschicktes Steuern. Aber sein Doppeldecker ist noch nicht in Form. Weymann verschwindet mit den Mechanikern im Schuppen. Nachmittags beginnt es sogar zu schneien, der Meteorologe verkündet: c'est fini. Schon schmieden die Zeitungen Pläne für das nächste Jahr – wie wäre es mit einem Flug über den Mont Cenis? Chavez erklärt derweil seinem Freund Paulhan, der auf dem Weg nach Mailand ist, auf der Paßhöhe seinen Flug vom Montag. Paulhans Meinung: ein Alpenflug sei denkbar, aber nur bei völliger Windstille.
Freitag, 23. September, heiteres, sonniges Wetter. Gegen 10 Uhr herrscht fast Windstille auf der Nordseite der Alpen. Chavez hat sich nicht die Zeit zum Rasieren genommen und telefoniert mit seinem Freund, der auf dem Simplonkulm die Stellung hält. Seine Auskünfte klingen wenig ermuti-

gend. Chavez, nervös vom Hin und Her der letzten Tage, wirft sich ins Auto und fährt selbst die Paßstrecke hinauf. Neuschnee in 1300 m Höhe. Chavez studiert die Luftbewegungen, sagt: *Ich muß fliegen. Wenigstens bis zum Simplon will ich kommen.* Er wirkt entschlossen, wie unter innerem Zwang. Der Ostwind, geschätzte Stärke 15 m in der Sekunde, zaust die Fichten. Paulhan kommt von Süden her, meldet Windstille. Christiaens, der treue Freund, rät, noch einen Tag zu warten. Chavez, verrückt nach Erfolg, ist nicht mehr zu halten, entscheidet: nein, sofort! Paulhan fährt hinter ihm her nach Brig.

Weymann startet gerade, steigt, hat aber Schwierigkeiten. Chavez stülpt sich den Lederhelm über. Ein Reporter fragt: »Gutes Wetter am Simplon?« »Gutes, aber Wind.« – »Steigen Sie zum Überflug auf?« – »Zum Überflug.« Um 11 Uhr 29 hebt er ab, fliegt große Schleifen, Beifall von unten. »Er ist verschwunden«, lautet die letzte telefonische Meldung aus Brig, die sie oben im Paßhotel empfangen. Alle stürzen auf die Terrasse, horchen mit angehaltenem Atem auf Motorengeknatter – qualvolle Minuten der Ungewissheit. Der laute Optimismus schwindet. Ist da nicht doch Vermessenheit im Spiel? Ist die Zeit wirklich schon reif für dieses wahnwitzige Unternehmen? Christiaens sieht die Blériot als erster. Hinter dem Flugzeug schimmern Gletscher. Mit imponierender Leichtigkeit umfliegt es die Gipfel und schwebt um 1 Uhr 46 über die Paßhöhe – 17 Minuten nach dem Start.

Geo Chavez kann das Hotel gut sehen, läßt es aber links liegen, fliegt etwa 200, 300 m weiter zum Hospiz. Nadelstiche im Gesicht, kein Gefühl mehr in den Füßen, der Körper schmerzt in der Kälte, die durch die Kleidung zieht. Seine starren Hände liegen um das Steuer. Eingepfercht, bewegungslos hockt er im engen Rumpf. Freies Atmen ist nicht möglich. Die Armmuskeln sind bis zum Äußersten angespannt. Unten beten die Mönche, winken siegestrunken die Touristen. Als er in das Tal des Krummbachs fliegt, geht er etwas herunter, um gegen den Ostwind geschützt zu sein – es sieht fast so aus, als wollte er auf den Wiesen des Hospizes landen. Und ist die Versuchung nicht tatsächlich groß in diesem Würgegriff der Kälte?

Chavez fliegt. Unter ihm liegt das Roßbodental, vor Simpeln, eine wüste Gegend, Folge eines Bergrutsches. Er weiß von seinen Erkundungsfahrten, daß er in diesem Trümmerfeld bei einem Defekt an der Maschine nicht die geringste Überlebenschance hat. Er schaut nicht auf die schwankenden Flächen seines Flugzeugs und nicht auf das Fletschhorn, den Viertausender zur Rechten. Chavez blickt geradeaus, verläßt sich völlig auf sein Balancegefühl, weiß sich längst eins mit seiner Blériot und reagiert instinktiv. Dem Automobil, das ihm vom Simplon-Paß her folgte, ist er entschwunden. Ein Hirt rennt vom Berg hinab ins Dorf, schreit und fuchtelt mit den Armen. Mit offenem Mund sehen die Bergbauern den surrenden Vogel. Chavez fliegt.

Auf keinen Fall darf er in die schaurige Gondoschlucht geraten, diesen fürchterlichen Höllenschlund, ein enges Tal mit senkrecht aufsteigenden Felswänden, jedes Fliegers Grab. Diese Gegend hat er aufmerksam stu-

diert. Er ist auf die Pizzo Pioltone gestiegen, und das nicht nur einmal. Bei Algaby biegt er also in ein Seitental ein und glaubt, das Schlimmste überstanden zu haben – wenn sich Gedanken und Empfindungen bei der totalen Kräfteanspannung überhaupt noch klar formulieren können, glaubt nur noch den Monscerapaß vor sich und den Gleitflug nach Domodossola. Doch bei Furgge packt ihn der Bergwind. Greift sich ohne jede Warnung dieses schüttere Gerüst von ein paar hundert Pfund, diese leichtgewölbten Flächen, die der Spannturm vor dem Piloten über Drähte hält, boxt sie hoch und läßt sie lustvoll fallen und immer weiter fallen, haltlos wie in den schlimmsten Alpträumen. Der Magen revoltiert. Schneller rotiert der Gnôme, der Propeller dreht durch, da hilft kein Steuermanöver mehr. Die Böen beuteln den Piloten, der sich, unsäglich allein und bis zur Empfindungslosigkeit erstarrt, mit letzter Anspannung der Muskeln wehren will. Er fühlt sie körperlich, diese Keulenschläge der Winde, sie schmerzen ihn. Und sie peitschen die Maschine, schütteln, reißen und zerren an ihr, drükken und stoßen, die Spanndrähte jaulen und heulen.
Das Hirn arbeitet, verarbeitet noch die Signale der tobenden Außenwelt, erkennt, daß der Wind den Monscerapaß verwehrt. Chavez gibt Seitensteuer und schwenkt in das Zwischbergental, ein enges Tal, fast noch schlimmer als die Schlucht von Gondo. Urwelt, Urgestein. Er schwebt durch diesen titanenhaften Schlund, kommt sogar durch. Der Wind ist stark, aber er hat ihn im Rücken. Männer und Frauen im Tal winken dem Flieger zu. Im Eisenbahnzug zieht einer die Notbremse, die Fahrgäste springen aus den Wagen. Bei Varo geht Chavez zum Gleitflug über. Die Kältezone liegt hinter ihm. Der Himmel strahlt tiefblau. Unter ihm Kastanienhaine und Weinberge – Italien. Die Glocken läuten. Triumph?
In Domodossola haben sie weiße Tücher in Form eines großen Kreuzes ausgelegt. Die Zuschauer sehen die Lichtzeichen auf den Berggipfeln und suchen in Richtung Monscerapaß. Chavez kommt von Norden her durch das breite Tal, immer noch sehr hoch, fast 1000 m, und schießt unglaublich schnell auf das Städtchen zu. Augenzeugen gebrauchen das Wort »erschreckend«. Sein Freund Duray schwenkt auf dem Landeplatz ein weißes Tuch, das Publikum winkt mit Hüten, Mützen, Taschentüchern. Chavez muß todesmatt alles registriert haben. Er geht richtig zum Gleitflug über, fängt die Maschine ab, zu brüsk offensichtlich, gibt erneut Vollgas, scheint eine Ehrenrunde drehen zu wollen, 10 oder 15 m hoch, Sekunden nur noch vor dem herrlichen Sieg. Da klappen die Flügel nach oben weg, die Maschine stürzt, der Rumpf überschlägt sich, begräbt den Piloten unter sich. Blut quillt unter dem Lederhelm hervor. Verstört bettet man ihn auf eine herbeigeschaffte Matratze, hebt ihn auf ein Automobil. Auf dem Weg ins Spital kommen sie an einem Transparent vorbei: »Chavez glücklich in Domodossola gelandet. Es lebe Chavez!« Wird er leben? Die Ärzte stellen den Bruch beider Beine und des linken Schenkelknochens fest. Dazu kommt ein Nervenschock. Innere Verletzungen (Chavez hat offenbar welche) wollen die Ärzte nicht diagnostizieren.
Über Domodossola brechen die Journalisten herein, vor dem Spital staut

sich die Menge. Die zersplitterte Schraube der Blériot ist längst ein Opfer der Souvenirjäger. Soldaten müssen den Beamten auf der Telegraphenstation helfen; mehr als hunderttausend Worte werden telegraphiert. Das Komitee in Mailand erkennt Chavez einen Preis von 50000 Lire zu. Sein Freund zeigt ihm die Bündel von Telegrammen, Glückwünsche und Anteilnahme. *Duray, man muß antworten,* murmelt Chavez. Augenblicke der Klarheit: Er beschreibt den Flug, auf den letzten Metern setzt die Erinnerung aus.

In den nächsten Tagen schwankt die Stimmung zwischen Niedergeschlagenheit und neuer Hoffnung. Dann kommt die Krise. Einer sucht ihn zu trösten: *Sie sind ein Held. Alle Welt denkt an Sie.* Chavez, auf der Höhe der Situation: *Das ist schön. Aber ich sterbe.* Die Angst und die Alpträume, die kein Flieger je aufgeschrieben hat – Chavez stammelt sie in den letzten Stunden seines Daseins, deliriert im Fieber, kämpft weiter mit den Elementen. Wieder sieht er sich vor den Gletscherwänden. *Die Höhe! Die Höhe!* ruft er mit gebrochener Stimme. Angstvoll lauscht er auf das Summen des Motors. *Der Motor, der Motor* ... Jetzt sind die Höhen überwunden. *Ich muß niedergehen ... landen ... landen.*

Die meisten Ärzte teilen die Meinung eines Physiologen, daß sich Chavez, dieser junge, kerngesunde, hochtrainierte Mann in den 42 Minuten seines schrecklichen Fluges, in den beklemmenden Augenblicken der Todesangst vor mächtigen Wänden und über tief zerklüfteten, mörderischen Spalten total ausgegeben, daß er den Erfolg mit seinem Lebenswillen bezahlt habe. In seiner Erschöpfung kurz vor der Landung sei er unfähig gewesen, Wollen und Handeln vernünftig zu koordinieren. Vielleicht traf ihn auch ein Windstoß, den er nicht mehr parieren konnte. *Ich sterbe nicht,* sagt Chavez noch. Aber die Kraft reicht nicht mehr.

Über zwei Jahre werden die Alpen für Flieger tabu bleiben. Bielovucic, Peruaner wie Chavez, wird den Simplon im Januar 1913 dann endgültig bezwingen – und überleben. Einen blutjungen Schweizer aber läßt der Gedanke an Chavez' Tod nicht mehr los, und er wird eines Tages der große, der triumphierende Alpenflieger sein: Oskar Bider.

Der Höhenweltrekord des Geo Chavez fällt schon am Tag der Beerdigung des Peruaners auf dem Pariser Friedhof Père Lachaise. Ein Holländer, noch jünger als der Alpenbezwinger, Henri Wynmalen, erst seit August im Besitz des Pilotenscheins, klettert mit einem Farman-Doppeldecker in fünf Viertelstunden geduldig auf 2780 m. Wieder diese ekelhafte Kälte, der Vergaser ist eingefroren. Wynmalen meint zu spüren, daß in seinen Handschuhen Blut unter den Fingernägeln hervorschießt – macht nichts: *Die Höhe zog mich unwiderstehlich an.* Suchtkranke. Dreitausend Meter, die mußten doch auch noch zu schaffen sein, und sei es in der Dezemberkälte. Charles Legagneux kommt am 9. Dezember 1910 über Pau tatsächlich auf 3100 m. Auch er klagt über Ohrensausen und abgestorbene Beine. Doch seine Atmung ist während des 90 Minuten dauernden Fluges vollkommen ruhig. Legagneux: *Ich fühlte mich so wohl, daß ich Lust hatte, noch höher zu steigen.* Es wird nicht bei Worten bleiben.

Die Chavez und Weymann, die Wynmalen, Olieslagers und Legagneux, die den Redakteuren immer neue Ausrufungszeichen und dem Publikum das große Ah und Oh entlocken – sie fliegen, sie sterben auch zum Ruhme der französischen Flugzeugindustrie. Die schickt sich jetzt an, in die Welt auszuschwärmen, nach Afrika in die eigenen Kolonien, nach Asien, nach Amerika. Garros und Audemars führen die Blériots und die Demoiselle in einem der amerikanischen »Luftzirkusse« vor. Bielovucic dampft mit zwei Voisins an Bord in seine Heimat Peru. Eine Antoinette schwirrt bei tropischer Hitze über die Hauptstraße von Surabaya auf Java, Vallon stürzt über Schanghai ab. Van den Born, der ehemalige belgische Radrennfahrer, macht mit seiner Farman eine China-Tournee. In Kanton wird nach einer Flugvorführung ein Tatarenmarschall erschossen, und die aufgebrachte Menge bringt das Attentat mit dem »menschlichen Vogel« in Verbindung. Die Chinesen weigern sich, die Kisten mit dem zusammengelegten Flugzeug zu transportieren. Also, was soll er machen, vernichtet van den Born seinen Doppeldecker »Wanda« und setzt sich nach Sibirien ab.
Bis nach Japan, das sich kaum ein halbes Jahrhundert zuvor widerwillig und nur unter Druck westlicher Zivilisation geöffnet hat, dringen die Missionare der Fliegerei vor. In den Dezembertagen des Jahres 1910 flaniert eine halbe Million Menschen hinaus zum Yoyogi-Paradefeld, um eine Farman und einen kleinen Grade-Eindecker zu bewundern. Am Morgen des 19. Dezember setzt sich Hauptmann Yoshitoshi Tokugawa in die Farman und rollt über zwanzig Runden. Dann startet er. 7 Uhr 55. Es ist die Geburtsstunde der Fliegerei in Japan. Der Grade hat Motorschaden, bleibt bis Mittag liegen, schafft dann aber auch 700 m.
Die Fliegerei ist nun ein weltweites Phänomen, und die Internationale der Aviatiker, dieses buntgewürfelte Häuflein von Franzosen, Briten und Deutschen, von Holländern, Belgiern, Russen und Amerikanern, sucht dringend nach einer verbindlichen Weltsprache. Archdeacon und Deutsch de la Meurthe, auch Flieger wie Farman, van den Born und der Russe Efimoff, propagieren Esperanto. Ein Pariser Fachblatt stellt einen Teil seines Raums für Artikel in dieser Universalsprache zur Verfügung. Völlige Eintracht, heißt es in einem Aufruf, sei unter den Luftflotten der verschiedenen Völker gesichert, wenn alle Aviatiker diese Weltsprache verstehen und sprechen würden.
Vivo la paco! Es lebe der Friede!

Ein Zwerg rotiert

Fliegen ist, vor allem, eine Motorfrage. Alle haben diese Erfahrung machen müssen – für manche war es die letzte. Aus Paris kommt endlich der langerwartete Flugmotor: der Gnôme. Er bringt die Fliegerei auf Touren. Ein Siebenzylinder, der sich mit dem Propeller um die feststehende Kurbelwelle dreht. Eine teure Ölschleuder. Aber sie läuft wie eine Nähmaschine. Gnôme-Flieger aus Paris rasen allen davon – übers Meer, über die Berge, nach Madrid und nach Rom. »Ich danke Gott«, sagt Pius X., »daß es mir vergönnt war, noch eine der größten Leistungen des Jahrhunderts mitanzusehen.« Er steht auf dem Balkon des Vatikan und segnet Beaumont. Einen Gnôme-Flieger, natürlich.

Ikarus, Sohn des kunstfertigen Dädalus, kam der Sage nach mit seinen Flügeln aus Vogelfedern und Wachs der Sonne zu nahe und stürzte auf seiner Flucht ins Meer. Sein Ausbruch aus dem Gefängnis, aus irdischer Gefangenschaft schlechthin, gilt seither als Inbegriff des tiefen Wunschtraumes, das Menschlich-Materielle zu überwinden, »sich zu erheben«.
Das Meer, in das der unglückliche Ikarus, ein erstes Opfer mangelhaften Fluggerätes, stürzte, lockt nun auch die Piloten, vorsichtig-vorwitzig die Strände hinter sich zu lassen. Einige haben auch schon mit dem Wasser Bekanntschaft gemacht. Doch die Versuchung, der Allmutter Natur dreist ein Schnippchen zu schlagen, bleibt stark und überwindet gelegentlich schon alle Bedenken gegen heißlaufende Motoren, Vergaserbrände oder wegfliegende Propeller. Erst der Flug über das offene Meer, dieser Brükkenschlag, scheint so etwas wie die Krönung des Menschenfluges, zeigt in der symbolstarken Überwindung alles Trennenden erst richtig die Größe des Triumphs und gilt als endgültiger Beweis von der Eroberung der Luft. Es ist der Flug in die totale Einsamkeit – letztes, wenn es denn sein muß tödliches Wagnis, letzte Steigerung allemal.
Getreulich wird über die herausragenden Bravourstücke Buch geführt – Rougiers harmloser Ausflug vor Monaco im März 1910, den der Fürst mit einem Ehrentrunk belohnt, und Dufaux' Flug über den Genfer See. Bei Svendsen, einem Dänen, der von Kopenhagen über den Öresund nach Malmö fliegt, versagt die Benzinzufuhr. *Auf der zweiten Hälfte des Weges konnte ich nur mit einer Hand steuern, da ich mit der andern den Benzinschlauch andauernd stramm halten mußte, worauf der Apparat bald wieder in einer Höhe von 200 m über den Sund dahinflog.* Utoschkin, der rothaarige »Feuerkopf«, ein populärer russischer Sportsmann, überquert ein

Stück des Schwarzen Meeres und Cataneo, den die Italiener begeistert den »Dichter unter den Fliegern« nennen, die breite Mündung des Rio de la Plata. Torpedoboote weisen dem Kanadier John McCurdy mit ihren schwarzen Rauchfahnen die Richtung nach Kuba. Vierzehn Kilometer vor Havanna muß er, die Insel schon vor Augen, wegen Motorschadens auf dem Wasser niedergehen. Die Übergabe des Pokals und des Geldpreises fällt nach dem Zweistundenflug auch noch ins Wasser. Beides ist gestohlen worden.

Das Wasser lockt, der Flug über das Meer zeugt von höchster Kühnheit, von männlicher Bereitschaft zum Risiko. Ein gerader Weg von 100 km Luftlinie liegt vor dem Flieger auf seiner offenen Farman, als er die britische Küste Richtung Westen mit Kurs auf Irland überfliegt – auf die Irische See hinaus, in der ein Flugzeug ohne Funkverbindung leicht sang- und klanglos verschwinden kann. Robert Loraine, umschwärmter Schauspieler im Londoner Westend, hat auf jede Anmeldung des Fluges, ja sogar auf die fast selbstverständliche Schiffsbegleitung verzichtet, hat einfach seinen 50-PS-Gnôme-Motor gestartet und ist auf über 1000 m Höhe gestiegen – typisch für diesen Draufgänger, der gerade zehn Soloflugstunden hinter sich hat, die meisten während des britischen Flugmeetings im Sommer 1910. Beim letzten seiner Überlandflüge hat er seine Farman beschädigt. Das wird ihm jetzt, über See, fast zum Verhängnis.

Zwischen den Flächen der Farman schlingt und kreuzt sich das Gewirr der Verspannungsdrähte. Irgend etwas müssen die Mechaniker bei der Reparatur falsch gemacht haben, richtiges Verspannen gilt ja in diesen Tagen als eine Art Kunst; jedenfalls reißt während des Fluges der erste Draht. Loraine, vom Teufel geritten, denkt nicht an Umkehr. Besessenheit oder Trotz, wer weiß, er fliegt weiter, bis der Gnôme anfängt zu meckern. Er ist jetzt ungefähr 30 km auf das Meer hinausgeflogen.

Jeder ausgebildete Pilot weiß, was er in einer solchen Situation zu tun hat, auch Loraine. Er geht in einen ziemlich steilen Gleitflug über in der stillen Hoffnung, daß der Wind den Propeller schnell dreht und der Motor bei diesem simplen Trick, dem einzig möglichen und oft genug erfolgreichen, von selbst wieder kommen wird. Loraine stürzt 600, 700, 800 m auf das Meer zu, gibt Gas, mal mehr, mal weniger, und im Jaulen der Verspannung hört er wieder dieses alarmierende Knallen von wegplatzendem Draht. Der Motor kommt tatsächlich wieder, und Loraine sucht so schnell wie möglich wieder größere Höhen auf.

Vielleicht wäre er doch umgekehrt, hätte er gewußt, was ihn in der nächsten Stunde erwartet. Noch viermal bleibt der Motor stehen (später zeigt sich, daß die Benzinzufuhr verstopft ist). Und viermal bleibt ihm nichts weiter übrig, als wieder auf das Wasser zuzuhalten, jedes Mal ein widerliches Knallen im Ohr, das die Katastrophe, das Brechen der Tragflächen ankündigen muß, jedes Mal den Tod vor Augen, es kann nur noch eine Frage der Zeit sein. In der Dauerbelastung des Stürzens und Steigens hat er längst die fixe Idee, nach Dublin zu fliegen, aufgegeben. Das erste beste Stück Land, das sich ihm zeigt, verheißt Rettung. Nahe dem Bailey-Leuchtturm am Nordufer der Dublin-Bay stellt Loraine die Maschine gegen den Wind und hält auf die Küste zu. Gerade in diesem Augenblick setzt der Motor zum letzten Mal aus. Es reicht nicht mehr ganz, die letzten 25 m bis zum Strand muß er schwimmen und waten. Aber er hat Irland erreicht.

Fliegen, das Fliegen über Land und mehr noch, über das Meer, gleicht einem Vabanque-Spiel und hängt allein von der Ausdauer des Motors ab. So entschied sich das legendäre Duell über dem Kanal zwischen Blériot und Latham in der halbstündigen Konkurrenz der Motoren, des Anzani- und des Antoinette-Motors. Blériots Triumph über dem Kanal war zu einem guten Teil der Erfolg des winzigen Fächermotors, der mit seiner unregelmäßigen Zündfolge so fürchterlich schüttelte und der doch im entscheidenden Augenblick durchhielt.

Alessandro Anzani, der beste Kenner seines Motors, war in der kritischen Juliwoche des Jahres 1909 selbst an den Kanal gekommen, ein ehemaliger Weltrekordmann auf dem Fahrrad, der zum Experimentieren mit sehr leichten Motoren und Luftschrauben an Fahrrädern übergegangen war; ein so bestücktes Kleinmotorrad, für Archdeacon konstruiert, erreichte 1906 eine Geschwindigkeit von 80 km/h. Ohne den 60 kg schweren luftgekühlten Anzani-Motor mit seinen drei Zylindern, der im besten Falle, und das heißt mit der modernsten Schraube, 22 bis 25 PS leistet, ohne diesen »Freund vieler Flieger« ist die Frühzeit der Aviatik gar nicht vorstellbar.

Mit Anzani, mit Levavasseurs Antoinette-Motor beginnt in Europa das erste Stadium der Fliegerei. Léon Levavasseur, ein dicker Mann von unverwüstlichem Humor, mehr Künstler als Ingenieur, der seine Schöpfung, die ästhetische Antoinette, im Flug nicht aus den Augen läßt und sie mit der zärtlichen Zuneigung eines Vaters betrachtet, hatte in dem von ihm entwikkelten Motor acht Zylinder in V-Form angeordnet. Die acht Zylinder erforderten nur wenig mehr Werkstoffaufwand für Kurbelgehäuse, Kurbel- und Nockenwelle als sechs in einer Reihe stehende Zylinder. Dadurch konnte das Leistungsgewicht beträchtlich gesenkt werden – das A und O beim Flugzeugmotor. Der Antoinette-Motor arbeitete mit Benzineinspritzung, und zwar so, daß durch eine hubveränderliche Kolbenpumpe jedem einzelnen Ansaugstutzen durch eine Einspritzdüse die genau abgeteilte Kraftstoffmenge zugeführt wurde. Außerdem hatte er Verdampfungskühlung. Sie schmiegte sich in langen Kupferröhren an den Bootsrumpf der Antoinette an, die die Herkunft ihres Schöpfers vom Motorbootbau nicht verleugnen konnte.

Das sonore Brummen der Wright-Motoren, das schnellere Hämmern der acht Zylinder in der Antoinette, das asthmatische Stottern des kleinen Anzani, das sind die Klänge, die den sogenannten »Siegeszug der Aviatik« begleiten. Wer vom Boden hochkommen will, muß sich zuallererst um einen vernünftigen, leichten Motor kümmern. Denn mit einem guten 50-PS-Motor, so sagt ein geflügeltes Wort, fliegt auch ein Piano oder ein Scheunentor. Die Wrights und Hans Grade, Curtiss und Esnault-Pelterie haben ihn sich selbst gebaut, das bittere Schicksal jener Erfinder wie Pénaud und Kress vor Augen, die an der Motorfrage scheitern mußten.

Wilhelm Kress, der gelernte Klavierbauer, einer der beredtesten Fürsprecher der Flugidee in Wien, hatte jahrelang mit einem Flugdrachen experimentiert. Doch die Motoren ließen ihn im Stich, selbst der Mercedes war noch zu schwer und leistete zuwenig. Schließlich waren vierzig Jahre Arbeit vertan, das Vermögen verbraucht, weitere Spenden nicht mehr aufzutreiben. Kress gab verbittert auf und baute fliegendes Spielzeug.
Bei Alphonse Pénaud in Paris hatte er einst die kleinen Drachenfliegermodelle gesehen. Diesen Admiralssohn betrachten die Franzosen als einen der Väter der Fliegerei. Er hatte als erster einen prinzipiell richtig konstruierten Eindecker entworfen und Modelle mit Schwanzsteuer zum Fliegen gebracht. Was ihm fehlte, war ein 30-PS-Motor. Als die Umwelt ihn auszulachen begann, packte er, durch eine Hüftlähmung überaus verletzbar, seine Pläne und Berechnungen in einen Kindersarg und erschoß sich. Mit dreißig Jahren.
Fliegen ist mehr als alles andere eine Motorenfrage, die Zuschauer der Flugmeetings bekommen das oft ärgerlich zu spüren. Sie machen aus dem Zauberwort »Flugtage« in verständlicher Anwandlung von Zorn »Fluchtage« und »Trugtage« und korrigieren das Plakat, das von »Täglichen Flügen« spricht, durch einfache Streichung in »Tägliche Lügen«. Stundenlang tönt zuweilen das monotone Kommando »Ein–Aus, Ein–Aus, Ein–Aus« über das Flugfeld, ohne daß der »Äolus« anspringen will. Rumpler baut ihn. Der »Ölius«, wie er von den verzweifelten Fliegern und Mechanikern genannt wird, läuft nur, wenn es ihm gefällt. Schuld hat die Schleuderschmierung, ein unbequemes System. Der Motor ölt aus allen Knopflöchern und bedenkt auch den Magneten mit seinem Überfluß. Dann ist alles aus.
Zu schwer, zu schwach und unzuverlässig, so sind die Motoren, und alle Konstrukteure sind sich einig, daß das kritische Problem bei der Weiterentwicklung des Flugzeugs die Herabsetzung des Motorgewichts sei. Fliegen heißt für den Piloten, in aller Ruhe mit den unvermeidlichen Motorstörungen fertig werden, ohne Überstürzung, ohne Übersteuern und möglichst ohne Bruch. Mal rutscht ein Zündkabel von der Kerze, ein Zylinder fällt aus, es gibt Kurzschlüsse durch das flatternde Kabel. Mal arbeitet die launische Wasserpumpe der Kühlung nicht so recht, und das Flugzeug muß mit kochendem Motor »ins Tal hinabsteigen«, während dem Flieger das heiße Wasser ins Gesicht spritzt. Oder das Rückschlagventil der Benzinförderung funktioniert nicht. Dann empfiehlt es sich, nach der ersten Notlandung Benzinkanister und Trichter an Bord zu nehmen und den Reservetank während des Fluges aufzufüllen, was nicht ohne fürchterliches Fluchen abgeht: Der Passagier, der die Kanne eintrichtert, bekommt natürlich eine Portion Benzin ins Gesicht.
Es spricht für den Fortschritt im Motorenbau, daß die Kanalstrecke zwischen England und Frankreich schon ein Jahr nach Lathams großem Fiasko und Blériots erzittertem Sieg seinen Schrecken verloren hat. Im Juni 1910 ist Charles Stewart Rolls mit seinem Wright-Doppeldecker von England zur französischen Küste geflogen, hat bei Sangatte einen Brief für den

Aéro-Club de France abgeworfen und seinen Startplatz auf der Insel wieder erreicht. Die nächste Steigerung ist der Nonstop-Flug zwischen den Metropolen. Im April 1911 steuert Pierre Prier, Chefausbilder der englischen Blériot-Schule, seine Blériot in 3 Stunden und 56 Minuten von London ohne Zwischenlandungen nach Paris. Die abrollbare Landkarte hat eine Länge von 1,60 m. *Mit dem Sehen ist es schlecht,* sagt er nach dem ansonsten problemlosen Flug. *Ich erblicke jetzt die Dinge wie durch einen dicken Schleier. Ich hatte keine Brille, und das heiße Öl hat mir die Augen verbrannt.* Kenner wissen den Hinweis zu deuten: Prier fliegt einen Gnôme-Motor. Der leichte Gnôme, ein Umlaufmotor, ein Rotationsmotor, bringt endlich Leben und Farbe in die flügellahme Fliegerei, die sich mit schweren Automotoren herumschlägt. Seit dem unvergeßlichen Freitag im August 1909, als Farman in Reims souverän seine Runden zog, seit der Flugwoche im Juli 1910, als Moranes windschnittige Blériot über die Menge hinwegschoß, sorgt der Wundermotor für Sensationen und Gesprächsstoff. Die großen Jahre der Fliegerei vor dem Ersten Weltkrieg sind Gnôme-Jahre. Auf den Gnôme haben die Flieger gewartet, ohne ihn geht jetzt fast nichts mehr, er ist eine Klasse für sich. Freys gewagter Flug über Berlin, die wilde Verfolgungsjagd von London nach Manchester, die Sturmflüge beim Circuit de l'Est, Chavez' Schicksalsflug durch die Alpen: Sternstunden des sternförmigen Sieben-Zylinders. Beim westeuropäischen Rundflug im Sommer 1911 werden alle vier Erstplacierten, die beiden Blériots, die Deperdussin und die Morane, mit Gnôme fliegen. Mit dem Gnôme, sagen die Kenner, beginnt das Fliegen in den Jahren 1910 und 1911 überhaupt erst richtig.

Wo immer sich etwas tut in dieser Zeit, ist der Gnôme die treibende Kraft – beim ersten deutschen Weltrekord, den sich Brunnhuber mit vier Passagieren im Dezember 1910 holt, genauso wie beim ersten offiziellen deutschen Postflug und bei Leutnant Mackenthuns reibungslosem Rundflug von Berlin nach Hamburg, Bremen und zurück, Ende März 1911, einem Flug, den die deutsche Presse als einmalige »Glanzleistung« empfindet. Albatros fliegt mit Gnôme, auch die Short Brothers in England. Selbst ein August Euler, gewiß doch auf Deutsches eingeschworen, empfiehlt nach seinem Dauerflugrekord (»Der längste Flug aller Deutschen der ganzen Welt«, so die Euler-Eigenwerbung) in Anzeigen: *Als Motor wird der teuerste, leichteste und erfolgreichste der Welt, ohne Wasserkühlung verwendet. Auf unausredbaren Wunsch der Käufer wird die Euler-Flugmaschine mit wassergekühltem Motor zum Preis von M. 10000,–, also um den halben Preis einer regulären Euler-Flugmaschine geliefert.* Euler, auch er, spricht natürlich vom Gnôme. Vor seiner Fabrik hat er ein riesiges Blumenbeet in Form eines Propellers mit einem Sieben-Zylinder anlegen lassen – Hommage an den Gnôme.

Nie wieder hat ein Motor in der Fliegerei das Geschehen derartig konkurrenzlos beherrscht. Deutsche Motoren wie Argus und NAG müssen bei den Wettbewerben des Jahres 1911 rechnerische Prozentgutschriften bekommen, um gegen den leichten, schnellen Import aus Frankreich zu be-

stehen. In dieser Zeit, wo beim Motor und allem, was damit zusammenhängt, bei der Benzinzufuhr, der Zündung und Kühlung, der Teufel in jedem Detail steckt, ist beim Gnôme wenigstens das Problem der Kühlung auf wahrhaft geniale Weise gelöst. Wenn man schon in die Luft geht, so haben sich die Brüder Laurent und Louis Séguin gesagt, wenn man sich fliegend von allen Hilfsquellen der Erde entfernt, dann ist es doch am vernünftigsten, das reichlich vorhandene Medium zur Kühlung zu verwenden: die Luft. So sind die sieben Zylinder des Rotationsmotors mit Kühllamellen versehen, um die Wärme an die sie umgebende Luft abzugeben. In einfacher Umkehr der üblichen Motorversionen wird die Kurbelwelle am Flugzeug und der sich drehende Motor am Propeller befestigt.
Der triumphale Siegeszug des Gnôme festigt Frankreichs Vormachtstellung in der Fliegerei auf zwei oder drei Jahre hinaus, fast bis zum Krieg. Der Gnôme, ein relativ einfacher Motor, läuft wie eine Nähmaschine, gleichförmig und ruhig. Die nichtabreißende Kette von Erfolgen kann allerdings nur vordergründig die Mängel verdecken, die sich der Käufer mit dem Rotationssystem einhandelt – vom happigen Anschaffungspreis, der bei 16000 Mark für 70 PS liegt, ganz abgesehen. Der Gnôme nutzt sich rasch ab, die Zylinder verschleißen schnell, die Zahl der Betriebsstunden ist deshalb relativ gering. Weiter : Benzinempfindliches Mineralöl kommt zur Schmierung des Motors nicht in Frage, weil Benzingase im Kurbelgehäuse das Öl zersetzen. Der Gnôme braucht deshalb pflanzliches Öl, bestes, teures Rizinusöl. Schließlich erzeugen die großen, mit verhältnismäßig hohen Drehzahlen umlaufenden Massen infolge ihres Kreiselmomentes bei jeder Abweichung vom Geradeausflug erhebliche Richtkräfte, die der Pilot durch schnelle Gegensteuerbewegungen ausgleichen muß. Mancher Absturz ist auf mangelnde Schulung und fehlende Erfahrung zurückzuführen. Die Piloten müssen sich daran gewöhnen, daß der Gnôme nur bei Vollgas regelmäßig läuft – was das Landen erschwert.
Der Zwerg ist ein Vielfraß, er hat einen ungleich höheren Kraftstoffverbrauch als andere Motoren. Der Frankfurter Flugsport Club macht 1911 eine Halbjahresrechnung über die Unkosten beim Betrieb mit einem 50 PS Gnôme auf. Ergebnis: Bei einer Gesamtflugstrecke von 1800 km hat der Motor 600 l Benzin und 210 l Öl verbraucht. Der Euler-Doppeldecker kommt den Club in diesem halben Jahr mit Hallenmiete und Monteur, mit kleineren Reparaturen und Treibstoff auf 4371 Mark.
Die deutsche Flugmotorenindustrie, immer auf Wirtschaftlichkeit aus, kann sich mit dieser unersättlichen, teuren Ölschleuder, die Piloten wie Flugzeugrümpfe verdreckt, nie so recht befreunden und wird statt dessen, bestärkt auch von der Heeresverwaltung, die keine »Rennmaschinen« wie die von Oertz haben will, den soliden Standmotor vervollkommnen. Beim Gnôme, diesem internationalen Erfolg, ist die deutsche Industrie wenigstens an der Namensgebung beteiligt. Die Brüder Séguin hatten um die Jahrhundertwende von der Maschinenfabrik Oberursel im Taunus die Lizenz für einen kleinen, landwirtschaftlich nutzbaren Motor erworben. Und der hieß Gnom – ein Name, den die Franzosen später beibehalten.

Mit dem Gnôme werden zum erstenmal Leistungsgewichte erreicht, die knapp über 1 kg/PS liegen. Damit sichern die Brüder Séguin, eines der vielen Brüderpaare in der Geschichte der Luftfahrt, Frankreich die unbestrittene Marktführung auf dem Gebiet der Leichtmotoren. Fast will es jetzt scheinen, als ob nur noch die menschliche Willenskraft, das körperliche Leistungsvermögen der Piloten dem Fliegen Grenzen setzt. Loridan startet morgens nach 3 Uhr und fliegt im Hin- und Rückflug Streckenabschnitte von jeweils 100 km, um dann wieder Benzin und Öl nachfüllen zu lassen. In der brütenden Hitze des Sommers 1911 entstehen vormittags üble Windwirbel, die Loridan, der inzwischen 600 km zurückgelegt hat, aufreiben. Er kämpft zwar mit aller Energie gegen die Erschlaffung an, sieht sich aber um 2 Uhr nachmittags außerstande, weiterzufliegen. Da hilft kein Zureden, Loridan ist am Ende seiner Kraft. Der Flug von 11 Stunden und 33 Minuten hat ihn fix und fertig gemacht, am Rande des Zusammenbruchs muß er aufgeben. Selbst Jules Védrines, das zähe Arbeiterkind, der Gnôme-Kenner, der von nun an aus keinem großen Rennen mehr wegzudenken ist, muß bei unerträglicher, flirrender Hitze nach 10 Stunden und 56 Minuten völlig ausgepumpt aufhören – die Luft ist zu unruhig, das Steuern geht über die Kräfte. Der luftgekühlte Gnôme, nicht zu bremsen, schlägt den Motorenfachmann.

Die Erfolgsserie der Gnôme-Motoren vollzieht sich sozusagen unter Ausschluß der Konkurrenz; beim großen französischen Militärwettbewerb werden die fünf Ersten mit Gnôme ausgerüstet sein. Nur ein einziger französischer Motor vermag bei diesem Sturmlauf überhaupt noch mitzuhalten: der luftgekühlte Achtzylinder aus der Automobilfabrik von Renault. Maurice Farman hat den 70-PS-Motor in seinen weitausladenden Doppeldecker eingebaut, und Eugène Renaux, Pilot bei Maurice Farman, der als Radrennfahrer im Tandem ein paarmal die berühmten Brüder Farman geschlagen hatte, verblüfft jetzt die Welt mit einem Flug, für den die Preisstifter der 100000 Francs, die Reifenfabrikanten Michelin, eine Frist von elf Jahren, bis 1918, ausgeschrieben hatten, weil sie und kein ernst zu nehmender Kenner den Vollzug der riskanten Preisaufgabe so schnell erwartet hatten: mit dem Flug auf den Puy de Dôme. Weymann hatte schon aufgeben müssen, und die Brüder Morane waren bei ihrem Versuch schwer gestürzt.

Sechs Stunden, länger darf der Flug von Paris auf den höchsten Berg der Auvergne nicht dauern, und in dieser Zeit muß auch noch die Kathedrale von Clermont-Ferrand umrundet werden. Schon nach fünf Stunden nähert sich Renaux dem Plateau des Puy de Dôme – und bekommt Herzklopfen. Deutlich erkennt er die rote Linie am Landeplatz. Er geht tiefer und fliegt ganz langsam steigend auf die markierte Stelle zu. Der Doppeldecker braucht kaum mehr als 30 m, um auszurollen. Er stoppt in einer Höhe von 1463 m.

Die Geschäfte in Clermont-Ferrand, dem Hauptsitz der Michelin-Reifenfabriken, haben zur Feier des Tages geschlossen. Singende Gruppen ziehen durch die Straßen und lassen den Stifter des Preises, den Piloten und das

Vaterland hochleben. Michelin gibt ein Festbankett und zitiert bei seiner Rede den französischen Kriegsminister: *Die Flugmaschine ist uns geradezu unentbehrlich geworden. Sie liefert und wird in Zukunft in noch höherem Maße die ausgezeichnetsten Resultate liefern. Aber ich gehe noch weiter. Ich sage, daß die Aeroplane beim Angriff eine Waffe darstellen, deren furchtbare materielle und moralische Wirkungen man sich nicht auszumalen vermag. Die Flugmaschine ist nach meiner Ansicht das wunderbarste moderne Kriegsmittel, und wir können nie genug tun, um die Entwicklung der Aviation mit allen Kräften zu fördern. Frankreich ist eine große Land- und Seemacht. Aber es soll die größte Luftmacht bleiben.*

Dafür sorgt vor allem der Gnôme-Motor, der den französischen Maschinen einen enormen Vorsprung bei der Jagd um Höchstleistungen sichert. Fliegen ist eine Geschwindigkeitsfrage, diese Auffassung hat sich durchgesetzt. Je schneller eine Maschine fliegt, um so sicherer fliegt sie auch. Und beim Gordon-Bennett-Cup 1911, bei der »Weltmeisterschaft der Geschwindigkeit«, konkurrieren fast nur noch Gnôme-Motoren gegeneinander. Weymann gewinnt mit einer Durchschnittsgeschwindigkeit von 125 km/h. Die Aktien der Société des Moteurs Gnôme stehen auf 695, Tendenz steigend, das Aktienkapital beträgt 1,5 Millionen. Die handwerkliche Perfektion der Arbeiter, die die Zylinder, hochwertiger Stahl, aus dem Vollen drehen und bearbeiten, erregt auf allen Ausstellungen berechtigtes Aufsehen. Bei zunehmendem Ausstoß stellt die Fabrik in der Pariser Rue Lafitte immer mehr auf Automatisierung um. »Wir mußten deshalb nach Berlin fahren. Sie in Amerika haben so etwas nicht«, sagt Séguin augenzwinkernd zu einem amerikanischen Gnôme-Flieger angesichts einer dieser leistungsfähigen, schnellen Spezialmaschinen.

Allerdings, ein Motor mag noch so vollkommen sein, wenn die Zündung versagt, ist er keinen Schuß Pulver wert. »Vielen Dank für ihren wunderbaren Magneto«, telegraphiert Tabuteau nach einem Sechsstundenflug über französischem Boden nach Stuttgart, an die Firma Bosch. Die Gnôme-Motoren werden serienmäßig mit Bosch-Zündung geliefert, und wo immer in diesen Pionierjahren Sensationelles geschieht, ist auch Bosch dabei. Robert Bosch hat schon früh aktiv Anteil am Fluggeschehen genommen, August Euler war Bosch-Generalvertreter. Nach Blériots Kanalflug, den sich auch Bosch in die Annalen schreiben kann, beginnt in Stuttgart die systematische Entwicklung der Flugmotorzündung.

Bei den großen Rennen des Jahres 1911 zahlt sich diese Entwicklungsarbeit aus, bewährt sich die Ehe von Gnôme und Bosch. Die verdreckten Gnôme-Piloten, denen die tellerförmigen Auslaßventile im Zylinderkopf das verbrauchte Öl um die Ohren schleudern, hetzen sich wie aufgezogen und entfesselt im Propellerwind ihrer Chauvière-Schraube über immer größere Strecken, scharf auf das große Geld der internationalen Fernflüge Paris–Madrid und Paris–Rom–Turin. Mit ihren Blériots und Moranes knüppeln sie über die See und durch die Berge und verirren sich im Nebel. Roland Garros bleibt stundenlang liegen, weil in der gottverlassenen Gegend einfach kein Benzin aufzutreiben ist, und muß seinen Konkurren-

ten am Himmel vorbeiziehen sehen. Mächtige Holzfeuer auf der Erde weisen den Piloten ihren Weg.
Einer, Jules Védrines, ehemaliger Gnôme-Mechaniker, den Morane weg-engagiert hat, schafft auch tatsächlich die 1200 km bis Madrid, für die der *Petit Parisien* 100000 Francs springen läßt. Beim Flug über den Paß von Somosierra muß er auf 2000 m gehen – das Fürchterlichste, was er bis dahin erlebt hat. Die Morane steigt und fällt wie ein Fahrstuhl. In Madrid ist der kleine, schmächtige Védrines total ausgelaugt und vermag sich kaum »den Umarmungen der Frauen aus der besseren spanischen Gesellschaft zu entziehen« (wie ein Reporter meldet). Sie reißen dem erschöpften Mann Souvenirfetzen aus dem Overall und bewerfen ihn mit Blumensträußen. Vier Tage ist er unterwegs gewesen.
Bei König Alfonso, der ihm ein Ordenskreuz an die Brust heftet, fühlt er sich schon wieder obenauf und macht seiner Rolle als *enfant terrible* alle Ehre, in der er in den nächsten Jahren immer neuen, heißen Stoff liefern wird, vor allem durch seine chauvinistischen Tiraden: einer, der mit seinem jähen Ruhm nicht fertig wird. Der König und die Königin kommen auf Blériots Kanalflug zu sprechen, und Vèdrines sagt im Brustton der Überzeugung: *Ja, jetzt wissen wir, wie wir den langzähnigen Engländern beikommen können.* Die Königin ist eine gebürtige englische Prinzessin.
Während Vèdrines, das schlichte Gemüt, sich in Madrid feiern läßt, gehen die andern, Beaumont, Garros, Frey, Weymann schon wieder auf Tour, diesmal nach Rom (bis nach Turin, dem Endziel dieses Fluges, wird keiner kommen). André Beaumonts steile Karriere beginnt mit diesem Rennen, mit dieser »grandiosen aviatischen Manifestation« *(Flugsport)*; er fliegt eine Blériot mit Gnôme-Motor. Hinter dem Pseudonym Beaumont steckt der 31jährige Marineleutnant Jean Conneau. Er hat sich für seine Neigung zur Fliegerei beurlauben lassen, hat Fahrten im Ballon und im Luftschiff gemacht, als Praktikant in Fabriken gearbeitet und in der Blériot-Schule nach acht Tagen die Prüfung bestanden – systematische Vorbereitung, Schritt für Schritt, wie sie Beaumonts bedächtiger Lebensart entspricht. Die Motivation der Flieger, sagt er einmal, sei Leidenschaft, Idealismus oder Fatalismus.
Beim Flug von Paris nach Nizza hat er mit einem Unwetter zu kämpfen. *Das Land zwischen Avignon und Fréjus war der schwierigste Teil des Fluges. In den Schluchten war ich ein Spielball der Winde. Hierhin und dorthin geschleudert von den Wirbelwinden war ich zwei- oder dreimal nahe daran, umgeworfen zu werden, die plötzlichen Böen schleuderten mein Steuer von rechts nach links, so daß ich in ein gefährliches Schwanken geriet. Fast eine halbe Stunde lang hatte ich mit diesen furchtbaren Luftströmungen zu kämpfen. Um mich davor zu bewahren, in verräterische Luftlöcher gesaugt zu werden, ging ich zuerst auf 1000 m und dann auf über 2000 m Höhe. Als ich über den Wolken war, konnte ich meine Strecke nicht mehr erkennen und mußte nach dem Kompaß steuern. 3 1/2 Stunden war ich so geflogen, als ich die Orientierung in den Wolken verlor. Ich hatte nur für etwa 4 Stunden Treibstoff an Bord und mußte herab. Um 6 Uhr*

Wartung des 80-Pferde-Gnôme

Prinzip ist größtmöglichste Reinhaltung. Häufiges Waschen mit Petroleum und Auswechslung bestimmter Teile, bevor sie abgenutzt sind. Er verlangt mehr Arbeit als der wassergekühlte Motor, wird er aber gut gewartet, dann geht er sicherer.

1. *Sofort* nach dem Fluge hat man bei handwarmem Motor Petroleum in jeden Zylinder einzuspritzen und zweimal nach jeder Richtung zu drehen.
2. Alle zehn Betriebsstunden sind sämtliche Ventile einzuschleifen.
3. Kontrolle der Saugventilfedern. Bei Anhängen eines $4^1/_2$-kg-Gewichtes hat sich das Saugventil gerade abzuheben.
4. Kontrolle der Auspuffventilfedern, der Splintringe an den Auspuffventilhebelbolzen.
5. Kontrolle der Ölleitung, ob diese verstopft ist. Eventuell Benzin durchspritzen.
6. Schrauben nachziehen, wo nötig, und zwar: Am Auspuffventilgestänge, alle Schrauben des Gehäuses und die Kontermutter der Befestigungsschraube der Hauptachse am Hauptlager.

Die Einstellung auf den Zündzeitpunkt erfolgt, nachdem der Zylinder Nr. 5 nach abwärts gerichtet ist. Nr. 2 soll gerade nach der Kompressionsperiode das Ventil öffnen, Nr. 1 soll gerade das Auspuffventil geschlossen haben. In diesem Moment soll der Unterbrecher abreißen und der Magnetanker auf Abreißstellung stehen.

Der Motor soll am Stand 1100–1120, im Fluge 1200 bis höchstens 1250 Touren machen. Er verbraucht 28–32 l Benzin und 5,5–6,5 l Öl pro Stunde.

45 abends landete ich bei Fréjus. Ich war so müde, daß der Arzt mir eine Kokain-Einspritzung gab, und war fest entschlossen, zu bleiben, wo ich war, als ich Garros fliegen sah. Sofort stürzte ich zu meinem Eindecker, rief den Leuten zu, den Motor anzulassen, und war fort. Als ich nach Nizza flog, sah ich ihn eine Meile hinter mir landen und fühlte mich erleichtert.

Auch Garros, Blériot-Pilot wie Beaumont, weiß von seinem Flug übers Meer nach Genua Schauriges zu berichten. *Es war ein wilder Kampf gegen den Wind, der meine Maschine wütend schüttelte. Ich mußte mit aller Anspannung meiner Nerven arbeiten, um den Nachstellungen des Sturmes zu entgehen. Der Kampf begann von Anfang an. Der Regen schlug mir ins Gesicht und verschlimmerte noch die krampfartigen Empfindungen, die von dem peitschenden Wind hervorgerufen wurden.* Ein Bauer bekommt einen Herzschlag, als er einen der Piloten landen sieht.

Die sieben luftgekühlten Zylinder des Gnôme aus Paris treiben die Luftfahrt voran, eröffnen hoffnungserweckend neue Perspektiven – der Papst tritt auf den Balkon des Vatikan und schaut mit dem Fernglas zu Beaumont hinauf, als der Rom erreicht. *Ich danke Gott,* sagt Pius X., *daß es mir vergönnt war, noch eine der größten Leistungen des Jahrhunderts mit anzusehen.* Dann segnet er den Flieger.

Der Empfang in Rom übertrifft alles Dagewesene. Beaumont: *Was mit mir geschah, nachdem ich glücklich gelandet war, weiß ich nicht mehr. Die glückstrahlende, tobende Menge, die mich umdrängte, der Jubel, der mich umbrauste, das Bewußtsein, glücklich gelandet zu sein, machten mir die Augen feucht. Ich weiß, daß man mich umarmte und küßte, daß man mich hochhob und durch die Straßen trug. Erst später, viel später habe ich in der wohltuenden Ruhe meines Hotelzimmers die Situation richtig erfaßt.* Blériot verbietet Garros und Beaumont wegen der hohen Kosten und des Risikos den Flug nach Turin. Nur Frey wagt ihn. Im Nebel berührt er Baumkronen, bricht sich beide Arme und ein Bein. Nach tagelanger Suche finden Soldaten den hilflosen Piloten. Frey überlebt.
Védrines Triumph auf Morane, Beaumonts Triumph auf Blériot, sie schlagen bei den Gnôme-Verkäufern kräftig zu Buche. Die Fabrik arbeitet an neuen, stärkeren Motoren, bringt 1911 einen 100-PS-Doppelstern-Motor mit 14 Zylindern heraus. Früh schon haben die geschäftigen Séguins, entfernt verwandt mit den Brüdern Mongolfier, den Urvätern der Luftfahrt, auch die Bedeutung eines neuen entwicklungsfähigen Marktes für die Fliegerei und für den Flugmotor erkannt: das Wasserflugwesen. Es wird noch etwas dauern, bis die Marineministerien aufmerksam werden.
Mit einem 50-PS-Gnôme-Motor hatte sich am 28. März 1910 das erste Flugzeug von der Wasseroberfläche erhoben – wenn man das, was da über ein Hafenbecken in der Nähe von Marseille schlidderte, wohlmeinend als Flugzeug bezeichnen will: eine Art Hexenbesen mit breiten Schwimmflächen darunter, quasi ein Skelett von Flugapparat, Leitwerk vorn und Motor hinten, zwei Balken übereinander nur, auf denen der Pilot rittlings zwischen Steuer, Flächen und Motor thront, die Füße auf den Pedalen. Henri Fabre, sein Erbauer, aus einer Marseiller Reederfamilie stammend, mit nautischen Kenntnissen und Ingenieurerfahrung, hatte sich zuvor mit einem katamaranähnlichen Schwimmerduo durchs Wasser ziehen lassen und dabei festgestellt, daß das Ganze zu tief ins Wasser sank, um sich dem Ufer zu nähern, und daß es außerdem jeden Dreck des Meeres, Tang und Algen und schwimmende Holzbohlen, magnetisch anzog. Sein erster Start war auch der erste Flug seines Lebens – und das auch noch auf dem Wasser! Sein exzentrisches Luftgefährt erwies sich als erstaunlich stabil und entzückte Kenner wie Paulhan und Voisin. Paulhan: *Am 17. Mai überflog der Erfinder nach einem leichten und schnellen Anlauf auf dem Wasser eine Strecke von 5 bis 6 km, wobei er sich mit der größten Leichtigkeit bis zu 20 m über dem Wasser erhob. Als er zur Wasseroberfläche zurückkehren wollte, geschah dies in einem zu spitzen Winkel, die Geschwindigkeit wuchs bis zu 100 km in der Stunde, so daß der Aufprall sehr heftig war. Der Pilot wurde ins Meer geschleudert, ohne Schaden zu nehmen, doch war ein Flügel und ein Schwimmer gebrochen. Führer und Maschine wurden von einem Dampfer aus den Fluten gezogen.* Im März 1911 zerbricht die »Hydravion« endgültig in der Brandung, und Fabre, der Schöpfer des Wasserflugzeuges, muß sich aus Geldmangel in Zukunft auf die Verfeinerung von Schwimmern konzentrieren.

Vorläufig aber verzichten die Piloten bei ihren Flügen übers Meer lieber auf die zerbrechlichen, wasserundichten Schwimmer, montieren sich statt dessen Luftsäcke an den Rumpf und verlassen sich im übrigen auf den Motor. Da, und in der Orientierung, liegt auch ihr Risiko, noch sind die Kompasse primitiv. Cecil Grace, ein charmanter Iro-Amerikaner, vielversprechender Testpilot bei Short, startet in Calais zum Rückflug nach Dover. Zwei Schlepperbesatzungen sichten ihn noch über dem Kanal, sagen aus, daß er rasch im Nebel verschwunden sei. Eine Woche später wird sein Leichnam an der belgischen Küste angeschwemmt.
Was auch immer Flieger in dieses lebensgefährliche Risiko treiben mag, »echter Mut oder Prahlsucht oder zeitgemäß angebrachter Erwerbssinn«, wie die *Wiener Luftschiffer-Zeitung* sinniert, bei einem jedenfalls, bei dem französischen Leutnant Bague, ist es nachweislich eine typische Trotzhaltung. Er hat es sich nämlich in den Kopf gesetzt, Militärpilot zu werden, doch seine Eingaben waren abschlägig beschieden worden. So läßt er sich auf eigene Kosten ausbilden und faßt den abenteuerlichen Plan zu einer Springerei über das Mittelmeer, von Frankreich über Korsika und Sardinien nach Algier, um dann vor der Kaserne seiner Truppe, des 2. algerischen Tirailleur-Regiments, zu landen: der stolz präsentierte Befähigungsnachweis für die aviatische Karriere.
Beim ersten Versuch, einem »Flug mit unglaublicher Verwegenheit« *(B. Z.)*, stellt er einen Rekord auf, fliegt 210 km übers Meer und landet auf einer kleinen italienischen Deportationsinsel unter ein paar Fischern und einigen hundert Häftlingen. Seine Blériot ist ein Trümmerhaufen. Ein paar kurze Wochen dauert der Ruhm. Beim zweiten Flug, am 5. Juni 1911, startet er wieder in Nizza, 110 Liter Benzin für den 50-PS-Gnôme an Bord, das könnte für 5 Stunden reichen. Doch auf Korsika warten sie vergebens. Torpedoboote suchen tagelang, Bague bleibt verschollen. Einen Benzintank, mehr gibt das Meer nicht her. Es heißt, er sei ohne Kompaß geflogen. Wochen später holen Fischer eine Flaschenpost aus dem Wasser. *Die Ursache meines Todes ist ein Vergaserbrand. Leutnant Bague.*
Die Meinungen über solche lebensgefährlichen Husarenflüge gehen auch unter Kameraden auseinander. Hauptmann Bellenger, ein erfahrener Überlandflieger, sagt ironisch: *Vielleicht entschließt sich ein Maler für einen angemessenen Preis dazu, einen Tiger in seinem Käfig zu porträtieren. Der Maler wird seine Tapferkeit beweisen. Aber wird sein Bild dadurch besser?*

Fliegertage – Festtage

Der Europäische Rundflug platzt – zu groß sind die Spannungen zwischen den Großmächten. Es bleibt der »Deutsche Rundflug«. 400000 Goldmark sind zu gewinnen. Keiner der gestarteten Flieger schafft alle dreizehn Etappen.

Ein »brutales Eingeständnis«, so nennt die französische Presse ein Interview des Majors Dr. August von Parseval, das er Anfang März 1911 in Paris gibt. Parseval, Schöpfer einer Reihe unstarrer Luftschiffe, weilt als deutscher Delegierter bei der Vorbereitungskonferenz zum »Europäischen Rundflug«, einem großgedachten, großangelegten Unternehmen, zu dem die Zeitung *Le Journal* die europäischen Aviatiker aufgerufen hat. Die Attraktion des geplanten Riesenfluges durch fünf Länder soll, neben der zweimaligen Kanalüberquerung beim Flug nach und von London, die Etappe Paris–Berlin sein, eine zeitgemäße Neuauflage der berühmten Automobilfernfahrt von Paris nach Berlin ein Jahrzehnt zuvor. Zu der Demonstration des *technischen* Fortschritts soll bei diesem »Circuit Européen« die »Manifestation des alle Gegensätze überbrückenden Kulturfortschritts« kommen. *Journal* hat 200000 Francs, die *B. Z. am Mittag*, der Berliner Verleger Ullstein, 100000 Goldmark gestiftet.»Ein Werk des Friedens zwischen den Nationen«: das klingt fast zu schön, um wahr zu sein.
Das – sicher undiplomatische – Interview des angesehenen Konstrukteurs und Wissenschaftlers entfesselt einen Sturm in der nationalistischen Presse Frankreichs. Parseval, der in Reims 1909 (»überwältigt«) hat einsehen müssen, daß er mit seinem Lenkballon weit hinter der Zeit zurück ist, und der sich dann, freilich glücklos, an einem Flugboot versucht hat, bescheinigt den Franzosen höflich ihre Vormachtstellung in der Aviatik und bedauert die anhaltende deutsche Zeppelin-Begeisterung. Er prophezeit den Triumph der Franzosen beim »Circuit« – und das nachfolgende Erwachen der Deutschen. *Es wird so kommen wie beim Automobilismus,* sagt Parseval voraus. *Das Automobil-Rennen Paris–Berlin ist der Trompetenstoß gewesen, der die deutsche Automobilindustrie erweckt hat . . . Für die gesamte Zivilisation wird das Ereignis ein Markstein sein.*
Das hätte er so deutlich nicht sagen sollen. Der »Europäische Rundflug« als Initialzündung für die Flugzeugindustrie konkurrierender Industrienationen – Parseval hat die Katze aus dem Sack gelassen und die Franzosen mit seinem »brutalen Eingeständnis« gehörig verschreckt. Frankreich ist schließlich das erste Land mit einer selbstbewußt formierten Flugzeugindustrie, expandierender Marktführer auf der Welt. Der Hinweis auf den zu erwartenden Konkurrenzkampf in der Fliegerei muß Erinnerungen an

jene schmerzhaften Lektionen im Automobilbau wachrufen, die Frankreich, das Mutterland der Automobilproduktion in größeren Serien, inzwischen von den hart nachdrängenden Nachbarn, von Italienern, Deutschen, Belgiern, Briten, hat hinnehmen müssen.
Wie glanzvoll hat sich doch dieses erste Jahrzehnt für die französische Automobilindustrie angelassen! In Paris sind die hochdotierten Automobilprüfungen gestartet worden, die Straßenrennen nach Berlin, nach Wien, nach Madrid, Franzosen allemal die Gewinner. Und Franzosen, tonangebend in Europa, maßgebend in der Welt, gewinnen auch die Gordon-Bennett-Preise von 1904 und 1905, exportieren 1906 bereits Autos im Wert von 138 Millionen Francs. Um die einmal errungene Vormachtstellung zu festigen, schreibt der Automobile-Club de France den Grand Prix aus, Rennen nach eigenen Bedingungen und im eigenen Land. 1906 gewinnt ihn Renault, sozusagen programmgemäß – 1907 aber Fiat.
Hunderttausende erleben bei diesen Rennen das wütende Duell der Industrienationen, diesen sonst eher abstrakten Kampf um Märkte, so konkret und so hautnah wie nirgends sonst. 1908 ertönt in Dieppe nach Lautenschlagers eindrucksvollem Mercedes-Sieg die deutsche Nationalhymne. Seit 1909 hält zudem der legendäre »Blitzen-Benz«, ein 150-PS-Rennwagen, den absoluten Geschwindigkeits-Weltrekord. Und mit den Siegen, mit den Rekorden, wachsen die Exporterfolge – erst der Italiener, dann der Deutschen. »Der Handel folgt der Flagge«, diese altväterliche Formel aus der Welt königlicher Kaufleute, heißt in der modernen Version und im Zeichen der Technik: »Der Handel folgt den Rekorden.« Die französische Automobilindustrie hat es zu spüren bekommen. Deutschlands Automobilexport im Jahre 1911 steigt um 34 Prozent. Man begreift diese Kausalkette zwischen Sporterfolgen und Absatzzahlen.
Und jetzt, du lieber Himmel, prophezeit August von Parseval eine vergleichbare Entwicklung für die Flugzeugindustrie! Die gleichen deutschen Motoren, die mit dem Dogma von der Unschlagbarkeit französischer Wagen aufgeräumt haben, treiben in Spezialentwicklungen die Luftschiffe Zeppelins und Parsevals an. Und sie sollen, sie müssen sich ebenso für Flugzeuge eignen. Frankreich hat allen Grund, um seine führende Stellung in zwei zukunftsorientierten Wachstumsindustrien zu bangen – Frankreich, dessen Flieger der Welt doch erst gezeigt haben, was Fliegen heißt, und dessen Schulen ausgebildete Piloten in alle Himmelsrichtungen entlassen.
Gerade jetzt beginnt sich das auszuzahlen. Blériot, der führende Flugzeughersteller der Welt, beschäftigt inzwischen 600 Leute und genehmigt sich für 1910 satte 12 Prozent Dividende bei einem Reingewinn von 334048 Francs. So viel Glanz spricht sich herum, lockt nun auch das Kapital in Frankreich und in anderen Ländern. Deperdussin, ein reicher Seidenhändler, steckt viel Geld in eine moderne Flugzeugfabrik. Sir George White, Englands »Tramway-König«, investiert 500000 Mark in die schnell aktiv gewordene British and Colonial Aeroplane Company. Die unglaublich einfachen und stabil gebauten Bristol-»Boxkites« werden bald überall auf

der Welt, auch im Fernen Osten und in Australien, geflogen. Zwei elsässische Bankfirmen engagieren sich mit einer Million bei der »Aviatik« in Mülhausen. Internationale Konkurrenz belebt also das Geschäft, und vorwitzige Äußerungen wie die Parsevals fügen sich nahtlos in das schnellbeschworene Bild einer Welt, in der Frankreich um seinen scheinbar sicheren Platz an der Sonne zu kämpfen haben wird.

Es geht um Märkte, und der Pressewirbel um den Europaflug steht ganz im Zeichen dieser sich zuspitzenden Wettbewerbssituation. *Le Matin,* das Pariser Konkurrenzblatt des *Journal*, verantwortlich für den sensationellen »Circuit de l'Est« von 1910 und nun neidisch auf das »gigantische Projekt« des Jahres 1911, aus dem es sich ausgeschaltet sieht, haut wuchtig in die chauvinistische Kerbe und kontert mit einem eigens dazu geschaffenen Blatt, das Tag für Tag nur dem einen Zweck dient, den Franzosen die Beteiligung an dem »Flug in Feindesland« – so der Tenor – zu vermiesen. Was sich dem Leser da als treusorgende Vaterlandsliebe empfiehlt – Hauptvorwurf: die Deutschen würden den führenden Franzosen auf die Schliche kommen –, ist in Wirklichkeit nichts weiter als ein Kampf um Lesergunst und Auflagenhöhe, um die Sympathien der einheimischen Industrie. Auch die leicht erregbare Studentenschaft wird in die Kampagne des Mißtrauens eingespannt. »Nicht nach Berlin!« fordern Maueranschläge. Ein deutscher Student schlägt sich deswegen mit einem französischen Studentenführer auf Säbel.

Groteske rassistische Rechnungen werden beiderseits des Rheins aufgemacht. Die germanische Rasse habe nicht die gleiche sportliche Eignung für die Aviatik wie die romanische, behauptet allen Ernstes ein Pariser Sportblatt. Beweis: in allen individuellen Sportarten, beim Reiten, Fechten, Radfahren, im Automobilismus seien Franzosen führend. *Der Genius der deutschen Rasse scheint dort besser zur Geltung zu kommen, wo kollektive Übung, Disziplin und methodisches Vorgehen nötig sind.* Messerscharf kommt das Blatt zu dem Schluß, daß den Franzosen mit ihrem Mut und ihren »erstklassigen Reflexen« eben die Fliegerei, den Deutschen aber – die Luftschiffahrt mit Zeppelinen läge.

Kein gutes Klima alles in allem für ein europäisch gedachtes Unternehmen – Vorwegnahme der gefährlichen politischen Spannungen des Sommers 1911, als sich das Deutsche Reich im Ringen um koloniale Machtentfaltung in der »Marokko-Krise« durch Frankreich eine empfindliche diplomatische Niederlage einhandelt. Ende März jedenfalls kapituliert das *Journal* vor dem Vorwurf, es würde die Vormachtstellung Frankreichs an den bösen Nachbarn, an den »Erbfeind« jenseits des Rheins verkaufen: »Wir wollen keine Zwietracht zwischen den Franzosen säen.« Der »Circuit Européen« bleibt vorerst eine schöne Illusion. Er paßt nicht in dieses pathologisch überreizte Vorkriegs-Europa mit seinen unausgetragenen Konflikten und unausgegorenen Revanchegelüsten. Vertan die kühne Idee, den »Aeroplan zum Werkzeug des Friedens und der Eintracht zu machen«, wie es in der Einladung des *Journal* 1910 geheißen hat, nichts ist mit der »Sonnenröte einer neuen aviatischen Zukunft«.

Von dem großen Europa-Projekt bleiben nach diesem nationalistischen Scherbengericht nur noch Fragmente, ein internationaler »Westeuropäischer Rundflug« vor allem und ein »Deutscher Rundflug« mit den 100000 Mark der *B. Z.* als finanzielle Basis. Hans Grade zur Lage: *Wir haben zwar gute Maschinen und gute Motoren; aber wir sind trotzdem nicht auf der Höhe, auf der sich die Franzosen befinden. Vor allen Dingen haben wir noch nicht das lebhafte Interesse im großen Publikum erregt, wie es jenseits der Vogesen täglich konstatiert werden kann. Wir Deutschen sind langsam und bedächtig, dafür hat aber unsere Ausbildung eine zuverlässige Basis. Wir explodieren nicht, aber wir brennen gleichmäßig und sicher. Deshalb dürfen wir unsere Entwicklung nicht forcieren, sondern sie soll langsam fortschreiten, wie es unsere Natur mit sich bringt.*
Das Interesse des großen Publikums für die Fliegerei zu wecken, darum geht es nun beim »Deutschen Rundflug«. Die deutsche Flugzeugindustrie – Albatros, Aviatik, Dorner, Euler, Harlan, Rumpler, Wright – stimmt sich Anfang Juni mit einem Flugmeeting in Johannisthal auf die Rundflugwochen ein. Der Flugplatz präsentiert sich in veränderter Gestalt, größer denn je, mit neuen Schuppen und Zelten, Platz für mehr als siebzig Flugzeuge. Frischer Wind in Johannisthal, eine neu gegründete Terrain-A.G. reguliert die Schulden der alten Flugplatzgesellschaft und schließt Planungsverträge für die Zukunft. Johannisthal, friderizianische Gründung, ein Dörfchen mit gutbesuchten Ausflugslokalen, erblüht zu einem Städtchen mit breiten Straßen und einer Schmalspurbahn zwischen Bahnhof und Flugfeld – ein angemessener Rahmen für die deutsche »Hochburg der Fliegerei«. Die Berufsgenossenschaft für Feinmechanik und Elektrotechnik wirft inzwischen ein wachsames Auge auf die Arbeitsplätze in den Schuppen. Bei der ersten Besichtigung haben die entsetzten Sachverständigen käfigartige Schutzvorrichtungen um die laufenden Propeller verlangt!
Der Start zum »Deutschen Rundflug 1911 um den ›B.Z.-Preis der Lüfte‹, veranstaltet vom Verein Deutscher Flugtechniker nach den Bestimmungen des Deutschen Luftschiffer-Verbandes« soll am 11. Juni, einem Sonntag, die Krönung der Flugwoche sein. Über 400000 Mark an Preisen, zumeist von den angeflogenen Städten aufgebracht, stehen für den Flug bereit. Die Flieger müssen in 13 Tagesetappen 1856 km zurücklegen. 14 Tage sind als Ruhetage vorgesehen. Dazu kommen Schauflüge. Am 10. Juli sollen die Flieger wieder in Johannisthal sein. Man wird sehen.
Während der Flugwoche zeigen sich die Piloten in Rekordstimmung, schaukeln sich auf, fliegen höher und höher, Hans Vollmoeller mit der Etrich-Rumpler-Taube auf 1870 m. »Deutscher Höhenrekord«, brüllt Major von Tschudi, der allgewaltige Platzherr, mit dem Megaphon von der Zielrichtertribüne. Georg Schendel, der 25jährige »Sturmflieger«, ein kühner, vielbewunderter Pilot, asketisch, ehrgeizig, beliebt bei allen auf dem Flugplatz, steigt am nächsten Tag mit seinem Dorner-Eindecker schon auf 2010 m. Hirth folgt mit einem Passagier an Bord auf 1580 m, Weltrekord. Doch die Euphorie der Rekorde, die hektische und laute Aufbruchstimmung zum Rundflug schlägt in Sekundenschnelle in schieres Entsetzen um,

als Schendel mit seinem Mechaniker Voß bei einem neuen Rekordflugversuch stürzt. Stundenlang arbeitet die Feuerwehr bei Fackelschein an der Bergung der wüsten Trümmer, die sich nach dem Fall in die Erde gebohrt haben. Schendel tot, Voß tot. Der Barograph zeigt 1680 m. Passagier-Weltrekord.
Start zum Rundflug – in der Nacht zum Sonntag beginnt der Aufmarsch der Massen. Nicht umsonst hat die *B. Z.*, die sich gern die *schnellste Zeitung der Welt* nennt, ein pfiffiges Boulevardblatt mit ausgeprägtem Sportteil, seit Tagen getrommelt. Berliner, normale Bürger, Untertanen wachsen an diesem herrlichen Juni-Morgen über sich hinaus und bringen Anarchisches in die heile Welt der Kaiser-Hauptstadt. Sie durchbrechen Bahnhofsbarrieren und stürmen ohne Fahrkarte die Züge. Sie stehen auf den Trittbrettern der Wagen und sitzen auf den Wagendächern. Beim Halt auf Stationen werden ohnmächtige Frauen aus den Abteilen getragen. Eine Militärkapelle in voller Montur schwingt sich auf eine Lokomotive; der Mann mit der Pauke sitzt vorn zwischen den Puffern. 600000 Menschen drängen sich auf und um das Flugfeld, eine *begeisterte Huldigung der Masse für die vollkommenste Form der Maschine, den Flugapparat,* wie die *B.Z.* jubelt. Masse und Maschine, wenn das keinen Symbolwert hat. Auf dem Rasen promeniert die elegante Gesellschaft wie auf dem Rennplatz zu den Klängen mehrerer Kapellen.
Seit vier Uhr knattern Motoren, zieht der dreckige Sandstaub des tags zuvor sicherheitshalber noch abgebrannten Flugfeldes über den Platz. »Die Schraube braust in großen Ringen von Licht«, heißt es in Karl Gustav Vollmoellers Gedicht, mit dem er dem Ereignis huldigt; sein Bruder fliegt. Die Windgeschwindigkeit beträgt nicht mehr als 6 m, ideale Bedingungen. Bruno Büchner, der Hüne, steht mit seinem mächtigen Aviatik-Doppeldecker als erster auf der Startbahn. »Sie haben Starterlaubnis«, brüllt Tschudi vom Starterhäuschen herab. »Zwei Minuten Startzeit – los!« Ein paarmal wird am Propeller gerissen. Fehlzündungen puffen auf, eine Stichflamme schlägt aus dem Motor: Vergaserbrand, der auf die untere Fläche übergreift. Helfer löschen mit Sand.
Otto Lindpaintner ist der nächste. Sein Gnôme läuft auf Anhieb. Ohne Proberunde, im »internationalen Stil« verschwindet der Münchner in Richtung Westen. Vollmoellers Taube folgt, Reichhardts Euler-Doppeldecker, Thelen auf seinem neuen Wright-Doppeldecker. Sieben von fünfundzwanzig gemeldeten Flugzeugen gelingt an diesem Sonntagmorgen beim Klang der Militärmusik und unter den Hurrarufen der Hunderttausende schaukelnd, zitternd, tänzelnd der Start. Die Leitung der Union-Filmtheater läßt den Abflug morgens drehen und wird die Bilder bereits abends um sieben Uhr Unter den Linden und am Alexanderplatz zeigen – Tempo, Tempo! Zwischendurch taucht Hans Grade aus Bork am Himmel über Johannisthal auf, schaut den abfliegenden Kollegen zu, zieht eine halbe Stunde lang seine Runden und nimmt dafür 2000 Mark als Morgengabe mit nach Hause.
Während Büchner, Jeannin, Laitsch und Wittenstein ihren Start wegen des

aufkommenden Windes auf Montag verschieben müssen, werden Lindpaintner und sein Passagier, Leutnant Hailer, in Magdeburg wie Helden gefeiert, nachdem sie das weiße Zielband überflogen haben. 2 Stunden und 11 Minuten haben sie für die 140 km der ersten Etappe gebraucht, streckenweise bis auf 800 Meter steigend. Die Kälte der frühen Morgenstunde hat Pilot und Passagier bis zum Zähneklappern zugesetzt. *Heute morgen kommt keiner mehr*, orakelt Lindpaintner bei einem Glas Glühwein. *Wir wollten auch unterwegs landen, weil es gar zu arg herging. Gegenwind, Temperatur unter Null und zeitweilig heftig anprallende Böen. Das macht keinen Spaß*. Die Magdeburger, die zu Zehntausenden auf den Krakauer Anger gekommen sind, warten in der Tat vergeblich. An diesem Sonntag kommt keiner mehr.

Schon die erste Etappe, eine der einfachen, hat gezeigt, daß der Rundflug kein Spazierflug sein würde. Vollmoeller muß mit Kurbelwellenbruch bei Potsdam niedergehen, seine Taube wird nach Johannisthal zurückgeschafft. Otto Reichhardt, Ingenieur-Kandidat, dem die liebende, sorgende Mutter im Wagen folgt, zwingt Benzinmangel kurz vor Magdeburg zu Boden, unsanfte Landung; die rechte Fläche muß ersetzt werden. Thelen geht es ähnlich. Auch er hat vor dem Ziel sein Benzin verbraucht. Sein Flugzeug gerät mit der Vorderkufe in einen Graben, überschlägt sich und schleudert Thelen und seinen Begleiter von den Sitzen. Büchner flucht über die Schinderei, als er am Montag aus Berlin eintrifft. Auf einem wagenspurbreiten Feldweg hat er nur *eine* Flugminute vor dem Magdeburger Flugfeld landen müssen; Bauern holen Benzin.

Am Dienstag morgen neuerlicher Start in Magdeburg – »ein Ereignis«. Fünf Flugzeuge, sage und schreibe, entschweben während einer halben Stunde. Ein Landpfarrer muß allen Augenzeugen aus der Seele sprechen, wenn er treuherzig zu Papier bringt: *Diese unerhörte Kühnheit des Unternehmens! Ein einfacher Sitz – rundum gähnender Abgrund – und nun mit rasender Geschwindigkeit davonzueilen auf ein paar zarten Gestängen zwischen Wolken und Winden hindurch . . .*

Der Großherzog von Mecklenburg-Schwerin hat mit Familie und Hofstaat gerade das Flugfeld in Schwerin betreten, als Eugen Wiencziers schon einschwebt. Er hat das Rennen auf seinem schnellen Morane-Saulnier-Einsitzer erst in Magdeburg aufgenommen. 1 Stunde 54 Minuten für 176 km, eine gute Zeit. Zwanzig Minuten später passiert Lindpaintner das Zielband. Der Großherzog läßt sich bei Portwein die Flieger vorstellen. Lindpaintner und Hailer haben sich aus ihrer Ledermontur geschält und machen im tadellosen Touristendreß mit Lackschuhen – Lindpaintner – und bayerischer Leutnantsuniform – Hailer – ihre Verbeugung. Kurz nach 7 Uhr trifft Benno König ein. Inzwischen hat sich Laitsch nach Braunschweig verflogen und aufgegeben. Büchner ist das Benzinrohr geplatzt, er steht in einem Rübenfeld. Auf dem Weiterflug am Nachmittag geht er noch einmal kurz zu Boden, um ein Gewitter vorbeiziehen zu lassen, sicher ist sicher. Dann, endlich, grüßt Schwerin mit seinem Seenkranz in der roten Abendsonne.

Nebel auf der 125-km-Etappe nach Hamburg, dichter Nebel. Wienczier hat bei seiner Landung auf der Horner Chaussee nur 12 km vor dem Ziel in Hamburg so schwere Havarien an seinem Eindecker, daß er gezwungen ist, ihn demontieren und in Fuhlsbüttel reparieren zu lassen, um dann am nächsten Abend von Fuhlsbüttel aus seine Zwischenlandungsstelle zu überfliegen, wie es das Reglement vorschreibt, und zum Flugfeld zurückzukehren. Angerechnete Flugzeit Schwerin–Hamburg: 40 Stunden 40 Minuten. Lindpaintner muß 40 km hinter Schwerin zu Boden, erreicht aber völlig durchnäßt Fuhlsbüttel. Auch Büchner kommt an, nachdem er im Nebel ein paarmal jede Orientierung verloren hat und zwischengelandet ist. Unter der Überschrift »Größenwahn« hat eine Zeitung schon vor dem Flug gewarnt: *Der liebe Gott braucht nur zu niesen, und der Deutsche Rundflug geht schon nach acht Tagen zum Teufel.* Was die Flugzeuge nicht selbst schaffen, macht die Eisenbahn. Auf Güterwagen treffen in Hamburg nach und nach die auf der Strecke gebliebenen Flugzeuge ein. Eins verbrennt im Funkenflug der Lokomotive, was das Reichsgericht später zu der feinen Unterscheidung inspiriert, ein Flugapparat sei nur als leicht brennbarer, nicht als leicht feuerfangender Gegenstand anzusehen.

Das schwer gelichtete Feld füllt sich wieder auf und begeistert nebeneinander, übereinander kreisend das Hamburger Publikum beim Schaufliegen. Am Abend läßt ein Parsevalluftschiff seine elektrischen Lichter spielen. »Glänzender Flug von Hamburg nach Kiel«, meldet die *B. Z.* am Sonnabend, man spürt förmlich das Aufatmen. »Von acht Startern sieben in Kiel eingetroffen.« Im Laufe von drei Stunden kommen die Flieger aus Hamburg an, Wienczier wieder am schnellsten: 52 Minuten für 83 Kilometer. Nur drei Flieger haben alle Etappen bis Kiel zurückgelegt, Lindpaintner ist jetzt klar in Führung. Prinz Heinrich empfängt seine Fliegerkameraden – Kiel im Flaggenschmuck, »Kieler Woche«, im Hafen die Flotte, in der Stadt Sportsleute aus aller Welt.

Schauplatzwechsel. Sonntag früh, in Kiel stürmt und regnet es, wälzt sich in Paris eine gewaltige Prozession, man schätzt eine halbe Million, nach Vincennes, um zwischen 6 und 8 Uhr das Aufflattern der Riesenvögel, dieser »neuen Fabeltiere« (Vollmoeller), um den Start zum »Westeuropäischen Rundflug« mitzuerleben. Tabuteau und Védrines, Wynmalen und Bielovucic, Beaumont und Renaux, was Rang und Namen hat, steht auf einer der drei Startbahnen. Ein paar tausend Mann Militär und Wachpersonal sollen die Massen in Zaum halten – vergeblich. Die unruhige Menge durchbricht den Truppenkordon, dringt bis zu den Schuppen der Flieger, bis zur Ministertribüne vor, Männer und Frauen fallen unter die Hufe der anrückenden Dragoner. Roland Garros in seiner Blériot rast auf die vordrängenden Zuschauer los. Panik bricht aus. Gottlob versinken die Räder im sandigen Boden, das Flugzeug bleibt stecken. Unverzüglich erhält er 500 Francs Strafe wegen Unvorsichtigkeit. Drei tote Piloten und ein lebensgefährlich verletzter, so lautet die Bilanz des ersten, rabenschwarzen Tages. Von den 35 gestarteten Flugzeugen kommen 18 in Lüttich, dem ersten Zielort, an – die Elite, fast alles Fabrikflieger. Weiter stieben die

Zwölf Gebote für Flugschüler

1. Nimm jede Gelegenheit wahr, etwas zu lernen, dennoch erziehe dich zu Geduld und überstürze nichts.
2. Dränge nicht, allein zu fliegen, sondern überlasse es deinem Fluglehrer, zu urteilen, ob du reif genug bist.
3. Ist dir der erste Flug gelungen, so glaube nicht, daß du fliegen kannst; vergiß nicht, daß du erst ein Anfänger bist.
4. Glaube nicht, alles besser zu wissen als dein Lehrer, sondern mache dir seine älteren Erfahrungen zu Nutzen.
5. Gewöhne dich von Anfang an daran, deine Maschine vor jedem Flug zu prüfen.
6. Starte nach Möglichkeit gegen den Wind, starte nicht wild darauf los, sondern mit Bedacht, und reiße den Apparat nicht mit Gewalt vom Boden.
7. Lande nach Möglichkeit gegen den Wind, besonders bei bewegter Luft, steige nicht mit voll laufendem Motor steil abwärts und achte darauf, daß über dem Boden der Apparat quer horizontal liegt.
8. Hast du eine Maschine zerbrochen, so suche dir deinen Fehler klar zu machen, und schiebe die Schuld nicht auf den Apparat.
9. Besteige nie eine Maschine, die dir nicht sicher erscheint, dazu soll dir deine Gesundheit zu lieb sein.
10. Gerätst du in Gefahr, so bemühe dich, bis zum letzten Moment derselben geistesgegenwärtig entgegenzuarbeiten, Unerschrockenheit ist die erste Zierde des Fliegers.
11. Bei Flugunfällen bezähme deine Neugierde, der Anblick Gestürzter kann dir die Fliegerei leicht verleiden.
12. Bemühe dich, auch sonst durch dein Benehmen deinem Sport zu Ehren zu gereichen. Im übrigen: Trau', schau', wem?

schnellen schnittigen Renneinsitzer von Blériot, Deperdussin und Morane in den nächsten Tagen durch Belgien und Holland und wieder nach Frankreich zum Kanal – ein Duell der Fabriken, nicht der Motoren; da beherrscht Gnôme uneingeschränkt die Szene. Zwischen Lüttich und Spa jagen sich Védrines (Morane) und Vidart (Deperdussin) Seite an Seite, bis Védrines davonzieht. Er hat den stärkeren, den 70-PS-Gnôme.
Zwangsaufenthalt in Holland: schlechtes Wetter, Sturm. Drei Tage lang streiken die Piloten. Der Rundflug scheint geplatzt. Einer der Sportkommissare gerät deswegen mit einem Piloten so aneinander, daß sie sich zum Duell fordern. Dann wird es Beaumont, dem Superstar des Jahres 1911, zu bunt. Sein Start, schwankend zwar, reißt auch die anderen mit, rettet das ganze geldschwere Unternehmen. *Das ist ja heller Wahnsinn, uns heute herauszujagen,* tobt Vidart, 21 Jahre jung, nach der Landung in Calais. Der Wind pfeift mit 60 km/h. Noch ein paar Monate zuvor hätte man Fliegen bei diesem Wetter für Selbstmord gehalten.

Auch dem deutschen Publikum in Kiel, wo die Rundflug-Kavalkade sechs Tage Station macht, wo 24 Flieger um die gutdotierten Preise der Flugwoche kämpfen, wird in diesen Tagen Erstaunliches geboten. So kommt Marineoberingenieur Löw in Otto Fritzsches alter, endlich flugfähiger Maschine mit einem Passagier von Sonderburg her über die Ostsee geschaukelt. Das hat es in Deutschland noch nicht gegeben, gleicht einer Sensation. So steigt Hellmuth Hirth mit seiner Taube durch die Wolken auf 2200 m; der 70-PS-Mercedes läuft und läuft. Von Farben übergossen liegt die Wolkendecke unter ihm. Auf ihr noch einige hochgetürmte Nebelberge, durch die er ein paarmal fliegt. Eine unwirkliche Märchenstimmung überkommt ihn. Immer seltsamer wird die Wolkenlandschaft. Die Spitzen der Türme sind noch weiß von der sinkenden Sonne, die Wolkentäler aber zeigen alle Schattierungen eines Violett, das die tiefsten Stellen wie mit einer dunklen Flüssigkeit angefüllt hat. Zehn Minuten lang kann Hirth, immer noch steigend, dieses Formen- und Farbenspiel von oben her bewundern. Dann werden die Täler und Wolken unter ihm tiefschwarz. Später erinnert er sich, daß er noch 2200 Meter von seinem Barometer abliest, dann zögernd den Motor abstellt und sich mit einem angenehm schaurigen Gefühl, einer Mischung aus Gruseln und freudiger Erwartung, eine der dunklen Wolkengrüfte aussucht, in deren Schlund er eintaucht. Matrosen heben Hirth nach der Landung auf die Schultern: neuer deutscher Höhenrekord. Zum Schluß der »2. Kieler Flugwoche« hat Hirth den Löwenanteil, 20250 Mark, für sich und Rumpler eingestrichen. Er ist ausgeruht, macht den Deutschlandflug wohlweislich nicht mit, hat andere, größere Pläne.
Wetterumschlag – der Abflug zur 5. Etappe findet in feinem Sprühregen statt. In den nächsten Tagen quälen sich die Piloten durchnäßt und durchgefroren durch die Provinzen, über Lüneburg, Hannover, Münster, Köln, dem fernen, schrecklich fernen Endziel Berlin entgegen. Wiencziers wird in Lübeck von Mechanikern aus dem Kleinholz seiner Maschine befreit. Hinter Lüneburg muß Büchner, der ehemalige Hochrad- und Fliegermeister, einst einer der besten Tandemfahrer der Welt und bis dahin einer der Favoriten des Fluges, seine Chancen begraben: Auf einem aufgeweichten Acker zwingt ihn unreiner Treibstoff zur Landung – Bruch. Schauenburg gerät bei Celle ins Moor. Dr. Wittenstein fällt beim Start in Lüneburg in die Ilmenau.
Der renngewohnte Lindpaintner, von Franz Hailer, seinem Freund, in bester Teamarbeit unterstützt, bekommt über der Lüneburger Heide erste Erschöpfungszustände. Regenböen schlagen den beiden hart und spitz wie Hagel ins Gesicht und trommeln auf die Tragflächen. Stürmische Windböen werfen die Farman hin und her, stauchen sie nieder, zerren sie empor, daß es die beiden Flieger von ihren Sitzen reißt. Längst ist das Wasser durch alle Kleiderhüllen gedrungen und Hailers Karte, auf der er mit roter Tinte Luftlinie und Kilometermarken eingetragen hat, bis zur Unkenntlichkeit verwischt. Das erschwert noch die Orientierung über der ohnehin wegearmen Heide.
Zusammengekauert hält Lindpaintner die Steuerhebel. *Mir geht es*

schlecht! schreit er Hailer zu. *Ich kann nicht mehr. Ich muß landen.* Hailer setzt sein Sprachrohr an und brüllt mit Leibeskräften auf ihn ein. *Wir haben nur noch 40 Kilometer! In der Heide können wir nicht landen! Wir müssen weiter!* Aus seiner Tasche wühlt Hailer einen Klumpen aufgeweichter Schokolade; Lindpaintner kaut auch, schüttelt aber immer wieder in dumpfer Verzweiflung den Kopf. Über den Wäldern treiben heftige Böen mit der Farman Schindluder. Ein Zylinder des Gnôme setzt aus. Lindpaintners Kräfte und sein Können reichen gerade noch zum Einschweben auf eine ebene Wiese. Wietzenbruch bei Celle.
Wo immer bei diesem Rundflug ein Flugzeug landet, und sie landen ja notgedrungen oft, pilgern Zivilisten und Soldaten hinaus auf Wiesen und Äcker (für den angerichteten Flurschaden müssen die Flugzeugfabriken aufkommen, Privatflieger selbst). In Celle, beispielsweise, werden gleich die Schulen geschlossen. In dichtem Kreis belagern die Kinder das Flugzeug, immer wieder in Hochrufe ausbrechend, bis die herbeitelefonierten Mechaniker Ersatzteile gebracht haben und die Flieger wieder starten können – dem Flugfeld von Hannover entgegen.
Hunderttausende werden zum ersten Male des Wunders unserer Zeit, der Menschenflieger, gewahr, berichtet die *B. Z.* von der Strecke. *In allen Städten derselbe atemlose Jubel, dieselbe stürmische Begeisterung: der Fliegertag ein Festtag.* Zu Tausenden ziehen sie zu nachtdunkler Stunde, im Morgennebel hinaus zu den weit entfernten Flugfeldern. In Minden läßt der Kommandeur des Infanterieregiments um 2 Uhr morgens die Regimentsmusik mit klingendem Spiel durch die Stadt ziehen. In Wesel verkündet man die Nachricht vom nahenden Vollmoeller mit Trommelschlag.
Im fahlen Dämmerlicht rattern an den Renntagen vor den Hotels die Automobile der Begleitmannschaften, langgestreckte Rennwagen, bepackt mit Kufen und Propellern, mit Motoren und Benzinkanistern. Die Faustregel lautet: pro Flugzeug und Tag 500 Mark für Wartung, Reparaturen und Begleitmannschaften. Den kostspieligsten Begleitapparat hat die Luft-Verkehrs-Gesellschaft aufgeboten, die mit vier Automobilen ihren Piloten Wiencziers, Laitsch und König nachjagt. Zwei Direktoren bewachen das Wohl und Wehe der Flieger, ihre Kost, ihren Schlaf, ihre Flugzeuge. Privatflieger ohne solchen Troß haben es immer schwer, fliegen zumeist hoffnungslos abgeschlagen – Dabeisein ist eben alles. So fährt einem französischen Piloten beim Circuit der Schwager mit der Eisenbahn hinterher; in einem Reisesack schleppt er das Werkzeug mit.
Der erste prüfende Blick der Flieger gilt morgens den nächsten Baumwipfeln, den Wolken am Morgenhimmel, dann noch dem aktuellen Wettertelegramm. Auf den Flugfeldern sind die Mechaniker längst an der Arbeit. Tagelang gibt es für sie kaum Schlaf. Im Wagen kurven sie hinter den Fliegern her, kampieren in Schuppen, auf freiem Feld, in Bauernhöfen, Verrückte wie die Flieger selbst, Arbeitstiere bis zur Erschöpfung. Probleme gibt es genug. Beim Aviatik-Doppeldecker springt durch die Hitze der Auspuffgase der Lack von der gefirnißten Fläche darüber. Vor allem die Fahrgestelle knicken immer wieder weg, Propeller und Kufen splittern.

Der Gnôme neigt bei feuchtem Nebelwetter zum Versagen. *Man flog fast ständig beinahe überzogen*, sagt ein Pilot, *weil der schwache Motor überhaupt nur so, annähernd dem Anstellwinkel des Höchstauftriebes, das Gewicht der Kiste zu heben vermochte.*

Ab und zu treiben die Mechaniker mit dem wißbegierigen Publikum auch schon mal ihre Späßchen. So haben sich einige Flieger an das vornliegende Steuer ein Taschentuch gebunden, das bei normalem Flächendruck, besonders in der Kurve, gleichmäßig im Luftzug liegt; wird das Flugzeug zu langsam, fängt das Fähnchen an zu flattern – ein primitives Warnsignal. Was liegt näher als die Erklärung, daß während des Fluges ein eingeknickter Querholm geistesgegenwärtig mit dem Taschentuch zusammengeknotet worden sei, um den Bruch, den Absturz zu vermeiden?

Start morgens ab 4 Uhr. Auf dem Startplatz Morgennebel, der kurzgeschorene Rasen dampft. In den Zelten ein Klopfen und Hämmern. Spanndrähte werden angezogen oder gelockert, der Rhythmus des Motors ein letztes Mal behorcht. Die Sportkommissare ordnen den Start, die Nummern werden ausgerufen. Noch einmal kreist das Schalenkreuz des Anemometers, das die Windgeschwindigkeit anzeigt. »Glück-ab!«-Wünsche, ein letzter Händedruck. Das Publikum kennt inzwischen seine Lieblinge: den athletischen Büchner, den sein Begleiter, Leutnant Steffen, noch fast um Haupteslänge überragt; Lindpaintner und Hailer, denen stets Bully, der Fliegerhund, folgt; den bescheidenen König, der spätere Sieger, in seinem ledernen Mechanikerdreß; Wiencziers, Frauentyp, immer elegant, mal in rotbraunem Leder, mal in schwarzer Seide; den strohblonden Vollmoeller, Zweiter schließlich in der Gesamtwertung, Millionärssohn. Eine Hamburger Zeitung schwärmt von diesem Wikingertyp: *Das ist die beste Apologie unseres geschmähten Zeitalters, dem man Verweichlichung und behagliches Plätschern im Wohlsein so gern vorwirft, daß gerade jene, die satt und faul im Genuß sich begnügen könnten, den Wunsch haben, die ersten zu sein, wo es gilt, fast übermenschliche Anstrengungen zu ertragen und Gefahren zu bestehen, gegen die selbst die Nöte und Furchtbarkeiten eines Krieges zurücktreten müssen.*

Zu einer Tour der Leiden wächst sich in der Tat der Flug über den Teutoburger Wald und das Weserbergland aus. Thelen verliert die Orientierung im Nebel. Bei der Notlandung wird er herausgeschleudert; das Flugzeug geht völlig in Trümmer. Vollmoeller, der seinen Höhenmesser vergessen hat, gerät zwischen Münster und Wesel in dichten Nebel und verschätzt sich in der Höhe. Plötzlich fährt sein Begleiter, Leutnant von Ergott, von seinem Sitz auf und stößt in panischem Schrecken die Hand vor. Vollmoeller sieht vor sich die Krone eines Baumes, auf die die Maschine losrast. Er reißt das Höhensteuer mit aller Gewalt an sich, die Maschine schießt steil in die Höhe. Die beiden Männer hören unter sich die Äste splittern.

Am schlimmsten trifft es Lindpaintner, den Spitzenreiter, der auf dieser Schreckensetappe Münster–Köln physisch und psychisch zusammenbricht. Sturm und Nebel und dazu noch Motorstörungen machen selbst diesen zähen Sportsmann kaputt, die Nerven gehen durch. Zermürbt gibt

er auf. Nur Vollmoeller mit seiner Taube kommt ans Ziel. Die Eisenbahn hat wieder zu tun, bringt die Flugzeuge nach Köln, wo die Sportleitung einen zusätzlichen Ruhetag für die ausgepowerten Piloten einlegt. Angereiste, ausgeruhte Piloten holen sich währenddessen die Geldpreise für die Schauflüge.
Rundflug-Sommer in Europa, die Zeitungen kommen auf ihre Kosten. Während die französischen Fabrikteams beim westeuropäischen Rundflug sich auf das Abenteuer der Kanalüberquerung vorbereiten – die Flugzeuge erhalten Schwimmertanks, die Piloten Schwimmwesten, an der Küste wird ein gigantischer Pfeil von 200 m Länge aufgestellt, der den Fliegern die Richtung nach Dover zeigt – während die Piloten in Köln sich von den Strapazen erholen, sich massieren lassen und ausschlafen, bringt sich einer, ein namenloser junger Mann, im Sog des allgemeinen Flugenthusiasmus in die Schlagzeilen, ein Hauptmann von Köpenick der Aviatik sozusagen, der sich beim Platzkommandanten von Calais in Fliegerkleidung als der bekannte Aviatiker Legagneux vorgestellt hat: Er habe sein Flugzeug auf einem Dorf zurückgelassen, wolle am Nachmittag dorthin zurückkehren und den Kanal bei Calais überqueren, um dann an der vorletzten Etappe des großen Rundfluges teilzunehmen. Die Geschichte verbreitet sich im Nu in der Stadt. Die Straßenbahn muß Sonderwagen einsetzen, um die Schaulustigen auf das Flugfeld zu bringen. Der Garnisonskommandeur gibt inzwischen ein Festessen zu Ehren des kühnen Luftfahrers. Champagner fließt, man ißt auf Stadtkosten. Als der gefeierte Flieger zu seinem Schrecken auch noch bemerkt, daß er das Portemonnaie beim Sprung aus dem Flugzeug verloren hat, kennt die Großzügigkeit der Honoratioren keine Grenzen. Man trennt sich in bester Stimmung. Abends, bis in die Dunkelheit, warten Tausende und Abertausende auf dem Flugfeld. Doch der Gast der freigebigen Stadt läßt sich nimmer mehr blicken. Der junge Mann ist übrigens nicht der einzige, der mit Erfolg auf diese Tour gereist ist. Ein bißchen imponierendes Flieger-Chinesisch, der entsprechende Aufzug und die Geschichte von einem großen Flugprojekt, das zusammen genügt manchmal schon, um Hoteliers das Geschäft ihres Lebens wittern zu lassen.
Hellmuth Hirth, der sich die Plackerei des Rundflugs vom Halse gehalten hat, holt in diesen letzten Junitagen zum großen Coup aus, zum ersten wirklichen Fernflug in Deutschland. Dieser Flug wird zum Triumphzug eines neuen Flugzeugtyps – zum Triumph der Taube.

Hinaus in die Ferne

Die Flieger schwärmen aus – hinaus übers offene Land. Das wichtigste dabei ist die Kunst der Notlandung auf freiem Feld oder in Baumwipfeln. Mal streikt der Motor, mal legt sich eine Nebelwand quer. Hellmuth Hirth verblüfft die Deutschen. Er fliegt von München nach Berlin, was keiner für möglich gehalten hat. Der Preis dafür: 50000 Goldmark.

Der Capitaine Ferber hat es nicht mehr erlebt, wie sein geflügeltes Wort, seine beflügelnde Vision »Von Dorf zu Dorf, von Stadt zu Stadt, von Land zu Land« zur Realität des Alltags werden sollte: ein stufenweiser Fortschritt der Fliegerei vom Experimentierstadium über das Sportflugzeug zum brauchbaren und letzten Endes ungefährlichen Verkehrsmittel.
Tatsächlich können erst längere und lange Überlandflüge, Flüge bei schlechtem Wetter, über unbekanntem Gebiet und auf dem kürzesten Weg mit der Vorstellung aufräumen, das Flugzeug sei nichts weiter als ein Spielzeug für verwöhnte Leute und allenfalls noch für Militärs leidlich nützlich. Um diesen Beweis der Verwendbarkeit geht es jetzt und in den nächsten Jahren bis zum Krieg – zu einer Zeit, als aus den Zeppelinen der DELAG Passagiere durch große Panoramascheiben auf deutsche Lande schauen, im nobel eingerichteten Salon, in bequemen Sesseln sitzend und von einem »Luftschiffkellner« während der stundenlangen Fahrt mit Erfrischungen verwöhnt – *umrauscht vom Propellerdonner, den Sektkelch vor uns*, wie einer renommiert. Nach dem unternehmungslustigen Kellner, dem ersten Luftsteward der Welt, hat die Zeppelin-Gesellschaft per Inserat gesucht – Bedingung: »Körpergewicht höchstens 60 kg«.
Überlandflüge, Cross-country flying, das muß erfahrene Piloten reizen, nachdem die hochkarätigen Flugwochen, Reims, Budapest, Los Angeles, mit ihrer stupiden Rundendreherei endgültig ihren Reiz verloren haben; Chikago 1911 endet mit 50000 Dollar Defizit. Die Fliegerei fühlt sich flügge, drängt stürmisch auf Auslauf und Entfaltung, verlangt dringend Luft und Weite unter den Flächen. *Erst dann hat der Mensch wirklich das Gefühl zu fliegen, die Erde unter sich zu lassen, die Luft zu erobern*, schreibt Leutnant Conneau alias »Beaumont«, der als überragender Cross-country-Flieger des Jahres 1911 für Blériot 409000 Mark gewinnt.
Allerdings, es gehört schon eine Portion Selbstvertrauen, um nicht zu sagen Unverfrorenheit dazu, sich die Tanks bis an den Rand füllen zu lassen, die Hosentaschen mit Isolierband und Draht vollzustopfen, eine abgewetzte Reisetasche mit dem Nötigsten, mit einem »Engländer« und einer Zange hinter dem Sitz zu verstauen und einfach loszufliegen, dem tückischen

Motor ausgeliefert und nur dem guten Stern vertrauend. Ohne Maskottchen tun es übrigens die wenigsten. Die goldene »13« oder das Taschentuch, das Medaillon von der Braut, ein Stoffhündchen oder ein Hufeisen fliegt immer mit; abergläubisch sind sie fast alle, Freitagsmuffel (Santos-Dumont hat deswegen sogar die Nummer 8 in seiner Typennumerierung ausgelassen!). »Gut Holz!« heißt der zünftige Fliegergruß.
Ein prickelndes Freiheitsgefühl erfaßt die Piloten, das wunderbare Bewußtsein, Grenzen zu überspringen, sich selbst Ziele zu setzen und die Welt, diese grenzenlose Welt, im Vollgefühl der neuen Kraft zu erobern. Über Land fliegen, das erst ist die wahre Fliegerei, sich an den unvergleichlichen Bildern weiden, wenn Seen und Wälder zwischen den vibrierenden Stangen und Drähten hindurchzittern. Eine neue Weltsicht degradiert Städte zu Ansammlungen im Lande Liliput, versetzt die dampfende Eisenbahn in eine Spielzeuglandschaft und verwandelt beim Steigen die Erdoberfläche langsam in eine Landkarte. Die See und die Berge sieht der Mann am Steuer mit einer Mischung aus *respektvoller Bewunderung und einem lebhaften Gefühl von Furcht*, so Beaumont, gewiß einer der Furchtlosesten.
Große Übersichtskarten gibt es noch nicht. Die Flieger kaufen sich zumeist Karten im Maßstab 1:100000 oder 1:200000 und kleben sie im passenden Ausschnitt zu einer Rolle zusammen. Sie verbinden Start und Ziel mit einem Farbstift in gerader Luftlinie und tragen mit einer anderen Farbe die Fluglinie mit ihren Umwegen ein: Diese meidet, wo es geht, große Waldgebiete, Städte, Seen und Sümpfe – immer im Hinblick auf mögliche Notlandungen. Die meisten fliegen mit Karte und Kompaß, nach markanten Punkten. Ab und zu hilft der Name einer Eisenbahnstation weiter. Frankreich mit seinen schnurgeraden, baumbestandenen Chausseen eignet sich bestens als Exerziergelände für Überlandflüge. Fortgeschrittene wie Beaumont bestimmen den Standort anhand der Fluggeschwindigkeit, der Uhr und dem Kompaß.
Das Wetter bleibt ein schlimmer Gegner, sorgt stets für unangenehme Überraschungen. Die fehlende Vorhersage für das Streckenwetter zwingt manchen Piloten unterwegs zur Landung – mit allem Risiko. Beim Rundflug durch Sachsen, Frühjahr 1911, geraten die Flugzeuge in der Gegend von Plauen in eine lebensgefährliche Gewitterfront, deren Existenz beim Start glatt dementiert worden war. Am schlimmsten freilich ist der Nebel. Mit Trompetenstößen und Böllerschüssen, mit riesigen Holzfeuern versucht man, umherirrende Flugzeuge herunterzulotsen. Besonders die Briten haben unter dem Nebel und dem Smog der Industriegebiete zu leiden. Einer landet bei einem Überlandflug im nebligen Wetter fünfmal und nimmt bei jeder Landung einen neuen Passagier mit, der sich in der Gegend genau auskennt. Und noch drei Jahre später, vor dem Krieg, endet ein Geschwaderflug bloß ein paar Meilen vom Flugplatz entfernt in einer dikken Nebelwand: 2 Tote und 2 zertrümmerte Flugzeuge sind das Ergebnis. Eine Nebelwarnung hat es nicht gegeben.
Überlandflieger treiben kein ungefährliches Spiel. Dürftig, kümmerlich ist

ihre Ausrüstung mit Instrumenten: Tourenzähler, Höhenmesser, Geschwindigkeitsmesser, Kompaß und Uhr findet man selten an einem einzigen Armaturenbrett vereinigt, und der Kompaß wird vom Motor auch noch abgelenkt. Sie fliegen in brodelnde Wolken hinein und wissen bald nicht mehr, wo oben und unten ist. Am besten, sagt einer, steckt man seinen Kopf unter die Karosserie, um sich durch das Gebrodel nicht in seinem Gleichgewichtsgefühl beirren zu lassen. Der Tourenzähler hilft in solcher Waschküche. Er zeigt an, ob der Pilot die Maschine überzieht oder zu sehr drückt.

Mit geschlossenen Augen fliegen, rät Hans Grade bei Übungsflügen, und dabei versuchen, unabhängig von Anhaltspunkten die richtige Lage einzuhalten. Hinzu kommt die ständige Konzentration auf den Motor, dieses angespannte Hineinhorchen, um nicht mit »roher Gewalt« zu steigen und ihn nicht zu überlasten. Jede Sekunde kann ja irgend etwas passieren, kann ein Zylinder springen oder eine Ventilfeder brechen oder ein Ölrohr platzen. Dann gibt es nur eines: den Gleitflug, die Notlandung. Die Kunst der Notlandung ist die Kunst des Überlebens. Hans Grade: *Den Grad der Unvollkommenheit der Maschine muß der Führer durch eigene geistige Größe, durch eigene seelische Kräfte ersetzen.* Er, der doch seit Jahren fliegt, simuliert immer wieder Gefahrensituationen beim Flug.

Geistesgegenwart tut allerdings not, wenn der Motor aussetzt, wenn auslaufendes Benzin sich entzündet oder Bespannung sich losreißt. Im Schlaf kennt der Flieger die Gegenmaßnahmen beim Vergaserbrand: Benzinhahn sofort abstellen und Tiefensteuer betätigen, damit der Motor auf hohe Touren kommt, wodurch das Restbenzin schneller verbraucht wird. Während die Spanndrähte beim Gleitflug zischen und der Wind unter den Tragflächen rauscht, muß der Pilot blitzschnell nach einem guten Landeplatz Ausschau halten, nach Stoppeläckern, Wiesen oder Kleefeldern, am besten in der Nähe einer Straße und nicht weit von einer Ortschaft entfernt. Das erfordert ein geübtes Auge. Sandiger Boden ist zu meiden und auch Getreide auf hohem Halm, beides nicht gut für das Fahrgestell. Doch manchmal geht alles viel zu schnell, und der Flieger sieht den Wald oder das Hopfenfeld schon auf sich zukommen und Bauern ihre Geräte im Stich lassen. Tausend Gedanken wirbeln durchs Hirn, das den wuchtigen Aufschlag schon vordenkt, wirre Geräusche im Ohr, ein letztes Aufbäumen, der Aufschrei zerspringender Stahldrähte, das Zersplittern von Holmen, die schreckliche, endgültige Stille, wenn der Motor schweigt. Wie gelähmt liegt er im Gewirr von Drähten und Tuchfetzen, wie lange, weiß er selber nicht.

Der Witz von einem Piloten macht die Runde, der seinem Passagier angesichts der unerbittlich näher kommenden Apfelbaumplantage ins Ohr brüllt: »Hoffentlich mögen Sie Äpfel?« Wer sich über Land wagt, muß mit allem rechnen. Mit der Landung und anschließendem Startversuch auf viel zu kleinen Koppeln, die von Gräben und Hecken eingefaßt sind. Mit einer hinterwäldlerischen Bevölkerung, die entweder von diesem hergeflogenen Teufel gar nicht Notiz nimmt oder einfach die Flucht ergreift. Mit Schafen

Auf abenteuerliche Weise versuchen Erfinder, der Luft, die keine Balken hat, ein Schnippchen zu schlagen. Gottlob reicht es bei den meisten der seltsamen Luftgefährte nicht einmal zum Start. Nur einer dieser Männer macht Luftfahrtgeschichte: Paul Cornu (oben rechts), der einen Hubschrauber baut.

In Paris (oben) und in London stellen die Firmen alljährlich ihre neuesten Produkte vor – Werbung für die Aviatik, die auch auf Plakaten Reklame macht. Rechte Seite: Mit drahtloser Telegraphie (oben) und mit Luftpost wird experimentiert. Am 10. Juni 1912 landet der »Gelbe Hund« in Darmstadt.

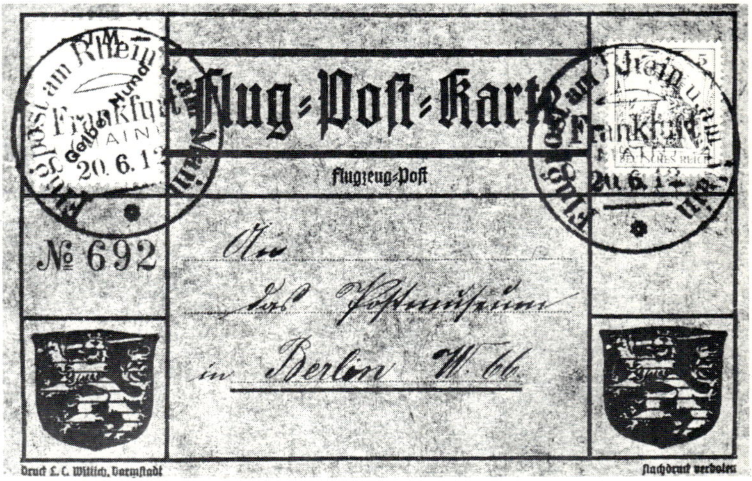

Flug-Post-Karte
Flugzeug-Post
№ 692
An
das Postmuseum
in Berlin W. 66
Druck L. C. Wittich, Darmstadt
Nachdruck verboten

Flugzeugfabriken wie Fokker leben vor allem vom Militär, Motorenfabriken wie Benz auch (in der Mitte der 105-PS-Vierzylinder, der 1913 den »Kaiserpreis« gewinnt). Bei den Flugwettbewerben gibt es meist auch Wurfwettbewerbe. Die Vorrichtungen sind primitiv, erinnern eher an Ofenrohre (oben).

oder Kühen, Stieren oder Pferden, die das Flugzeug beschnuppern und belecken oder auch mal, respektlos, Löcher in die Bespannung bohren. Mit improvisierten Startmannschaften und schlauen Bauern, die unverschämte Flurschadenrechnungen aufmachen. Mit unreinem Benzin und aufkommendem Regen, der die Tragflächen durchnäßt und das Holz der Holme und Streben verzieht, bis mit der Verspannung und der Flächeneinstellung nichts mehr stimmt. Und das bedeutet: abmontieren, den eingeflogenen Vogel auseinanderreißen und nicht wissen, ob ihn die Mechaniker jemals wieder so hinbekommen. Derbe Kutscher werden das abmontierte Flugzeug zur Bahn bringen, und auch beim Bahntransport in offenen Güterwagen hat mancher noch sein blaues Wunder erlebt. Ein Überlandflieger muß sich buchstäblich auf alles gefaßt machen, auf Abenteuer und Affären, auf die Einladung ins herrschaftliche Schloß genauso wie auf den Zauber der schönen Töchter des Landes.

Fliegen, Überlandfliegen ist etwas für Organisationsgenies und Improvisationstalente, für Tatmenschen mit Engelsgeduld, mit einem gehörigen Schuß Fatalismus und der Bereitschaft zur Fügung ins Unvermeidliche: reine Nervensache, mit einem Wort. Was trainierte Piloten, ganz auf sich selbst gestellt, bei solchen Flügen leisten, hat man bis dahin für schlichtweg unmöglich gehalten. Der Flug des französischen Hauptmanns Bellenger von Paris nach dem 530 km entfernten Bordeaux am 1. Februar 1911 findet weltweite Beachtung: liegt doch die Flugdauer von 5 Stunden und 21 Minuten unter der Zeit, die der Schnellzug für die Strecke braucht! Außerdem hat der Hauptmann die Strecke nicht, wie üblich, vorher in Augenschein genommen. Er fliegt buchstäblich ins Blaue, nur mit Karte und kleinem Kompaß. Sein Argument: *Ich bin Soldat. Wenn mir mein General befehlen würde, sofort den Flug nach Bordeaux anzutreten, hätte ich da noch Zeit, vorher im Automobil die Strecke zu erkunden?* Schwer hat er bei einer Fluggeschwindigkeit von 97,5 km/h in der eisigen Februarluft unter dem Fahrtwind zu leiden, trotz des Pelzes, den er trägt, trotz des unter die Kleidung gestopften Zeitungspapiers. Wenige Wochen später fliegt Jules Védrines die 800-Kilometer-Strecke von Paris nach Pau mit einer Geschwindigkeit von 125 km/h. Gnôme macht's möglich.

Die Kälte der Wintermonate setzt den wie Polarforscher in Pelze eingemummten, mit Schals unwickelten Fliegern unheimlich zu. Manche tragen eine Art Unterwäsche aus handgeschöpftem, festem Reispapier auf dem Körper. Andere stecken sich wie die Ballonfahrer Wärmflaschen für die Hände in die Tasche. Bei einer Oktober-Flugwoche in Johannisthal geht Lindpaintner ein Jackenknopf auf. Voll mit dem Steuern des Flugzeugs beschäftigt, an den Händen dicke Handschuhe, kann er ihn nicht wieder schließen und muß seinen Flug abbrechen. Unerträglich kalt pfeift der Wind unter die Jacke.

Bei schauderhaftem Winterwetter kämpfen in England fünfzig Flieger um einen von Baron de Forest ausgesetzten Preis. Thomas Sopwith, der Senkrechtstarter dieser Tage, Ballonfahrer und Yachtsegler, ein fliegerischer Autodidakt, der vormittags mit einem neuen Flugzeug das Rollen geübt, nachmittags einige Testrunden gedreht und zur Teezeit seine Pilotenprüfung abgelegt hat, fliegt am 18. Dezember 1910 von Eastchurch nach Beaumont in Belgien, 285 km – bis dahin der längste Flug eines britischen Piloten mit einer britischen Maschine. »Tom« Sopwith, 21 Jahre alt und erst seit ein paar Wochen Flieger, gewinnt damit die 80000 Mark. An seiner offenen Maschine hat er sich einen Thermosbehälter anbringen lassen, um während des barbarischen Fluges aus einem Schlauch warme Bouillon zu nuckeln. Ein Stahlschild am Steuerhebel schützt seine Hand gegen die eisige Dezemberkälte über dem Kanal. Weitere Vorkehrungen trifft er nicht.

Welche Risiken ein Überlandflug, ein »Fernflug« über 500 km zu dieser Zeit noch birgt, welche körperlichen Anstrengungen er dem Piloten abverlangt, offenbart jener sensationelle Flug Hellmuth Hirths im Juni 1911, der als »Kathreiner-Flug« in die Geschichte eingeht – ein Flug mit Wolkenbruch und Motorschaden, Notlandung und Turbulenzen, ein Flug des höchsten Schwierigkeitsgrades also. Der Malzkaffee-Produzent Kathreiner hatte für den deutschen Flieger, der in einem rein deutschen Flugzeug die Strecke München–Berlin überwindet, einen Preis von 50000 Mark ausgesetzt – wie immer in solchen Fällen mit dem Hintergedanken zugkräftiger Reklame. Zwei Zwischenlandungen in Nürnberg und Leipzig sind vorgeschrieben, eine dritte, schlimmstenfalls eine Notlandung, steht frei. Die Strecke muß innerhalb von 36 Stunden zurückgelegt werden. Als das Unternehmen 1910 den Preis stiftete, erntete es nur mitleidiges Lächeln. Ein Flug von München nach Berlin schien denn doch allzu utopisch.

Hellmuth Hirth, den Schwaben, reizt dieser phantastische Preis. Er hat sich zur Vorbereitung Zeit gelassen – recht betrachtet fast sein Leben lang. Der Vater hat ihn und seinen Bruder Wolf, der ein berühmter Segelflieger werden wird, nach der Devise »Meine Kinder sollen Teufel im freien Feld fangen können« erzogen. Unruhiges Blut hat ihn früh nach Amerika getrieben. Bei Edison hat er in der Versuchsabteilung gearbeitet, in Florida Autorennen gefahren, er hat sich auf Jamaica getummelt und im brasilianischen Urwald gejagt. Lange, nach Meinung des technisch ingeniösen, allem Neuen aufgeschlossenen Vaters Albert Hirth fast zu lange, hat er gebraucht, bis dieser Hunger nach Abenteuer, nach Leben und Erleben gestillt war und die Frage nach der Kanalisierung dieser ungebärdigen Energie, nach der existentiellen Zielrichtung sich stellt.

Dieser Hellmuth Hirth, Jahrgang 1886, bringt alles mit, was den großen Flieger in diesen Tagen ausmacht: sportliche Verwegenheit und Körperkraft, technischen Sachverstand seit den Jugendtagen, Motorenkenntnis, unbändigen Freiheitswillen und auch noch den Rückhalt in den international tätigen Unternehmen des Vaters, der im Spezialmaschinenbau, auch auf dem Gebiet der Kugellager, als Erfinder einen renommierten Namen hat. Hirth verdankt seine Blitzkarriere – Pilotenzeugnis im März, Chefpilot der Rumpler-Werke im Juni 1911 – freilich vor allem der Umsicht und Geduld, mit der er nach der zuverlässigsten Maschine gesucht hat. In der Taube, Igo Etrichs Kabinettstück, findet er sie.

Ein gutes Jahrzehnt Arbeit steckt in dem graziösen Eindecker – Grundlagenforschung, ausgiebige Experimente mit Gleitern, Erprobung der Form des Zanonia-Flugsamens bei Tragflächen. Rund 400000 Goldmark haben Etrich Vater und Sohn, patriarchalische Herrscher über Textilfabriken in Böhmen und in Rußland, nach eigener Aufrechnung in diese Entwicklung gesteckt, und bis zum Absturz mit Rückgratverletzung ist Igo auch selbst geflogen. Letztes Entwicklungsstadium ist ein Eindecker, dessen Tragflächen der Form von Vogelschwingen in Gleitflugstellung nachempfunden sind. Die elastischen Flügelspitzen werden verwunden. An den fischförmigen Rumpf ist ein taubenschwanzförmiges Höhensteuer aus Tongking-Rohren angesetzt. Rumpler in Johannisthal baut inzwischen die Etrich-Taube in Lizenz, wird sie schließlich, mit Verbesserungen, als Rumpler-Taube unter seinem Namen okkupieren, was nur mit Prozessen enden kann.
Die nötige Härte, die Rennroutine, ohne die es bei hochdotierten Flügen nicht geht, hat sich Hirth mit seiner Taube schnell, fast vorschnell geholt. Der Erste Deutsche Zuverlässigkeitsflug am Oberrhein von Baden-Baden über Mülhausen nach Frankfurt, der erste Flugwettbewerb unter dem Protektorat des Prinzen Heinrich, hat ihn und sein Flugzeug im Mai 1911 auf Anhieb in Fliegerkreisen bekannt gemacht. Innerhalb einer guten Woche lernt der junge Dachs gegen erfahrene Konkurrenten wie Jeannin und Thelen bestehen und studiert deren Tricks. Jeannin, von oben herab: *Hirthchen, Sie sind ein lieber, guter, netter Kerl. Aber jetzt sind Sie mein Konkurrent.* Hirth begreift: Jede Konkurrenz ist eine Art von Krieg, einer des andern Feind.
In diesem Luft-Kampf macht er alles mit: den Sturmflug an den Schwarzwaldhängen und den Kopfstand auf dem Flugfeld von Offenburg; die Landung im Kornacker und den tödlichen Absturz von Charles Laemmlin, einen Nebelflug und einen Propellerbruch während des Steigfluges. Als er nach acht Tagen, fast so frisch wie beim ersten Start, in Frankfurt aus seiner Taube steigt, sieht sich Hirth, der eigentlich ganz naiv bloß Erfahrungen sammeln wollte, unversehens in der Rolle des Siegers. Andere haben erschöpft, entnervt, aufgegeben. Rumpler telegraphiert nach Berlin: *Alle Lichtenberger Beamte und Arbeiter sollen ab 12 Uhr feiern. Löhne werden natürlich bezahlt.* Die Fachleute stellen nach diesem Flug fest, daß Eindekker mit elastischen Flügeln bei unruhiger Luft den starr gebauten Doppeldeckern überlegen sind.
Solche Erfolge, auch der Höhenflug in Kiel bis auf 2200 m, machen Mut. Für den gewagten Erstflug von München nach Berlin, für diese Riesenstrecke von etwa 540 km (die längste Etappe beim Deutschen Rundflug geht über 203 km) will sich Hirth freilich nicht auf jenen Richtungsinstinkt verlassen, den er sich selbst beimißt. Er nimmt einen Passagier in der Taube mit, einen altgedienten Ballonfahrer. Denn Hirth, wie sein Vater selbst Ballonfahrer, hält viel von den Erfahrungen im Korb, andere Flieger auch. Einer nennt den direkten Kontakt mit Wind, Wetter und Landschaft im Ballon geradezu die »Gehschule der Aviatik«.

Den Fliegern

Horizontüberfliegende Sehnsucht, du
höchster Traum seit dem ältesten Erdentag,
wie du bebst in dem leichten Gestänge, das
luftbeherrschend empor zur Erfüllung dich hebt!

Wer dem Motorpuls und Propellerschwung,
Raumbezwinger, sich todeskühn anvertraut –
o er schickt den surrenden Siegsgesang
uns herab eines neuen Heldentums.

Und ein Bild so kühn wie libellenzart
drückt sein schräger Flug in den Äther ein,
die Zukunft entringt in Jubelgeburt
seinen Kurven sich, ihrem Rausch und Takt.

Grauser Luftstrudel, der über Gletschern quirlt,
dein kreiselnder Stoß schlägt das leichte Gerät,
aber fühlst du auch, daß auf schwankem Sitz
todumgiert ein Mensch noch das Steuer hält?

Höchstes Licht, noch eh du die Firnen triffst,
leucht auf, leucht auf an der Heldenstirn –
Aus dem Opfergebein steigt das Fieber nur,
dessen Durst nichts stillt als noch größere Tat!

Aus beweintem Tod lacht und strahlt ein Ziel,
denn das stockende Herz war das erste wohl,
doch das einzige nicht, dessen Schlag belebt
jene Einsamkeit über Meeren und

Überm Hochgebirg; doch den Sterbenden Dank:
Bis zur Raumlosigkeit ihres eigenen Ichs
spannten sie die Grenze, und Fliegen ist ja
aller Grenzerweiterung Trunkenheit!

Hans Brandenburg

Am Abend des 26. Juni startet Hirth mit Alfred Dierlamm auf dem Flugfeld von Puchheim, das der maroden, nie richtig auf die Beine gekommenen Münchner »Akademie für Aviatik« gehört. Die Piste besteht aus einer 80 m langen Holzbahn und einer ins hohe Gras und in die Disteln gemähten Schneise. 100 Liter Benzin müßten bis Nürnberg reichen. Der anfangs leichte Sprühregen geht bald in heftige Schauer über. Nach zehn Minuten

haben die beiden Flieger keinen trockenen Faden mehr am Leib. Hirth muß die außen und innen beschlagene Schutzbrille abnehmen. Der Regen peitscht ins Gesicht. Schließlich kann er aus 300 m Höhe die Erde nicht mehr erkennen. Wolkenbruch. Eine Luftströmung trägt die mit gedrosseltem Motor fliegende Maschine wie in einem Kamin auf 500 m, die nächste drückt sie trotz Vollgas auf 80 m herunter. In Bächen läuft das Wasser über die Bespannung der Flächen. Hirth läßt die geöffnete Hand auf den Tragflächenansatz baumeln: Ein Wasserstrahl schießt ihm armdick ins Gesicht. Dann läßt plötzlich der Motor nach, und zwar erschreckend, wie Hirth auf dem Tourenzähler sieht. Er greift zu dem primitiven Gartenschlauch, der ihn mit dem Vordersitz verbindet, und brüllt: *Wir kommen nicht mehr über die Wälder weg! Ich muß landen!* Er bringt die Taube noch über Bäume und landet auf einem Acker. Triefend, pudelnaß erheben sich Pilot und Passagier.
Der Flurschützer mit seiner Schrotflinte ist der erste, der sich, schön vorsichtig, zu dem seltsamen Riesenvogel vorwagt. Hirth sticht Löcher in die durchweichte Tragfläche, um das Wasser abzulassen, das sich, lauter kleine Wassersäcke, zwischen der oberen und unteren Bespannung angesammelt hat. Die Mechaniker schliddern auf ihrer nächtlichen Fahrt zum Notlandeplatz mit ihrem Wagen ein paarmal in den Graben. Der Motor des Flugzeugs geht in den Kolben weich, die Auslaßventile lassen sich aber nicht bewegen. Im strömenden Regen haben die Männer während des Fluges nicht bemerkt, daß ein Wasserrohr geplatzt und der ungekühlte Motor heißgelaufen war. Pech für die Flieger: Der kleine Ort liegt 94 km von München entfernt. 100 km aber sind Bedingung für die erste Landung.
Auch bei dem energischen Dorfschmied rühren sich die Ventile nicht. Hirth fährt mit den Zylindern nach Ingolstadt in die Geschützgießerei. Dort werden sie in ein Faß mit kochendem Wasser gestellt, und die Ventilführung wird mit einer Lötlampe angewärmt. Unter Zugabe von Wachs gelingt es dann, die Ventile behutsam herauszuschlagen. Weder die Ventilstange noch die Führung hat irgendwelchen Schaden genommen. Die Stange wird abgeschmirgelt, die Führung mit einer Reibahle ausgerieben. Dann ist der Mercedes-Motor wieder betriebsfertig für den Rückflug.
Zwischen Dämmerung und Dunkelheit nähern sich Hirth und Dierlamm München. Wo liegt Puchheim? Sie stemmen sich von ihrem Sitz hoch, um über die Flächen zu schauen. Mit Schrecken sieht Dierlamm dicht vor seinen Augen, was er tagsüber noch nie wahrgenommen hat: bis zu 20 cm lange Stichflammen, die aus den vier Auspuffrohren des Mercedes schlagen und Funken, die auf den stoffbespannten Trag- und Schwanzflächen tanzen. Hirth macht das Puchheimer Flugfeld schließlich an der es umgebenden weißgestrichenen Betonmauer aus und landet im Dunkeln ganz weich auf der kurzen Holzbahn. Der erste Versuch ist gescheitert, genaugenommen nur wegen der fehlenden Wetterwarnung.
Neues Startgeld – nächster Versuch am Abend des 29. Juni. Die Angestellten der Kathreiner-Fabrik München überreichen Hirth beim Abflug einen Brief an ihre Berliner Kollegen. Das Wetter ist klar und ruhig, keine Pro-

bleme diesmal, metergenauer Flug bis Nürnberg. In einem der überflogenen Dörfer ist gerade Jahrmarkt, und zu den kleinen Sensationen gehört eine Menagerie mit wilden Tieren. Plötzlich schreien Frauen: »Ein Flieger kommt!« Andere verstehen: »Ein Tiger kommt!« und rennen mit dem Entsetzensschrei »Rettet euch!« davon.

Zehntausende haben auf dem Nürnberger Landungsplatz Schweinau die Absperrung durchbrochen und den Platz besetzt. Hirth stellt den Motor in 500 m Höhe ab, von unten herauf dringt zu den beiden Fliegern das unheimliche Brodeln der Ovationen. Auf einem letzten freien Eckchen können sie noch landen, bevor die Flut über sie hereinbricht. Was nun folgt, wird Hirth sein Lebtag nicht vergessen. Die beiden eingekeilten Männer sehen nichts als Tausende von Köpfen und darüber eine dunkle, fast schwarze Staubwolke. Über der Masse, die alles zu erdrücken scheint, schweben hochgehobene Fahrräder, Kinderwagen und Kinder. Soldaten bahnen sich endlich mühsam den Weg, schützen die Maschine vor der Demolierung. Hirths Versuche, die verrückte Menge durch eine Ansprache zu beruhigen, werden im Keim erstickt. Schon beim ersten Wort fliegen jedesmal Mützen und Hüte in die Luft. Automobile, die selbst wiederum demontiert werden, öffnen endlich den Weg zum nahen Kasernenhof. Am Kaserneneingang wird mit mächtigem »Hauruck!« ein Torpfosten entfernt, und mit dem Flugzeug wogt die Menge auf den Hof. Der Kommandeur läßt Alarm blasen.

Hirth instruiert noch die Rumpler-Mechaniker (acht sind auf die Gesamtstrecke verteilt) und macht dann, um gar nicht erst müde zu werden, mit den Honoratioren beim Wein bis zum frühen Morgen durch. Der Start wird zum schwierigsten seiner Laufbahn: Mit 120 Liter Benzin, zwei Mann Besatzung und Fotoausrüstung ist der »Bock«, wie Hirth seine Taube zu nennen pflegt, überladen. Im dunstigen Morgen macht der Motor auch noch 40 Umdrehungen weniger. Hirth muß auf das Publikum zuhalten und sich dann Zentimeter um Zentimeter Höhe erkämpfen. Nach zehn Minuten ist er 60 m, in Bamberg immerhin schon 400 m hoch. Doch die Berge bei Probstzella haben 800 m.

Dierlamm hockt in dem vibrierenden Flugzeug mit seinen Karten und dem Fotoapparat vor Hirth auf dem vollgefüllten, harten Benzintank. Es ist gut für den Piloten, wenigstens einen Rücken zu sehen, nicht ganz allein zu sein. Die Karosserie ist eng, alles trieft vor Öl. Von unten her dringt der Geruch verbrannten Öls herauf. Von Zeit zu Zeit muß Dierlamm die Nase raushalten in den frischen Propellerwind. Wassertropfen fliegen den beiden Männern ins Gesicht: Eine Dichtung an der Kühlung hält nicht. Dierlamm steigt auf den Tank und beugt sich weit nach vorn über den ohrenbetäubenden Mercedes. Erst als er sich mit den Beinen fest gegen den Rumpf abstützt, kann er versuchen, mit beiden Händen die lecke Stelle mit Isolierband abzudichten. Er berührt dabei die Zündkerze, sein Körper zuckt, daß Hirth hinter ihm eine Sekunde lang glaubt, er gehe über Bord. Im Fahrtwind kann Dierlamm keinen Knoten binden. Zum Glück läuft der Mercedes ohne Stottern.

Hirth nutzt Ballonfahrertricks, um Höhe zu gewinnen. Über Getreidefeldern, die die Morgensonne bestrahlt, bilden sich aufsteigende Luftströmungen. Tatsächlich, mit leichtem Wind im Rücken trägt die Strömung die Taube über die Felder dem Kamm zu – und drüber hinweg, die Saale glitzert in der Morgensonne. Hirth vergißt in traumverlorener Seligkeit das Motorengetöse. Auf dieser ruhigen Etappe, in diesem stabilen Flugzeug, das sich unter Fliegern bald des Rufs einer »Lebensversicherung« erfreut, kann er rauchen und Zeitung lesen, bis die Kuppel des Reichsgerichts in Leipzig sich aus dem Morgenhimmel formt. Auf dem Flugfeld werden die Vorräte aufgefrischt: Benzin, Öl, Wasser, Kaffee.
Das Barometer fällt. Hirth drängt zum Weiterflug. Die Etappe Leipzig–Berlin haben die beiden für die einfachste gehalten. Aber gerade sie wird die härteste, ein wahrer Höllenflug. Schon beim Hochgehen packen Böen die Taube. Sie schaukelt wie ein Boot, links und rechts tief die Fläche senkend. Dierlamm, der bis dahin gewissenhaft das Bordbuch geführt hat, kann kaum noch schreiben, er muß sich festklammern. Die Taube stöhnt und ächzt, als ob bleierne Klötze auf die Flächen geworfen würden, den Fliegern schmerzt das Rückgrat. Besorgt sieht Hirth, wie die Leisten, die die Stoffbespannung auf den Rippen halten, sich immer mehr lösen, wie der über den Flügeln entstehende Unterdruck den Stoff zu 30 bis 40 cm hohen Säcken emporsaugt. Apathie überkommt ihn bei der ungeheuren Anstrengung ständigen Parierens. Die Augen schließen, die Hände einfach vom Steuer lassen, das bleibt als letzte, dumpfe Wunschvorstellung.
's war a Viecherei, sagt er in unverfälschtem Schwäbisch nach der Landung in Johannisthal. *Mein Gehör ist fast völlig weg. In den Ohren schaffen noch alle vier Zylinder.* Rumpler umarmt und küßt Hirth – der Fabrikant kassiert zwei Drittel, der Pilot ein Drittel von den 50000 Mark (Hirth: »gerecht«). 14½ Stunden haben die beiden Männer für die Strecke Puchheim–Johannisthal, von München nach Berlin, gebraucht. Davon sind 5 Stunden 41 Minuten reine Flugzeit.
Hirth, der dunkelhaarige, junge Mann mit dem koketten Bärtchen, bejubelt nun, beklatscht und angebetet, bekennt selbstkritisch, daß er sich nach solch einem Triumph nicht bloß einmal gefragt habe: Was hast du eigentlich geleistet? Was ist dein Verdienst, daß dein Motor durchgehalten hat? Der 70-PS-Mercedes hat sich tatsächlich hervorragend gehalten – Ansporn für die Motorenindustrie, den eingeschlagenen Weg des wassergekühlten Standmotors weiterzugehen, trotz der allgemeinen Gnôme-Euphorie.
Hirths Erfolg ist Rumplers Glück. Die widerstandsfähige, leicht zu fliegende Taube wird zu einem Renner in Rumplers Fabrik, populär wie kein anderes deutsches Flugzeug dieser Zeit und sogar als Zigarette vermarktet. Einmal klettert Hirth, der erfolgreichste Tauben-Flieger, beim Fliegen mit einem Fuß auf den Sitz, mit dem anderen auf die rechte Fläche, um zu zeigen, wie stabil das Flugzeug ist.
7. Juli. Die französischen Piloten fallen nach ihrem Ausflug nach England wieder in Paris ein – für die Franzosen Nationalhelden, nach Meinung

eines kühlen Briten, der sie erlebt hat, freilich *Egoisten reinsten Wassers, die das Vergnügen lieben, sich gern zujubeln lassen und nur um des Beifalls der Menge willen ihre Knochen riskieren. Von ihnen als den Pionieren einer neuen Wissenschaft sprechen zu wollen, ist absurd. Sie arbeiten lediglich für ihr persönliches Interesse. Etwas anderes existiert für sie nicht.*

Einundzwanzigmal ist beim Hin- und Rückflug der Kanal überquert worden, seit Blériot doch der Gradmesser der Fliegerei: »Ein imponierender Massenflug«, kein einziger Ausfall. Acht Piloten haben alle Etappen bis zum Schluß durchgestanden. Védrines, der Draufgänger, eingehüllt in gelben Kautschuk, bleibt vom Pech verfolgt. Auf der letzten Etappe, in Amiens, platzt noch einmal ein Zylinder, er stürzt. Immerhin reicht es für einen vierten Platz. Sieger wird Beaumont, der beständigste unter den Piloten, der Methodiker, der auf Nummer Sicher fliegt; Zweiter: Garros, der eleganteste, der durch die harte amerikanische Luftzirkus-Schule gegangen ist. Sieger, vor allem, ist Blériot, der die größte Organisation stellt und an jedem Ort eine Ersatzmaschine und Ersatzteile bereithält. Nur ein einziges Flugzeug erreicht Paris so wieder, wie es gestartet war: ein REP-Eindecker, eine respektable, mit dem 5. Platz völlig unterbewertete Leistung. Alle anderen Flieger haben das Gerät gewechselt, Beaumont allein viermal den Motor. Typisch Gnôme.

Drei Tage später grenzenloser Jubel in Berlin, als Bruno Büchners Aviatik-Doppeldecker über Johannisthal gesichtet wird und landet: Lorbeerkränze, goldene Zigarettenetuis, Hochs und Hurras. Hirth und Jeannin sind zur Begrüßung ihres Kollegen erschienen, auch Lindpaintner, der bei Kassel zu Boden mußte. Abends folgen noch Benno König und Hans Vollmoeller. Alle haben sich über den Harz geschunden, die schwierigste Etappe des Rundflugs. In Nordhausen sind Wiencziers und König beim Start zusammengestoßen. Benno König, der Mechaniker, wird nach der Addition der Kilometer zum Gesamtsieger erklärt, bekommt 89015 Mark. Sein breites, herbes Gesicht, der bis zum Mund hochgewickelte dicke Schal wird zum Markenzeichen aviatischer Entschlossenheit. Im November kündigt König unter Hinweis auf die strapazierten Nerven seinen Vertrag. Und im nächsten Jahr bohrt sich bei einem Sturz das Steuerrad in seine Brust. Er stirbt nach der Operation in Altona, 27 Jahre alt.

Bilanz des Riesenunternehmens: So schlecht stehen die Deutschen auch wieder nicht da. Gewiß, keiner der Gestarteten hat alle dreizehn Etappen bezwungen, das war noch zuviel verlangt. *Der wunderbare idealistische Schwung jedoch,* so die *National-Zeitung, der das ganze Problem der Eroberung der Luft durchzuckt, hat die Herzen und Geister auch bei uns plötzlich erfaßt und sie schnell hochgehoben über die Kläglichkeit der kleinen Anfänge.* Ein Grund zur Freude: Die ersten drei Flugzeuge im Rennen, Königs Albatros, Vollmoellers Taube, Büchners Aviatik, alle drei kommen aus deutschen Fabriken. Und während die Franzosen mit ihren schnellen Rennmaschinen allein flogen, haben die Deutschen sogar noch einen Passagier mitgenommen. Das spricht für die Motoren, für Mercedes und Argus, und gibt der deutschen Industrie Auftrieb, die, trotz des

Gnôme im siegreichen Albatros, nicht viel von dem aufwendigen, kurzlebigen, luftgekühlten Umlaufmotor hält.
Die *B. Z. am Mittag*, selbst gepackt vom Erfolg ihres Rundflugs, besingt *das Heldentum der Nerven, des kalten Blutes und der beherrschten Kraft*. Franzosen, natürlich, mokieren sich über die Deutschen, sprechen herablassend von der »promenade des aviateurs allemande«, von einem »schwindsüchtigen Rundflug«. Der *Matin* höhnt: *Resultats nuls*. Doch der Umschwung in Deutschland, die zunehmende Breitenwirkung der Fliegerei ist unverkennbar. Ein äußeres Zeichen dieses Wandels vom Ballon und Luftschiff zum Flugzeug ist die Umbenennung des 1902 gegründeten Deutschen Luftschiffer-Verbandes in Deutscher Luftfahrer-Verband. Am 1. Oktober 1911 registriert er in Deutschland 121 geprüfte Flugzeugführer und 43 Flugzeuge der verschiedensten Systeme.
Das Rundflugfieber grassiert in Europa in diesem denkwürdigen Sommer 1911. Die Zeitungen, die die Preise stiften, lassen sich damit quasi ihr Material produzieren – und werden gut bedient. Die Flieger sehen Geld, das sie dringend brauchen, und die Blätter füllen ihre Seiten zum Ruhme des technischen Fortschritts. In Dänemark und Rußland, in Belgien, Italien und Österreich kauern sich die Flieger auf ihre Korbstühlchen und Metallschalen, stülpen sich ihren Lederhelm auf den Kopf oder drehen ihre Schirmmütze nach hinten und heben entschlossen die Hand zum Start.
Der Dänische Rundflug muß in Aalborg abgebrochen werden, nachdem alle Teilnehmer auf der Strecke geblieben sind – wie beim russischen Fernflug von Petersburg nach Moskau. In Niederösterreich fliegt dem Sieger Josef Sablatnig der Kühler in den Rücken, als die Spannschlösser reißen. Bauern, die bei der nächsten Notlandung (Ventilhebel gelockert) den Doppeldecker halten sollen, rennen beim Lärm des Motors in panischer Angst davon. In einem Gewitter übertönt der Donner das Motorgetöse, Sablatnig fliegt durch Hagelböen. Beim Italienischen Rundflug behaupten sich Offiziere, die außer Konkurrenz fliegen, gegen französische Zivilpiloten. Zwei müssen mit ihrer Blériot und ihrer Taube auf dem schmalen Strand vor dem Excelsior-Hotel am Lido niedergehen, während Blitze zucken.
Die 1600-Kilometer-Jagd über die britische Insel, der Englische Rundflug, die härteste Prüfung des Jahres, wird nach neuen Bedingungen ausgetragen, das ist vernünftig. Funktionäre des Royal Aero Club markieren und plombieren Flügel, Höhen- und Seitensteuer, gravieren Ziffern in den Stahl von Zylindern, in die Welle und das Motorgehäuse. Zehn Bestandteile jedes Flugzeugs werden gekennzeichnet und an den Kontrollstellen untersucht; sechs, nicht mehr, dürfen ausgewechselt werden. Ein Zuverlässigkeitsrennen – ein Rennen um 200000 Mark.
Prinz Heinrich von Preußen, Ehrenadmiral der britischen Flotte, schaut bei brütender Hitze den Startversuchen der 24 Konkurrenten in Brooklands zu; er sieht die ersten Stürze, die ersten Rückzieher. Englands Hoffnungen ruhen auf Cody und Valentine. Österreich ist mit einer Etrich-Taube am Start. Sie hat den stärksten Motor, einen 120-PS-Daimler. Die meisten fliegen mit einem Gnôme, auch Beaumont und Védrines.

Schon auf der zweiten Etappe fliegt der eleganten Taube, Favorit vieler Wetten, ein Zylinder weg. Oberleutnant Bier, der Pilot, landet in einem Haferfeld, scheidet aus. Igo Etrich nennt als Grund für den Reinfall Sabotage: Man habe Sand im Öl gefunden. Das klingt ungeheuerlich, entspricht aber der Rennpraxis und wäre nicht das erste Mal. Beim Kampf um das große Geld oder um Heeresaufträge, was ja auf dasselbe hinauskommt, bleibt die sportliche Fairneß leicht auf der Strecke, da muß schon mal ein ungesicherter Bolzen, ein angesägter Draht, das Seine zum Endergebnis beitragen. Viele Flieger der Pionierzeit, bei Santos-Dumont und den Wrights angefangen, können ein Lied von solch abgefeimten Methoden singen. Hirth findet Wasser in plombierten Benzinkanistern, Grade Sand im Auspuff, Fokker Zucker im Benzintank. Erst später kommt der Holländer darauf, daß solche Streiche an der Tagesordnung sind: Wenn zu viele Flieger bei Johannisthaler Konkurrenzen starten wollen, werden die Anfänger, die Ahnungslosen, mit Zucker bedacht. So können die andern mehr Geld verdienen. Mechaniker schlafen deshalb nachts bei den Maschinen, und manche haben einen Revolver in der Tasche. Biers Taube stand eine Nacht lang unbewacht. Aber zu Beweisen reicht es nie.
Schnell, zu schnell spitzt sich so das Rennen auf das Duell der beiden französischen Meisterflieger zu, die alle andern mühelos hinter sich lassen – auf den Zweikampf des Systematikers mit dem Draufgänger. Beaumont, diesem ruhigen und stillen Mann, dem Marineoffizier mit nautischen Kenntnissen, sagt man einen regelrechten Instinkt, einen sechsten Sinn für die Orientierung beim Streckenflug nach. Beaumont fliegt mit der Präzision eines Uhrwerks. Von Védrines, diesem heftigen, ungeduldigen, ungestümen Hitzkopf, diesem brillanten Flieger, heißt es zu Recht, er verstehe mehr aus dem Gnôme herauszuholen als jeder andere.
Zwei Männer in ihrem Element, beide beseelt von Siegeswillen, Kämpfer gegen die Nervosität beim Start, gegen Regen und Nebel auf der Strecke, gegen die Zeit und die Tücken der Technik. Und sie schenken sich nichts, die beiden, jeder will siegen: Der Verlierer geht leer aus, der Sieger bekommt alles, 200000 Mark. Eine wilde, verwegene Jagd. Védrines landet durchnäßt in Edinburgh und raunzt nur noch ein barsches »No speak English«. Seinen Konkurrenten schütteln die Böen über den schottischen Bergen, der Gnôme fällt aus, Beaumont sieht ein paar schrecklich lange Sekunden, bis der Motor wieder kommt, das Ende vor Augen. Védrines und Beaumont wechseln in der Führung, knöpfen sich immer wieder ein paar Minuten ab, gönnen sich einen kurzen Schlaf auf der Decke, während Mechaniker ihr Flugzeug warten.
In Bristol fällt die Entscheidung in diesem Kopf-an-Kopf-Rennen, das England in Atem hält. Védrines landet irrtümlich auf einem falschen Platz, an seiner Morane-Saulnier bricht dabei eine Verstrebung. Er verliert anderthalb Stunden. Im Wagen ist er gleich zum offiziellen Zielplatz gerast. Da steht schon Beaumonts Blériot. Und Jules Védrines, der kleine Mann mit der großen Schnauze, der schnellste Flieger der Welt, er heult.

Die Show ohne Netz

Der Dollar regiert Amerika, und junge Flieger sind scharf darauf. »Luftzirkusse« wandern durch die Staaten und zeigen gegen Geld wilde Kunststücke. Groß ist die Zahl der Opfer. Ein Amerikaner fliegt in fünfzig Tagen vom Atlantik zum Pazifik. Über fünfzehnmal macht er Bruch. Aber die ausgeschriebenen 50000 Dollar bekommt er nicht.

Schwerfällig zwängen sich Pilot und Mechaniker aus den engen Sitzen der Blériot, erschöpften Schwimmern gleich, die ans rettende Ufer torkeln: John B. Moisant ist auf englischem Boden gelandet, als erster unter allen Kanalfliegern mit einem Passagier. Beide haben blutunterlaufene Gesichter von den Hagelschauern in der Luft. John Moisant kann nicht mehr. Aber er ist in England gelandet. Der Amerikaner kommt aus Paris und will nach London. Latham hatte vor, ihn mit seiner eigenen Maschine zu begleiten, er kam nur bis Amiens, er schafft den Kanal einfach nicht, nie und nimmer. Für Moisant werden die nächsten Tage, die nächsten Etappen nach London, diese jämmerlichen paar Kilometer von der Küste zur Hauptstadt, zu einem lebensgefährlichen Hindernisrennen. Alles hat sich gegen den Flieger verschworen. Er muß mit Pumpenschaden niedergehen und fällt fast in eine Kalkgrube. Ein Draht verwickelt sich in dem Propeller, und er landet im Garten eines Arbeiterhauses. Trotz starkem Wind will er weiter, doch bei der nächsten Notlandung wird das Flugzeug so beschädigt, daß aus Frankreich ein neuer Propeller gebracht werden muß. Am 6. September 1910, fast drei Wochen nach seinem Start in Paris, erreicht John Moisant einen Fußballplatz in der Nähe des Londoner Kristallpalastes – wie ein Held gefeiert wegen seiner Ausdauer und seiner Zähigkeit. Seine Katze, »Miß Paris«, ist immer mitgeflogen.
Um den Architekten aus Chikago weben sich wilde Geschichten – Geschichten von Mord und Totschlag. Moisant, Abenteurer und Desperado, hat sich vorher in Mittelamerika umhergetrieben, und wo er auftauchte, gab es böses Blut. Als selbsternannter »Admiral« fiel er auf einem nicaraguanischen Küstensteamer nach San Salvador ein und legte ganze Dörfer in Schutt und Asche, bevor er auf die »Momotombo« zurückkehrte. Erst amerikanische Interventionen setzten seinem selbstherrlichen Treiben ein Ende. In einem Abschiedsbrief an die Salvadorianer drohte er ihnen seine Rückkehr im Luftschiff und Bomben auf die Hauptstadt an.
Ein Rabauke, der vor nichts zurückschreckt, dieser Mr. Moisant. Aber aus solchem Holz sind nun einmal die Männer gemacht, die seit 1910 mit einem »Fliegerzirkus« durch die Vereinigten Staaten ziehen. John B. hat noch

einen Bruder, Alfred, und beide stecken ihr Geld, eine Menge Geld, in die »Show Moisant International Aviation Ltd.« (auch die Schwester, Matilde, lernt dann als eine der ersten Amerikanerinnen fliegen). Von New York aus brechen die Moisants gen Süden auf, zusammen mit amerikanischen Piloten und mit Freunden aus Europa, mit Garros und Audemars. Vor jeder größeren Stadt wird die Wagenburg aufgeschlagen und ein Wiesengelände gepachtet, auf dem die zwanzig Ein- und Doppeldecker, die Blériots und Wrights, in Zelten stehen. Bombastische Plakate verkünden: *Dieser Zirkus hat die größte, die grandioseste, die schnellste Truppe von ›Luftchauffeuren‹ der Welt zusammengestellt. Bei ihren lebensgefährlichen und waghalsigen Rennen in der Luft wird das Publikum voll auf seine Kosten kommen.*

Das Geschäft der »birdmen« blüht, enormes Geld fließt in den nächsten zwei, drei Jahren in das »exhibition business«, Millionen. Die angeheuerten Piloten, junge Draufgänger, die das Geld und nichts sonst lockt, bekommen ein bis zwei Dollar pro Flugminute, das reizt schon zu gewagten Kapriolen, die das Publikum faszinieren. Der Sturz, der Absturz, selbst das gebrochene Genick wird als Attraktion in das Programm der Show einbezogen, ein blutrünstiger Kitzel, der seine Wirkung nicht verfehlt. In einem unterscheiden sich allerdings Amerikaner nicht von den Europäern: Nach jedem schweren Unfall steigen auf dem Flugfeld die Zuschauerzahlen. Die Masse braucht ihre Opfer, begeistert, erschreckt, befriedigt. Die Brutalisierung gehört zur neuen Zeit.

Ein bißchen Zirkus gibt's überall auf der Welt, jedes Publikum erwartet Nervenkitzel. Der »vol plané«, der Gleitflug mit abgestelltem Motor, ist so ein Bravourstück, je steiler, desto erregender für die Zuschauer. Kurz über dem Boden fängt der Pilot das Flugzeug ab, und das keineswegs sanft und behutsam. Alle Teile werden dabei bis zum äußersten beansprucht, meistens geht es auch gut. Der Pilot muß das Flugzeug beim Gleitflug verhältnismäßig steil nach vorn überkippen, um in die richtige Fluglage zu kommen, nicht zu flach und nicht zu steil, im richtigen Winkel. Hat die Maschine zu geringe Fahrt, rutscht sie seitlich ab. Fliegt sie zu steil, wird es lebensgefährlich, besonders bei Flugzeugen mit vornliegendem Höhensteuer. Dann wirkt das vordere Steuer derart als Hebelarm, daß oft genug jede Kraftanstrengung mit dem Knüppel vergeblich ist. Manchmal bricht das Höhensteuer, umklammern die Hände des toten Piloten einen krummgebogenen Knüppel.

Verrückte gibt's halt überall, und manch einer zahlt für den Leichtsinn mit seinem Leben. Der besonnene Dorner, vorsichtiger Konstrukteur, mahnt: *Wir haben leider wenig Flieger, die Selbstbeherrschung höher einschätzen als Mut und Todesverachtung.* Nur, was europäische Klubs mit Verwarnungen und Strafen ahnden, glauben Flieger in Amerika dem Dollar schuldig zu sein. Als der Brite Graham Gilmour, einer der Verwegensten in Europa, bei der Henley-Regatta auf die Zuschauer herabstößt und dann mit den Rädern seines Flugzeugs das Themse-Wasser aufspritzen läßt, entzieht der Aero-Club dem Starflieger der Bristol-Werke für einen Monat

die Lizenz. Ironie des Schicksals: Als der »stormy petrel«, der Sturmvogel, wie man Gilmour nennt, einmal ausnahmsweise friedlich durch die Lüfte gondelt, bricht eine Fläche und er stürzt tödlich ab.
»Barnum-Mentalität« nennt Grahame-White derlei Unfug abfällig – in England, zu Hause wohlgemerkt. Als er selbst 1910 in Amerika weilt und in Boston 124000 Mark gewinnt, worauf ihn die amerikanische Presse zum erfahrensten und geschicktesten Flieger der Welt kürt, kann auch er den Versuchungen des Show business nicht widerstehen. So landet er in der Executive Avenue in Washington, um Präsident Taft einen Besuch im Weißen Haus abzustatten. Danach startet er wieder auf der Straße, zwischen den Häusern, mit den Flächenenden nur ein paar Meter von den Häuserwänden entfernt.
Barnum-Mentalität verführt einen McClean dazu, unter der Themse-Brücke hindurch- und einen Beachey, über die Gischtwolken der Niagara-Fälle hinwegzufliegen. Barnum, der große Phineas Taylor Barnum, dieser unermüdliche Selbstdarsteller und unerschöpfliche Gag-Produzent, hatte Amerika und dem Rest der Welt gezeigt, was eine Show ist. Wie kaum ein anderer vor ihm hatte dieser geniale Zirkusunternehmer und Schöpfer der »Größten Schau der Welt« den Zusammenhang zwischen Reklame und Gelderwerb begriffen. *Stelle dein Licht nicht unter den Scheffel*, lautete eine seiner Lebensmaximen, die er samt allen Kniffen, sein Vermögen zu mehren, auch in Buchform unter die Leute brachte. Barnum machte eben, sehr amerikanisch, aus allem Geld, er war da nicht zimperlich. *Homöopathische Dosen sind nicht am Platze. Man muß aufs Ganze gehen.* Aufs Ganze gehen: Unter dieser Devise steigen die amerikanischen Flieger in der kurzen Zeit des aviatischen Goldrauschs in ihre Maschinen. Was ihre Kollegen in Europa indigniert von sich zu weisen suchen, eine Beziehung zum Schaustellergewerbe nämlich, wird von den Amerikanern ganz offen und bewußt hergestellt: Fliegen als Thriller, als extravagante Show, als dollarträchtige Sensation. Man muß den Leuten etwas bieten – diese Barnum-Mentalität beherrscht vor allem die geschäftstüchtigen Veranstalter. Sie riskieren ja auch nicht ihre Knochen.
Amerika, das laute, lärmende Amerika, das die geduldige langwierige Arbeit der Wrights eher uninteressiert zur Kenntnis genommen und die denkbare Führung deshalb auch verspielt hatte, muß mit einem Paukenschlag ins Zeitalter der Fliegerei gebracht werden, braucht das laute, knallige Tamtam. Glenn Curtiss, von seinem Manager glänzend beraten, bringt dieses Kunststück fertig, als er, größtenteils dem Hudson folgend, im Mai 1910 von Albany nach New York fliegt. 103 Jahre zuvor hat Fultons Dampfschiff »Clermont« die Strecke von New York nach Albany, diese 230 km, in 52 Stunden zurückgelegt – eine historische Fahrt, ein berühmtes Datum in Amerikas Geschichte. Sein 10000-Dollar-Flug auf dieser klassischen Strecke, 2 Stunden 50 Minuten reine Flugzeit, das zusätzliche und unkalkulierbare Risiko beim Flug über den Fluß, reißt die sprachlosen Amerikaner endlich aus ihrer Lethargie und versetzt das für solche Spektakel empfängliche Land sofort in einen Taumel – Barnum-Mentalität.

Mit einem Schlag regnet es Preise zwischen 500 und 50000 Dollar, werden überall im Land Aero-Clubs gegründet. Alles in Amerika ist von nun an eine Nummer größer, eine Spur greller als in Europa, wirkt ein bißchen texanisch. Beim Meeting von Belmont Park im Oktober 1910 gewinnen die Flieger runde 100000 Dollar, das sind 400000 Goldmark; 1911 in Chikago noch einmal die gleiche Summe.
Und für harte Dollar riskieren die »Dare-devils«, diese jungen Teufelskerle, alles. Sie jagen sich in steilgenommenen Kurven um die Felder, daß dem Publikum Hören und Sehen vergeht, gleiten in einer Art Schraubenlinie auf die Flugfelder herab oder folgen, nur ein oder zwei Meter hoch, den Unebenheiten des Bodens. Mit starken Wagen liefern sie sich in Wolken von Staub und Auspuffgasen über Rundkursen und an Stränden wilde Rennen. Ganz Waghalsige wie Hamilton lassen schon mal ihren Vogel über der qualmenden Lokomotive tanzen, daß die Passagiere im Zug mit tränenden Augen aus den Fenstern hängen. Diese Mischung aus Gefahr und Geschäft bringt die Piloten, diese »trick flyers« und »Aerobats«, in die Nähe der Stuntmen von Hollywood; die gerade aufkommende Filmindustrie entdeckt das Flugzeug als Verfolger ebenso wie als Retter in letzter Not, auf jeden Fall und immer als Nervenkitzel.
Die Moisants mit ihrer »aviatischen Wandertruppe« ziehen nicht als einzige durchs Land. Auch Wright und Curtiss, die Flugzeugproduzenten, schicken ihren eigenen Zirkus, beides Tochtergesellschaften, durch die Staaten, um Amerika »air-minded« zu machen und Flugzeuge an den Mann zu bringen. Ausstellung, Vorstellung und Entertainment gehen Hand in Hand. Bei den Wrights fliegen Hoxsey, Parmalee, Johnstone und Brookins, bei Curtiss Hamilton, Shriver und Beachey – berühmte Namen in Amerika. »Archie« Hoxsey und Ralph Johnstone, den »Heavenly Twins«, ist kein Gleitflug zu steil, keine Kurve zu scharf. Johnstone, der ehemalige Music-Hall-Unternehmer, fliegt Höhenweltrekord über 3000 m, Hoxsey schlägt ihn. Ein amerikanischer Abgeordneter fordert daraufhin, Flüge über 300 m mit Gefängnisstrafen zu belegen. Kaltblütig stemmen die Piloten beim steilen Gleitflug die Füße fester auf das Brett und pressen den Rücken kräftiger in die Lehne des Sitzes. Das zahlende Publikum, an die tollkühnen Kapriolen der beiden gewöhnt, glaubt bis zum letzten Augenblick an waghalsige Schauflüge. Doch was die Leute sehen, ist tödlicher Ernst. Innerhalb eines Monats liegen beide, die »Zwillinge«, zerschmettert am Boden.
Auch John B. Moisant, der doch schon einiges überstanden hat in seinem wilden abenteuerlichen Leben, wird nicht alt. Im Kampf um den Michelin-Cup packt eine Böe am Silvestertag 1910 seine leichte Blériot und kippt sie einfach um. Die einzigen, die nicht an seinen Tod glauben, sind die Bewohner von San Salvador. Hier wollen die Gerüchte nicht verstummen, daß er in Wirklichkeit heimlich darangeht, seine schreckliche Drohung, die Hauptstadt zu bombardieren, wahr zu machen.
Nach Hoxseys Absturz richten die Wrights an alle Wright-Piloten ein Schreiben, in dem sie nachdrücklich vor solchen akrobatischen Kunst-

stückchen warnen; dann zahlen sie Hoxseys Beerdigung und der Mutter eine Pension. 1911 wird der Wright-Zirkus aufgelöst, wenig später folgt Curtiss, doch die Schaufliegerei geht weiter. Die Wrights sorgen im übrigen für einen Zirkus ganz eigener Art, indem sie die Patentanwälte in Amerika und Europa in Atem halten. Jahrelang verfolgen sie unerbittlich alle Konstrukteure und Piloten, die eine Verwindung oder verwindungsähnliche Querruder benutzen, und bezichtigen sie der Verletzung ihres sehr weit gefaßten Patents. Die Veranstalter großer Meetings in Amerika zahlen freiwillig eine Art Tantieme an die Brüder, bloß, um deren Einstweiligen Verfügungen gegen andere Flieger zuvorzukommen. Trotzdem gibt es groteske Verwicklungen. So ergreift Paulhan vor den Wrights und ihren Ansprüchen die Flucht aus Amerika. Sein Manager verlangt die Erfüllung des Vertrages und beschlagnahmt Paulhans Flugzeuge, aber die hat der Franzose schon auf seine Frau übertragen lassen. Erst angesichts der zahllosen Neugründungen in der Flugzeugindustrie, der vielen mittleren, kleinen und kleinsten Unternehmen müssen die Wrights später einsehen, daß die weltweite Wahrnehmung ihrer Patente eine reine Illusion ist. Die Zeit geht mit dem Ersten Weltkrieg darüber hinweg.

In Amerika herrschen andere, brutalere Gesetze, der Dollar diktiert, bezahlt wird nach Leistung. Schauflieger stehen unter dem Druck gerissener und rücksichtsloser Impresarios, die unter Hinweis auf das sensationshungrige Publikum Starts auch bei Wind, bei nebligem Wetter verlangen – und durchsetzen. Der wortkarge Charles K. Hamilton, einer der verrücktesten Flieger dieser Tage, prophezeit: *Wenn nicht gründlich Wandel geschaffen wird, werden wir Aviatiker alle den Tod finden. Wann, ist nur eine Frage der Zeit.* Hamilton, ein kleiner, spillriger, häßlicher Mann von kaum mehr als 100 Pfund Lebendgewicht, große Nase, tiefliegende Augen und weit abstehende Segelohren, die unvermeidliche Zigarette im Mundwinkel, hat selbst schon den Unmut des Publikums zu spüren bekommen. Zornige Revolvermänner von den kalifornischen Ölfeldern zwingen ihn in Bakersfield trotz Verletzung und beschädigter Maschine zum Start. Bei der Landung nach ein paar dürftigen Runden kracht er gegen einen Schuppen. So kommt die aufgebrachte Menge um das Vergnügen, den Doppeldecker in Stücke zu hauen.

»Charlie« Hamilton, der ehemalige Ballonfahrer und Fallschirmspringer, hat schon in jungen Jahren wahre Wunder vollbracht. Einmal sahen ihn Zuschauer mit einem riesigen Drachen aus 200 m Höhe stürzen. Charlie turnte wie ein Eichhörnchen zwischen dem primitiven Draht- und Bambusgewirr herum und schwang sich schließlich sehr gewandt auf die obere Fläche des Ungetüms, bevor es in den Hudson tauchte. Der Curtiss-Flieger setzt sich in jedes Flugzeug und fliegt los, selbst in dubiosen Mehrdeckern. Für 10000 Dollar will er vom Broadway starten, was die Stadtverwaltung gerade noch verbieten kann. Den Behörden führt er vor, mit welcher Leichtigkeit Piloten schmuggeln können: Im Verlauf einer Stunde überfliegt er dreimal die amerikanisch-mexikanische Grenze, bei jedem Aufstieg führt er unkontrollierbar und unbehelligt Waren mit. Immer wieder

fällt Hamilton herunter, aber jedesmal kriecht er aus dem Flugzeugwrack heraus und drückt die Ballonmütze fester auf die großen Ohren.
Die Quittung für diese hemmungslose Fliegerei bleibt nicht aus. Charlie hat schließlich zwei silberne Rippen, eine Metallplatte an seinem Schienbein und eine in seinem Schädel, dazu zwei gebrochene Schulterblätter und mehrmals gebrochene Jochbeine; einmal verbrüht er sich lebensgefährlich. Nur ein paar dieser Trickflieger sterben im Bett – unter ihnen ausgerechnet Hamilton (an Tuberkulose). Die Bilanz dieser ersten Jahre der amerikanischen Fliegerei sieht schlimm aus. Fast jeder dritte Pilot ist tödlich verunglückt, die meisten davon auf Wright-Maschinen. In Frankreich mit 500 ausgebildeten Piloten liegt die Todesziffer bei 5,4%.
Die Amerikaner schrecken allerdings vor nichts zurück und eröffnen der Fliegerei ganz neue Perspektiven. Am 14. November 1910 startet Eugène B. Ely, einer dieser »exhibition pilots«, von einer 30 m langen Holzplattform, die Zimmerleute auf dem Bug des Kreuzers »Birmingham« zusammengenagelt haben. Eigentlich soll das Schiff gegen den Wind andampfen. Es lichtet den Anker und nimmt langsam Fahrt auf, als Ely, ungeduldig, auch schon mit der Hand das Zeichen zum Start gibt. Viel bleibt ihm nicht zum Rollen, der Curtiss-Doppeldecker kommt auch nicht richtig hoch und berührt die Wasseroberfläche. Aber Ely behält die Nerven und bringt das Flugzeug fliegend, mit beschädigtem Propeller an Land. 1914 wird die »Birmingham« zusammen mit dem Schlachtschiff »Mississippi« nach Veracruz gehen, fünf Seeflugzeuge für Aufklärungsflüge gegen die revolutionären Mexikaner an Bord – wohl der erste Einsatz eines Flugzeugträgers. Elys Ehrgeiz ist geweckt, er will nicht nur starten, er will auch landen. Während der Flugwochen in San Francisco im Januar 1911 (Latham macht vom Flugzeug aus Schießübungen auf schräggestellte Scheiben) liegt die »Pennsylvania« in der Bucht. Über dem Heck errichten Matrosen eine nach dem Mittelschiff ansteigende Plattform. Derweil trainiert Ely auf dem Flugfeld. Er hat es sich zur Aufgabe gestellt, immer auf demselben kleinen Fleck zu landen, auch bei Seitenwind. Am 18. Januar will er, trotz der Brise über der Bucht, fliegen. James Radley, einer der hartgesottenen britischen Schauflieger, warnt: *Es ist unmöglich. Er kann's nicht machen bei diesem Wetter.*
Ely macht's. Beschreibt eine große Kurve um den Kreuzer und schätzt dabei die Windrichtung und die Windstärke. Senkt sich über dem Wasser bis zur Höhe der Plattform und fliegt gerade darauf zu. Zehntausende am Ufer der Bucht und in Booten halten den Atem an. Das Surren des Motors wird schwächer. Die Räder berühren die Bretter, die Haken am Fahrgestell greifen in die ausgelegten Leinen, die auf beiden Seiten der Plattform durch leichte Sandsäcke beschwert sind – ein simples, zeitbeständiges Verfahren. Schon nach 10 m steht der Doppeldecker. Längs der Küste macht sich die aufgestaute Spannung in Lärm Luft. Elys Frau befestigt einen Veilchenstrauß am Flugzeug, und der Kapitän sagt, dies sei die bemerkenswerteste Landung eines Vogels auf einem Schiff, seit sich eine Taube auf der Arche Noah niedergelassen habe. Der neuerliche Start ist kein Problem mehr.

Eine Woche später landet Glenn Curtiss mit seinem Wasserflugzeug im Hafen von San Diego, wendet und startet wieder – ein erster gelungener Versuch. Curtiss' Wasserflugzeuge gleiten auf einem 4 m langen Zentralschwimmer und haben unter den Tragflächenenden eine Art Fühler, um die seitliche Stabilität zu erhalten. Curtiss, einer der großen Pioniere des Wasserflugzeugs, wird nicht müde, Wasserfliegen als ein sportliches Erlebnis zu preisen, »das die ermatteten Gefühle der Blasiertesten aufrührt«, und baut 1912 auch das erste Flugboot.
Maßstäbe setzen Amerikaner ebenso bei Distanzflügen. Die große Versuchung, Amerikas Weite mit dem Flugzeug zu erschließen, wird von amerikanischen Verlegern mit hohen Geldpreisen honoriert. Harry Atwood fliegt im August 1911 von St. Louis über Chikago und Cleveland nach New York – was heißt schon, er fliegt? Genaugenommen schwirrt er mit seiner Burgess-Wright von einer Motorpanne zur andern. Er kann sich die Landeplätze nicht aussuchen. Einmal ist es eine Bergkuppe, mal ein Morast, dann eine steinige Wiese. Immer neue Notlandungen, die Strecke ist 2340 km lang. Am 25. August fliegt Atwood den Hudson hinunter. Die New Yorker stehen am Ufer und auf den Wolkenkratzern, die Schiffe im Hafen dippen die Flagge und lassen die Sirenen pfeifen. Ohrenbetäubender Lärm begrüßt den Flieger, der auf der Governor Island landet. 30000 Dollar bringt der Flug.
Der Zeitungszar William Randolph Hearst, immer auf Schlagzeilen erpicht, setzt im Jahre 1911 die ungeheure Summe von 50000 Dollar für einen Transkontinentalflug quer durch die USA aus – ein Flug, der alle Dimensionen sprengt und mit seinem Dreißig-Tage-Limit dem gewiß unaufhaltsamen Fortschritt auch noch um einiges vorauseilt. Calbraith (»Cal«) Rodgers, ein vierschrötiger Mann mit kantigem Schädel, ehemaliger Motorradrennfahrer, macht sich auf den langen, viel zu langen Weg von New York nach Kalifornien, auf einen Flug über mehr als 5000 km, der zu einem denkwürdigen Epos eiserner Willensstärke werden soll. Als Sponsor hat Rodgers einen Getränkehersteller gewonnen; sein Wright-Doppeldecker heißt nach einem Erfrischungsgetränk »Vin Fiz«. Rodgers Frau und die Mechaniker mit Ersatzmotoren und Ersatzteilen folgen dem Flieger seit seinem Start am 17. September in Eisenbahnwagen. Manchmal folgt Rodgers auch ihnen. Er kann nicht Luftlinie fliegen, sucht Gebirge wie die Rocky Mountains zu meiden, hat immer wieder mit schlechtem Wetter zu kämpfen. Er müht sich von Chikago Richtung Südwesten nach Texas, und dann, an der mexikanischen Grenze entlang, dem Schienenstrang der Southern Pacific Railway folgend, dem Pazifik entgegen. Bei sich trägt er Briefe vom Postmaster-General in Washington anläßlich des historischen Fluges, die Atlantikflotte grüßt die Pazifikflotte.
Briefträger und Briefe erreichen nach etlichen Wochen ihr Ziel. Immer wieder zwingt ihn Motorschaden unterwegs zur Notlandung, dieselbe Kalamität wie bei Atwood. Ein paarmal kollidiert er beim Start mit Zäunen und bleibt mit beschädigtem Flugzeug liegen. Farmer ziehen ihn aus der Maschine, die Narben zählt er schon gar nicht mehr. Als er am 5. Novem-

ber Pasadena nahe Los Angeles erreicht und eine begeisterte Menschenmenge ihn mit den Stars and Stripes drapiert, hat er den 50000-Dollar-Preis genau um neunzehn Tage verfehlt. Dabei ist er insgesamt nur 82 Stunden geflogen; das ergibt eine Durchschnittsgeschwindigkeit von 65 km/h. Von der Vin Fiz, mit der er nahe Coney Island startete (und die später ins Museum kommt), ist bei den fünfzehn Bruchlandungen so gut wie nichts mehr übriggeblieben. Ein Ruder und eine Strebe sollen original sein, alle anderen Teile wurden zumindest einmal, meist mehrmals, ausgewechselt. Nach einem letzten gefährlich aussehenden Sturz erreicht Rodgers den Pazifik, zwanzig Pfund leichter und ein Bein in Gips, die halbzerknautschte Zigarre, sein Markenzeichen, wie eh und je im Mundwinkel.
Fliegen: the last frontier. In Tuscon, Arizona, hat Rodgers einen anderen Transkontinentalflieger getroffen, Robert G. Fowler, Wright-Pilot wie er selbst. Der versucht es vom Pazifik her. Über die Rockies zu kommen, hat er schon aufgegeben. Jetzt nimmt er die Südroute. Im Februar 1912 wird er in Florida eintreffen. Nach 151 Tagen. Okay.
Schroffe, ungeschliffene, kantige Figuren, diese amerikanischen Piloten, Außenseiter der Gesellschaft mit eigener Sprache und eigenem Humor, ein Zug von Verachtung um den Mund und ohne Sinn für gesellschaftliche Rituale; jeder Flug kann der letzte sein. Ely, der den ersten Start und die erste Landung auf einem Schiff wagte, stürzt im Oktober 1911 tödlich ab. Rodgers, der gelegentlich zur Belustigung des Publikums beim Fliegen den Kopf in die Hände stützt, fällt im April 1912 mit seiner Wright in die Brandung des Pazifik und bricht sich das Genick – »Cal« Rodgers, von dem doch ein Scherzwort sagt, er sei mit vier Hufeisen in der Tasche geboren. Einen, einen einzigen, hat er für größer, für kühner gehalten: Lincoln Beachey.
Den »Prinz«, den »König« nennen sie ihn, den Höhenweltrekordmann, den Bezwinger der Niagara Falls, der erst durch die Wasserdampfwolken über tosende Wasser taumelt und dann auch noch, total verrückt, unter der Brücke durchfliegt. Der Flug habe seine Nerven auf eine furchtbare Probe gestellt, gesteht er. Und das will etwas heißen. Denn Beachey landet auf Dächern von Bürohäusern und fliegt in einer großen Maschinenhalle, ein Publikumsmagnet – pro Flug bekommt er schließlich 1500 Dollar. Als ihm der Gouverneur von Kalifornien in wohlgesetzten Worten Elogen macht, setzt er sich ins Flugzeug und läßt Kleidungsstücke herabflattern, bevor er an der Ehrentribüne vorbeisurrt und zu seinem Hangar rollt. »Mal sehn, was er jetzt über mich sagt«, knurrt er, und seine Mechaniker grinsen.
Beachey, der »Fliegende Narr«, ein Gefühlsflieger, der von Aerodynamik keinen Schimmer hat, macht den Amerikanern hundertmal den Looping vor, immer wieder, und hundertmal geht es auch gut, bis das Material endlich müde wird. Noch im Tod findet er das große Publikum, für das er doch alles getan hat. 50000 Menschen sehen den Flugzeugrumpf ohne Tragflächen senkrecht ins Wasser schießen, das Ende Lincoln Beacheys – des »größten Fliegers von allen«, wie Orville Wright gesagt hat.

Genie und Irrsinn

Die Liste der toten Piloten wird lang und länger. »Selbstmordmaschinen«, höhnen die Anhänger des Hubschrauber-Gedankens. Ihre unförmigen Riesengerüste kommen freilich kaum von der Erde hoch. Welcher Konstruktion gehört die Zukunft? Manische Erfinderwut tobt sich in der »Luftbesiegung ohne Gas« aus. Phantastisch aufgetakelte Schöpfungen, mal fünf, mal zwanzig Tragflächen, verschlingen Vermögen, ohne Erfolg. Doch Visionäre träumen schon vom Vorstoß in den Weltraum.

Laß die Finger von der Fliegerei, rät Glenn Curtiss einem deutschen Piloten kollegial. *Mancher fliegt verdammt schnell in den Himmel.* Dem unbedarften Zeitgenossen, der Ruhe für die erste Bürgerpflicht hält, muß es in der Tat grausen, wenn er die erschreckende Häufung von Unfällen verfolgt, die ihm im Abstand von wenigen Tagen mit dem Morgenblatt serviert werden – in der Weihnachtswoche 1910, bei der tollen Jagd um den Michelin-Cup, bleiben sieben Piloten auf der Strecke; allein an einem Tag, am 2. September 1911, sterben vier.

Die Besten zahlen mit dem Leben, sie fallen und stürzen, gelähmt und starr vor Entsetzen, in ein paar mörderischen Sekunden in das Unabänderliche, Erfahrene genauso wie die allzu forschen Jungen, die Verrückten, die mit dem Leben spielen und lachend alle gutgemeinten Warnungen in den Wind schlagen. Es kann alle treffen, keiner fliegt mit einem Fallschirm, es gibt kein Rezept gegen den Tod. Da helfen auch keine magischen Beschwörungszeichen am Leitwerk.

Nationaler Hochmut will angesichts dieser länger werdenden schwarzen Liste von Todesstürzen und Verletzungen nicht aufkommen. Kein Land bleibt verschont, auch die Franzosen nicht, deren Piloten von einem Rekord zum andern jagen – höher, schneller, weiter. Sie müssen eine ihrer großen Hoffnungen begraben: Edouard de Niéport. Er firmiert unter Nieuport, und dieser Name steht, wie Morane-Saulnier, wie Deperdussin, für den Typ des schnellen, wendigen, eleganten Eindeckers, mit dem die Franzosen bis zum Ersten Weltkrieg mühelos jede Konkurrenz abhängen. Niéport, ein fast mittelloser Mann, kam vom Radsport her und produzierte Zündanlagen für Motorräder und Autos, bevor er in den Flugzeugbau ging. Lange ohne Erfolg.

Bei den großen Herbstmanövern des Jahres 1911, die von Militärs als »Manöver der Flugtruppen« bezeichnet werden, weil zum erstenmal im großen Stil das Zusammenwirken zwischen Flugzeugaufklärung und

Truppenführung geübt wird, gehört er zu den freiwilligen Zivilpiloten, die für die Dauer des Manövers ordnungshalber den Pioniertruppen einverleibt werden. Ein gewagter Flug mit seinem Eindecker, dessen Qualitäten er vor der versammelten Generalität ins beste Licht rücken will, wird ihm zum Verhängnis. Augenzeugen sehen ihn in einer Kurve abrutschen und seine Arme noch schützend vor den Kopf reißen. Er stirbt im Hospital von Verdun. Wenig später, im Oktober, verunglückt auch Beaumont schwer, der erfolgreichste Flieger des Jahres 1911, der gerade im Begriff ist, sich mit seinem sauer verdienten Geld an der »Société Anonyme des Etablissements Nieuport« zu beteiligen. Beaumont überlebt, wird aber lange nicht fliegen können.

Wie ein Schock hat in England der Tod des großen Motormagiers Charles Stewart Rolls gewirkt; Moore-Brabazon, sein Freund, gibt auf der Stelle das Fliegen auf. Rolls, einer der beiden Schöpfer des legendären »Silver Ghost«, des »besten Automobils der Welt«, ein Athlet von Gestalt, Rennfahrer und auch Ballonfahrer, hatte einst im Ballonkorb über London den Aero Club aus der Taufe gehoben , 1600 m hoch, und fand mehr und mehr Gefallen an der Fliegerei, seit er auch hier, wie im Automobilbau, vom Erfolg verwöhnt war – unvergessen bleibt den Briten sein doppelter Kanalflug, hin und her, ohne Zwischenlandung. Schon dachte er, inzwischen 33 Jahre alt, an die Gründung einer Rolls Royce Aircraft Company, als sein Wright-Doppeldecker bei einem Wettbewerb um das Landen innerhalb eines Kreises nach einer scharfen Kurve in der Luft zerbrach. Reporter, die die Leiche des allseits hochgeschätzten Mannes fotografieren wollten, wurden fast gelyncht, ihre Fotoapparate zertreten. Erst Jahre später, im Krieg, wird es Rolls-Royce-Flugmotoren geben.

Über Johannisthal trifft es während der Herbstflugwoche 1911 »Käpp'n« Paul Engelhard, den ersten Wright-Flieger, der bis zum bitteren Ende bei den Wrights aushält. Preußische Pflichterfüllung, Soldat auch als Chef, zum Schluß schon auf verlorenem Posten. Er fliegt die neue Baby-Wright-Maschine bei windigem Wetter. Eine Böe drückt das allzu schwankende Schwanzgestänge gegen einen der beiden hintenliegenden Propeller, es wird durchschlagen, Engelhard stürzt tödlich. Dem Sieger der Herbstflugwoche 1911, Alfred Pietschker, wird die eigene, unfertige Konstruktion zum Verhängnis. Mit ihm, einem Siemens-Neffen, stirbt einer jener hilfsbereiten Menschen in Johannisthal, die das Los ihrer ärmeren und armen Kameraden zu erleichtern suchten. *Ein vornehmer Charakter, groß in der Gesinnung, rein im Wollen und stark im Können,* sagt Melli Beese, die erste deutsche Fliegerin, über ihren Freund, ihren besten.

Über Pietschkers Grab wirft der »fliegende Briefträger«, Gustav Witte, einen Kranz ab – »Sturmflieger« wie Schendel und Engelhard, der sich eine abgewrackte Wright-Maschine mit seinen kümmerlichen Ersparnissen wieder aufgemöbelt hat. Bloß der alte NAG-Motor hat seine Tücken. Deshalb klettert Witte auch einmal vom Sitz, um selbst den Propeller anzuwerfen. Der Motor kommt so schnell, daß die Spitze des Propellerblattes seine Lederkappe zerreißt. Er stolpert, fällt, und die Räder des Flugzeugs gehen über seine Brust weg. Witte bringt die Maschine trotzdem nach Teltow zurück. Nach der Landung bricht er bewußtlos zusammen. Ein paar Wochen nach seiner Ehrenrunde über Pietschkers offenem Grab ist er selbst tot. Offiziere tragen den Sarg des Briefträgers.

So sterben sie auf Europas Flugfeldern, so stürzen sie auf Äcker und in Wälder. Wie blutiger Hohn auf den menschlichen Erfindergeist liegen zerschundene, zerfetzte, verkohlte Leiber neben wüsten Schrotthaufen, vom Motor erdrückt oder vom Benzintank erschlagen, in der Luft vom Sitz geschleudert und an inneren Verletzungen verblutet – Opfer gebrochener Propeller und Tragflächen, gerissener Steuerseile oder eines Vergaserbrandes. Unregelmäßige Zündungen der Zylinder lassen den Motor aus den Halterungen springen.

Die Flieger umklammern im Sturz mit entgeistertem Blick, mit ersticktem Schrei das Steuerrad, manche springen noch ein paar Meter über der Erde aus der Maschine und brechen sich das Genick oder zerschmettern sich den Schädel. Sie überschlagen sich in Böen oder werden vom Wind gegen Bäume getrieben, immer wieder müssen die ominösen »Luftlöcher« als Todesursache herhalten, die (zunächst) als »eine Zone relativer Luftstille« definiert werden. Sie trauen sich zuviel zu und reagieren falsch, verschätzen sich bei der Landung mit tränenden Augen oder ölbespritzter Schutzbrille in der Höhe, streifen mit einer Fläche den Erdboden und überschlagen sich, das Flugzeug zerpufft in einer Fontäne von Dreck und Qualm. »Harte Landung«: so mancher Tod wird mit diesem Euphemismus umschrieben. Die Trauerzüge sind lang, die Honoratioren tragen Zylinder, Kameraden den Propeller, und manch einer, der hinter der Kapelle hergeht, besitzt nichts weiter als die Lederjacke an seinem Leib. *Es waren Kriegsjahre*, sagt einer der ersten Einflieger über dieses wilde Jahrzehnt zwischen Wrights Pionierflügen und August 1914. Auf dem Rückweg vom Friedhof spielt die Trauerkapelle Marschmusik.

Friedlich sieht das wahrlich nicht mehr aus. Tief, allzu tief haben sich verschreckten Zeitgenossen die Katastrophenbilder eingeprägt – Bilder, wie jene Schreckensszenen beim Start zum Flug Paris–Madrid, als einer der Piloten in eine Gruppe von Ehrengästen rast: Dem Kriegsminister reißt der Propeller den Arm ab, er stirbt; der Ministerpräsident wird schwer verletzt (in Berlin erheben sich die Mitglieder des Deutschen Reichstags, Erbfeind hin, Erbfeind her, bei der Nachricht von ihren Plätzen). Unvergeßlich die grauenvolle Beschreibung jener Stürze beim Start zum westeuropäischen Rundflug, als einer der Militärpiloten, ein schneidiger, bildschöner Herrenreiter, mit seiner brennenden Maschine landen muß und der Tank explodiert: Die Zuschauer sehen seine verzweifelten Versuche, vom Sitzgurt loszukommen, schreiend richtet er sich in dem Flammenmeer auf und sackt zuckend in die Glut zurück.

Ich finde, daß das Wichtigste in der Flugkunst, die Sicherheit, am meisten vernachlässigt wird, sagt Maurice Farman. Daß es an der Konkurrenzsituation liegt, sagt er nicht. Höhere Nutzlasten, noch mehr Geschwindigkeit vor allem, nur das überzeugt die Auftraggeber, und nur solch vermeintlicher Fortschritt bringt Geld in die halbleeren Kassen der Fabriken. An der Vervollkommnung der Motoren wird ständig gearbeitet, doch die Gebrechlichkeit der Konstruktionen, sie bleibt vorerst; so lockern sich Verbindungen beim Rotieren der Schraube. Den Motor pflegt jeder Pilot mit Inbrunst, an das Flugzeug selbst aber gehen die Mechaniker, nicht immer Spezialisten. Es kommt vor, daß sich in der Tragfläche eines englischen Flugzeuges ein Mäusenest findet.

Steuerlos taumelnde Flugzeuge, die sich durch ein entsetztes, versteinertes Publikum ihre Schneise schlagen; brennende, qualmende Trümmerhaufen, die von Pferden auseinandergezerrt und von Gendarmen hoch zu Roß ganz sinnlos bewacht werden: Solche Horrorbilder graben sich ein, wirken weiter und geben zu denken, beschäftigen landauf, landab die Erfinder und inspirieren sie zu mancherlei skurrilen Sicherheitsvorkehrungen. Eine auf 2 oder 3 Atü aufgepumpte Gummizelle als Cockpit steht ebenso zur Diskussion wie der Fallschirm, der sich, wie einfach, über dem stürzenden Flugzeug entfalten soll, oder der kugelförmige Schutz aus federnden Reifen um den Piloten; ein Meerschweinchen, immerhin, überlebt im Modell den Sturz aus 20 m Höhe.

Viel Intelligenz wird auf das Problem der »automatischen Stabilität« verwendet, auf den Versuch, die Schwankungen des Flugzeugs im Wind ohne Steuerhilfen des Piloten auszugleichen. So wird ein durch Preßluft betriebener, selbsttätiger Regulator erprobt, auch der (viel zu schwere) Kreisel ist im Gespräch. Lawrence Sperry, der Sohn des Gründers der Sperry Gyroscope Company, macht über dem Lake Keuka erste Versuche mit dem »Automatic Pilot«. Andere Erfinder lassen es mit gepolsterter Schutzbekleidung, mit mantelähnlichen Fallkleidern, mit den immer umstrittenen Sicherheitsgurten oder schlicht mit Lederhelmen bewenden. Einer demonstriert die Nützlichkeit seines Helmschutzes vor grinsenden Zuschauern, indem er mit dem behelmten Kopf gegen Schuppenwände anspringt.

Radikalen Kritikern freilich erscheinen all die Vorschläge, die Widerstandsfähigkeit, die Stabilität des Flugzeugs und seine Motorleistung zu verbessern, als Korrekturen an einem schlicht untauglichen Objekt. Als „Mordmaschinen", als „Selbstmordmaschinen" denunziert einer die Flugzeuge, die sich allenfalls an 60 oder 70 Tagen des Jahres ein paar Stunden »in das Luftmeer hineinwagen« dürften, an den übrigen Tagen aber durch den Wind zur Untätigkeit verurteilt seien. Seine Schlußfolgerung: »Halt, halt mit diesem System!« Der Berliner Ingenieur, der das 1911 herausschreit, verwettet sogar seine Segel- und Motorjacht, weil er es sich einfach nicht vorzustellen vermag, daß sich ein Flugzeug, ein »Flächenflieger«, bei einem Wind von 10 m/s jemals zwei Stunden lang in der Luft halten könne.

Der Mann kommt aus dem Lager der »Schraubenflieger«, des »Rotationsfluges«, der Hubschrauber also, und er steht nicht allein. Diese Kritiker eint der ernste Zweifel daran, daß das Flugzeug in der 1911 erreichten Form der Weisheit letzter Schluß sein soll. Sie halten dieses System wegen seiner lebensgefährlichen Wind- und Wetterempfindlichkeit für eine Fehlentwicklung und setzen ihm ihre Vorstellung von einer Flugmaschine entgegen, die sich senkrecht in die Luft erheben und ihren Flug nach Belieben verlangsamen kann – der Wunschtraum aller Militärs. Ende 1911 schließen sich alle, denen die ganze Richtung nicht paßt, in der »Deutschen Schraubenflug-Gesellschaft« zusammen. Ihre Losung: *Größere Anlehnung an die Natur bei vollster Wahrung der Meisterschaft der Technik.* Die Natur aber lehrt, sagen sie, daß alle Flugtiere bewegliche und nicht starre Flugorgane haben.

Was sie zu so hochgemuter Rede, zu so heftigen Ausfällen gegen die ihrer Meinung nach unnatürlichen »Flächenflieger« berechtigt, was sie außer der lauten Polemik an Erfolgen wirklich vorweisen können, ist mager genug und noch dazu fast ausschließlich Theorie oder Spielerei: Der geniale Leonardo da Vinci hat, wie überall, den Weg gewiesen, als er eine »Spiralschraube« skizzierte. *Wenn dieses Instrument, wie eine Schraube geformt, gut gemacht ist und mit Schnelligkeit in Drehung versetzt wird, wird es sich in die Luft hineinbohren und in die Höhe steigen,* schrieb er über seine Hubschraube. Kinder im 19. Jahrhundert hatten ihren Spaß am Spiel mit kleinen, durch die Luft schwirrenden Spielzeugrotoren aus Kork, Bambusrohren und Seidenpapier; Alfons Pénauds »Helicopter«, bei dem er aufgezwirbeltes Gummiband als Antriebsmittel verwendet, hatte auch die Wright-Kinder begeistert. Es gab Dutzende von Hubschrauber-Modellen. Selbst der große Edison versuchte sich daran, doch wie stets fehlte es am richtigen Motor. Hubschrauber brauchen hohe, ja höchste Motorleistungen. Da reichten weder Dampf noch Druckluft oder gar Uhrfedern. Die 24 PS eines Levavasseur-Motors konnten natürlich auch nicht die Nr. 12 von Santos-Dumont liften. Franzosen hatten den Hubschraubergedanken im 20. Jahrhundert aufgegriffen – schließlich mit ersten, sehr bescheidenen Erfolgen. Louis und Jacques Breguet, aus einer uralten, berühmten Uhrmacherfamilie stammend und nicht ohne Vermögen, versuchten sich theoretisch und praktisch an dem verzwickten Problem. Louis, ein großer, ernster Mann, hatte schon 1904 in einem Brief geschrieben, daß er sich als der glücklichste Mensch fühlen würde, wenn er sich mit der Eroberung der Luft beschäftigen könnte.

»Eroberung«: welch großartiges Wort. Sie sah zunächst so aus, daß sich ein riesiges, 578 kg schweres Röhrengerüst mit vier Rotoren mühsam erst auf 70 cm, zehn Tage später auf 1,50 m Höhe hob. Dieser »Tragschrauber«, wie ihn die Breguet-Brüder und Professor Richet nannten, hatte nur einen Gashebel für den 40-PS-Motor und besaß keinerlei Steuerung; deshalb hielten ihn Helfer über dem Boden fest. Das Ergebnis bewies grundsätzlich die Ausführbarkeit der Idee, zeigte aber auch die enormen Schwierigkeiten. Erst einmal wandten sich die Breguets deshalb dem Bau erfolgreicher Militärflugzeuge zu. Fünfundzwanzig Jahre später wird Louis wieder auf seine Hubschrauberpläne zurückkommen.

Der Ruhm des ersten bemannten und *freien* Hubschrauberflugs kommt Paul Cornu zu, einem Fahrradhändler. Am 13. November 1907 verharrte er mit seinem auf vier Rädern ruhenden Vehikel 20 Sekunden lang in einer

Höhe von sage und schreibe 30 cm. Ein 24-PS-Antoinette-Motor trieb über einen 20 m langen Lederriemen die Bug- und Heckrotoren mit ihren zwei seidenbezogenen Blättern, die 85 Umdrehungen in der Minute machten, mehr nicht. Cornu mußte schnell erfahren, wie schwierig es ist, die Rotoren so zu fertigen, daß sie genau gleichförmig und gleichgewichtig sind und daß sie sich bei der Bewegung nicht verschieden verziehen, so daß Falten und Taschen auf der Flügelfläche entstehen. Cornu, der mit seinem Bruder, aber ohne jede Unterstützung experimentierte, sah bald ein, daß der Aufwand seine Mittel überschritt. Die Öffentlichkeit nahm von seinen Versuchen kaum Notiz. Die Vision von »Luftschrauben-Soldaten«, jeder mit einem kleinen Traghubschrauber, die wenig später in der Presse auftauchte, wurde natürlich als besserer Witz belacht.

Experimentiert wird überall auf der Welt, bloß die Ergebnisse sind nicht sonderlich ermutigend. In Rußland stößt ein technisch hochbegabter Jüngling namens Igor Sikorsky schnell an vorläufig unüberwindliche Grenzen, als er seinen schon in frühen Jahren gebauten Modell-Drehflügler ins Große übersetzen will: Der 25-PS-Motor, der die gegenläufigen Rotoren antreibt, vermag ihn nicht von der Erde zu heben. In Amerika versucht es Kimball mit 20 Propellern, die von einem einzigen Motor angetrieben werden – umsonst. Auch Paul Degn, ein Bremer, kommt mit seinem Schraubenflieger, an dessen 14 m hoher Achse zwei gegenläufige Propeller von je 15 m Länge angebracht sind, nicht über das Werktor der Weser-Werft, wie er gehofft hat. Nur der vielseitige J. C. Ellehammer, der an die 400 Patente anmeldet, kann sich im September 1912 mit seinem Schraubenflugzeug vom Boden erheben, wie ihm der Kronprinz persönlich bestätigt. Geldmangel zwingt auch den betriebsamen Dänen, sein technisch fortschrittliches Projekt mit stabilisiertem Rumpf aufzugeben.

Die Aggressivität, mit der Hubschrauber-Anhänger auf die »Flächenflieger« losgehen, ist verständlich: Mißerfolg macht laut und zänkisch. Zutiefst überzeugt von der Richtigkeit ihrer Idee, und nur der ihren, stehen sie dennoch mit leeren Händen da, ohne sichtbaren Fortschritt, während sich die von ihnen verhöhnten und verteufelten Flugzeuge schon 1911 anschicken, die 4000-m-Grenze zu überfliegen und die 150-km/h-Grenze zu überschreiten. Welch groteske Kluft zwischen Anspruch und Realität, welch krasses Mißverhältnis zwischen herausforderndem Pathos und kläglicher Einlösung!

Noch kann sich kaum einer das Nebeneinander von zwei verschiedenartigen, sich ergänzenden Flugsystemen vorstellen, dieses sowohl – als auch. Alle denken immer noch in den Begriffen des Entweder–Oder, und kämpfen verbissen, mit schriller Stimme für ihre Sache. Ein nüchterner Wissenschaftler wie Professor Prandtl in Göttingen, der nicht ausschließen will, daß neben dem Flugzeug *mit dem Fortschreiten der Technik einst noch die ersehnte, vom Platz aufsteigende Flugmaschine, etwa als Schraubenflieger kommen wird*, gleicht einem Rufer in der Wüste. *Die* Männer jedenfalls, die in Westeuropa dem Hubschrauber schließlich den Weg ebnen werden, der Spanier Juan de la Cierva (der einen Rotor auf ein Flugzeug setzt) und

Henrich Focke (der einen richtigen Hubschrauber baut), basteln 1912 noch unter primitiven Bedingungen an ihren ersten Übungsflugzeugen. Henrich Focke: *Wie oft die Maschine zu Bruch ging, repariert und geändert wurde, ist nicht mehr zu sagen. Oft war kein Geld da, um eine gebrochene Holzstrebe auszutauschen oder 10 Liter Benzin zu kaufen, und ich erinnere mich noch mit großer Freude, wie mein Vater, ganz gegen seine Prinzipien, mir 50 Pfennig schenkte: nun konnte ich wieder fünfmal die Straßenbahn benutzen und so meinen täglichen Weg zum Flugplatz abkürzen!*

Ein Heer von Erfindern stürzt sich in diesen Jahren, zu allem entschlossen, auf die »Luftbesiegung ohne Gas« – Käuze und Träumer, Spinner, Phantasten, Privatgelehrte und auch ein paar Berufene, zumeist Techniker. In abgelegenen, durch Alarmanlagen gesicherten Schuppen wachsen phantastisch aufgeplusterte Gebilde aus Holz und Leinwand heran, von deren Existenz vornehmlich die Anzeigenteile der Fachblätter künden, in denen dann *Großkapitalisten*, für ein *großzügiges, zukunftsreiches Flugmaschinen-Projekt, hervorragend geeignet für militärische Zwecke und für praktischen Reiseverkehr* gesucht werden. Mancher Erfinder verspricht sich etwas vom Appell an die nationalen Gefühle. *Wacht auf Ihr Deutschen Sports-Männer und Luftschiff-Konstrukteure! Wollt Ihr Euch von den Franzosen, Engländern und Amerikanern überflügeln lassen? Weshalb nur fremde Modelle gebrauchen, um Luft-Maschinen herzustellen? Unterstützt den deutschen Erfinder, der Euch die Flug-Maschine der Zukunft bauen will, die wie ein Vogel in der Luft schweben wird und wenn es nötig, sich auf der Stelle zum Boden herabläßt. Dann sollen die Deutschen an die Spitze der Luftschiff-Fahrt treten und sagen: Dies ist Deutsche Kunst und Erfindung. Nur kapitalkräftige Sports-Leute werden als Partner gesucht, um die Patente im Auslande zu sichern.* Querköpfe, Eigenbrötler, Exzentriker.

»Drachenflieger« und »Schraubenflieger« sind nicht die einzigen, die aufeinander losgehen (und miteinander, vereint wiederum auf die Luftschiffer). Auch die »Schwingenflieger« glauben sich im Besitz der Wahrheit und auf dem einzig richtigen Weg. Sie schwören auf ihr Prinzip von *zwei auf und ab schwingenden Flügeln, deren Flächen als Jalousien ausgebildet sind, so daß sie sich beim Aufwärtsschwingen öffnen, und die Luft hindurchstreichen lassen, beim Abwärtschwingen aber schließen, wodurch die Luft nach unten gedrückt wird. Bei entsprechender Geschwindigkeit der Schwingbewegung wird der Druck auf die Luft so groß, daß der ganze Flugapparat sich hebt.* Sagen sie.

In München zieht einer mit einem solchen »Flügelschlagflieger« zu Versuchen aus. Vier Flügelpaare sollen nach dem Willen seines Schöpfers gleichzeitig in Tätigkeit sein, zwei schlagen abwärts, die beiden anderen aufwärts, ein 7-PS-Motor soll das Ganze antreiben. Aber so weit kommt es gar nicht. Denn der Erfinder, einer der vielen Autodidakten, erleidet, wie die Lokalpresse meldet, »infolge der begreiflichen Aufregung« einen leichten Schlaganfall und muß durch die Sanitätskolonne in seine Wohnung gebracht werden.

Die Unsichtbarmachung des Flugfahrzeuges als Schutz- und Kampfmittel

Es ist heute wohl jedem klar, daß im Zukunftskriege dem Flugfahrzeug eine wichtige Doppelrolle zugeteilt wird: zunächst die Auskundschaftung der feindlichen Stellungen, sodann aber direkte Bekämpfung des Feindes durch Abwerfen von Bomben. Man ist deshalb bestrebt, das Flugfahrzeug für diese gefährlichen Funktionen geeignet zu machen. Gepanzerte Aeroplane, solche mit Vorrichtungen zum Abwerfen von Sprengstoffen, sind bereits bekannt. Aber ein äußerst wichtiges Moment ist bisher noch nicht genügend gewürdigt worden: »Die Unsichtbarmachung«. Die diesbezügliche Patentanmeldung vom 8. Oktober 1910, ebenso die seit dieser Zeit öfters gemachten Versuche, Interesse für die Sache zu erregen, waren bis jetzt erfolglos . . . Die folgenden Zeilen sollen nun eine Lösung des aktuellen Problems andeuten; dabei soll die Art und Weise der praktischen Durchführbarkeit des Gedankens der Unsichtbarmachung Anspruch auf Vollkommenheit erheben. Die Unsichtbarmachung des Flugfahrzeuges ward ermöglicht durch ein System von gleichartigen um ihre Horizontalachse drehbaren Flugkörpern, deren Querschnitt dreieckig ist. Die Begrenzungsflächen tragen die Anpassungsfarben: hellblau, hellgrau, schwarzgrau. Würde beispielsweise das Flugfahrzeug unter einer schwarzgrauen Wolkenschicht schweben (die Farbe zu unterscheiden wird an dem in ziemlicher Höhe befindlichen Flugfahrzeug in vielen Fällen unmöglich sein), so müßte eine Drehung der Flugkörper auf schwarzgrau gegen die Beobachtungszone die Unsichtbarkeit bringen. Für das Gelingen ist die Richtung der Sonnenstrahlen ausschlaggebend. Auf Einzelheiten kann gelegentlich einmal in einem besonderen Aufsatz eingegangen werden.

Christian Muschler, Nürnberg.
»Der Luftverkehr«, 1912

Unsummen werden in diesen Jahren für vermeintliche Genieblitze verpulvert, zumeist von Laien – die »fliegenden Fahrräder« mit ihren kleinen Tragflächen, die notgedrungen ein paar Meter weit hopsen, wenn man sie vorn lüpft, sind noch das harmloseste, die ausgespannten Flügel, die mit menschlicher Muskelkraft bewegt werden sollen, noch das billigste dabei. Kolossale Flugapparate schütteln sich und vibrieren, zucken konvulsivisch wie im Lachkrampf, scheppern und klappern, schlagen und rotieren. Meist brechen sie schon bei den ersten Propellerumdrehungen, bei den ersten Flügelschlägen zum Entsetzen des Erfinders auseinander oder in sich zusammen. Es gibt Trommeln und Untertassen, Mähdrescher und Würfel, die allesamt aussehen wie Alpträume des Ikarus und die doch auf besonders raffinierte Weise die Aerodynamik revolutionieren oder gar überlisten sollen. Einer kommt auf zwanzig Tragflächen, auf ein Gebilde, das aussieht wie ein Hühnerstall.

Komik, Tragikomik und Tragik liegen dicht nebeneinander. In Johannisthal baut sich einer der Schuppenmieter in mühseliger Arbeit einen Fünfdecker mit staffelförmig angeordneten Flächen. Der Erfinder setzt sich selber an das Steuer seiner »Himmelsleiter«, und einer von den Albatros-Fliegern ruft: »Nun aber Vollgas!« Doch der Riesenvogel verweigert am Hindernis Luft und bleibt einfach stehen. Wenig später meldet die kleine Firma Konkurs an. Ein anderer Konstrukteur arbeitet monatelang an neuen Tragflächen und entdeckt nach ihrer Fertigstellung, daß er zwei linke Flügel gebaut hat. Ein »Naturphilosoph« in Friedrichshagen weiß seine unglückliche Neigung zur Mechanik des Fliegens, der auch ein Eindecker entspringt, mit der Proklamierung eines Liebes- und Ehesystems zu verbinden, das darauf hinausläuft, das sexuelle Zentrum des Menschen mit der Zeit von den Organen des Unterleibs in die Brustgegend zu verlegen. Ergebnis: »Die Glücksehe«. Seine Anhänger verpflichten sich zur Geheimhaltung.

Der Typ des »komischen Heiligen«, des »verkannten Genies« geistert über Flugfelder, durch Redaktionen und Gerichtssäle – Männer, die sich von dunklen Mächten um die Früchte ihrer Arbeit geprellt sehen und, aufs empfindlichste gereizt, mehr und mehr den Bezug zur Realität verlieren. Hermann Ganswindt in Berlin-Schöneberg ersinnt einen Hubschrauber, von dem er behauptet, er habe sich erhoben, brütet über Luftschiffplänen, wobei er sich von der Zeppelin-Clique verfolgt fühlt, und entwickelt sogar ein raketengetriebenes »Weltenfahrzeug« für die Raumfahrt. Verkannt? Seiner Zeit voraus? Das Genie als Opfer einer feindlichen Gesellschaft? Schließlich treten seine Kinder musizierend auf der Bühne auf, um Geld für Vaters Pläne und für den Gerichtsvollzieher einzuspielen. Ein Trauerspiel.

Manische Erfinderwut hat ein neues Ventil gefunden. Im Kaiserlichen Patentamt verweist die wuchernde Literatur auf den Antrieb durch Dampfmotor, Druckluft, Gummimotor, Windmotor, Elektromotor und Menschenkraft, auf Flügel mit absaugfähigen Hohlräumen, mit aufgebogenen Spitzen, mit Dach und in Federform, und noch die »gefärbten Auspuffgase zur Abgabe von Signalen« hat sich einer patentieren lassen. Major von Tschudi, in Johannisthal von Erfindern bestürmt, hat den Standardspruch auf Lager: *Was es an Gutem bringt, ist nicht neu. Und was es an Neuem bringt, ist nicht gut.* Aber welcher Erfinder hört schon darauf?

Geschichte ist zuerst Erfolgsgeschichte, will nichts wissen von ruinierten Familien, gescheiterten Ehen und Schuldenbergen. Keiner wird je die Geschichten der Namenlosen schreiben, die in diesen Jahren unter Einsatz ihrer letzten Groschen die große Chance in der Aviatik suchen und sich dabei, hirnverbrannt und hirnverrannt, in Sackgassen verirren, aus denen sie erst verarmt oder als Krüppel wieder herauskommen. Ihre Spur verliert sich schnell, und nur ein paar werden noch im Scheitern aktenkundig, wenn sie in letzter Verzweiflung zum Revolver greifen oder ins Wasser gehen. Das kühle Wort des Rechners Rothschild, man könne sein Geld auf dreierlei Weise verlieren, mit Frauen, Spielern und Ingenieuren, wobei die ersten beiden Methoden erfreulicher seien, die letztere aber die weitaus sicherste – es wird in hunderterlei Variationen durchgespielt, vom Idealismus bis zum Wirtschaftsverbrechen. Der Eiskunstläufer Rittberger verliert mit Flugzeugkonstruktionen sein bedeutendes Vermögen. Georg Wellner, eine erregbare Kraftnatur, hohe Stirn und kühner Blick, opfert für eine projektierte »Segelradflugmaschine« sein Geld und das Gut dazu, als dessen Besitzer er ins Parlament gewählt worden war. Von den 100000 Franken, die zur Nutzung der Schraubenflieger-Patente des Malers Leonardo Segantini in eine Gesellschaft fließen, wird man auch nichts mehr hören. Selbst der greise Sir Hiram Maxim, der mit seinen automatischen Waffen Millionen scheffelt, zieht sich 1910 nach jahrzehntelangen, groß aufgezogenen Versuchen, die ihn eine Unmenge Geld kosteten und zu nichts führten, aus der Flugtechnik zurück.

Am Geld allein also kann es nicht liegen. Vieles ist einfach zu naiv gedacht, ohne Theoriebewußtsein, anderes eilt dieser Zeit kühn voraus, ist technisch noch nicht machbar. Wer aber wagt das in diesen Jahren des radikalen Übergangs vom 19. ins 20. Jahrhundert, wo doch alles möglich scheint, zu beurteilen? Da will einer, superschlau, die atmosphärische Elektrizität für einen Elektromotor im Flugzeug nutzen. Da reist ein Amerikaner, clever, durch Europa und preist seine Erfindung an, Flugzeuge und Luftschiffe mit elektrischen Strahlen zu vernichten. Da arbeitet ein Ingenieur in Düsseldorf, ein Christian Hülsmeyer, an einem »Verfahren, um entfernte metallische Gegenstände mittels elektrischer Wellen einem Beobachter zu melden«, und experimentiert damit im Hafen von Rotterdam. Und eben dieses Verfahren (Patentschrift Nr. 165546) wird Jahrzehnte später als Radar berühmt. Wer hat den Überblick, wer will da prophezeien?

Zu einer Zeit, da Monteure beim sachgemäßen Verspannen der vielen Drähte zwischen den dünnen Flügeln dem Meister andächtig wie einem Künstler zuschauen, meldet ein Aachener Professor, Hugo Junkers, ein phantastisches, fast weltfremdes Projekt zum Patent an: Er will ein Flugzeug bauen, das fast nur aus einem riesigen, freitragenden Flügel besteht, der Triebwerke, Brennstoffbehälter, Piloten und Passagiere aufnehmen soll. In einem Jahr, in dem beim Anlassen das monotone »Aus« und »Ein« der genervten Piloten von der Verbesserungswürdigkeit des Verbrennungsmotors zeugt, auf die sich doch alles konzentriert, steigt ein langmähniger rumänischer Generalssohn in Paris in einen selbstkonstruierten Anderthalbdecker und will mit einem »Turbo-Propulseur«, mit »Schub« fliegen. Zum erstenmal mischt sich in das wohlbekannte Motorknattern ein Fauchen: Die von einem Mantel umgebene Vielblattschraube saugt vorn Luft an, beschleunigt sie und drückt sie nach hinten aus dem Mantelrohr. Henri Coanda, ohne Flugerfahrung, stürzt mit seiner Maschine im Dezember 1910 ab, sie verbrennt. Er ruiniert sich damit finanziell – und wird dann in England, bei Bristol, ein bedeutender Konstrukteur.

Im ungestümen Schwung der Aufbruchjahre, angesichts der ersten Höhenflüge, geht der Blick einiger weniger Visionäre schon weiter, weit über die Stratosphäre hinaus, die die Wissenschaft gerade erst nach der

Jahrhundertwende entdeckt hatte. Esnault-Pelterie wagt die Vorhersage, daß der Verbrennungsmotor nicht das letzte Stadium in der Flugtechnik sein werde, er läßt die Fliegerei mehr und mehr hinter sich. Längst hat er, Motorenfachmann, die Möglichkeiten erkannt, die in der Rakete stecken. Wie Ziolkowski seit der Jahrhundertwende in Rußland, wie Hermann Oberth (seit 1912) in Deutschland, sieht er den Menschen in die Unendlichkeit des Weltraums entschweben.

Capitaine Ferbers einflußreiches Buch über *Die Kunst zu fliegen*, 1908 geschrieben, endet mit diesem großen Traum: *Eines Tages wird das Leben auf der Erde bedroht sein. Ein schreckliches Dilemma wird sich einstellen: entweder zurückkehren zum Nichts durch langsames Absterben oder, um dem zu entgehen, mit einem neuen Flugzeug die Unendlichkeit besiegen. Das letztere wird sicherlich eine Gruppe dieser tausendmal tüchtigeren, tausendmal klügeren Übermenschen der Zukunft wollen und ausführen. Wahrlich, sie werden den unwirtlichen Planeten verlassen. Und das ist der letzte Zweck des ›Schwerer als die Luft‹-Flugzeugs, welches unter unsern erstaunten und entzückten Augen soeben entstanden ist.*

1913 erscheinen Esnault-Pelteries Berechnungen für Flüge zum Mond, zum Mars und zur Venus. Was bisher Dichtung war, reine Fiktion, geht langsam über in das Stadium technischer Verwirklichung. Ingenieure machen den Dichtern Konkurrenz. Die Mach-Zahl ist schon definiert.

Die vierte Waffe

Europa rüstet für die große Abrechnung. Deutschland hätschelt seine Schlachtflotte, Frankreich nutzt seinen Vorsprung in der Flugtechnik – seit 1910 kein Manöver mehr ohne Flieger. Italiener werfen die ersten scharfen Bomben auf Türken und Araber in Nordafrika. Unter den Opfern, natürlich, Zivilisten. Dabei hatte alles so harmlos und so spielerisch begonnen: mit saftigen Orangen und ein paar Mark für die Piloten.

Es riecht nach Pulverdampf in Europa – Hochkonjunktur für Krupp und Creuzot, für Vickers und Armstrong. Die einen wollen partout nach Berlin, die anderen nach Paris marschieren. Eine *Menschheit vor Feuerschlünden aufgestellt* sieht Georg Trakl – welch prophetisches Bild.

Im heißen Sommer 1911, während der »Marokkokrise«, wird deutlich, wie schmal der Grat zwischen Krieg und Friede ist, wie schnell die Großmächte in ihrem angriffslustigen Imponiergehabe auf eine große Konfrontation hinsteuern. Deutsche und Briten, die germanischen Brüder, sind sich nicht grün, weil doch beide die Zukunft auf dem Wasser sehen. Deutschland und Frankreich, die »Erbfeinde«, zeigen sich der Welt von Herzen feind, die Säbel rasseln, unvergessen die Schmach von Sedan, der Triumph von Versailles. Für die als unabwendbar empfundene Generalabrechnung zwischen Deutschland und Frankreich werden die Militäretats aufgestockt und Wehrdienstzeiten verlängert, kostspielige Schlachtflotten auf Kiel gelegt und nun auch die Militärflieger in die Pläne der Militärs einbezogen, ein neuer Faktor in den Kräfteberechnungen der Generalstäbe – ein Unsicherheitsfaktor bei der schnell sich wandelnden Technik. Frankreich, die erste Fliegernation der Welt, gibt für ihre Fliegerei sechs-, ja siebenmal soviel aus wie Deutschland, das Land mit dem größten stehenden Heer. Den Briten das Meer, den Franzosen die Luft, so heißt die griffige Formel der »Entente cordiale«, wenn man der Boulevardpresse glauben soll.

Es fing, wie immer, ganz harmlos an. Amerikanische Piloten griffen wohl als erste zu kalifornischen Orangen, um sie als handliche Wurfgeschosse zur Unterhaltung des Publikums auf irgendwelche Ziele zu schleudern. Dann folgten Sandsäcke, Säckchen mit Gips oder Sägemehl, geschmückt mit einem roten Band und der Aufschrift »Vorsicht Bombe!« Das alles sah mehr wie ein Spielzeug für Erwachsene aus, wie ein Spaß für die Piloten, die sich auf diese Art zusätzlich ein paar Mark verdienen konnten. Wer denkt da schon, wie der Romancier H. G. Wells, an die Schrecken von Luftschlachten und Luftbombardements? Nur gelegentlich fiel mal ein Sandsack ins Publikum. Aus Versehen.

Im Jahr 1911 aber wird es richtig ernst, wenngleich auch hier der erste kriegerische Vorstoß noch so harmlos anmutet wie ein Kinderspiel. Der Flieger, so weiß *L'Aèrophile* aus Amerika zu berichten, habe von beiden kriegführenden Parteien die Versicherung erhalten, daß nicht auf ihn geschossen wird. Erst dann macht sich »Charlie« Hamilton, der Hans Dampf in allen Gassen unter Amerikas Fliegern, zu seinen »interessanten militär-aviatischen Experimenten« auf und überfliegt die Konfliktzone, die amerikanisch-mexikanische Grenze. Hamilton sieht Bajonette in der Sonne blitzen, erkennt mexikanische Schildwachen auf den Häusern von Juarez und überblickt die Schanzarbeiten. Er geht bis auf 150 m herab. Ein Grenzposten, der erst auf ihn angelegt hat, wirft das Gewehr weg und stürzt sich entsetzt ins Wasser. Er hätte auch Bomben werfen können, sagt Hamilton nach dem Flug.
Wilbur Wright, immer auf der Suche nach Regierungsaufträgen, wittert Morgenluft, zeigt sich optimistisch für die Zukunft. Auch Glenn Curtiss, sein erbitterter Rivale, eilt sofort mit drei Flugzeugen in das Krisengebiet an der Grenze. Wright meint, daß geschulte Beobachter, also Militärs, aus einer Höhe von 600 m Männer und Pferde und ihre Bewegungen leicht ausmachen können. Präsident Taft winkt allerdings gleich ab: man solle das Experimentieren anderen Nationen überlassen. Es sei ein Unding, sagt er, tüchtigen Offizieren zuzumuten, sich das Genick zu brechen.
Da kennen die Franzosen nichts. Sie tun alles, um ihren Vorsprung in der Militärfliegerei auszubauen. Früh schon, gleich nach der Großen Woche von Reims 1909, hatte der Kriegsminister kurz entschlossen und mit beherztem Griff die ersten Flugzeuge geordert – jenem Pioniergeist folgend, dem Frankreich 1793 die erste Luftschiffertruppe der Welt und 1870 einen gutfunktionierenden Ballondienst bei der Belagerung von Paris verdankte. Wozu die Flugzeuge dienen sollten, vermochte sich freilich 1909 keiner so richtig vorzustellen – ein französischer Offizier fabulierte über den Luftkrieg der Zukunft, er sehe einen tapferen Piloten, *begleitet von einem ausgezeichneten Schützen, beide geradezu unverwundbar wegen der Eigengeschwindigkeit ihres Flugzeugs, die den feindlichen Generalissimus in der Mitte seiner Armee aufsuchen und erlegen und so in hervorragender Weise zum Gewinn der Schlacht beitragen.*
Jetzt stellt Frankreich den eindrucksvollen deutschen Luftschifferfolgen eine systematisch geförderte Luftflotte entgegen, die Ende 1910 schon auf 60 Flugzeuge angewachsen ist – ein Auftragspolster für die ersten französischen Flugzeugfabriken. Regierungsaufträge sind ja der Traum aller Flugzeugfabrikanten, Rüstungsaufträge werden immer das Rückgrat dieser Industrie stärken müssen. Wer überleben will, muß das Geschäft mit dem Krieg machen. Da wäscht eine Hand die andere. Die Flugzeugindustrie kann nur gedeihen dank der Heeresaufträge, und das Kriegsministerium kann für den Ernstfall nur planen, wenn es mit einer leistungsfähigen *einheimischen* Flugzeug- und Motorenindustrie rechnen kann.
Mit hochdotierten Preisen und mit Flugkonkurrenzen wird die Luftflotte, dieses neue militärische Machtpotential, vom Staat gefördert und der Vor-

sprung andern Nationen gegenüber gehalten, wenn nicht ausgebaut. Wen wundert es, daß ein so gerissener, so gefährlicher Tycoon wie Basil Zaharoff, der Maschinengewehre wie Büchsenfleisch in alle Welt verhökert und mit europäischen Waffenfabriken gleichsam Domino spielt, scheinbar großzügig 750000 Francs für die französische Luftfahrtforschung stiftet? Da darf man schon ein paar Vickers-Aktien darauf wetten, daß sich hier ein zukunftsträchtiger Markt für Pulver und Pulvergetriebenes auftun wird. Bekanntlich hat der Armenier, der »Mann mit den kalten Augen«, einen Blick dafür. Bis Ende 1918 werden allein die Entente-Mächte 130000 Militärflugzeuge produziert haben: Der Markt ist mithin erschlossen, das Mäzenatentum der Vorkriegszeit hat sich gelohnt.

Die französische Presse feiert »la gloire de l'aviation française«, und das Land sonnt sich in diesen Vorkriegsjahren stolz in der Rolle eines Schrittmachers der Militärfliegerei. Andere Länder zeigen sich zu dieser Zeit erstaunlich uninteressiert, Amerika, das Heimatland der Wrights, zum Beispiel: Erbärmliche 125000 Dollar bewilligt der Kongreß für das Jahr 1912. Die Kriegsministerien aller Länder werden von den Franzosen lernen müssen, wie sehr die kurze Lebensdauer der Flugzeuge und der Motoren, die hohen Kosten für die Wartung und die Treibstoffpreise ihre Budgets belasten, und was es für parlamentarischen Ärger geben kann. Keiner war darauf vorbereitet.

Von der »vierten Waffe« sprechen die Franzosen im ersten Überschwang. Die Ausbildung der Piloten ist psychologisch ganz auf Sicherheit abgestellt, die Forderungen sind hoch, die Verluste auch. Der Prüfungskatalog umfaßt schließlich einen Stundenflug mit Gleitflug aus 1000 m Höhe sowie Ballastflüge, Ziellandungen, Überlandflüge, Außenlandungen. Von Anfang an hat die Heeresverwaltung ihren Offizierspiloten jede mögliche Erleichterung gewährt. Sie haben Urlaub und geeignete Flugfelder für ihre Experimente bekommen, Dienstjahre werden doppelt angerechnet, Gefahrenzuschläge gezahlt. Der hohe Ausbildungsstand französischer Militärpiloten entspricht ihrem Elitebewußtsein. Erst allmählich sickert durch, daß diese »Elite-Phalanx« mit ihren Extratouren auch die Keime einer »Schule der Disziplinlosigkeit« in sich trägt. Weder Flieger noch Mechaniker wollen sich in ihrer lässigen, selbstbewußten Haltung in das Bild vom sturen militärischen Drill fügen – verwegene Individualisten, die sich autoritärer Kontrolle entziehen und zu Extratouren neigen. Mehr Teamgeist als Subordination, das wird auch so bleiben. Überall. Selbst bei den Preußen. *Ich lasse mich nicht kommandieren. Ich bin heute zum Fliegen nicht aufgelegt*, sagt ein Flugzeugführer in Metz ganz unpreußisch.

Zum Höhepunkt der Leistungsschauen französischer Militärflieger, dieser »Hoffnung des Landes«, werden die großen Herbstmanöver des Jahres 1911. Ein deutscher Beobachter faßt seine Eindrücke von dem Vorsprung der Franzosen in einem alles sagenden Wort zusammen: »Niederschmetternd«.

Staunend erlebt die versammelte Fachwelt drei Tage lang auf den hügeligen ostfranzösischen Manöverfeldern um die Festung Belfort die Beweglich-

Verliebt, vermummt, verheiratet: Melli Beese, eine ehemalige Bildhauerin, macht 1911 als erste deutsche Fliegerin ihren Pilotenschein und heiratet dann den französischen Kollegen Charles Boutard (rechts). Gemeinsam betreiben sie auf dem Flugplatz Johannisthal eine Fliegerschule.

In Hendon bei London (oben) liefern sich die Piloten an Wochenenden erbitterte Rennen. Überlandflüge bergen noch manches Risiko (unten). Rechte Seite: Erste Versuche aerodynamischer Formgebung: Die vielfach nachgebaute Taube (oben) und Heinkels siegreiches Albatros-Wasserflugzeug von 1913 (Mitte).

16649

Charles Pegoud, ein ehemaliger Kolonialsoldat, lockt noch einmal Zehntausende auf die Flugfelder Europas. Seine waghalsigen Sturz- und Rückenflüge eröffnen der Fliegerei eine neue Dimension. Auch Passagiere läßt er in seiner Blériot an diesem ungewohnten Fluggefühl teilhaben.

keit und die Bewegungsfreiheit der französischen Fliegertruppe. 26 Piloten stehen den Stäben zur Verfügung, außer Offizieren so bekannte Flieger wie Aubrun, Védrines, Tabuteau, Legagneux, Piloten der internationalen Spitzenklasse. Bei der Nachrichtenübermittlung zwischen den operierenden Truppenteilen werden schnelle Blériots, Deperdussins und Moranes geflogen.

An »gewaltige Vögel, die über ihrer Beute kreisen«, erinnern die Aufklärungsflugzeuge, mehrsitzige Farman- und Breguet-Doppeldecker. Nur in Höhen von mehr als 500 m gelten die Flugzeuge als gesichert gegen feindliches Feuer. Der Operationsplan einer Armee wird von einem fixen Hauptmann im Flugzeug durchkreuzt, und der kommandierende General sagt: *Wir vermögen heute noch gar nicht abzusehen, welche unglaubliche Bedeutung die Aviation in einem künftigen Feldzuge haben wird.* Im nächsten Jahr müssen die englischen Herbstmanöver unter dem Eindruck der von Flugzeugen aus gewonnenen Aufklärungsergebnisse abgebrochen werden.

Schon jetzt, Herbst 1911, zwingt die Allgegenwart der Flugzeuge zum Umdenken. Aus einem Manöverbericht: *Über jedem Hügel, über jedem Walde oder Gehölz, in dem sich eine Infanterie-Abteilung oder eine Batterie sicher versteckt glaubt, erscheint ein Aeroplan, als wachsames Auge, das keine Hindernisse kennt und alles schaut, was da unten vorgeht. Noch kämpft er nicht selbst, aber er hilft den Kämpfenden, er unterrichtet sie von jeder drohenden Gefahr, er macht jene verhängnisvollen Umgehungs-Operationen unmöglich, jenes Zusammenziehen großer Truppenmassen an einer Stelle, um von dort aus zum überraschenden und entscheidenden Schlage ausholen zu können.* Zuerst werden die Meldungen, einfache Meldezettel, die durch angehängte Papierschlangen leichter auffindbar sein sollen, einfach aus den Flugzeugen fallen gelassen. Da aber immer wieder Nachrichten verlorengehen, wird später die Landung direkt bei den Stäben bevorzugt.

Noch steckt die »Funkentelegraphie«, der drahtlose Verkehr zwischen Flugzeugen und Bodenstationen, im Stadium der ersten Erprobung. Maurice Farman arbeitet daran, auch Telefunken in Berlin, schon mit Luftschifferfahrung. Schwierigkeiten machen die starken Vibrationen während des Fluges und die harten Stöße bei Start und Landung. Die Station auf dem Eiffelturm empfängt folgendes: *Kapitän Brenot, beauftragt mit Versuchen drahtloser Telegraphie, an den Kriegsminister. Zwischen St. Cyr und Rambouillet fliegend, übersenden wir den Ausdruck unserer ehrfurchtsvollen Huldigungen und unserer Ergebenheit. Befinden uns in 500 m Höhe über dem Walde von Rambouillet.* Gesucht wird bei diesen Experimenten nach einem einfach zu bedienenden Gerät, das bei geringstem Gewicht und kleinen Ausmaßen genügende Reichweite hat. Telefunken setzt den Generator im Flugzeug auf die Welle eines 75-PS-Renault-Motors. Die mit einer Bleikugel beschwerte Antenne baumelt, 100 m lang, unter dem Flugzeug und wird vor der Landung wieder aufgespult. Weiche Lötstellen in Abständen von 10 m sorgen dafür, daß der Antennendraht

sofort reißt, wenn er sich irgendwo festhakt. Die Versuche werden sich noch bis zum Krieg hinziehen.
Bei diesen Herbstmanövern 1911 operieren die Flugzeuge nicht von festen Stützpunkten aus, sondern folgen den Stäben, denen sie zugeteilt sind. Zu jedem Flugzeug gehört deshalb ein Automobil, das Reserveteile, Handwerkszeug und Mechaniker, bei Eindeckern auch ein Schutzzelt mitführt. Vor jedem Start beordert der Pilot seinen mobilen Stützpunkt zu dem vorgesehenen Ort der Landung. Auch schwere Beschädigungen können im Felde repariert werden. Rollende Werkstätten mit schweren Ersatzteilen wie Tragflächen und Motoren, mit einer Drehbank und Holzbearbeitungsmaschinen begleiten die Flugzeuge.
Offen bleibt nach diesem eindrucksvollen Manöver eine Frage, die alle Militärs beschäftigt. Die Firma Michelin stellt sie in einem »Offenen Brief« und will die Lösung mit 150000 Francs an Preisen honorieren. *Kann der Aeroplan*, so fragen die Preisstifter, *Brücken und Eisenbahnknotenpunkte vernichten, die Mobilisierung einer Nation spalten, eine Festung dem Erdboden gleichmachen, ein Panzerschiff in die Luft gehen lassen? Kann er die Arsenale, die Zentral-Proviantmagazine, die Pulverdepots des Feindes vernichten und so die Kanonen und Gewehre in seinen Händen wirkungslos machen? Es ist nutzlos, die Frage zu diskutieren, sie muß beantwortet werden. Wir wollen durch Tatsachen die gewaltige Macht der Flugmaschinen zeigen, und wenn erst einmal die Resultate vorliegen, so hoffen wir, wird die Regierung und die Nation nicht zögern, die Notwendigkeit zu begreifen, bei der französischen Industrie, nicht einige Dutzend, nein, fünf- oder sechstausend Apparate zu bestellen, die nicht viel teuerer zu stehen kommen werden, als ein Panzerschiff.* Völkerrechtler werden nicht mehr gefragt, zu spät. Die ersten 50000 Francs des Michelin-Wurfpreises erhält im nächsten Jahr ein Pilot, dem es gelungen ist, aus einer Höhe von 200 m bei fünfzehn Würfen zwölfmal in den runden Zielkreis von 20 m Durchmesser zu treffen. Man wirft auch auf Pappfiguren im Gelände.
Die Schlußfolgerung, daß für so unterschiedliche Aufgaben verschiedenartige Flugzeugtypen entwickelt werden müßten, drängt sich zwar auf, verbleibt aber zunächst im Diskussionsstadium. Gesucht wird noch immer das Allzweckflugzeug – und auch dabei gibt es Probleme genug. 31 Flugzeuge aus französischen Fabriken zeigen im Oktober und November 1911 beim »Concours Militaire de l'aviation française« in Reims den letzten Entwicklungsstand der Militärfliegerei, und wie immer, wenn das in Frankreich geschieht, schaut die ganze Welt gespannt zu.
Die Anforderungen sind hart, fast zu hart, wie es scheint, es gibt Tote. Das Idealflugzeug soll einen Beobachter tragen, mit einer Nutzlast von 300 kg eine Stundengeschwindigkeit von 60 km erreichen, es soll auf einem Stoppelfeld, einem Kleefeld, einem gepflügten Acker landen und auch wieder starten und in höchstens 15 Minuten bis auf 500 m steigen. Kein Wunder, daß schon beim ersten Durchgang bekannte Marken wie Blériot, Morane, Voisin, Sommer und Antoinette ausscheiden und nur Breguet, Farman, Deperdussin, Nieuport und Savary für die Endrunde übrigbleiben.

Anderthalb Millionen Francs hat sich das Kriegsministerium die wochenlange Prüfung kosten lassen. Die Konstrukteure haben Schwierigkeiten mit wassergekühlten Motoren und wechseln die Vier-, Sechs- und Achtzylindermotoren vor Antritt des großen Fernflugs Reims–Amiens–Reims gegen die zuverlässigen Rotationsmotoren aus. Der Sieger nach Abschluß des Geschwindigkeitsrennens heißt Nieuport, Weltrekordhalter und Gordon-Bennett-Cup-Gewinner. Der Fabrik in Issy-les-Moulineaux fällt der Löwenanteil der ausgeschriebenen Preise zu, die Prämie von 100000 Francs für das siegreiche Flugzeug und die Bestellung von zehn Flugzeugen des Typs, insgesamt 780000 Francs. Edouard de Niéport hat diesen glänzenden Triumph nicht mehr erlebt. Er ist beim Herbstmanöver abgestürzt, wenige Tage, nachdem Hélèn mit einer Gesamtstrecke von 1252,80 km den Michelin-Jahrespreis für Nieuport nach Hause geflogen hat. So wie er vom Feld kommt, mit einer Schicht von Staub und Öl überzogen, steht der siegreiche Nieuport-Eindecker auf dem Aero-Salon 1911 inmitten einer gelackten, auf Hochglanz polierten Umgebung, ein Blickfang.
Nieuport hat als einer der ersten die Bedeutung der günstigsten Form bei der Überwindung des Luftwiderstandes erkannt und entsprechend gebaut. Alle Gewichte, wie Pilot, Motor und Treibstoffbehälter, sind möglichst nahe zusammengerückt. Die Tragflächenprofile, ein vieldiskutierter Geheimtip, beruhen auf exakten Festigkeitsberechnungen und weichen erheblich von denen anderer Modelle ab. So kommt dieser Eindecker mit der geringsten Zahl von Spanndrähten aus.
Zufall oder höhere Fügung – das Schicksal will es, daß ausgerechnet während der sechs Wochen des Concours Militaire die Theorie der Sandkastenspiele zum erstenmal von der brutalen Realität eines Krieges verdrängt wird. Es ist der Augenblick, auf den alle Politiker und Generäle gewartet haben, jetzt muß sich zeigen, welchen Wert die Militärfliegerei wirklich hat. Italien zieht in den Krieg. Unter dem Druck der Nationalisten, die das mißglückte Abessinienabenteuer und damit die Zerstörung des imperialistischen Machttraums nie verwunden hatten, sucht das Land in einem neuen kolonialen Eroberungskrieg gegen türkische Gebiete in Nordafrika ein Ventil für aufgestauten Ehrgeiz. Dem Expeditionskorps nach Tripolis, ins westliche Libyen, folgt schnell eine kleine Fliegertruppe mit Maschinen von Etrich, Blériot, Deperdussin und Nieuport. An der Küste der Adria stationieren die Italiener außerdem zwei Militärluftschiffe, um Flottenbewegungen zu beobachten. Während die französischen Piloten in Reims ihre Runden drehen, theoretische Militärfliegerei, spielen die Italiener auf afrikanischem Boden zum erstenmal „Zukunftskrieg“ mit scharfer Munition.
Der Überraschungseffekt der Flugzeuge ist erheblich. Nach einigen Aufklärungsflügen in den letzten Oktobertagen packt Leutnant Gavotti am 1. November 1911 orangenförmige Bomben mit 130 g Sprengstoff, die Erfindung eines italienischen Marineoffiziers, der dabei in die Luft geflogen ist, in seine Etrich-Taube und fliegt damit über eine türkische Artilleriestellung – der erste geflogene Luftangriff in der Geschichte. Der Feind

flieht und hinterläßt Waffen. Ein weiterer Bombenangriff einige Tage später führt zu internationalen Diskussionen, ob sich solche Attacken mit der Genfer Konvention vereinbaren lassen.
Leutnant Rossi, einer der Piloten, über eines seiner Kriegsabenteuer, bei dem es zum erstenmal einen Verwundeten gibt – Originalton: *Ich steuere entschlossen auf die türkischen Zelte zu, indem ich meinem Begleiter das Signal gebe, die aufgehängte Bombe zum Abwurf fertigzumachen. 100 m vom Zentrum des Zeltlagers entfernt gebe ich das zweite Signal zum Schleudern. Um die Wirkung zu beobachten, steuere ich sofort nach links. Ich sehe, wie sich eine starke Staubwolke vom Boden erhebt und Menschen, Pferde und Kamele nach allen Richtungen auseinanderstieben. Die Freude über diese Wahrnehmung wird empfindlich durch das Salvenfeuer beeinträchtigt, dessen ununterbrochenes Geknatter auch den Mutigsten nervös machen kann. Ich suche mich durch eine Wendung nach rechts dem Feuer zu entziehen, sehe aber mit Schrecken, daß ich so mitten ins Lager des Feindes gerate. Ich drehe wieder nach links und bemerke, daß eine Kugel den Apparat getroffen hat. Ich versuche daraufhin, höher zu steigen, schaffe es aber nicht. Mit einem kühnen Manöver wende ich mich entschlossen nach der linken Seite des Lagers, während mir mein Begleiter, Kapitän Montù, zuruft, daß er verwundet ist. Ich drehe mich ein wenig auf dem Sitz, um dem Kapitän ins Gesicht zu sehen, aber der Motor, der mittlerweile die Arbeit eingestellt hat, nimmt sofort wieder meine ganze Aufmerksamkeit in Anspruch. Instinktiv stelle ich den Apparat zum Gleitflug ein, aber glücklicherweise beginnt in diesem kritischen Augenblick der Motor wieder zu arbeiten. In der Zwischenzeit sind wieder zwei Kugeln in den Apparat eingeschlagen. Mit dem Motor habe ich meine liebe Not. Jede halbe Minute gibt es eine Panne. Zudem hat der Wind, dessen Richtung mir ohnehin ungünstig war, an Stärke zugenommen und treibt mich von der Richtung ab. Die verfluchten Araber hören nicht einen Augenblick mit der Schießerei auf, und es war nicht gerade ein ermutigendes Schauspiel, dieser Anblick von 2000 Arabern, die uns mit der größten Kaltblütigkeit aufs Korn nehmen. Ich hänge da oben in schwebender Pein, vom Winde hin und her geschaukelt und mit einem Motor, auf den ich mich nicht mehr verlassen kann, dazu in der Furcht, daß Montù tödlich verwundet ist, kurz, ich erwarte meinen Tod von Minute zu Minute. Aber das höllische Geknatter der Schießerei nimmt allmählich ab. So können wir uns, vom Wind geschüttelt, langsam von dem feindlichen Lager entfernen.*
Auch andere Piloten wissen Aufregendes zu melden. Einer, ein Leutnant, sieht, wie sein Benzintank leckt. Unverzüglich landet er in der Mitte einer Oase. In der einen Hand hält er einen Revolver, in der anderen eine Explosivbombe, um sein Leben so teuer wie möglich zu verteidigen. Bald merkt er, daß die Oase von feindlichen Truppen frei ist, und repariert mit seinem Mechaniker den Tank. Im Augenblick des Starts stürzen zwanzig Araber aus der Deckung hervor und feuern Schüsse ab, die die Tragflächen durchbohren. Ein anderer Flieger, Hauptmann Moizo, muß wegen Motorschadens zum Gleitflug übergehen und landet unter Arabern. Sie nehmen ihn

gefangen und heben ein Kind in den Sitz seines Flugzeugs, um es unter ohrenbetäubendem Triumphgeschrei umherzurollen.
Das afrikanische Experimentierfeld für die neue Waffe liegt zwar fernab vom Schuß, und insofern günstig für die wißbegierigen Europäer. Dafür haben die Ergebnisse der italienischen Luftkriegführung auch nur bedingten Erkenntniswert. Der Krieg in der Wüste und um Oasen ist kein klassischer Krieg, sondern eine Art Guerilla-Kampf. Vor allem: In der Luft stoßen die Italiener auf keinerlei Gegenwehr. Zwar wollen die rückständigen Türken den mit 20 Mark pro Tag kümmerlich entlohnten Italienern ein hochbezahltes Söldnerkorps von französischen Piloten entgegenwerfen, für das ein holländisches Rekrutierungsbüro mit exzellenten Vertragsbedingungen vernehmlich die Werbetrommel rührt. Doch bis zur Aufstellung dieser Truppe (mehr als siebzig Piloten, darunter eine Frau, sollen sich gemeldet haben) ist der Feldzug schon zu Ende. Und so kann, mangels ernstzunehmendem Gegner, vorab auch niemand die einfache Frage beantworten, wie denn Flugzeuge am Himmel als Freund oder Feind erkannt werden können. Es gibt nämlich Stimmen, die sagen, im Krieg werde wegen der »rasenden Bewegung« rücksichtslos auf alles in der Luft geballert. Flugzeuge, meinen sie, sollten deshalb wie eine Parole bestimmte Rauchsignale von sich geben, damit sie einwandfrei zu identifizieren sind. (Tatsächlich rücken 1914 französische Flugzeuge mit einem Kohlenstaub-Exhaustor in den Krieg und geben mit Kienruß optische Signale für die Bodentruppen.)
So ganz erschöpfend und erhellend sind die Lehren von Tripolis also nicht, allzuviel bleibt ungeklärt. Zieht man in den Berichten das südländische Temperament der Flieger ab, denkt man sich zudem das aufregende Moment der Neuheit weg, so sind die Resultate eher ernüchternd. Die moralische Wirkung, die Panik bei den feindlichen, der Enthusiasmus bei den eigenen Truppen, scheint größer als jeder tatsächlich meßbare Erfolg. Vierundzwanzig Tote, heißt es, seien auf die Bombardements aus der Luft zurückzuführen, darunter natürlich Zivilisten. Mit Flugblättern, die sie aus dem Flugzeug werfen, fordern die Italiener Araber zum Überlaufen auf und versprechen ihnen Geld und einen Sack Getreide. Aufklärungsflüge bringen nach Meinung der Piloten mehr als Bombenangriffe, denn noch ist die Treffsicherheit gering und die eigene Gefahr beim Umgang mit den scharf zu machenden Projektilen erheblich. Der Wüstensand, auch das zeigt sich, schadet den Motoren und führt zu Pannen, Wüstenwinde machen den Fliegern zu schaffen. Erkundungsflüge im Krieg sind bei weitem anstrengender und ermüdender als Friedensflüge, sagen die Piloten. Die Angst fliegt mit.
Ein kriegerischer Herbst, dieser Herbst 1911, ein kleiner Vorgeschmack auf das, was kommen wird. Jedes Land, das etwas auf sein Militär hält, veranstaltet jetzt Manöver mit Flugzeugen, meist sind es ja nur ein paar. Lohner-Pfeilflieger kreisen über Südungarn während der österreichischen Kavalleriemanöver, Ein- und Doppeldecker französischer Herkunft über Infanterieeinheiten während der russischen Manöver. Euler- und Otto-

Welche Vorbedingungen werden an einen Militärflugapparat gestellt?

Ein Militärflugapparat hat vor allen Dingen folgende Bedingungen zu erfüllen:

1. Er muß eine genügende Geschwindigkeit und einen schnellen Aufstieg haben.
2. Der Militärflugapparat muß auf jedem Gelände landen können.
3. Er muß sehr leicht und schnell zu montieren und demontieren sein.
4. Er muß gut zu transportieren sein und beim Transport nur einen geringen Raum beanspruchen.
5. Er muß bei einem mittleren Winde mit einer guten Stabilität fliegen können.
6. Er muß eine lange Flugdauer besitzen.
7. Er muß eine gewisse Tragfähigkeit für Nebenlasten aufzuweisen haben.
8. Er muß mit allen zum militärischen Dienst, wie Rekognoszierung, Verteidigung, Angriff usw., erforderlichen Apparaten ausgerüstet sein, und zwar folgenden: Tourenzähler, Barometer, Tachometer, Kompaß, Kartenhaltekästen und Karten, Benzin- und Ölstandgläser, Apparate für drahtlose Telegraphie als Empfänger- und Abgabestation, Einrichtungen für Photographie, Feuervorrichtungen zum Angriff gegen feindliche Flugzeuge, Bombenfallvorrichtungen, Fallvisiereinrichtungen, Bombenlagerkästen, Bomben, Ferngläser, Aufzeichenvorrichtungen zum Entwerfen von Krokis, Beleuchtungskörper zum Nachtaufstieg (Positionslaternen); Lichtsignalapparate: Scheinwerfer zum Morsen, Signalpistolen, Signalsterne und Leuchtkugeln, Winkerflaggen.
9. Die Anordnung sämtlicher Apparate muß gut übersichtlich sein. Empfindliche Apparate müssen gegen Witterungseinflüsse geschützt sein.
10. Das Chassis muß so gebaut sein, daß es Flugzeugführer und Beobachter einen guten Windschutz bietet, dabei aber beiden einen freien ungehinderten Ausblick auf das vor, unter und hinter dem Flugapparat befindliche Gelände ermöglicht.
11. Die Verständigung des Personals muß gut möglich sein.
12. Zu diesem Zweck hat der Apparat, wenn nötig, noch Schall- und Hörrohre für die Besatzung zu haben.

Doppeldecker nehmen an den bayerischen Korpsmanövern teil; Bayern baut jetzt seine eigene Fliegertruppe auf und unterhält auf dem Oberwiesenfeld eine eigene Schule.

Mit dem kriegerischen Ernstfall hat das alles noch wenig zu tun. So fliegen zwei Leutnants anläßlich eines Korpsmanövers mit ihrem Euler-Doppeldecker aus Mainz los, um festzustellen, aus welcher Richtung sich die feindliche Armee nähert. Ihre Meldung soll in Diez aufgegeben werden. Nördlich von Königstein werden die Flieger durch heftige, nahezu sturmartige Böen gezwungen, bei Schloßborn niederzugehen, wo der Feind jeden Augenblick erwartet wird. Dem Beobachtungsoffizier, so heißt es, ge-

lingt es noch, das Telegrafenamt zu erreichen und die wichtige Meldung telegrafisch zu übermitteln. *In dem Moment, als er das Telegrafenamt verließ, trafen die ersten feindlichen Patrouillen ein, zu spät jedoch, um die Beförderung der Meldung noch zu verhindern.*
Schwierigkeiten macht bei solchen Flügen die Verständigung zwischen dem vorn sitzenden Beobachter und dem Piloten in seinem Rücken. Das einfachste sind noch die dirigierenden Schläge auf die Schulter oder auf den Sturzhelm. Manche haben sich Tafeln gefertigt, mit denen sie in Kurzform eine Art Kommunikation betreiben. Wichtig ist, daß der Beobachter genau weiß, wo sich die Maschine befindet. Sie halten sich dann Tafeln mit der Aufschrift »BO« (bin orientiert) und »IA« (ich auch) vors Gesicht. Wenn der Motor nicht mehr mitmacht, hebt der Pilot die Tafel »LMK« (landen Motor kotzt). Dann muß »Franz«, wie der Beobachter jetzt wegen seiner heftigen, rudernden Armbewegungen, des »Herumfranzens«, genannt wird, schleunigst sehen, daß er auf der Karte einen geeigneten Landeplatz ausmacht. Er muß auch in den nächsten Ort marschieren, um Hilfe zu holen. *Das Fliegen ist nicht Zweck allein / für den Soldat der Luft, o nein / zum Kämpfen ist er da und Späh'n / sonst könnt' er auch nach Hause geh'n.* So liest man's in der Presse.
Transportfähigkeit auf der Straße im Schlepp eines Autos gilt als eine der Hauptbedingungen für Militärflugzeuge. Dorner, der im November 1911 seinen Hochdecker von Johannisthal nach Döberitz zum Militär fliegen lassen will, was mit einer Notlandung endet, möchte jetzt wenigstens noch die Straßenlage beweisen. Unterwegs bricht das Fahrgestell, und der Flugzeugrumpf kippt in den Straßengraben. Im Dezember findet schließlich der Flug vor der Abnahmekommission statt. Der Pilot steigt auf 500 m und soll dann auf einen Leuchtpistolenschuß von unten landen. Irgendwas stimmt mit dem Seitensteuer nicht, es klemmt, ein Kabel ist aus der Rolle entgleist. Zufällig steht das Steuer gerade, als der Pistolenschuß kommt. Ein normaler Gleitflug würde in den Wald hineinführen – also steil herunter und, heftig aufrichtend, knapp vor dem Wald gelandet. Dieser Beanspruchung ist ein Haupttragdraht nicht gewachsen und knallt weg. Wenn die Kommission das merkt, ist der Verkauf geplatzt und die Firma am Ende. Der Pilot wirft den Motor mit der Handkurbel an (die gibt es nur bei dem Dornerschen Apparat), fliegt mit gerissenem Spanndraht los und landet hinter einem Schuppen, wo er die Drahtreste aus den Beschlägen zerrt und verbirgt – ein Draht mehr oder weniger fällt bei diesen Flugzeugen nicht auf. Die Vorführung *des steilen Gleitfluges, Landens in schlechtem Gelände, Wiederanwerfens ohne fremde Hilfe und Wiederstartens auf ungünstigem Boden* hat die Militärs beeindruckt, Dorner kann beglückt die Bestellung eines Musterflugzeuges in Empfang nehmen. Abends flüstert er dem Piloten zu, die Maschine habe beim Flug mit dem gebrochenen Draht nur noch 1,4-fache Bausicherheit gehabt.
Den preußischen Militärpiloten, die sich mit 150 Mark »Fliegerzulage« ihren kargen Leutnantssold aufbessern (Devise: »Leben wir noch mal bon, es geht ja alles aus dem Fliegerfonds«), müssen die wenigen französischen

Militärflugzeuge, die es in Döberitz gibt, wie wahre Wundermaschinen vorkommen. Vor allem der hochmoderne Breguet-Doppeldecker hat es ihnen angetan: das ist wirklich Fliegen, ein Wiegen und Schweben, verglichen mit den eckigen Bewegungen ihrer »Eierkisten«. In kurzer Zeit kommt die Breguet hoch, da gibt es keine Quälerei mit dem Knüppel, wie sie es gewohnt sind, anziehen, drücken, anziehen, drücken, und wenn sie zwischen den Beinen nach unten schauen, sind sie kaum 50 m hoch. Nein, die Breguet ist ein richtiges Flugzeug, die hebt glatt vom Boden ab, ohne Gehoppel, hat auch ein richtiges Steuerrad wie beim Auto. Das Schönste aber ist die Landung. Gas weg, und schon liegt die Maschine im Gleitwinkel. Mit dem ruhigen Bluff-bluff-bluff-bluff des gedrosselten Motors vor sich dreht der Pilot, mühelos die Kurven nehmend, in großen Spiralen zur Landebahn hin. Leicht schwebt die Maschine aus und setzt auf.

Ende 1911, Anfang 1912, gibt es auf der Welt rund 2000 Flugzeuge. Selbst China, dem Fortschritt der modernen Technik nicht sonderlich aufgeschlossen, hat schon drei Flugzeuge, von denen eins der Armee gehört. Auch Japan macht sich daran, den Vorsprung der europäischen Großmächte einzuholen; es fehlt vor allem an Piloten. Großbritannien hat jetzt Deutschland in der Zahl der ausgebildeten Flugzeugführer überflügelt. An der Spitze aller Nationen steht Frankreich, dessen Militärfliegerei inzwischen über 260 Flugzeuge verfügt. *Luftfahrzeuge*, so schreibt ein deutscher Beobachter des Militärwettbewerbs in Reims, der dann auch als angeblicher Spion einigen Ärger bekommt, *Luftfahrzeuge werden der Gewichtsstein sein, der bei den annähernd gleichwertigen Heeren europäischer Großstaaten die Waagschale zugunsten der Macht sinken läßt, die über die vollkommensten Luftkriegsmittel verfügt. Ihre Bekämpfung ist wirkungsvoll nur in der Luft, und so muß logischerweise eine Luftmacht die andere zeugen. Keine darf zurückbleiben.* Das Wort vom »Luftweltkrieg« geistert umher.

Vorerst spielt sich alles noch im Rahmen psychologischer Kriegsführung ab, Deutsche und Franzosen bombardieren sich mit Karikaturen und Plakaten. So sieht der »Kladderadatsch« einen gallischen Hahn, der erbost eine aufsteigende Rumpler-Taube betrachtet. Franzosen hingegen erfreut ein plakatgroßer Farbdruck, auf dem französische Flugzeuge graziös einen schrecklich gerupften deutschen Geier umkreisen. Zur Stärkung der Lebensgeister spenden die Sektfabrikanten Karl und Otto Henkell 100000 Mark. Für die deutsche Militärfliegerei.

»Flying Girls«

Männer haben das Fliegen erfunden, Männer die ersten Flugzeuge gebaut: Die Fliegerei ist eine abgekapselte Männerwelt. Doch nicht mehr ganz und nicht mehr lange. Couragierte Frauen verschaffen sich Zutritt zu den Flugfeldern, werden sogar schließlich als gleichberechtigt anerkannt. In Deutschland macht Melli Beese als erste die Prüfung, eine Bildhauerin. Freundschaften unter Fliegern und Fliegerinnen stehen auf schwankem Grund – der Tod ist allgegenwärtig. Melli Beese: »Tragödien unseres Berufs.«

Es muß schon November gewesen sein, stürmisch, kalt und regnerisch, die Spätnachmittagsdämmerung war in schwarze Nacht übergegangen, als sich eine Frau, den Schirm vor den Oberkörper gestemmt, durch knöcheltiefen Schlamm am Palisadenzaun des Johannisthaler Flugfeldes entlangkämpfte, der Eingangspforte der Albatros-Werke entgegen. Ab und zu blakten auf ihrem Weg rotglühende Öllämpchen vor naßglänzenden Kieferstämmen. Die zierliche junge Frau, Bildhauerin von Beruf, war aus Dresden angereist, beherrscht von dem einen Gedanken, daß sie fliegen lernen, daß sie in zwei oder drei Wochen fliegen will. Bis jetzt hatte sie noch nie ein Flugzeug am Himmel gesehen. Was sie im Kopf hat, ist Segelerfahrung und Theorie – und ein gehöriges Quantum Willen. Wie so viele ihrer Generation wird sie getrieben von der inneren Gewißheit, daß dieser Weg für sie der richtige ist.
Aus dem kargen, kleinen Albatros-Büro wird sie liebenswürdig weiter komplimentiert, nein, eine Dame gedenke man nicht zu unterrichten, das Wagnis sei doch zu groß. Vielleicht wollen Sie es bei Wright versuchen? Da herrscht der stolze, unzugängliche »Käpp'n« Engelhard, und der macht keinen Hehl aus seiner Meinung, daß er Frauen a priori für unfähig hält, eine Flugmaschine zu meistern. Melli Beese stößt zum erstenmal an die unsichtbaren Mauern, mit denen sich diese Männerwelt abgeschirmt hat. Die selbstverständliche Kameradschaft unter Fliegern gilt vorerst nur für den Umgang unter Männern. Für Frauen bleibt da bloß Ironie, das Lächeln der Weisen und die kalte Schulter. Mann will unter sich sein.
Bei der »Ad Astra«-Gesellschaft, bei dem verschlossenen, in sich abgekapselten Robert Thelen nimmt sie ersten Unterricht – und stürzt schon bei einem der ersten Flüge mit dem Wright-Doppeldecker ab. Komplizierter Knöchelbruch. An Krücken humpelt sie wieder auf den Flugplatz. Sie will ernstgenommen, will in diesem Ghetto, in dieser männlichen Domäne akzeptiert werden, ohne jede Sonderbehandlung, bitteschön. Sie hat ihre

handwerklichen Fähigkeiten beim Bootsbau in Schweden, bei der Reparatur von Eisyachten bewiesen. Der Traum von der Fliegerei reduziert sich freilich sehr schnell auf die Dreckarbeit in den Schuppen. In Wochen des Nebeneinanders findet sie kaum Kontakt zu ihrem Lehrer Thelen. Alles, was sie spürt, ist seine passive Resistenz. Die aber sehr deutlich.
So geht es nicht – Melli Beese verläßt Johannisthal, fliegt als Passagier in strömendem Regen beim Sachsen-Flug, lernt dann in Weimar. Beim dritten Flug überläßt ihr der Lehrer die Steuerung. *Zum ersten Male Leben und Tod in der eigenen Hand – in einer Unmittelbarkeit, wie es bei keinem andern Sport der Fall ist! Ich konnte kein Ende finden – immer wieder ließ ich die Maschine steigen, fallen, wieder steigen, nach links herum schwenken, in immer engeren Kurven. Die Wright-Maschine folgt ja so herrlich leicht auf den kleinsten Steuerdruck.*
Mit frischem Mut geht sie zurück nach Johannisthal, zu Rumpler, fliegt die brave Taube, trifft Hirth. Selbst dieser grundgescheite, liebenswürdige Mann kann sich von seinem Männlichkeitswahn nicht freimachen, übernimmt Klischees wie das vom *Oppositionsgeist, der den Frauen angeboren sein muß*, und läßt Sprüche los wie: *Die ganze Sache* (die Fliegerei) *wird von Frauen lediglich als Sensation aufgefaßt und dient dem Publikum zur Belustigung*. Oder ganz ernsthaft: *Wenn eine Dame fliegt, nimmt sie uns doch den Nimbus*. Der Beau. Der Mann. Der Held.
Immer wieder bekommt Melli Beese zu spüren, daß man nicht ungestraft in männliche Gefilde eindringt. Sie wird zur Zielscheibe fragwürdiger Späße – daß Schäden am Flugzeug gefunden werden, wenn sie starten will, ist fast schon das Normale. Einmal muß sie notlanden, weil irgend jemand, hahaha, das Verwindungskabel einseitig verlängert hat und die Maschine nur noch schwer steuerbar ist. Der letzte Streich: Kurz vor ihrem Start ist der Benzintank bis auf eine kleine Restmenge geleert worden.
Ein Spießrutenlaufen. Ein Offizierspilot erinnert sich an diese Zeit, an die erste Flugschülerin bei Grade. Alles wird in die Fliegersprache übersetzt, schwelgt er. »Verwindung geben«, heißt, daß sie sich in den Hüften wiegt. »Rollt« sie mit »Höhensteuer« davon, bedeutet das, sie geht mit hocherhobenem Kopf an den Schülern vorbei, wahrscheinlich, weil es irgendwo »böig« gewesen ist. Man könne sich die Leutnantsscherze ausmalen, sagt er, wenn das Rollen beginnt und »Schwanz hochheben« geübt wird.
Eine Männerwelt, nach männlichen Wünschen und Vorstellungen gezimmert, in die couragierte Frauen an den Universitäten und in der Politik vorstoßen. Ricarda Huch erzählt von einem Schweizer Gynäkologen, der seine Vorlesungen mit üblen Zoten pfeffert, um die anwesenden Damen, die ersten Studentinnen, zu schocken. Militante Sufragetten liefern sich in England in diesen Monaten und Jahren wilde Straßenschlachten mit der gar nicht pingeligen Polizei, und organisierte Banden von Rowdys schlagen auf die Frauen ein. Die ketten sich an Säulen fest, werfen sich vor galoppierende Rennpferde, zertrümmern die Fensterscheiben des Premierministers. In den Gefängnissen treten sie in Hungerstreiks und fordern die Rechte politischer Gefangener; die Zwangsernährung wird für gesetzlich

erklärt. Diese »wilden«, »rabiaten«, »hysterischen« Weiber, diese »heulenden Derwische«, wie die Presse sie hinstellt, versuchen nichts weiter als einfache bürgerliche Rechte, das Wahlrecht beispielsweise, durchzusetzen. Da gibt es ja noch andere kuriose Reglementierungen. So hat im Reichsland Elsaß-Lothringen noch 1911 eine Polizeiverordnung Gültigkeit, die weiblichen Personen das Aufsteigen in Luftfahrzeugen verbietet – zu einer Zeit, als schon viele Frauen aktiv den Ballonsport ausüben.
Als Sexualobjekte sieht man sie freilich gern, die Frauen, vor allem an den Universitäten. Auch die erste Fliegerin der Welt, die »hübsche kleine« Elise Deroche mit ihrer etwas »dunklen Herkunft« aus dem Halbdunkel des Theater-Tingeltangels beklagt sich beim Meeting von Heliopolis über die ständigen Nachstellungen ihrer Kollegen. 23 Jahre ist sie alt, wenn man dem Geburtsdatum trauen darf – es heißt, den klingenden Titel einer Baronin Raymonde de Laroche habe sie sich selbst zugelegt. Ein paar Wochen vorher, im Oktober 1909, hatte sie ihre ersten Soloflüge gemacht, ihr »brevet« trägt die niedrige Nummer 36. Wo sie mit ihrem Voisin-Doppeldecker aufsteigt, in Ägypten, St. Petersburg oder Budapest, ist ihr der Beifall gewiß. Man hat ihn *unter dem Lenkersitz mit einer Verschalung versehen*, meldet die *Wiener Luftschiffer-Zeitung*, wohl um hochgespannte Erwartungen zu dämpfen. In Reims stürzt sie schwer, später verunglückt sie auch noch mit ihrem Freund Voisin im Auto, der stirbt. Trotzdem steigt sie schließlich auf erstaunliche 4800 m, ein Höhenweltrekord für Frauen (und kommt 1919 bei einem Flugzeugunfall ums Leben).
Am meisten imponiert eine Belgierin, Hélène Dutrieu, Tochter eines Flekkenputzers. Sie verdient sich 1911 mit einem 2½stündigen Flug die 20000 Francs des Femina-Pokals. Mit dem Fahrrad hat sie Geschwindigkeitsweltrekorde aufgestellt, auch in Berlin-Friedenau, und im Zirkus als »lebender Pfeil« den »Looping the loop« gedreht, schließlich sogar mit einem knatternden Motorrad. In Marseille blieb der Motor stehen. Sie kam bei dem Sturz mit einem zerschlagenen Nasenbein davon. *Heute, wo ich zu fliegen gewohnt bin, fühl' ich mich da oben so ruhig wie auf der Erde*, sagt sie in einem Vortrag über den Mut von Frauen. Man glaubt es ihr aufs Wort.
Starke Naturen, nicht so leicht kleinzukriegen – Frauen, die sich so gar nicht in das passive Weibchen-Ideal der Epoche fügen. Solche Ansätze zur Selbständigkeit werden natürlich mit erhobenem Zeigefinger kommentiert: »Sie lernte das Fliegen ohne Wissen ihrer Eltern«, schreibt eine Zeitung über die erste tote Pilotin, über Denise Moore. Sie war 33 Jahre alt. Eine Französin, Jane Herveu, versucht sich 1911 mit einer eigenen Schule für Fliegerinnen über Wasser zu halten. In Irland zählt die Fliegerei sogar eine Frau zu ihren frühen Wegbereitern, eine bemerkenswerte, eigenwillige Dame.
Diese Lilian Bland war mit 30 immer noch nicht verheiratet – kein Wunder, sie rauchte, fotografierte beachtlich und schoß bei der Jagd schon mal einen Warnschuß vor die Füße, wenn ihr jemand zu nahe kam. Als sie in Schottland Seemöven fotografierte, packte sie der Neid – und der Ehrgeiz. Von

da an war sie der Fliegerei verfallen. *Ich hab' sie fliegen sehen,* schreibt sie vom Meeting in Blackpool an ihren Vater. *Die Maschinen sind alle ähnlich, kleiner, als ich dachte. Latham flog einen Halbkreis und stürzte dann ab ... Paulhan flog eine Farman-Maschine, großartig ... die englischen Maschinen sind, glaube ich, nicht so gut – zu klein.*

Paulhan, Curtiss und die Wrights standen bei ihrem Gleiter Pate, für den sie sich auch einen Motor kaufte. In England. Am Abend, als er eintraf, wurde er gleich in ihre »Mayfly« eingebaut. Da Miß Bland keinen Tank hatte, füllte sie eine Whiskey-Flasche mit Benzin. Als Trichter nahm sie eines der Hörrohre ihrer ewig grantigen Tante, die den Haushalt führte. So weckte sie mit Donnergetöse die Nachbarschaft. Nach Eintreffen des Tanks experimentierte sie ernsthaft. Der Gärtnerjunge mußte helfen. *Der Motor,* schrieb sie, die Irin, *war nicht gut, wollte nie recht anspringen und wurde zu heiß – ein englisches Modell eben, dem es wohl an Humor fehlte.*

Im August 1910 hatte sie ihr erstes richtiges Flugerlebnis. Im Overall, den weitkrempigen Hut mit einem Schleier unter dem Kinn festgebunden, probierte sie ihre »Mayfly« aus und stellte im nassen Gras fest, daß sie tatsächlich von der Erde freigekommen war. Bis Weihnachten hopste sie weiter, immer am Ändern, immer am Reparieren. 4000 Mark steckte sie in ihr Flugzeug, bis sie es dann im *Flight* zum Verkauf anbot: »Fliegt bei Windstille bis zu 10 m hoch.« Mehr schaffte der kleine 20-PS-Motor nicht. Später ist Lilian Bland als Farmerin nach Kanada gegangen.

Das Selbstbewußtsein einer Harriet Quimby in ihrem aufregenden Lederdreß, die als erste Frau den Kanal überfliegt; die Robustheit einer Marie Marvingt, die keinen Sport auszulassen scheint, auch nicht Schießen, Fechten und Ballonfahren; die mütterliche Besorgtheit einer Mrs. Hewlett, die ihrem Sohn das Fliegen lieber selber beibringt – das alles wird zart besaiteten, konservativen Damen schon unheimlich. Sie retten, was für den Mann zu retten ist, stecken Grenzen ab und polieren die Geschlechtsunterschiede noch mal auf. Es ist stets der Mann, nicht wahr, der die Gefahren des Kampfes besteht, der mit den Elementen ringt und mit den Feinden, die ihm und den Seinen nachstellen. Können Sie sich etwa vorstellen, fragt eine, daß eine Frau, so wie Védrines während eines Rennens, eine Woche lang in den Klamotten unter Tragflächen schläft? *Die Frau gehört auf die Erde. Nur ihre Wünsche und Hoffnungen, ihre stolzen Gedanken mögen den Flieger begleiten auf gefährlicher Reise.*

An ihrem 25. Geburtstag, am 13. September 1911, macht Melli Beese, diese »außerordentlich reizvolle dunkelhaarige Person« (Ernst Heinkel), ihren Flugzeugführerschein, den 115. in Deutschland. Sie hat es geschafft, trotz der Verzögerungstaktik ihrer männlichen Umgebung. Bei der folgenden Herbstflugwoche hat das »Flying Girl« (*B.Z.*) am Morgen des Beginns noch immer kein Flugzeug. Erst vormittags erbarmt sich Rumpler und gibt ihr eine Taube. Melli Beese wird zur Sensation des Meetings, nicht nur als erste deutsche Frau in der Luft, sondern vor allem durch ihre Leistungen. Melli Beeses Taube turtelt mit Alfred Pietschkers großem Albatros, sie umfliegen und überfliegen sich, Flieger und Fliegerin winken sich verliebt zu. Mit 820 m übertrifft sie den Höhenweltrekord der Dutrieu, mehr als zwei Stunden bleibt sie mit einem Passagier in der Luft. In der Endwertung läßt sie bekannte Flieger wie Kahnt, Caspar, Hanuschke hinter sich. Es heißt, ihre männlichen Kollegen hätten für sie, den Neuling, am fünften Tag wegen des schlechten Wetters ein Flugverbot erwirkt und sie so um den möglichen Sieg gebracht.

In ihren Hosen, die Zigarette zwischen den Lippen, muß sie auf die Zuschauer wie der leibhaftige Bürgerschreck wirken. Keiner ahnt, daß diese hochtalentierte, selbstbewußte Frau wegen der Fliegerei ihre sichere Künstlerkarriere aufgegeben hat, daß sie mehrere Sprachen spricht und etliche Instrumente beherrscht, daß sie ohne Blumen nicht leben kann. Nach ihren Rekordflügen ist sie in den Männerbund aufgenommen, lebt sie mit ihnen im Rhythmus einer Arbeitswelt, die eigenen Gesetzen folgt. Wenn es Bruch gegeben hat, wird durchgearbeitet, dann nehmen sie zu nachtschlafender Zeit ihren Kaffee bei »Mutter Senftleben«. Morgens gegen sieben, wenn die Schulen, Rumpler, LVG, Rupp, ihren Unterricht beenden, wandern alle in der Morgensonne um das staubumwölkte Feld, dem alten Startplatz zu, wo sie sich an den Gartentischen von Meineckes Fliegerrestaurant versammeln: Dorner und Robert Gsell, Rupp und König, Pietschker und Heinz Erblich, diese Künstlernatur, von allen wegen seines sprühenden Witzes und seines vollendeten Klavierspiels geliebt. Ein paar lagern sich am Hügelabhang hin, um wenigstens eine Stunde im taufrischen Gras zu schlafen. Auf andere wartet schon die Tagesarbeit in den Schuppen.

Auf dem langgestreckten Hügel liegen sie zuweilen auch und beobachten mit diebischem Vergnügen die Rollübungen der Neuen und die Startversuche naiver Konstrukteure. Der hohe Zaun um das weite Flugfeld erscheint nur als schmaler, dunkler Streifen in der Ferne, umschließt ihr eigenes, weites Reich, den Flugplatz. Und manchmal träumen sie dann unter dem Sternenhimmel in den warmen Sommernächten, wenn die endlose Fläche voll duftender Blüten steht. *Wir saßen, ein paar gute Freunde und Kameraden, und ließen die nächtlich stille Unendlichkeit auf uns wirken. Es waren hohe und kühne Gedanken, die uns in solcher Stunde bewegten, und ab und zu nur fielen ein paar leise, ernste Worte, schwer wie Tropfen, in die Stille. Wie manchesmal war dann einer unter uns, der zum letzten Male hier saß, und wir wußten, daß es jeden von uns treffen konnte, und waren darum allezeit bereit, unser junges, heißes Blut für die Sache verströmen zu lassen, die wir so hoch und heilig hielten. Das war es wohl auch, was unsere Nächte so tief und unsere Augen so erdenfremd machte.* So Melli Beese.

Sie hat den Absturz ihres Freundes Alfred Pietschker, dieses jungen, selbstbewußten, bescheidenen Mannes mit hoher Stirn und klugen Augen, nie in ihrem Leben verwunden – sie hat ja nicht nur ihn sterben sehen, sie hat oft genug Opfer bergen helfen und sich selbst ein paarmal Beine und Rippen gebrochen. Auch ihr späterer Mann, der Franzose Charles Boutard, stürzt zweimal schwer, kommt wie durch ein Wunder mit dem Leben davon und, beim zweitenmal, um die Beinprothese. 1912 gründet sie mit ihm zusammen die »Melli-Beese-Flugschule G.m.b.H.«; er bringt ein Flugzeug und eine Werkstatteinrichtung ein. *Hinsichtlich der Berechnung des von den Schülern etwa verursachten Bruchschadens werde ich, völlig abweichend von der Praxis der schon bestehenden Flugschulen, lediglich die mir selbst entstehenden Kosten für Material und Arbeitslohn berechnen.* Sie konstruiert eigene Tauben, denkt als winderfahrene Hochseeseglerin an den Bau von Flugbooten.

Von den *häufigen seelischen Erschütterungen* ihres Berufes spricht sie, bei denen *uns die letzte brutale Konsequenz unseres selbstgewählten Loses unmittelbar vor Augen tritt: Gestern abend noch unter uns, munter, froh, hoffnungsvoll, mit großen Plänen, und nun?* Alltag auf den Flugfeldern Europas. Überall stehen in den Menschenmassen Frauen, Bräute, Freundinnen, voller Angst und voll inbrünstiger Hoffnung. Und so viele haben doch mitansehen müssen, wie das Flugzeug, wie der Mann, um den sie beten und bangen, zur Erde stürzt, begleitet von einem langen, schrillen, gräßlichen Schrei. Eine kleine, zwanzigjährige Tänzerin aus einem Nachtcafé am Montmartre erlebt den tödlichen Sturz von Edmond Poillot auf dem Flugfeld von Chartres. Sie kniet in ihrem besten Kleid auf dem frischen Grabhügel nieder und schießt sich zwei Kugeln in den Kopf.

Männer können nur mitleidig lächeln, wenn Melli Beese ihren Tauben Namen gibt, sie »Georg Schendel« und »Alfred Pietschker« nennt, Erinnerung an den geliebten Freund und an jenen jungen Idealisten, der überall seinen Mann gestanden hatte, als Wissenschaftler, als Konstrukteur, als Arbeiter im Schuppen. Frauen bringen Gefühl und Menschlichkeit in die Maschinenwelt, lockern die anerzogene Pose von Disziplin und steifer Haltung. Unvergessen jenes Bild beim Rundflug in Dover, als sich aus der Menschenmauer eine junge Frau löst und in Védrines Arme stürzt. Tony Werntgen, Bruno Werntgens Mutter, hat mit diesem blutjungen Piloten zusammen eine Flugschule in Bonn-Hangelar aufgebaut und begleitet ihn auf seinen vielen Schauflügen. Sie konstruieren auch gemeinsam. Auf der Rückreise von Berlin, wo sie für Bruno einen Argus-Motor gekauft hat, packt sie eine seltsame Unruhe. *Nachdem Bruno noch am gleichen Tage wieder aufgestiegen war, bemerkte ich, daß sein Flugzeug zu schwanken begann und plötzlich – ich war der Ohnmacht nahe! – wie ein sausender Pfeil im nahen Wald verschwand. Abgestürzt! In den Trümmern seiner geliebten Kiste fanden wir ihn ...*

»Tragödien unseres Berufs« nennt es Melli Beese. In Johannisthal nimmt die reiche russische Fürstin Eugénie Schakowskoy, verheiratet mit einem in Petersburger Hofkreisen sehr bekannten Aristokraten, bei ihrem Landsmann Abramowitsch Unterricht auf dem Wright-Doppeldecker, beweist dabei auch Schneid und Energie. Die auffallend hübsche Russin und der schlanke Russe mit dem Asketenkopf werden zum klassischen Liebespaar der Fliegerkolonie, glücklich und nicht ahnend, was das Schicksal mit ihnen vorhat. Abramowitsch wird eines Tages mit der Fürstin ein paar Runden drehen, sie ist die dritte Pilotin in Deutschland, eine gute

Fliegerin. Diesmal kommt sie, kaum 10 m hoch, in den Wirbel einer Taube, ihre Wright gerät außer Kontrolle und stürzt, Abramowitsch stirbt. Sie überlebt zwar, kaum verletzt, doch innerlich tief geschockt, wahnsinnig in ihrem Schmerz um den Geliebten und dem Selbstmord nahe. Über ihr Schicksal kursieren einige Geschichten. Sie soll zu Kriegsbeginn 1914 den Zar persönlich ersucht haben, als Militärpilot eingesetzt zu werden, und auch bei einem Aufklärungsgeschwader geflogen sein. Später will man sie als Chefin in Kiew bei der berüchtigten Tscheka gesehen haben. Andere sprechen von einem Armenhaus in Frankreich.

Russinnen sind die emanzipierte Vorhut einer selbstbewußten Generation von Frauen. Fokker, verliebt, bringt von Vortragsflügen aus Rußland Ljuba Galanschikow mit. Gegen den Techniker in Fokker kommt sie nicht an, will sie auch gar nicht, aber sie fliegt mit Instinkt, und ihre Flugkunst wird zur Reklame für Fokker. Mit dem Höhenweltrekord von 2200 m überflügelt sie Melli Beese fast um das Dreifache. »Puschka«, nennt man sie, »Kanone«. Aber dann kommt ein Millionär, Gustav Adolf Michaelis, der selbst einen Flugzeugbau aufziehen will, und Fokker sieht seine Puschka nur noch selten. Wenig später rutscht Michaelis in einer Kurve ab, und die Russin geht nach Paris, um Schauflüge zu machen. »Tragödien unseres Berufs« . . .

Johannisthal, »Aeropolis«, dieser heidnische Sündenpfuhl für jeden anständigen Bürger, lebt mit seinen Affären und Amouren – ein Jahrmarkt der Eitelkeiten, manch Vermögen geht dabei drauf. Es ist mittlerweil »schick« geworden, sich in Fliegerkreisen zu bewegen, modisch, so zu tun, als werde man Pilot. Aufschneider und Angeber machen sich breit, Wichtigtuer im Sportdreß stolzieren, den farbenprächtigen Wollschal malerisch um den Hals geschlungen, an den Zuschauertribünen entlang oder spazieren, wie Melli Beese berichtet, in Gamaschen und Lederjoppe die Friedrichstraße auf und ab, ja, *spendieren sogar extra eine Droschke, um mit einem Propeller die Hauptverkehrsadern der Stadt entlang zu fahren.* Es wird laut und ungezügelt in Johannisthal, die alten Pioniere, diese Arbeitstiere, sehen sich an den Rand gedrängt. Das Showgeschäft blüht. Fokker, *»meist dreckig und ungekämmt, Hände und Gesicht mit Öl beschmiert, alles andre als anziehend«*, ironisch über diesen »romantischen Blödsinn«: *Ein ›echter‹ Pilot macht eine fürchterliche Wirtschaft vor jedem Flug. Schlimmer kann es kaum sein, wenn er eine Weltreise antreten will. Seine Bewunderer und Helfer benehmen sich, als ob es ein Abschied für immer sein soll. Dann kommt das Mädel, das er gerade hat, angelaufen, schlingt ihm die Arme um den Hals und küßt ihn in hochdramatischer Weise. Er klopft sie auf den Rücken und seine Verlängerung, worauf sie ihn von neuem küßt. Während diese Szene sich vor einer bewundernden Menge abspielt, schieben Monteure das Flugzeug aus der Halle mit all dem Zeremoniell, das gewöhnlich nur angewendet wird, wenn man Rennpferde aus der Box führt. Sie brüllen die Zuschauer an, die natürlich überall im Wege stehen. Erst dann steigt der Pilot auf seinen Sitz und sieht sich großartig und mit entschlossener Miene um. Ein Monteur wirft den Propeller an und* *rennt um den Flügel herum, um dem Piloten etwas Unverständliches zuzuschreien, der mit den Armen winkt, als ob er es verstanden habe. Dieser sorgfältig einstudierte Hokuspokus bringt die Zuschauer in Aufregung . . .*

Eine Gegenwelt, dieses Johannisthal – Bohème mit einer Aura von Heldentum. Gesteigertes Lebensgefühl tobt sich hier aus, gebremst durch keine Polizei und keine Polizeistunde. Aus Berlin kommen die Damen von der Bühne, und nicht nur sie. Bürgerliche Geborgenheit, die sucht hier keiner, er wird sie auch nicht finden, niemand unter den Fliegern weiß, ob er den nächsten Tag überlebt. Die Trauerzüge zum Friedhof in Rudow sind lang. Papa Senftleben, der Inhaber des führenden Etablissements, streicht ab und zu ein Konto, und Wilhelm Seekatz, der skurrile Propellerhändler in seiner Holzbude, den alle »chat de mer« nennen, schreibt sich wieder einen Namen an den Beerdigungszylinder.

Johannisthal, diese »lebhafte kleine Weltstadt«, so Fokker, ist die wahre Heimat all dieser Lebenskünstler, Verrückten, Süchtigen, Träumer und Abenteurer, dieser Kameraden, Konkurrenten und Leidensgenossen, dieser großen Kinder – Romantiker fast alle. Oder kann man etwa romantischer um eine schöne Frau freien als Bruno Hanuschke um Tora Sjöborg, die blonde Schwedin? Mit einem Blumenstrauß steigt der junge Konstrukteur, der in Johannisthal als verwegener »Sturmflieger« einigen Ruhm genießt, in sein Flugzeug und kreist über Toras Haus am Waldesrand. Als sich die Angebetete, selbst Flugschülerin bei Melli Beese, auf dem Balkon sehen läßt, fällt vor ihr der Strauß aufs Straßenpflaster. Dann macht es plupp, plupp – und der Motor bleibt stehen. Kein Benzin. Hanuschke landet in den Fichtenkronen. Ein paar Monate später heiratet er.

Im »Café Senftleben« machen solche Geschichten schnell die Runde – ohne Senftleben ist Johannisthal gar nicht denkbar, die meisten haben hier ihr zweites Zuhause: Treffpunkt und Telefonzentrale, Informationsbüro und Diskussionsforum, Stammtisch und Spielkasino. In den verräucherten Stuben begießt man die bestandene Prüfung mit Strömen von Sekt und sammelt für den armen Kollegen, der einen neuen Propeller braucht. Da stößt der blaß gewordene Fluglehrer mit seinem Schüler an, der sich eine Stunde lang nicht zu landen traute und so lange wartete, bis kein Benzin mehr im Tank war, und einer stellt seinen Hocker auf den Tisch, um den Kameraden zu zeigen, wie es ihn in der Kiste herumgehauen hat. Er fuchtelt eindringlich mit den Armen, legt sich schief und gibt auch noch Seitensteuer – zu viel, er verliert den Halt und stürzt ab, in Kaffee, Bier und Schnäpse hinein.

Im »Café Senftleben« kommen Journalisten auf ihre Kosten, es gibt immer eine Menge Fliegerklatsch. Ein Belgier soll auf dem Flugplatz von Châteaufort mit seinem Flugzeug Selbstmord gemacht haben, senkrecht, aus einer Höhe von 300 m. Wegen seiner Freundin, heißt es, einer bekannten Fliegerin. War es die Dutrieu? Die hat sich doch gerade darum beworben, das Militärfliegerdiplom zu machen. *Ich will damit zeigen*, hat sie gesagt, *daß ich gegebenenfalls mein Vaterland genau so gut verteidigen kann wie meine Kameraden, und ich werde nicht die letzte sein, die sich ins*

feindliche Feuer begibt. Die *B. Z.* mit ihrem aktuellen Sportteil unterhält in Johannisthal einen eigenen Reporter.
Nur ein Schlüsselbeinbruch, nächst dem Ehebruch der leichteste, scherzt eine Schülerin, die aus den Trümmern gezogen wird, so will es jedenfalls die Anekdote. Unerschöpflich sind die Geschichten von schlottrigen Schülern und von tumben Passagieren. Einer steigt mit einer dicken Aktentasche unter dem Arm ein und bittet den Piloten, »'n bißken über'n Potsdamer Platz« zu fliegen. Als die beiden in großer Höhe über Berlins geschäftigem Zentrum kreisen, öffnet der Mann seine Tasche und holt einen Packen von Postkarten und Briefen heraus, jedes Stück säuberlich mit einer Schraubenmutter beschwert. Er will sie als »Luftpost« abwerfen, der Flieger kann sie ihm gerade noch entreißen. Und an einem heißen Sommertag ruft ein älteres Fräulein dem Piloten nach einigen Platzrunden zu: »Jetzt können Sie den Ventilator abstellen. Mir wird schon kalt.«
Fokker, immer betriebsam, mit der feinen Nase des geborenen Kaufmanns, mietet sich der Einfachheit halber gleich über dem »Café Senftleben« ein, wo die »Johannisthaler Politik« gemacht wird. Da hat er die Hand am Puls und schlürft, während er mit seiner hohen Stimme debattiert, auf der Terrasse durch den Strohhalm seine eisgekühlte Milch. Spätnachts, wenn »Mutter Senftleben« mit dem Besen erscheint und tobt, *Jungens, wenn der Spektakel jetzt nicht aufhört, haue ich Euch alle zur Bude hinaus!*, rasen sie noch nach Berlin hinein, zehn Mann hoch in und auf einem Zweisitzer, und lassen den kleinen Mercedes lustvoll über den frisch gesprengten Schloßplatz schliddern. Vielleicht geben die reichen Vollmoellers, die Brüder der Flieger und der Dichter, gerade ein Fest in ihrer Wohnung am Pariser Platz, mal sehen.
Für 'ne Molle und 'n Korn schleppen Monteure Bruch-Stücke in die Kneipe von Franz Tolinski. Die wird so mit der Zeit zu einer Art aviatischer Schreckenskammer. Über der Kegelbahn schwebt der Rest von Robls Rumpf, und an die Wände sind Reste von Holmen und Propellern genagelt. Zwischen den Fotos abgestürzter Flugzeuge hängt eine Tafel:

Oh flieg, solang Du fliegen kannst,
Oh flieg, solang Du fliegen magst.
Die Stunde kommt, die Stunde naht,
Wo Du am Boden liegst und klagst.

In einem Einmachglas wird, spiritusgetränkt, die erste Hundeschnauze aufbewahrt, die ein Propeller abgeschlagen hat. Tolinski liebt das Grobe. Eine verrückte, eine überkandidelte Welt, das Johannisthal der Flieger, verwirrend für jeden, der aus der ordentlichen Bürgerwelt hereingeweht wird, die Sprache nicht versteht und die Riten nicht kennt. Wen wundert's, daß ein bekannter Berliner Journalist in seinem Feuilleton über Johannisthaler Fliegertage die Sonne gleich zweimal im *Westen* aufgehen läßt? Es paßt ins Bild, daß der erste Arzt, den das Kriegsministerium für den Flugplatz abstellt – ein Psychiater ist.

Blumen, Briefe, Osrams Birnen

Wofür sind Flugzeuge gut? Jetzt stehen sie da, und die Suche nach dem Sinn beginnt. Passagiere legen sich todesmutig auf die Flächen, Zeitungen werden transportiert, erste Versuche mit der Luftpost gemacht. Aber noch sind die Maschinen unzuverlässig. Ein Flug von Berlin nach Petersburg dauert geschlagene 24 Tage.

Auf die »ILA« folgt die »ALA« – auf die Internationale Luftschiffahrt-Ausstellung 1909 die Allgemeine Luftfahrzeug-Ausstellung im April 1912. Schon im Namen wird jetzt deutlich die Trennung von der Luftschiffahrt vollzogen: Es geht um Luftfahrzeuge, um Flugzeuge, um die erste Selbstdarstellung der deutschen Flugzeugindustrie, wie sie sich in den Jahren 1910 und 1911 entwickelt hat.

Im Namen Seiner Majestät des Kaisers erkläre ich die Ausstellung für eröffnet. Seine Majestät der Kaiser hurra, hurra, hurra! Prinz Heinrich, Deutschlands ranghöchster Pilot, hat es sich nicht nehmen lassen, in den Ausstellungshallen am Berliner Zoo Fortschritte und Erfolge der Industrie zu begutachten, einer Industrie, die für kaum 200 geprüfte deutsche Piloten schafft und die sich kräftig nach der Decke ihres Hauptauftraggebers, des immer noch zögernden Militärs, strecken muß. So gleicht ihr Angebot einer Parade von Militärflugzeugen.

Bei Euler kann der Prinz den »Luftschiff-Zerstörer« inspizieren, den Rumpf eines Flugzeuges mit eingebautem Maschinengewehr, bei Haefelin den gepanzerten Eindecker als Artillerie-Beobachtungsflugzeug und bei den Deutschen Flugzeug-Werken Bruno Büchners Doppeldecker, der als leicht zerlegbar angepriesen wird, wichtig für den Einsatz im Feld. Militärtypen, wohin man schaut: bei AEG und Albatros, bei Aviatik und Harlan; bei Rumpler die Militär-Taube und bei Gustav Otto der Doppeldecker für die Bayerische Militärverwaltung. Albatros und Rumpler haben als erste in Deutschland große Scheinwerfer an ihren Flugzeugen angebracht.

Die Tendenz, so zeigt sich auf der Ausstellung, geht zu einheitlichen Konstruktionsregeln, das Flugzeug bekommt allmählich vertraute Formen. Phantastisches, wie es auf der ILA noch zu bestaunen war, ist verschwunden, die Flugtechnik nicht länger mehr ein Tummelplatz verbohrter Erfinder. Formen glätten und runden sich, nähern sich zuweilen einer Art Stromlinie. Der Rumpf des Flugzeugs wird immer mehr zu einem nach allen Seiten geschlossenen Körper, so daß die Piloten in einer windschnittigen Karosserie verschwinden. Das »heroische Zeitalter der Aviatik« sei zu Ende, sagen die Franzosen. Gitterrümpfe mit ihrem Gewirr von Stangen

und Drähten wirken schon antiquiert. Die Steuerorgane sind nun auch bei den Doppeldeckern fast durchweg nach hinten verlegt, nur der Streit um die beste Anordnung des Motors, vor oder hinter dem Piloten, wird noch eine Weile andauern. Holz, das brechende, splitternde, arbeitende, schwer berechenbare Holz, wird zusehends von Stahl verdrängt, das Gewirr der Spanndrähte lichtet sich. Am weitesten geht Dr. Fritz Huth. Der Wissenschaftler stellt einen Metall-Eindecker mit zigarrenförmigem Rumpf aus, der nur aus Stahl und Aluminium besteht. Ungläubig hört man die Botschaft, daß er sich nicht verziehen kann und seine Flugfähigkeit auch bei ungünstiger Witterung behält.
Technischer Fortschritt, Entwicklungsarbeit kostet Geld und noch mal Geld – Geld, das die durchweg unterkapitalisierten Flugzeugfabriken nicht haben. Für sie gleicht jede Preiskonkurrenz einem russischen Roulette, jeder Absturz, zumal der tödliche, kann die Katastrophe und das »Aus« bedeuten. Sie müssen mit dem Pfennig rechnen und sehen sich in bedrängter Lage, fühlen sich als »Aschenbrödel der Technik« *(Deutsche Luftfahrer-Zeitschrift)*. Gerade hat Frankreich mit seinem Jahresetat von 18 Millionen gezeigt, welchen Stellenwert man höheren Orts der Fliegerei beimißt, und eben erst haben die Franzosen mit einer mächtig angefachten nationalen Bewegung in Gemeinden und Schulen bekundet, daß ihnen dieser Etatposten noch längst nicht ausreicht, daß sie selbst auch zu Opfern für ihre Fliegerei bereit sind. *Das Ausland, eifersüchtig auf unsere Erfolge*, heißt es in einem der Aufrufe, *läßt es sich große Opfer kosten, uns unsere Vorherrschaft zu entreißen. Mit Beklemmung fragt sich heute Frankreich, ob es imstande sein wird, seine anerkannte augenblickliche Überlegenheit auf die Dauer zu bewahren. Die Stunde ist ernst. Über die Schultern der beiden Kammern, über die unschlüssigen Köpfe unserer Machthaber hinweg, wollen wir der parlamentarischen Apathie die Begeisterung einer ganzen Nation entgegenstellen.*
In Deutschland erspart man sich den mühsamen parlamentarischen Kraftakt um das liebe Geld und geht den Weg des geringsten Widerstandes: Man appelliert an das patriotische Empfinden. Die klagenden Flugzeugfabrikanten, die gegen die »aufgeblasene Konkurrenz« der Luftschiffe genau so wie gegen die »schimmernde Wehr« der Flotte ankämpfen müssen, was dem Ausstellungsbesucher am Albatros-Stand mit graphischen Provokationen wie *30 Albatros-Flugzeuge kosten so viel wie ein Zeppelin* und *2500 Albatros-Flugzeuge kosten so viel wie ein Dreadnought* eindringlich klargemacht wird, kommt Prinz Heinrich anläßlich eines Banketts mit einer nicht sonderlich originellen Idee: Das Volk, der kleine Mann soll für die Luftfahrt spenden – wie einst für die Luftschiffahrt des Grafen Zeppelin. »HP«: *Der Bürgerschaft patriotisches Empfinden wird auch große Opfer pekuniärer Art zu bringen imstande sein, wenn ein Appell in richtiger Weise an die Nation gerichtet wird.* Im April wird die »National-Flugspende«, das Eingeständnis der Saumseligkeit in Sachen Fliegerei, ins Leben gerufen. Sie wird, wie einst beim Grafen, mehr als 7 Millionen bringen – und viel Ärger dazu.

Das Kaiserhaus mag bei so viel patriotischer Aktivität nicht abseits stehen. Prinz Sigismund von Preußen stellt auf der ALA seinen zierlichen Eindekker aus, der nach seinen Angaben gebaut worden ist; den »besten Flugzeugkonstrukteur unter allen Königlichen Hoheiten«, nennt ihn ein Einflieger ironisch. Prinz Heinrich beteiligt sich, nüchterner, am Flugzeugbau von Oertz (verlorenes Geld, wie er bald feststellen muß). Und Wilhelm II., Deutscher Kaiser und König von Preußen, stiftet aus seiner Privatschatulle zur Förderung des deutschen Flugwesens einen Preis von 50000 Mark, den er für den besten deutschen Flugzeugmotor an seinem Geburtstag am 27. Januar 1913 verleihen will. Spät, sehr spät scheint sich die Erkenntnis von der Bedeutung der Fliegerei durchzusetzen.
Wer sich auf diesem Markt noch eine Chance ausrechnet, muß sich jetzt ranhalten. August Euler bezieht im Jahr 1912 eine neue Fabrik und ein eigenes Flugfeld in Frankfurt am Main in der Nähe der Bahnstation Niederrad. Andere, neue Firmen drängen auf den überbesetzten Markt. Die Deutschen Bristol-Werke werden im April 1912 gegründet. Gustav Ottos Ago etabliert sich in Johannisthal, und der Flugzeugbau Friedrichshafen beginnt mit der Konstruktion von Wasserflugzeugen, Gesellschafter des Unternehmens ist Graf Zeppelin. Zeppelin-Dämmerung? Die DELAG hat mit dem Ablauf des Geschäftsjahres 1912 ein Drittel ihres Aktienkapitals eingebüßt, jedes Jahr ging ein Luftschiff verloren. Aus der für Parseval und Zeppelin gedachten Motorluftschiff-Studiengesellschaft ist die Luftfahrzeug-Gesellschaft hervorgegangen, sie gibt bekannt: *Dem Beispiel der meisten Luftschiffwerften des In- und Auslandes folgend haben wir in diesem Jahr den Flugzeugbau aufgenommen.* 1913 übernimmt sie auch die in Schwierigkeiten geratene Wright-Gesellschaft.
Den Militärs wird bei so viel Gründerlaune himmelangst. Das Kriegsministerium warnt im Mai ausdrücklich vor neuen Gründungen, es sei denn, es handele sich um »ganz besonders kapitalkräftige und großzügige Unternehmen«. Nur ein Teil der Fabriken könne von den Aufträgen leben, nur »erfolgssichere Typen« würden gebraucht. Kurztreten, mit einem Wort. Wie sollten sich auch vorsichtige Generalstäbler mit den Gedanken eines scheinbar närrischen Phantasten wie Paul Scheerbart befreunden, der angesichts der tödlichen Gefahr aus der Luft und der Zerstörungskraft moderner Luftflotten zu einem totalen Verzicht auf Heer und Marine aufruft und konsequent rät, all die Millionen der anschwellenden Militärhaushalte gleich in den Ausbau der Luftstreitkräfte zu stecken! Ein Schwede plädiert auf einer Völkerrechtskonferenz für die Schaffung einer internationalen Luftflotte als einer Art internationaler Polizei, einer Exekutionsinstanz für internationale Schiedssprüche.
Nein, ernsthaft, wo liegen die neuen Märkte, die das optimistische Blau, in der sich die ALA präsentiert, rechtfertigten? Doch wohl nicht bei den ausgesucht wenigen Herrenfliegern, die bereit sind, für diesen teuren Sport ihre Knochen zu riskieren! (»Flugsport? Nee!«, witzelt es in einem Blatt. »'ne standesjemäße Jehirnerschütterung erwirbt man sich bloß bei der Kavallerie!«) Und sicher kaum bei der Handvoll verwegener Passagiere,

die sich das Öl ins Gesicht spritzen lassen, nachdem sie vorher ein Revers unterschrieben haben: *Der Endesunterzeichnete verzichtet hiermit für sich und seine gesetzlichen Erben auf alle Entschädigungsansprüche an den Besitzer des Flugzeuges, an den Führer und an den Inhaber des Flugplatzes, falls ihm bei der Passagierfahrt ein Unglücksfall zustoßen sollte.* Geben die riesigen Kolonialgebiete etwas für die Aviatik her, Ostafrika beispielsweise, wie der Telegraphen-Assistent W. Lenk, selbst ein Flugzeugführer (der 1913 tödlich abstürzt), zur Verbesserung der Verkehrsverbindungen vorschlägt? Diese junge Industrie in ihrer ewigen Geldklemme kann tatsächlich nur überleben, wenn sie mit dem Militär paktiert.
Prophet zu sein ist eine der schwierigsten Aufgaben bei der Luftfahrt, gesteht Louis Paulhan, der die Probleme doch genau übersieht. Die Meinungen gehen ja selbst unter den Fachleuten gewaltig auseinander. Die Wrights halten es für gänzlich unmöglich, über den Atlantik zu fliegen. Blériot hingegen, darauf angesprochen, sagt bei einem Amerika-Besuch: Sofort, wenn ein Motor 48 Stunden läuft. Paulhan setzt auf den Snobappeal und sieht vermögende Reisende, die das Fliegen als eine neue faszinierende Art von Vergnügen und Aufregung zu schätzen wissen. Das dafür benötigte Flugzeug muß geheizt und sicher sein.
Selbst zu solchen Prognosen gehört Vorstellungskraft und ein ordentlicher Schuß Optimismus. Denn was das so schnell beschworene »Zeitalter der Flügel« wirklich gebracht hat, bewegt sich bislang im Bereich des Experimentellen, erinnert an Kunststückchen, entspringt Wetten, beruht auf Selbstreklame, auf Späßen und Gefälligkeiten – Publicity-Aktionen, nichts weiter, ob nun Roger Sommer die ganze Familie mit Frau und Kindern herumfliegt oder Dr. Emile Reymond, ein französischer Senator mit Pilotenzeugnis, in der Provinz mit seinem Flugzeug auf Stimmenfang geht, was seine Popularität unerhört steigert. Einem der einflußreichsten deutschen Nationalökonomen, Werner Sombart, dient das Flugzeug vorläufig nur dazu, *unser Variétéprogramm um eine sensationelle Nummer zu bereichern und (bestenfalls) ein paar Schlossergesellen zu reichen Leuten zu machen.* Was auch noch sehr geprahlt ist.
In der Schweiz mit ihren engen Tälern setzt René Grandjean seinen Eindecker auf Skier und startet auf dem zugefrorenen See von Davos – erste Versuche einer Gebirgsfliegerei. Ein preußischer Ulan läßt sich von einer Rennbahn zur andern fliegen und gewinnt beide Rennen. In Österreich, in Italien wirft man Huldigungsadressen vom Flugzeug aus in Residenzgärten. Legagneux beteiligt sich als Flieger an der Blumenschlacht beim Karneval in Nizza, und Otto Reichardt eilt mit seinem Euler-Doppeldekker zum Stiftungsfest seines Corps »Vandalia«; bei den Klängen des Liedes »Bemooster Bursche, zieh' ich aus« fliegt er nach Darmstadt zurück. Jux, Faxen, Auffallen um jeden Preis. Ein steinreicher russischer Großgrundbesitzer, der sich ein Flugzeug und französische Mechaniker leistet, macht von seinem Schloß Beresny aus Abstecher zu seinen Freunden in der Umgebung, zum Grafen Potocki, zu den Lubomirskis und den Miotschinskis. Die Bauern behaupten steif und fest, »Pan Mlynski« habe einen

Pakt mit dem Teufel geschlossen und ihm für die Luftreisen seine Seele verschrieben. Seitdem bekreuzigen sie sich, wenn sie seiner ansichtig werden.

Das Flugzeug, das »Ausflugzeug« wird zu einem Lieblingsspielzeug der reichen Gesellschaft. Lord Northcliffe, der mit seinem Geld einiges für den Fortschritt der Fliegerei getan hat, gibt eine »Garden Party« in seinem Landhaus, und etliche Piloten folgen der Einladung in ihrem Flugzeug. Schließlich ist der Landeplatz so überfüllt, daß der letzte in einen kleinen Bach gerät und gegen eine riesige Eiche kracht. Grahame-Whites Hochzeit mit einer New Yorkerin wird vollends zu einem aviatischen Ereignis. Er landet, wie auch einige der Gäste, neben der Kirche, an deren Decke ein riesiges Blumenarrangement in Form eines Flugzeugs hängt. Als das Paar nach der Trauung heraustritt, startet B. C. Hucks und überschüttet die Gesellschaft mit Konfetti. In Amerika läßt sich ein Paar im Flugzeugsitz trauen, und über Texas, wo sonst, wird in einem Luftschiff die erste Zeremonie über den Wolken vollzogen.

Irgendwie erinnert diese aufgekratzte Fliegerei, der Besuch eines Friedhofs genauso wie der Abwurf von Werbeflugblättern, an die verzweifelte Suche nach dem Sinn. Der Mensch hat sich, wie immer wieder zu hören ist, zum »Herrn des Himmels und des Raumes« aufgeschwungen, aber weiß offenbar noch nicht so recht, wozu das taugt. Die Situation grenzt ja wirklich ans Groteske. Jahrtausende träumt der Mensch vom Fliegen, erschafft er sich stellvertretend Mythen und Märchen, Wieland der Schmied und Faust, Hexenjagden und Himmelfahrten – und jetzt, wo die Flugzeuge nach all den Opfern und Anstrengungen leibhaftig dastehen, optimistisches Symbol menschlicher Schöpferkraft, beginnt das Rätselraten, wozu das Ganze eigentlich gut sein soll.

Von der »relativen Überflüssigkeit der jetzigen Flugmaschine« spricht der *Luftverkehr* jedenfalls unverblümt. Bis jetzt zeigen sich nur Militärs leidlich interessiert – den Träumen, den Visionen eines Beaumont zum Trotz, der die friedliche, völkerverbindende Mission der Fliegerei betont. Aber wen überzeugt das schon? Eine *Produktion ohne natürlich vorhandenen Bedarf muß früher oder später an Nahrungsmangel zugrunde gehen*, wie das Leipziger Fachblatt erkennt. So laden sie sich drei, vier, fünf und noch mehr Passagiere ins Flugzeug, um aller Welt zu beweisen, daß auch der friedliche Luftverkehr eine Zukunft haben wird, selbst wenn die Fluggäste vorerst noch wegen Platzmangels gelegentlich mit den Tragflächen vorliebnehmen müssen.

Bei Cody stehen sie auf den Flächen oder sitzen zu zweit über dem Piloten. Sablatnig startet im Dezember 1911 mit fünf Passagieren, zwei auf jeder Tragfläche, einer im Rumpf. Igo Etrich fliegt bei Illner mit, *ein sehr riskantes Unternehmen, weil wir frei auf der Tragfläche lagen und bei einer brüsken Landung nach vorn gerutscht und von dem knapp vor uns rotierenden Propeller geköpft worden wären.* Deutsche Flieger, sie vor allem, gehen in Harlan-Eindeckern und Otto-Doppeldeckern mit ihrer Passagierlast auf Rekordjagd und holen sich 1912 Passagier-Dauerrekorde, die das Lei-

Wurfwettbewerb beim Aeroplan-Turnier zu Gotha August 1912

Das Ziel besteht aus einem ein Truppenbiwak markierenden Quadrat von 100 m Länge. Dasselbe ist so markiert, daß es sich deutlich von dem umgebenden Boden abhebt.

Es bleibt den Teilnehmern überlassen, welcher Art von Wurfvorrichtungen und Wurfgeschossen sie sich bedienen wollen. Das Mindestgewicht des Wurfgeschosses wird auf 7,1 kg festgesetzt.

Jede Flugmaschine hat einen von dem Deutschen Fliegerbund gestellten und durch dessen Beauftragte kontrollierten Barographen mitzuführen, der auf die Uhr des Sportleiters eingestellt ist. Der Barograph wird von einem Sportleiter am Flugzeug angebracht und in Tätigkeit gesetzt.
Wird ein Geschoß geworfen, so gilt als der Zeitpunkt des Abwerfens der Moment, in dem dasselbe die Erde erreicht, worüber der Sportleiter Kontrolle zu führen hat.
Als Höhe, aus der das Geschoß geworfen ist, gilt die von dem Barometer für diesen Zeitpunkt angegebene Höhe.

Die Mindesthöhe, aus der geworfen werden darf, beträgt 200 m. Geschosse, die aus einer geringeren Höhe geworfen sind, werden nicht mitgezählt.

Es dürfen bei dieser Konkurrenz nicht gleichzeitig mehrere Bewerber in der Luft sein. Jeder Bewerber muß innerhalb 30 Minuten nach dem Start wieder gelandet sein. Bei Nichtbefolgung dieser Bestimmung werden die während dieses Fluges erzielten Treffer nicht gewertet.

Jeder Bewerber darf im Rahmen der für diesen Wettbewerb festgesetzten Zeit beliebig oft seinen Flug wiederholen, um ein besseres Ergebnis zu erzielen.

Die Aufgabe besteht darin, möglichst viele Geschosse in das Ziel zu werfen. Hierbei dürfen auf einen Wurf mehrere Geschosse geworfen werden, von denen jedes, das ins Ziel kommt, als Treffer zählt.

Sieger ist derjenige, der bei einem Fluge die höchste Trefferzahl erreicht. Eine Zusammenzählung der bei verschiedenen Flügen erreichten Treffer findet nicht statt.
Die Trefferzahl wird bei 200–400 m Höhe einfach, bei 400–600 m Höhe $1^1/_2$fach, bei über 600 m Höhe doppelt gerechnet.

Wurfpreis auf das Truppenbiwak:

1. Otto E. Lindpaintner (Ago-Doppeldecker)	10000 Mk.
2. E. v. Gorrissen (Ago-Doppeldecker)	5000 Mk.

Wurfpreis auf den Zeppelinballon:

1. Otto E. Lindpaintner	3000 Mk.
2. Heinz A. Falderbaum (Grade)	2000 Mk.

stungsvermögen deutscher Flugzeugmotoren belegen. Inzwischen hat die Fédération Aéronautique International das Mindestgewicht von Passagieren auf 60 kg, das Mindestalter auf 18 Jahre festgelegt und damit dem Unfug einen Riegel vorgeschoben, den Abenteuerdrang von Halbwüchsigen, die sich im Rumpf wie gepökelte Heringe drängen, skrupellos zu gefährlichen Schauflügen auszunutzen. Hans Grade, der mit seinen kleinen Flugzeugen nicht mehr mithalten kann, setzt Liliputaner ein.

Der Einzelpassagier, ob geübt oder nicht, wird übrigens bei größeren Überlandflügen zur Mitarbeit angehalten. Eine sportliche englische Lady fliegt mit Gustav Hamel, einem der besten britischen Piloten, der als erster ein dutzendmal den Kanal überquert, von London nach Paris, und zwar so, wie sie auf den Flugplatz kommt. Sie trägt ein Filzhütchen, einen Seehundmantel und modische Schuhe. Dazu bekommt sie noch eine Schutzbrille. Während der Luftreise hat sie die Karte zu lesen, die Benzinpumpe zu bedienen und dem Piloten ab und zu die rutschenden Pelzhandschuhe hochzuziehen. Da ihre Kraft für die Pumpe nicht reicht, bleibt der Motor in 2000 m Höhe stehen, und die beiden müssen nahe Cap Gris-Nez auf einem hügeligen Feld landen. Der Weiterflug nach Paris wird noch für eine gute Mahlzeit in Blériots Landhaus bei Hardelot unterbrochen. London–Paris im März 1912 ...

Védrines, der Tausendsassa, fliegt Post und Zeitungen von Paris nach Deauville und wirft dem begeisterten Publikum am Strand kleine Fähnchen zu. Beim nächsten Flug landet er im Meer. Von Berlin bringt Siegfried Hoffmann im August 1911 Morgenzeitungen nach Frankfurt an der Oder – sie kommen eine Stunde früher an als mit der Bahn. Die *Berliner Morgenpost: Eine Versendung als Luftpost hätte also eine sehr erhebliche Zeitersparnis zur Folge, wenn der günstige Wind ebenso regelmäßig erscheinen würde wie unsere Zeitung.*

Das Nächstliegende, die Luftpost, bleibt vorerst der Privatinitiative überlassen. Der Gedanke ist ja nicht neu. Generalpostmeister Heinrich von Stephan, der Gründer des Weltpostvereins, hat ihn schon 1873 in einem Vortrag formuliert, daß *von den bisher bekannten neueren Erfindungen keine so sehr wie die Luftschiffahrt zu einer Vervollkommnung der Communicationen der Erdbewohner sich als geeignet erweisen wird.* Tatsächlich fiel aus einem Zeppelin gelegentlich schon einmal eine »Luftschifferpost« auf die Erde – eine mit Bändern umwickelte Holzrolle mit Briefen und der Bitte an den Finder, die Sendungen zur Post zu bringen. *Für den Finder sollten 50 Pfennig Botenlohn beigefügt sein,* meldet *Der Luftverkehr. Diese 50 Pfennig fehlten allerdings; aber die Post wurde trotzdem prompt besorgt.* 1912 wird die Zeppelin-Post offiziell. Die DELAG erhält die Genehmigung, auf ihren Luftschiffen Postannahmestellen einzurichten und sie mit Bordpersonal zu besetzen. Die Luftschiffer drücken den Briefen in ihrem Bordpostamt einen Bestätigungsstempel auf, zum Beispiel »Luftpost Zeppelin-Schiff Viktoria-Luise«, und liefern sie nach beendeter Fahrt an die Reichspost aus; erst dann beginnt die amtliche Postlaufzeit.

Hans Grade in Bork eröffnet vorwitzig eine Privatflugpost – die erste in

Der Start (Anflug)

Vor jedem Fluge überzeuge sich der Flieger grundsätzlich selbst, ob das Flugzeug in Ordnung ist: Man prüfe
1. ob genügend Luft auf den Radreifen ist,
2. ob die Federwicklung des Fahrgestells in Ordnung ist,
3. ob sämtliche Spannschlösser gesichert sind,
4. ob der Propeller fest sitzt,
5. ob die Steuerung und die Verwindung in Ordnung sind,
6. ob der Druck hält (Manometer muß ständig 0,25 at zeigen),
7. ob der Motor einwandfrei läuft.
8. Prüfung der Umlaufzahl des Motors, am Fahrsitz sich anschnallen, zum Startplatz rollen. Stets gegen den Wind starten! Verwindung gerade!
9. Zündhebel auf Frühzündung, langsam Vollgas geben. Höhensteuer vordrücken! Schwanz hebt sich. Bei genügend Fahrt Höhensteuer leicht anziehen!
10. Flugzeug hebt sich, Höhensteuer ruhig halten. Nach einigen Übungen Gefühlssache, oder nach dem Tourenzähler sich richten. Augenblick abpassen, wo der Zähler etwas über die normale Umdrehungszahl zeigt. Besser Ersteres! In dem Augenblick, in dem sich das Flugzeug vom Boden abgehoben hat, halte das Höhensteuer ruhig! Auf keinen Fall ziehe Höhensteuer stark an, da das Flugzeug hierdurch zu sehr an Fahrt verliert und aus diesem Grunde leicht abstürzt. Erst dann, wenn der Motor voll auf Touren ist, kann man mehr ziehen.
11. Mit dem Seitensteuer stets spielen, da das Flugzeug immer bestrebt ist, nach den Seiten auszubrechen. Ein gerader Start ist aber unbedingt erforderlich, wenn kein Bruch gemacht werden soll.
12. Bei Fehlstart sofort Gas weg und zum Startplatz zurückrollen.
13. Ist eine genügende Höhe erreicht, achte darauf, daß der Motor genügend Umdrehungen macht.
14. »Nie übermäßig ziehen« ist eine Hauptregel für den Flugzeugführer.

Deutschland. Es heißt, Gesuche an das Ministerium wegen der Genehmigung von Briefmarken und der Bezahlung der Flüge seien nach längerem Warten abschlägig beschieden worden. Also verbessern die Grade-Flugzeugwerke auf eigene Faust die schlecht funktionierende Postverbindung zwischen der Hauptstelle Brück und der Nebenstelle Bork – wozu hat man schließlich Flugzeuge? Eine Phantasie-Siegelmarke mit dem Aufdruck »Flugpost Bork–Brück« wird mit einer amtlichen Marke beklebt und amtlich abgestempelt. Am 18. 2. 1912 übernimmt Hermann Pentz, der erst zwei Tage später sein Flugzeugführerpatent erhält, den versiegelten Postbeutel, befestigt ihn an den Streben des Fahrgestells und fliegt damit auf eine Wiese in Brück. Dort übergibt er im Beisein einer großen Menschenmenge die Post an den Hauptpostleiter. Telegramme an den Kaiser, an Prinz Heinrich und die Minister künden von dem historischen Ereignis.

Doch der Minister bleibt hart – und die Gradesche Luftpost illegal. Für Philatelisten ist sie freilich ein gefundenes Fressen. Kistenweise kommt die Post in Bork an und wird bündelweise nach Brück zurückgeflogen. Schließlich verbietet die Postverwaltung die Kombination der privaten Siegelmarke mit der offiziellen Briefmarke. Ende.

August Euler, Deutschlands Nummer eins, muß diese kuriose Privatveranstaltung der Nummer zwei furchtbar gewurmt haben; noch viele Jahre später knurrt er etwas von »verbotenem Schildbürgerstreich«. Er selbst wartet geduldig auf eine Konzession der Reichspost, die ihm schließlich für die Dauer von einer Woche erteilt wird. Luftpostämter verkaufen rote »Flug-Post-Karten«, die Gesamtstrecke Frankfurt–Darmstadt–Worms–Mainz kostet stolze drei Mark. Ein Drittel des Erlöses geht an die Reichspostkasse, zwei Drittel an die »Zentrale für Mutterschutz und Säuglingspflege« der Großherzogin von Hessen.

»Gelber Hund« steht auf den von Professor Kleukens gestalteten Luftpostmarken – »Gelber Hund«, so heißt der von Euler unentgeltlich gestellte Doppeldecker. Feriés von Hiddessen, ein Dragonerleutnant, Euler-Schüler, fliegt die gelblich bespannte Maschine während der Postkartenwoche ohne Bruch und ohne Defekte – auf die Stunde genau und mit 203 kg Karten. Bei der Ankunft des ersten Postflugzeuges in Darmstadt am 10. Juni 1912 blasen Postillone hoch zu Roß zur Begrüßung des hessischen Großherzogpaares einen Tusch. Am Flugzeug knattert zwar die Reichspostflagge, doch die Reichspost sieht in den Flügen nur ein interessantes Experiment, nicht mehr. Es wird bis zum Kriegsende, bis 1919 dauern, ehe die »Deutsche Luft-Reederei«, eine Vorläuferin der Lufthansa, den ersten regelmäßigen Liniendienst mit Post und Passagieren eröffnet.

»First Aerial Post«: Den Stempel, der die allererste Luftpost der Welt schmückt und der im Innern ein Gitterrumpfflugzeug über einem gestrichelten Bergkamm zeigt, klopften schon sechzehn Monate zuvor indische Postbeamte auf ein paar tausend Briefe, mit dem Zusatz: »1911 U.P. Exhibition Allahabad«. Captain W. G. Windham hatte im Februar 1911 anläßlich der »Universal Postal Exhibition« diesen ersten Luftpostdienst über eine Strecke von etwa 8 km organisiert. Windham, der Brite, und Pequet, ein Franzose, schaukelten vier Tage lang über den Jumna hin und her, und alles klappte zur Zufriedenheit. Mit seinen indischen Erfahrungen zieht Windham zusammen mit der Grahame White Aviation Co. Ltd. wenige Monate später die erste offizielle Luftpost des Vereinigten Königreichs auf: Postflüge vom Flugfeld Hendon zum Schloß Windsor über eine Strecke von 30 km. *Wir glauben, daß dieses Ereignis historische Bedeutung haben wird*, schreiben Direktoren und Flugzeugführer in einer Ergebenheitsadresse an Georg V., *und daß seine Weiterentwicklung zu einer Revolution der bisherigen Formen des Austausches zwischen den Völkern der Welt führen wird.* Das klingt sehr optimistisch. Aber die Ereignisse werden dem »Postmaster General« recht geben, der auf den vorgedruckten Postkarten und Umschlägen ausdrücklich jede »Verantwortung hinsichtlich Verlust, Beschädigung oder Verspätung« abgelehnt hat.

Er tat gut daran. Am Samstag, dem 9. September 1911, dem Eröffnungstag, weht ein scharfer Ostwind mit Böen. Gustav Hamel, der beste britische Überlandflieger, Sohn eines naturalisierten deutschen Arztes, der die Queen Victoria behandelt hatte, packt einen Postsack in seine Blériot, startet zu den Klängen der Nationalhymne und läßt sich mit Rückenwind nach Windsor treiben. Er braucht wenig mehr als zehn Minuten, das entspricht der phantastischen Geschwindigkeit von 170 km/h. Doch bleibt es bei diesem einen Flug – acht waren vorgesehen. Am Montag holen die vier Flieger für ihr Tageshonorar von 100 Mark einiges nach, am Dienstag stürzt einer mit elf Postsäcken ab und bricht sich beide Beine. Am Mittwoch verhindert schlechtes Wetter jeden Flug, am Freitag schon wieder. Greswell kämpft sich noch ein paarmal durch, auch Hamel natürlich, dessen Flugzeug in Bodennähe wie ein Boot schaukelt. Die letzten drei verbliebenen Postsäcke verstaut Hamel erst nach der ausdrücklichen Versicherung der Direktion, daß der schwer gestürzte Pilot 10000 Mark Entschädigung bekommt. Der längste Flug über die 30 km hat anderthalb Stunden gedauert, weil sich ein Pilot im leichten Nebel verirrte und landen mußte. Immerhin, 920 Pfund Post sind zusammengekommen, eine Firma schickt gleich tausend Karten an ihre Kunden in Amerika. Die Postverwaltung zieht sich nach so gebündeltem Ärger erst einmal aus dem enervierenden Geschäft zurück. Es bleibt fürs erste bei dem Versuch.

Fracht? Da lacht ja der weise Edison. *Wie schnell die Flugmaschine auch sein wird*, so hatte er kraft seiner weltweit respektierten Autorität geweissagt, *große Gewichte wird sie nie tragen. Frachtbeförderung liegt nicht in ihrem Bereich*. Dabei bleiben eilige Zeitungspakete schon jetzt nicht die einzige Fracht. Horatio Barber, ein englischer Konstrukteur, der die »Valkyrie« baut und damit gelegentlich tollkühn und lebensgefährlich nach 30 oder 40 m Startstrecke über das Publikum hinwegbraust, transportiert am 4. Juli 1911 die erste beglaubigte Luftfracht: eine große Kiste Osram-Glühbirnen. Die Sendung kommt unbeschädigt an. Sopwith wirft über einem auslaufenden Ozeandampfer ein Paket ab – der erste Frachtcharter, Auftraggeber ist das Kaufhaus Wanamaker. Möglichkeiten? Wo liegen die Aufgaben der Zukunft? Das Flugzeug als ein Verkehrsmittel, mit dem der geplagte Mensch in wenigen Minuten dem »Lärmherd der Großstadt« entfliehen kann, wie manche träumen?

Schon richtet sich der Blick von Flugzeugfabrikanten sogar auf die Exploration unbekannter Landstriche, auf Küstenwacht und Seenotrettungsdienst, auf Höhenflüge mit Erkrankten. Vor allem fasziniert die Methode, die Erde aus der Vogelschau zu fotografieren. Nadar, der französische Journalist, Karikaturist und Fotograf, hatte es im 19. Jahrhundert aus dem Ballon versucht, Julius Neubronner mit einer leichten Brieftaubenkamera, der Dresdener Alfred Maul seit 1906 mit meterlangen Raketen. Ein österreichischer Kartograph, Theodor Scheimpflug, erfindet schließlich das Verfahren, vom gewöhnlichen Landschaftsbild aus der Luft zum topographischen Bild, zur maßstabgetreuen Karte, fortzuschreiten. Scheimpflug stirbt 1911. Seine »Aerophotogrammetrie«, wie er die Luftbildtechnik

noch nennt, wird tatsächlich zu einem wichtigen Aufgabenbereich der Fliegerei.
Ein angesehener Gelehrter, Geheimrat Prof. Dr. Aßmann, schlägt einen meteorologischen Warnungsdienst für Luftfahrer vor, der vor allem die durch Pilotballons ermittelten Höhenströmungen auswerten soll. Die laufenden Jahreskosten für einen solchen Wetterdienst berechnet Aßmann auf sage und schreibe 38 500 Mark. Internationale Kommissionen arbeiten an Luftfahrerkarten, auf denen alle für die Landung gefährlichen Stellen mit roter Farbe bezeichnet werden sollen. Rumpler stellt auf der ALA eine geschlossene Luftlimousine aus, die ungefähr dem Komfort des Luxusautos entspricht: breite, bequeme Klubsessel, glasklare Zelluloidscheiben, auch die Vase für die Blumen fehlt nicht, bürgerliche Gemütlichkeit. *Ich glaube*, sagt Prinz Heinrich beim Verlassen des Rumpler-Standes, *daß diese Limousine das Luftfahrzeug der Zukunft ist*. Realistisch? Oder vermessen?
Die Probe aufs Exempel macht Wsselowod Abramowitsch, Fluglehrer bei Wright in Johannisthal, und er bringt die Träumer unsanft auf den Boden zurück – auf den Boden der Tatsachen. Abramowitsch, russischer Staatsbürger, Sieger der Berliner Frühjahrs-Flugwoche 1912, will mit einem Überlandflug von Berlin nach Petersburg die Leistungsfähigkeit des Flugzeugs, vor allem des neuen Wright-Modells beweisen – ein verzweifeltes Aufbäumen der Gesellschaft, der allzu späte Versuch, dem Militär mit einem 90-PS-Motor, mit Einkettenantrieb und verstärktem Fahrgestell doch noch zu imponieren. Das vielbeachtete Unternehmen steht unter Zeitdruck. Die Tatsache, daß der neue NAG-Motor noch nicht genügend erprobt ist, wird sich bitter rächen.
14. Juli. Ein letztes Lächeln der Freundin Abramowitschs, der temperamentvollen Fürstin Schakowskoy, ein letztes weitausholendes Prüfen der Verwindung, daß sich die mächtigen Flügel knirschend biegen, ein letztes Hurra der Wright-Mannschaft von Johannisthal – dann holpern die vier Räder über das Flugfeld. Die Mechaniker mit 600 kg Ersatzteilen folgen in einem NAG-Wagen auf der Straße. Der Flug wird für den Piloten und seinen Passagier, den Regierungsbaumeister Hackstetter, einen trinkfesten Bajuwaren, zu einem aufreibenden Hindernisrennen in teilweise unerschlossenen Gebieten, zu einem Horror-Trip, bei dem man am Ende nicht weiß, was man mehr bewundern soll, die Nerven der Männer oder die Widerstandsfähigkeit des Fahrgestells. Auf 24 Zwischenlandungen kommen sie schließlich. Das Flugzeug – ein Verkehrsmittel der Zukunft?
Der Motor läuft heiß, und die Verbindung zwischen Begleitwagen und Flugzeug reißt ab. In Elbing muß ein gebrochenes Kühlrohr ausgewechselt werden, in Königsberg halten Behörden die Flieger fest, weil sie die Festung überflogen haben, Abramowitsch ist Russe. Beim Start auf einem Acker springt ein großer Hund in den rotierenden Propeller. Aus Berlin muß telegraphisch Propellerersatz bestellt werden.
Bis zur russischen Grenzstation Tauroggen hat der Flug schon eine Woche gedauert. Von nun an wird das verunglückte Unternehmen zwar durch die überschäumende russische Gastfreundschaft erträglicher, aber auch nicht

schneller. 20000 Neugierige drohen das Flugzeug bei einer Landung in die Zange zu nehmen, die NAG-Mannschaft spritzt Öl gegen die andrängenden Massen. Bei der nächsten Etappe bricht das Schwungrad des Motors, der Ersatz aus Berlin braucht vier Tage. Auch die Kurbelwelle hat durch die enorme Erhitzung bei dem Bruch gelitten. Sie zwingt Abramowitsch nach dem Einbau des neuen Schwungrades zur Notlandung auf dem einzigen freien Stückchen Land zwischen Wäldern und Sümpfen. Nach vier Tagen, beachtlich, erreicht der Ersatzmotor aus Berlin die livländische Waldeinsamkeit. Der Wright-Doppeldecker fliegt über unendliche Wälder, in Nebel und Dunst. Die einzige Landungsmöglichkeit bleibt die Straße, und die ist von Werst-Pfosten und Begrenzungspfählen gesäumt. Der Begleitwagen kommt kaum mit 20 km/h voran. Übermüdet, frierend, hungernd hängt die Mannschaft unter dem Verdeck zwischen den Ersatzteilen. Tagelang kriegen sie morgens, mittags und abends nichts anderes zu essen als gekochten Krebs, kalt.
Und die Männer haben immer wieder zu tun. Abramowitsch ist unter den Klängen einer Regimentsmusik in einer regelrechten Falle gelandet: ein Plätzchen nur, von Häusern und Bäumen umstanden. Wie kommt man wieder heraus? Mit Vollgas. Die Wright rast auf den First der Dächer los, ist etwa 8 m hoch, als der Motor nachläßt, ein Riß im Vergaserrohr des Motors erweitert sich in den Sekunden des Starts. Abramowitsch reißt die Maschine vor den Dächern herum, will in die Falle zurückfallen, nicht ahnend, daß die Menschenmenge die schmale Startbahn schon überflutet hat, da bleibt kein Meter mehr für den Flieger. Eiskalt dreht Abramowitsch am Hebel der Verwindung, daß die linke Tragfläche am Boden schleift. Auch die rechte Tragfläche schlägt auf, kracht gegen einen Erdwall. Das Flugzeug steht. Steht mit zerbrochenen Flächen vor den Zuschauermassen.
Am 4. August kommen die neuen Flügel aus Berlin. Die Wright startet am nächsten Tag auf einem Wiesengelände. Meilenweite Sümpfe, riesige Wälder, manche brennen. Nach 110 km bleibt der Motor stehen – Vergaserrohrbruch. Abramowitsch sieht Fuhrwerke auf der Chaussee, er muß, ob er will oder nicht, auf dem Sumpfmoor niedergehen. Das Holzblatt einer Kufe zersplittert an einem abgestorbenen Baumstumpf. Fuhrleute schleppen Bohlen herbei, und nach ein paar Stunden ist das Flugzeug aus dem schwärzlichen Sumpfwasser geborgen. 40 km vor St. Petersburg muß noch einmal, das allerletzte Mal, eine Zündkerze ausgewechselt werden.
Großer Bahnhof auf dem Flugfeld, Reden, Glückwünsche – das russische Militär, nicht das deutsche, ordert Wright-Maschinen. 24 Tage hat der Flug insgesamt gedauert, wenn das Wort Flug hier erlaubt ist. Denn fliegen konnten die beiden Pechvögel nur an zwölf Tagen, die Addition des Bordbuches erbringt alles in allem eine Flugzeit von 19,5 Stunden. 24 Tage für 1500 km: Bei diesem Stand der Technik kann die Ankündigung einer unbekannten Darmstädter Firma, ein Volksflugzeug für 3000 Mark herauszubringen, das so leicht wie ein Fahrrad zu bedienen ist und keinerlei Betriebs- und Unterhaltungskosten erfordert, nur ein plumper Schwindel sein. Die erste Hälfte der Kaufsumme ist bei der Bestellung zu überweisen.

Wirbel um die Flächen

Mit 30 PS wird der erste Windkanal in Deutschland betrieben, mehr als 100 hat keiner in Europa. Was die Piloten vormachen, praktisches Fliegen, versucht die Wissenschaft theoretisch nachzuvollziehen. Konstrukteure kommen bald nicht mehr ohne die Theorie aus – und überlassen das Fliegen den Testpiloten. Die leben gefährlich, aber hochdotiert.

Es kommt darauf an, seine eigenen Erfahrungen zu überleben, lautet einer der wichtigsten Grundsätze aus den ersten Jahren der Fliegerei. Einer, einer der Großen, hätte es um ein Haar nicht geschafft. Rückblickend wird er später eine Art Bewunderung sich selbst gegenüber empfinden, der unglaublichen Bedenkenlosigkeit wegen, mit der er, ohne jede Schulung, ohne die geringste Kenntnis des selbstgebauten Flugzeuges, die ersten Starts zu unternehmen wagte.

Gestern früh, schrieb am 10. Juli 1911 das *Stuttgarter Tagblatt, machte der Flieger Heinkel auf dem Wasen den ersten Flugversuch mit seinem neukonstruierten Zweidecker. Eine Probe ohne Passagier führte den Flieger durch die ungeheure Kraft des Motors unversehens in etwa 10 m Höhe ... Beim Niedergehen im Gleitflug verbog sich einiges Gestänge.* So beginnen Ernst Heinkels Flugversuche auf dem Cannstatter Wasen. Seinen Doppeldecker, eine Art Farman, hat er mit einem Nichts an Erfahrung gebaut, und die Firma Daimler hat ihm dafür einen 50-PS-Motor geliehen. Jetzt steht sein Werk in einer ehemaligen Reithalle. Ein paar Wochen zuvor hatte er bei Hellmuth Hirth den ersten Flug seines Lebens unternommen, den kleinen Bruder Wolfgang auf den Knien. Heinkel probiert. Bei jedem Flug knickt eine Strebe, reißt ein Spanndraht, die Fahrgestellachse verbiegt sich. Beim ersten Versuch, in die Kurve zu gehen, bleibt der Motor stehen. Zehn Tage lang fliegt er ohne Rücksicht auf das Wetter. Am 19. Juli will er wieder starten, als ihn *wie eine dunkle Wolke* eine düstere Ahnung überkommt. *Das wird heute mein Todesflug,* sagt er zu einem Ballonfahrer. Der lacht laut. Doch das ungute Gefühl trügt Heinkel nicht. *Ich ging in eine Rechtskurve. Aber dann begann die Katastrophe. Als ich die Maschine wieder in eine horizontale Lage bringen wollte, rutschte sie über den rechten Flügel ab. Ich dachte noch daran, daß die Querruderflächen zu tief sein müßten. Meine Füße ließen das Seitensteuer fahren. Ich stemmte mich mit aller Gewalt gegen den rechten Motorträger, der nach vorn verlängert war. Im schon schwindenden Bewußtsein fühlte ich noch, wie die Maschine sich immer weiter drehte und der Erde zuschoß. Dann verlor ich das Bewußtsein und merkte den Aufschlag nicht mehr ...*

Benzin läuft auf den heißen Motor und setzt das Flugzeug in Brand. Heinkel liegt blutüberströmt, in die Spanndrähte verwickelt, in den Trümmern. Ein Mechaniker auf seinem Fahrrad, ein Polizist auf seinem Pferd sind die beiden ersten, die den Bewußtlosen erreichen und ihn herauszerren, bevor der Benzintank explodiert. Befund der Ärzte: Bruch des Schädeldaches, Bluterguß über den ganzen Kopf, Bruch der Schädelbasis, Blutungen aus Ohren und Nase, Bruch des Oberkiefers und des Unterkiefers, Verbrennungen an der linken Gesichtsseite zweiten und dritten Grades, Bruch des linken Oberschenkels, Bruch des rechten dritten Fingers.
Als er nach sechs Wochen, an Stöcken hinkend und mit dick verbundenem Kopf das Krankenhaus verläßt, hat er zwar Flugerfahrungen, aber auch einen Berg Schulden, den er in den nächsten Jahren abtragen muß. Die Hochschule kann ihm nichts mehr geben, er braucht jetzt die Praxis. Zu einem eigenen Flugzeug reicht es nicht mehr, aber dem Flugzeugbau, das weiß er jetzt, ist er verfallen. Heinkel, der sich einen »einfachen Tatsachensinn« zuschreibt, sieht, daß er sich in der Praxis alles weitere erkämpfen muß, und sucht sich eine bescheidene Stellung in einem Konstruktionsbüro – für den besorgten Vater ein »Weg in das scheinbar Ungewisse«.
So, mit dieser gottvollen Unbekümmertheit, die manchmal noch eher jugendlichem Spieltrieb als männlichem Erkenntnisdrang zu entspringen scheint, fangen fast alle an. Geduldig stehen sie die Wechselbäder von bescheidenem Erfolg und totalem Versagen durch, verbessern, versuchen von neuem, Tag für Tag, und setzen sich in Kisten, bei deren Anblick, wie Roe berichtet, selbst eine potentielle, zu allem entschlossene Selbstmörderin zurückschreckt. Es sind ja *ihre* Kisten. Sie peilen über den Daumen, vertrauen Gefühl und Intuition, immer in der Hoffnung, die ersten Mißerfolge und Enttäuschungen lebend zu überstehen. Wie Heinkel.
Unter Einsatz ihres Lebens eilen diese Praktiker der Wissenschaft um Längen voraus. Zur Zeit des ersten menschlichen Fluges war noch keine Theorie bekannt, die den Auftrieb einer gewölbten Fläche beim Anstellwinkel null Grad erklärt hätte. Fast mußte es so scheinen, als wäre die mathematische Strömungslehre außerstande, die fundamentalen Ergebnisse der experimentellen Aerodynamik zu erfassen. Einer der Konstrukteure, Sikorsky, wird in seiner Fabrik in Amerika, schon »Mr. Helicopter«, aus Spaß ein Schild aufhängen lassen: *Laut anerkannten aerotechnischen Grundsätzen vermag die Hummel, wegen Form und Gewicht ihres Körpers im Verhältnis zur Gesamtflügelfläche, nicht zu fliegen. Die Hummel weiß das nicht, und so summt sie los und fliegt eben.* Vieles bleibt vorläufig in der Tat unerklärlich. Techniker wie Gustave Eiffel, der Erbauer des Stahlkolosses in Paris, wie der eigenwillige englische Automobilfabrikant Frederick William Lanchester oder wie Ludwig Prandtl, ein studierter Maschinenbauer – »Maschinenfritzen«, mit einem an deutschen Universitäten gern gebrauchten, abfälligen Wort, überbrücken diese Riesenkluft zwischen Theorie und Praxis und entwickeln aus Mathematik und Physik, Mechanik, Statik und Festigkeitslehre eine neue Wissenschaft, die Aerodynamik.

Wie eine Palastrevolution mußte im Jahre 1904 Ludwig Prandtls Berufung an die altehrwürdige Universität Göttingen, diese Hochburg der rein theoretisch orientierten Gelehrten, erscheinen – Prandtl, ein Mann, der von einer technischen Hochschule kam und schon als Ingenieur bei der Maschinenfabrik Nürnberg gearbeitet hatte! *Mit Ingenieuren ist es nicht leicht zu verkehren,* sagte man in diesen Tagen gern in standesbewußten akademischen Kreisen. *Man weiß ja nie, ob man es mit einem Akademiker oder mit einem höheren Klempner zu tun hat.*

Der vollbärtige Endzwanziger hatte sich eine scheinbar primitive Versuchsanordnung zurechtgebastelt. Mit einer Handkurbel drehte er ein Schaufelrad und setzte dadurch in einer 1,5 m langen Wanne, die einen Zwischenboden hatte, Wasser in Umlauf. Durch Umlenkbleche und Siebe erreichte er, daß in der Versuchsstrecke eine ziemlich wirbelfreie, homogene Strömung entstand. In diese setzte Prandtl verschieden geformte Hindernisse ein und beobachtete die dadurch veränderte Strömung. Mit so einfachem Gerät fahndete er nach den Umständen, unter denen sich eine Strömung von der begrenzenden festen Wand ablöst. Im August 1904 hielt er seinen berühmten Vortrag *»über Flüssigkeitsbewegung bei sehr kleiner Reibung«.* Seine dabei entwickelte »Grenzschichttheorie« erweist sich als überaus fruchtbar für die Strömungslehre und beschäftigt Generationen von Mathematikern.

Durch Prandtl, einen akademischen Lehrer, dessen Vortrag eher schleppend, unterbetont wirkt und der sich seine Notizzettel aus dem Papierkorb zusammenschnipselt, wird Göttingen zum Zentrum der Aerodynamik. In diesen Jahren nach der Jahrhundertwende schaffen Mathematiker wie der Deutsche Kutta und der Russe Schukowski die Grundlagen der Auftriebslehre und erkennen den Zusammenhang zwischen dem aerodynamischen Auftrieb und der Zirkulationsströmung um die Tragflächen. Mit 20000 Mark, Geld von der Motorluftschiff-Studiengesellschaft in Berlin, entsteht in Göttingen in einem barackenähnlichen Häuschen der erste Windkanal Deutschlands: Querschnitt 4 m^2, Windgeschwindigkeit 10 m/s gleich 36 km/h, Antriebsleistung 30 PS. Keiner der Windkanäle in Europa hat zu dieser Zeit mehr als 100 PS.

Prandtl, dieser Ingenieur mit einem geradezu visionären Blick für das Verständnis von physikalischen Vorgängen, gibt der modernen Tragflügeltheorie ihre praktische mathematische Form. Im Jahre 1911 richtet er an die »Kaiser-Wilhelm-Gesellschaft zur Förderung der Wissenschaften e.V.« eine Denkschrift, in der er die Errichtung eines Forschungsinstituts für Aerodynamik und Hydrodynamik in Göttingen anregt. Luft- und Wasserströmungen folgen weitgehend gleichen Gesetzen, so legt er dar, deshalb soll mit beiden Fluiden experimentiert werden. Die Wirkung von Propellern und Gebläsen soll studiert, eine zugehörige Meßtechnik entwickelt werden. Auch die Turbulenz des Windes und ihr Einfluß auf den Luftwiderstand gelte es zu untersuchen. Bis zur Fertigstellung des Instituts wird es, kriegsbedingt, fünfzehn Jahre dauern.

Einer der Assistenten Prandtls, der Ungar Theodore von Kármán, macht

Alltag auf Europas Flugfeldern: Mechaniker, die sich in einer Wolke von Staub und Abgasen an Schwanz und Flächen hängen, elegantes Publikum, Tische mit Pokalen. Der Erfinder freilich, der die Haltbarkeit seines Schutzhelms an Schuppenwänden demonstriert, fällt aus dem Rahmen.

Höchstgeschwindigkeit! Die kleinen französischen Einsitzer – hier eine Morane-Saulnier – setzen die Rekordmarken immer höher, kommen schließlich auf über 200 km/h. Das aufregende Foto, Anfang 1914 entstanden, ist von einem der Ecktürme aus gemacht worden, auf denen die Zeitnehmer stehen.

Stimmungsbilder vom Flugbetrieb vor dem Ersten Weltkrieg. Blériots Eindecker (oben) haben sich jahrelang fast unverändert gehalten. Das vornliegende Höhensteuer, das die Wrights in die Fliegerei eingebracht haben, sieht man mit der Zeit immer seltener, genauso wie den Druckpropeller hinter dem Piloten.

Vom Umgang mit Propellern

Das Anwerfen des Propellers geschieht in der Weise, daß man bei geöffneter Gasdrossel und ausgeschalteter Zündung den Propeller erst einige Male in Umdrehung versetzt, damit Gasgemisch in die Zylinder gesaugt wird. Bei kaltem oder feuchtem Wetter gebe man eine Benzineinspritzung in die Zylinder, um das Anspringen zu erleichtern. Dann läßt man bei halbem Gas und halber Zündung (die Einstellung, bei der der Motor am besten anspringt, findet man bald heraus) den Motor mit kurzem Ruck am Propeller anspringen. Zurückschlagen der Schraube beweist, daß man noch zuviel Vorzündung eingeschaltet hat.
Man achte darauf, daß die Personen, die das Anwerfen des Propellers besorgen, die Jacke zugeknöpft und keine wehenden Halstücher od. dgl. tragen, da sie damit sehr leicht von der Schraube erfaßt werden. Die neuerdings gebräuchlichen Anlasser von Bosch und Noris schalten die Gefährlichkeit des Anwerfens völlig aus. Sie stellen einen kleinen Hochspannungsmagneten dar, welcher, in Umdrehung versetzt, einen dauernden Funken im Zylinderinneren überspringen läßt und so das im Zylinder befindliche Gasgemisch in jeder Stellung des Kolbens zur Entzündung bringt. Man gewöhne sich und andere daran, sich nicht in der Nähe des Propellers aufzuhalten. Beim Ausprobieren neuer Schrauben bitte man das Publikum ausdrücklich, nicht in der Richtung des Propellers zu stehen. Besonders gefährlich ist das Drehen am Propeller, solange der Motor noch warm ist, da bei völlig abgestellter Zündung doch noch glühende Reste verbrannten Öles zünden können und so Zuhauen der Schraube bewirken können.
Zum Schutze der Schraube umwickelt man alle Drähte, die durch Reißen irgendwie mit dem Propeller in Berührung kommen können, mit Bindedraht, und zwar am besten doppelt, die Windungen entgegengesetzt, so daß der gerissene Draht dennoch in seiner Lage festgehalten wird. Bei vornliegender Schraube betrifft dies nur einige Drähte des Fahrgestelles, bei hinten liegendem Propeller ist diese Maßnahme wegen der eben angeführten Gefahr auf eine größere Anzahl von Drähten auszudehnen.
Man vergewissere sich des öfteren, daß der Propeller auch noch fest auf seiner Nabe und diese fest auf der Achse sitzt und die das Ganze festhaltende Mutter genügend gesichert ist. Ist bei abfliegendem vorn liegenden Propeller immer noch Rettung im Gleitfluge, so können bei hinten liegender Schraube die abfliegenden Stücke das Gestänge des Flugzeuges durchschlagen. Man kann sich dagegen einigermaßen sichern, indem man das Gestänge in der Nähe des Propellers mit einer Stahlblechhülle umgibt.

1911 eine Entdeckung, die zur Erklärung des »Formwiderstandes« beiträgt, der entsteht, wenn die Luftströmung nicht der Form des umströmten Körpers folgt, sondern dahinter zu einem Wirbelzopf abreißt. Sie geht als »Kármánsche Wirbelstraße« in die Wissenschaft ein. Später wird er in Vorlesungen von der Theorie, deren Namen er zu tragen die Ehre habe, sprechen. Die Wirbelstraße gibt den Aerodynamikern einen wissenschaftlichen Einblick in die Struktur der Wirbelzone hinter bewegten Körpern. Auf Grund dieser Informationen kommen Ingenieure zu klareren Vorstellungen darüber, wie sie durch stromlinienförmige Konstruktionen den Widerstand herabsetzen können.

Kármán geht dann als Professor nach Aachen. Dort hat sich Hugo Junkers von dem Geld, das er mit einem tragbaren Gas-Wassererhitzer verdient, eine alte Villa gekauft und sie in ein privates Laboratorium, die »Werkstatt für Neuerungen«, verwandelt. Junkers baut sich seinen eigenen Windkanal, ein kleines viereckiges, kastenähnliches Gerät, mit dem er gern herumexperimentiert. Junkers ist, so Kármán, der erste unter den großen Flugzeugkonstrukteuren, der die von Mathematikern entwickelte Luftzirkulationstheorie wirklich verstanden hat. Junkers erkennt, daß man soviel Auftrieb erhalten kann, wie man braucht, ganz gleich, wie dick der Flügel ist, wenn er nur richtig konstruiert ist. Junkers' Ideen von freitragenden, innen versteiften Flügeln werden in der modernen Verkehrsluftfahrt weiterwirken.

»Weniger erfinden – mehr konstruieren«, diese Erkenntnis setzt sich allmählich durch, und Heinkels Wechsel von den Steuerhebeln an den Zeichentisch, auch Blériots mannhafter Rückruf seiner Eindecker in die Fabrik nach einer Reihe von Flügelbrüchen sind dafür symptomatisch. Mit Enthusiasmus allein kommt keiner mehr weiter. Jetzt formiert sich die Avantgarde der Konstrukteure, die den Weg des Flugzeugbaus in den nächsten Jahren und Jahrzehnten bestimmen wird: Ernst Heinkel und Hugo Junkers, Frederick Handley Page (an dem ein Archäologe verlorengegangen ist), Gianni Caproni, Igor Sikorsky. Ein Student der Aerodynamik namens Andrej Nikolajewitsch Tupolew sitzt in Rußland wegen revolutionärer Umtriebe, und ein amerikanischer Kadett, Donald W. Douglas, wird von der Marineakademie gefeuert, weil sein Flugzeugmodell dem Kommandeur an den Kopf fliegt und ihn verletzt.

Flugzeugbau ist nicht länger mehr eine Sache von Einzelgängern, die ihr einziges Labor in der Luft finden und die Arbeit des Konstrukteurs und des Testpiloten in sich vereinigen. Das hatte ja immer die Kräfte eines einzelnen fast überfordert – erklärt wohl auch die statistisch ans Unwahrscheinliche grenzende Häufung von Brüderpaaren in dieser Frühzeit der Luftfahrt, angefangen schon bei den Mongolfiers und den Lilienthals. Fast will es scheinen, als wäre einer allein dieser übermenschlichen Aufgabe nicht gewachsen. Teamgeist tut not, gegenseitige Stützung, Kombination der Fähigkeiten und Temperamente wie bei den beiden Voisins, dem cleveren Kaufmann und dem tollkühnen Ingenieur. Kann man sich einen Orville Wright ohne den drängenden, ungeduldigen Wilbur, einen Wilbur ohne Orville, den beharrlichen Diskussionspartner, denken?

Ganz anders als in den Mythen, wo Brüder doch meist zu Feinden werden und selbst vor Raub, Betrug und Mord nicht zurückschrecken, finden diese Brüderpaare zu einer verschworenen Partnerschaft. So ist es bei den frühen

Fockes und bei den Steffens, bei den Breguets, Séguins und bei den Moranes, die beim Flugversuch zum Puy de Dôme schwer verunglücken. Beide Nieuports stürzen tödlich ab, einer 1911, der andere 1913. Auch einer der beiden Caudrons verletzt sich bei der Erprobung eines Motors tödlich.

Die Farmans, die schon zusammen Tandemrennen gefahren sind, haben 1912 auch geschäftlich zueinander gefunden und bauen in ihrer Fabrik in Billancourt ihre »vaches méchaniques«, ihre »mechanisierten Kühe«: robuste Doppeldecker, die ein Witzbold in »Longhorns« (mit vornliegendem Höhensteuer) und »Shorthorns« unterteilt hat. Bei den drei ungleichen Short Brothers, die 1911 Patente für den Einbau mehrerer Motoren zur Erhöhung der Flugsicherheit erhalten, ist Horace die treibende Kraft – eine Persönlichkeit mit großer Ausstrahlung, ein auffällig großschädliger Mann, der beim Fußmarsch von Argentinien nach Mexiko von Indianern gesundgepflegt und als Gott verehrt worden war.

Die kraftzehrende Personalunion von Flieger und Lehrer und kaufmännischem Direktor, typisch für die Do-it-yourself-Ära der ersten Pionierjahre, zerfällt jetzt in das Spezialistentum von Konstrukteur, Testpilot und Manager. Stärkere Motoren und höhere Geschwindigkeiten ergeben stärkere Beanspruchungen, da geht nichts mehr ohne die Theoretiker und ihre Kräftefelder. Kopfzerbrechen bereiten den Konstrukteuren vor allem die Anschlußstellen, an denen Holz mit Metallteilen verbunden wird. Als Ursache für die sich häufenden Flügelbrüche bei Blériots hatte sich gezeigt, daß bei den gewöhnlichen Strebenverbindungen durch die Durchbohrung der Längsträger eine erhebliche Schwächung eingetreten war. Belastungsproben – man hängt das Flugzeug in umgekehrter Lage auf und stapelt Sandsäcke auf die Flügel – umgeht man nach Möglichkeit: Schlimmstenfalls führen sie zum Bruch, und das kostet viel Geld.

Testpiloten übernehmen die riskante Arbeit der Erprobung – eine neue, hochbezahlte Elite knallharter Männer. Hart genug ist der Job. Die Steuerung, beispielsweise, ist noch längst nicht genormt. Robert Gsell, ein Schweizer, der für Dorner und später für den Flugzeugbau Friedrichshafen arbeitet, muß etliche Male umlernen. Um seine Reflexe zu beherrschen, läßt er sich nachts von Kameraden wecken, wobei er sich Mühe gibt, den weckenden Stoß mit dem passenden Fuß zu parieren.

Aus Gsells Bordbuch, August 1912: *Ich bemerke, daß die Vorderflosse in der Kurve etwas wackelt, und beschließe, nur noch die Runde zu Ende zu fliegen. Sehe, daß man mir Zeichen macht, sofort zu landen, und bemerke im gleichen Moment, daß die Vorderfläche mit dem daran befestigten Höhensteuer im Begriff steht, sich loszureißen. Schließe den Motor kurz und lande im Gleitflug aus 20 m Höhe. Dabei reißt Vorderfläche sich ganz los; die oberen Rumpfholme haben sich gespalten, dadurch Bolzenlöcher geschwächt. Landung sehr glatt.*

Der nächste Flug: *Start gut. Kurz nachher geht die Maschine links ab trotz Gegensteuer und Verwindung. Maschine saust mit Vollgas in den Boden, wobei sie sich vollständig überschlägt. Beide Tragflächen und Propeller zerstört. Rumpf, Fahrgestell und Motor beschädigt. Ich werde während des Sturzes hinausgeschleudert und falle mit dem Kopf voraus, wobei mich der Sturzhelm schützt. Hosen werden aufgerissen, unbedeutende Schürfung am rechten Bein.*

Ein paar Tage später steigt Gsell in den Eindecker des Prinzen Sigismund, des dilettierenden Konstrukteurs aus dem Hause Hohenzollern, der von Fliegern zu sagen pflegt, entweder verstünden sie nichts von Technik oder sie äßen zu viel mit dem Messer. *Abends bei momentanem Abflauen der starken Böen will ich rasch einige Runden fliegen. Beim Start ist der Apparat zu schräg gegen die Allee gestellt, was ich erst beim Anrollen bemerke. Zum Abstellen ist es zu spät. Ich versuche daher nach kurzem Anlauf einen Sprung über die Bäume. Dabei verliert der Apparat an Geschwindigkeit und hängt links. Die starke Verwindung bremst links, und das Flugzeug stürzt nach vorn links aus 5 m Höhe ab. Dabei brechen beide Flügel, der Propeller, das Fahrgestell. Rumpf und Höhensteuer beschädigt. Da ich mich festklammere, bleibe ich in der Maschine unverletzt. Der Prinz war zugegen und lud mich nachher zum Souper ins Schloß.*

»Wir Piloten setzen stündlich unser Leben aufs Spiel«, sagt Eugen Wiencziers zu den Leipziger Richtern, vor denen er wegen unerlaubter Beziehungen zu der allzu jungen Tochter seines Firmenchefs steht und denen er die Lage eines Piloten, diese Mischung aus Lebensgier und Todesahnung, plausibel machen will. »Wir sind doch nur die Versuchskaninchen.« Ungerührt schicken ihn die Richter ins Zuchthaus (im Krieg wird er vorzeitig entlassen und stürzt als Einflieger tödlich ab).

Die ständige Lebensgefahr wird freilich hoch dotiert. Leo Roth, wie Wiencziers immer elegant, kassiert als Testflieger für jede Neukonstruktion etwa 3000 Goldmark. 28 ist er geflogen. Dazu kommen Höhenprämien und 400 Mark für jedes abgenommene Flugzeug. Manchmal, im Krieg, sind es 30 bis 40 im Monat. Spitzenverdiener, großer Sportwagen.

Männer wie Anthony Fokker, der 22jährige Fabrikant in Johannisthal, und Geoffrey de Havilland, der 20jährige Konstrukteur in Farnborough, sind, konstruierend *und* fliegend, von nun an die Ausnahme. Havilland überlebt einmal sogar den Absturz seines trudelnden Flugzeugs. Im Krankenhaus erhält er den Brief eines Mechanikers, der ihm die Zähne schickt, die er in dem Trümmerhaufen gefunden hat. Auch Fokker, der mit dem Geld aus indonesischen Plantagen arbeitet, stürzt ab, als in 800 m ein Spanndraht reißt; sein Passagier ist tot.

Die Männer, die in den Fabrikschuppen von Johannisthal tischlern, schweißen, schmieden oder Flächen verspannen, die linke Fläche wegen des Propeller-Drehmomentes etwas mehr Anstellwinkel, die Hinterkante darf nicht schlangenförmig werden, sondern muß tadellos gradlinig sein – die Männer hören bei der Arbeit aus der Adlershofer Ecke des Flugplatzes das gleichmäßige Knattern der Versuchsmotoren, die für den »Kaiserpreis« von 50000 Mark ihre 7 Stunden abzubrummen haben. Die Motorenprüfung ist die erste Aufgabe der neugegründeten »Deutschen Versuchsanstalt für Luftfahrt«. Noch nie zuvor hat es eine derartig genaue Motorenprü-

fung gegeben. Die Prüfstände sind so konstruiert, daß die Motoren hängend und um ihre Achsen beweglich angebracht werden. Wegen der Brandgefahr sind die Benzintanks außerhalb der kleinen Hütten aufgebaut. Das Anfang 1913 verkündete Resultat dieses Wettbewerbs überrascht die Fachleute. Als »bester deutscher Flugmotor« wird der 100-PS-Vierzylinder von Benz ausgezeichnet, der erste Flugmotor aus dieser Fabrik, der exakt auf die Ausschreibung hin konstruiert worden war. Daimler holt sich den 30000-Mark-Preis des Reichskanzlers. Argus, am schlechtesten weggekommen, fühlt sich mit seinem Weltrekord-Motor angesichts der Wettbewerbsbedingungen als »moralischer Sieger«.
Ohne Motor fliegen, Kraftgewinnung durch den Wind, wie sie Lilienthal beschäftigte: Auch hier sind es die Wrights, die Neuland beschreiten. Seit Ende 1911 demonstrierte Orville in Kitty Hawk der staunenden Welt, daß es möglich ist, *sich mit einer Maschine schwerer als Luft, ohne Fortbewegungsmechanismus längere Zeit im Äther zu halten (Flugsport).* Wright segelt – und diesmal glaubt es die Welt. 30 m hoch hält er die Maschine schwebend, ohne daß sie sich zu bewegen scheint.
Darmstädter Schüler und Studenten haben inzwischen die Rhön für ihre ersten Gleitflüge entdeckt. Im Juli und August 1912 segeln sie an den Hängen der Wasserkuppe. Ab und zu stürzen sie auch mal. In Darmstadt werden die »Rhönflieger« bei ihrer Rückkehr lautstark begrüßt. Sie bringen einen Segelflugrekord mit: 838 m!

Das legendäre »Zwölferjahr«

Österreich macht von sich reden. Die »Taube«, Igo Etrichs Kabinettstück, bleibt nicht der einzige Beitrag zur europäischen Fliegerei. In Aspern werden Weltrekorde überboten, in Wiener Neustadt baut Ferdinand Porsche den Austro-Daimler. Die Briten, die ihn viel verwenden, halten ihn für den besten Flugzeugmotor.

Acht Flugzeuge, deutsche und österreichische, stehen am 9. Juni 1912 im Morgennebel am Start in Berlin-Johannisthal. Ihr Ziel: Wien. Der Flug, mit Geldpreisen von 90000 Mark die wichtigste deutsche Veranstaltung des Jahres 1912, soll über Breslau gehen, insgesamt über 600 km. Rumplers Eindecker, tropfenförmiger Rumpf, steht neben dem brandneuen Lohner-Doppeldecker mit pfeilförmig nach hinten gestellten Tragflächen, der Etrich-Renneindecker neben dem Jeannin-Eindecker und den LVG-Eindeckern, die Franz Schneider mit seinen bei Nieuport gesammelten Erfahrungen den Franzosen nachempfunden hat (man sagt, er sei mit exakten Konstruktionsunterlagen aus Paris nach Berlin gekommen). Bei den Motoren fliegt Austro-Daimler gegen Daimler, Gnôme und Argus.

Die Feuchtigkeit des Nebelmorgens macht den Fliegern zu schaffen und verhindert den Rennstart im Abstand von drei Minuten. Bier, der österreichische Rekordflieger, bekommt seinen Mercedes nicht in Gang. Hirths Sechszylinder arbeitet bloß mit zwei oder drei Zylindern, auch sein Rumpler muß wieder weggerollt werden. Nur Leutnant Freiherr von Thüna kommt mit seinem Gnôme über die Startlinie, viel weiter allerdings auch nicht. Die Trümmer des Eindeckers werden von der Startbahn geräumt. Kein gutes Omen, alles in allem, für dieses Rennen zwischen den Metropolen, von Johannisthal, der Hochburg der deutschen Fliegerei, nach Aspern, dem neuen Zentrum der österreichischen Fliegerei. Die Österreicher drängen jetzt mit Macht auf den europäischen Markt.

Bei besseren Witterungsverhältnissen gelingt schließlich zwischen 4 Uhr 20 und 8 Uhr 12 der Start. Bier muß unterwegs niedergehen und wird wie sein Passagier, Leutnant Steffen, herausgeschleudert, beide verletzt. Auch Krieger, der ehemalige kaiserliche Chauffeur, muß im strömenden Regen notlanden und fliegt erst am nächsten Tag weiter. Thelen kommt im Nebel nur ein paar Kilometer weit und bringt seinen Albatros wieder nach Johannisthal zurück. Ein Österreicher wird im Gewittersturm abgetrieben und landet zu Füßen des Riesengebirges.

Hellmuth Hirth fliegt den neuen, etwas zu schweren Rumpler-Typ, der bei 22 m² Fläche, mit 165 l Benzin und 20 l Öl runde 1000 kg wiegt. Hirths

Begleiter, Leutnant Schoeller, läßt deshalb fast alles Silbergeld zurück, und Hirth verzichtet sogar auf das Handwerkszeug. Er hat seinen Garderobenschlüssel vergessen und besteigt im Abendanzug mit Sweater und Wollmütze die Maschine. Der neue Garuda-Propeller macht 1400 Umdrehungen.
Hirth hat auch beim Fliegen Schwierigkeiten mit dem Mercedes, das Stoßen des unruhigen Motors macht ihn nervös, ein Zylinder streikt immer wieder. Dann sinkt an einem Manometer auch noch der Druck sehr schnell. Hirth pumpt mit der Hand Benzin nach, hilft nichts, der Motor steht. Hirth öffnet den Hahn des Reservebenzinbehälters, der oben im Spanndom hängt, der Motor kommt wieder, wenn auch bloß mit fünf Zylindern, das reicht gerade für die Notlandung. Jetzt rächt sich der Verzicht auf das Werkzeug.
Hirth, schon als Junge verrückt nach jedem Motor, weiß sich natürlich zu helfen. Für eine Mark verkauft ihm ein Radfahrer seinen alten Engländer, und damit geht er an die Reinigung von Ventilen und Zündkerzen. Statt der fehlenden Benzinspritzkanne benutzt er eine schnell zurechtgebogene Büchse für Ohrschutz-Wattekügelchen. Aber wieder arbeitet der Motor nur mit fünf Zylindern. Eine Zündkerze ist tatsächlich defekt. Hirth schickt in letzter Not, jede Minute ist kostbar, einen Radfahrer zur nächsten Landstraße, vielleicht erbarmt sich ein Autofahrer. Einer der Umstehenden erinnert sich an seinen Mähdrescher und bringt tatsächlich eine mit Brosamen und Taschenstaub bedeckte Zündkerze. Bei wenig Gas funktioniert jetzt der Motor, bei Vollgas arbeiten wieder nur fünf Zylinder. Hirth findet auch diesen Fehler, diesmal am 4. Zylinder. Aus dem alten Filzhut eines Bauern wird noch Wasser in den Kühler gefüllt, ein paar Schnecken müssen mit dran glauben, dann startet er.
Hirth erreicht als erster nach langem Suchen das Breslauer Flugfeld. Den Offiziellen fällt ein Stein vom Herzen, denn die Zuschauer, die nicht mehr glauben, daß überhaupt ein Flugzeug kommt, proben schon den Aufstand. Zehn Minuten später, Hirth fährt mit seinem Lorbeerkranz im Auto an der Zuschauermauer entlang, erscheint der Pfeil-Doppeldecker von Blaschke. Der Österreicher, der bis zu 2400 m hoch geflogen ist, hat genau 3 Stunden für die 280 km der ersten Etappe gebraucht und liegt jetzt in Führung. Schließlich landet auch der österreichische Etrich-Renneindekker. Die drei Piloten kommen überein, wegen des schlechten Wetters und der Gewitter auf der Strecke, den Start auf den Morgen zu verschieben.
Zehn Minuten vor 3 läuft der Mercedes warm. Je früher Hirth wegkommt, desto besser die Chancen für ihn. Einige »Turnübungen« zwischen rauchenden Schornsteinen, dann steigt der Rumpler auf 1500 m. Schoellers Rechnung ergibt, daß sie in 45 Minuten 70 km gemacht haben, also Gegenwind. Hirth klettert über die Wolken und läßt sich die nächsten anderthalb Stunden von ihrem Farbenspiel verzaubern. Er fühlt sich erhaben über das Erdendasein. Ein Gefühl der völligen Sicherheit und Ruhe stellt sich ein, das sich bis zu dem Empfinden steigert: Spring doch hinaus in die weiche Watte unter dir, es kann dir ja nichts passieren . . .

Aus 1800 m gleiten die beiden Männer wieder auf die strahlenden Wolken zu, bis der Propeller in den ersten Wolkenturm einschneidet. Das Sonnenlicht wird eine Spur blasser, wie durch Seidenpapier abgeblendet. Immer dichter legen sich die Schleier vor die Sonne. Schließlich fallen sie lautlos durch dicke, dunkle Wolken in eine immer kühler werdende Wolkennacht, bis die Erde ihnen dunkelgrün und trübe entgegenkommt. Ein stark gekrümmter Flußlauf wird sichtbar. „Die March", ruft Hirth durch den Gartenschlauch Schoeller zu. Sie folgen der Eisenbahn nach Wien.
Nichts rührt sich auf dem neuen Flugfeld von Aspern. Hirth sieht nur dunkelgraue Wellblechschuppen, erkennt auch ein Zielband. Endlich, nach einigem Kreisen, zeigt sich ein Offizieller, und Hirth landet. Die Räder schleudern aufgeweichten Lehmboden hoch, das Flugzeug rollt in einer wahren Fontäne von Lehmklumpen, die dumpf auf die Fläche trommeln. Sieben Stunden und 20 Minuten Gesamtflugzeit! Rumpler selbst hat Hirth noch nicht so früh erwartet. Es kommt kein anderes Flugzeug mehr.
Hirth auf der Höhe seines Ruhms, mit allen Hunden gehetzt, mit allen Wassern gewaschen. Die systematisch gesammelten Erfahrungen zahlen sich aus, der Kaiser dekoriert ihn mit dem Kronenorden. Den Deutschen Zuverlässigkeitsflug am Oberrhein, die erste Flugveranstaltung des Jahres 1912, hat er gewonnen, und auch bei der letzten und schwierigsten, beim Süddeutschen Rundflug im Oktober, wird er sich trotz Nebel und Hagelschlag und strömendem Regen den Pokal des Prinzen Heinrich holen, zwei nackte Jünglinge, die mit großer Gebärde dem Himmel zustreben – sauer genug erkämpft. Über dem Main erhält die Rumpler an jeder bewaldeten Krümmung des Flusses derartige Ohrfeigen, daß die Maschine zittert und kracht. Die Windstöße kommen wie aus der Kanone geschossen, so scharf und so schnell, und werfen den 1100 kg schweren Eindecker wie ein Blatt Papier hin und her. Einmal packt ein Luftwirbel die Maschine so jäh, daß die Rumpler wie ein Bleigewicht unter den beiden Insassen wegsackt, die aus ihren Sitzen geradezu emporwachsen. Hirth glaubt seine letzte Stunde gekommen. Gut, in solchen Augenblicken nicht allein zu sein, vor sich den Rücken des Begleiters zu sehen. Hirth gerät in eine wahre Kampfeswut und brüllt einer besonders heftigen Böe ein wütendes »Du Schwein« entgegen. Ein anderer Pilot erzählt Hirth nach dieser Etappe, daß er im Maintal einmal herumgerissen worden sei, ohne daß er es in der ersten Bestürzung gemerkt hätte. Erst am Kompaß habe er gesehen, daß er in entgegengesetzter Richtung weiterflog.
Hirth kennt sich jetzt aus in dem harten Geschäft der Flugkonkurrenzen. Er ist bei einer Landung mit seiner nicht zu bremsenden Maschine auf ein Geschütz geprallt, ein einwandfreier Montagefehler, und er hat Wasser im Vergaser gefunden, einwandfreie Sabotage. Seither läßt er vor jedem Flug das Benzin völlig ab und filtriert es. Mit drei statt sechs Zylindern hing er eine halbe Stunde lang wenige Meter über Baumwipfeln, für ihn die »schrecklichsten 30 Minuten im Flugzeug«. Bei einem Höhenweltrekord schlägt sich jeder Mundhauch als fein kristallisierte Eisschicht im Gesicht nieder, aus der Nase wachsen Eiszapfen und verbinden sich mit dem Bart

zu einer Eiskruste. Über den Vogesen wird ihm einmal sterbenselend – kein Wunder, daß er von nun an für das Fläschchen Cognac im Flugzeug plädiert.

Ein Hirth in Hochform, durch nichts mehr aus der Ruhe zu bringen, scheint unschlagbar. Die andern haben auf der Strecke Berlin–Wien aber auch Pech gehabt. So startet der Jeannin-Eindecker in Breslau, überschlägt sich und begräbt Flieger und Beobachter unter sich. Besorgt um seinen Begleiter brüllt der Pilot Karl Krieger: *Sind Sie tot?* Als Antwort ertönt die Stimme des kleinen Oberleutnants zur See Otto Bertram: *Nee, Sie?* Am schlimmsten trifft es Oberleutnant von Blaschke, der sich Hoffnungen auf den Sieg machen kann. Wegen Motorversagen muß er landen, das Fahrgestell und die linke Tragfläche werden beschädigt. Nachmittags, nach der Reparatur, fliegt er weiter – und muß 5 km vor dem Ziel wieder landen, weil er in der Dunkelheit in einem Gewitterregen jede Orientierung verloren hat. Wieder zerbrechen Fahrgestell und Propeller. Am Abend des 11. Juni, zwei Tage nach dem Start in Berlin, schieben Soldaten den Lohner-Doppeldecker über die Ziellinie in Aspern. Hirth, der Sieger, beteiligt Blaschke unter dem Eindruck dieser sportlichen Leistung fairerweise an den Preisen.

Zwei Wochen später trifft sich in Aspern die aviatische Prominenz, kommen die Franzosen, allen voran Roland Garros mit der romantischen Zigeunerlocke in der Stirn, Star des Jahres 1912, der Sieger im turbulenten Grand Prix des Aéro-Club de France. Und siehe da, ein Mann wie Philipp von Blaschke kann mit den französischen Assen durchaus mithalten. Im Höhenwettbewerb schlägt er Garros sogar, als er mit einem Passagier auf 4260 m steigt, Weltrekord. Da aktive Offiziere in Österreich nur unter einem Pseudonym an Wettbewerben teilnehmen dürfen, fliegt Blaschke unter dem Namen seiner Braut, von Csakay. Zuweilen fliegt sie auch mit ihm. Obwohl sie am ersten Tag der Flugwoche verhängnisvolle Stürze mit ansehen muß, steigt sie mit ihrem Bräutigam tapfer bis auf 2400 m.

Österreicher sprechen vom »legendären Zwölferjahr«, das mit der Überfliegung des Semmering am 3. Mai so verheißungsvoll begonnen hat. Die Fédération Aéronautique International tagt 1912 zum erstenmal in Wien – Reverenz gegenüber einer Stadt, die viel für die Flugidee getan hat. Seit 1880 versammelte sich hier der Flugtechnische Verein, der älteste seiner Art auf der Welt, und diskutierte hitzig und heftig verschiedenartigste Flugprojekte. Die Meinungen gingen dabei erheblich, manchmal extrem auseinander. So konnte es passieren, daß von zwei Mitgliedern das eine Muskelkraft als ausreichend bezeichnete, um einen Menschen durch die Luft zu tragen, während ein anderes 160 PS für nötig hielt. Beide Rechnungen waren auf »wissenschaftlicher Grundlage« gemacht. Friedrich Ritter von Loeßl, Oberingenieur der Wiener Nordbahn, war damals die ausgleichende Seele des Vereins. Zu Hause hielt er sich Tauben und Raben, um den natürlichen Vogelflug zu beobachten, und experimentierte auch mit Flugmodellen. In seinem Buch *Die Luftwiderstandsgesetze, der Fall durch die Luft und der Vogelflug* entwickelte er fundamentale aerodynamische

Grundsätze. Lange rechnete man fast nur nach Loeßlschen Luftwiderstandsgleichungen.

Vergeblich hatten die Mitglieder des Vereins versucht, das erforderliche Geld für ein erfolgversprechendes Flugmaschinenprojekt von Wilhelm Kress aufzubringen. Nachdem die Maschine im Staubecken bei Tullnerbach gekentert war, versiegten die Geldquellen, und Kress resignierte. Sein Buch über *Aviatik* schloß er mit dem bitteren Satz: *Unsere Millionäre haben nicht das Herz, für eine der schönsten Bestrebungen zur Beherrschung des unermeßlichen Luftozeans, zur Förderung des kulturellen Fortschrittes und des Friedens, auf dem Altare der Wissenschaft ein paar überflüssige Tropfen ihres Vermögens zu opfern.*

Die vergeblichen Flugversuche, die Kress mit dem halbherzig aufgebrachten Spendengeld anstellte, waren nicht dazu angetan, eine nationale Bewegung anzufachen, die die nötigen Mittel hätte zusammenbringen können. Es war ähnlich wie in Deutschland, wo Lilienthals frühes Ende eher als Schock denn als Herausforderung wirkte. Was nach Kress kam, Igo Etrichs Versuche mit Gleitflugzeugen vor allem, war stille Forschungsarbeit mit eigenem Geld – war Privatsache. Seine Taubenkonstruktion, ein Eindekker, inzwischen auf Grund komplizierter Patentstreitigkeiten eine Art Allgemeingut und in vielen Versionen von etlichen Firmen gebaut, war der erste große Wurf eines Österreichers. Karl Paulal von den Lohner-Werken, einem bodenständigen Unternehmen, das seit Jahrzehnten Wagen baut, gelingt ein ähnlicher Geniestreich bei den Doppeldeckern: der Lohner-Pfeilflieger, das Weltrekordflugzeug von Aspern. Flieger wie Blaschke und Bier verhelfen Österreich mit diesen Maschinen zu einer geachteten Stellung unter den Fliegernationen.

Lohner, kapitalkräftig, vornehmlich mit Automobilen und Karosserien beschäftigt, hat als einziges Unternehmen in Österreich den langen Atem, um das Desinteresse der Militärs zu überleben und bis zu den ersten lohnenden Aufträgen durchzuhalten. Konrad von Hötzendorf, Chef des Generalstabes, hatte schon 1910 beim Kriegsministerium 200 Flugzeuge *für den Aufklärungs- und Verbindungsdienst und das Abwerfen von Explosivstoffen* beantragt, dazu für jedes Flugzeug drei ausgebildete Piloten. Im zeitraubenden, aufreibenden Kompetenzstreit der Ministerialbürokratien blieb dieses große Beschaffungsprogramm restlos auf der Strecke und damit auch die Chance, frühzeitig eine leistungsfähige Flugzeugindustrie aufzubauen. 1910 bestellte die Heeresverwaltung zwei Flugzeuge.

Schlamperei und Entschlußlosigkeit führen zu der grotesken Situation, daß österreichische Unternehmer nach Ungarn hinausgegrault werden, daß auch deutsche Firmen wie Albatros, Aviatik und die Deutschen Flugzeugwerke in Leipzig-Lindenthal sich in Ungarn niederlassen und Igo Etrich, dem die Österreicher so viel verdanken, schließlich in Deutschland produziert. Die österreichische Luftflottenspende, eine Sammlung, die im Sommer 1912 beginnt, versandet derart, daß bis Kriegsausbruch noch kein einziges Flugzeug aus dem Fonds beschafft ist. Ein Komiteemitglied begründet diese Zurückhaltung damit, daß »man nicht wissen könne, ob

der moderne Apparat von heute nicht schon morgen veraltet sei«. Was ist aus der großen Aufbruchstimmung des Zwölferjahres geworden?
Im Sommer 1912 erregen Österreichs Techniker internationales Aufsehen – bei einem Wettbewerb in England. Die britische Regierung hat eine Konkurrenz für Militärflugzeuge ausgeschrieben. Der internationale Preis, offen für alle Nationen, sieht zwei Gewinnquoten von 80000 und 40000 Mark vor. Die Flugzeuge müssen außer Öl und Benzin für 4½ Stunden zwei Sitze haben und eine Nutzlast von 350 Pfund tragen können. Vor allem Franzosen, Hanriot und Blériot, Deperdussin und Breguet, streiten um diesen fetten Happen. Sie fliegen zumeist Gnôme.
Die Briten, das weiß man, kranken an der Motorfrage, es fehlt ihnen der leistungsfähige Flugmotor. Diesem Zustand hatte auch ein Idealist wie Patrick Young Alexander nicht abhelfen können, ein etwas schrulliger Mann, der unter der fixen Idee litt, nicht älter als fünfzig zu werden, weshalb er sein Vermögen mit der Maßgabe unter die Leute streute, aus Großbritannien eine Flugnation zu machen. So hatte er allein 20000 Mark für einen vernünftigen britischen Motor ausgesetzt, doch nichts ist dabei herausgekommen (Alexander wird beiläufig 76).
Alle Welt schaut nach Salesbury Plain, wo sich die aussichtsreichsten Maschinen der Welt im Steigflug und im Gleitflug, in der Geschwindigkeit, in der Reichweite, im Verbrauch messen. Beim Montagetest steht der Avro-Doppeldecker in 14 Minuten und 30 Sekunden, während sich fünf Mechaniker geschlagene 9½ Stunden um den Maurice Farman-Doppeldecker bemühen, geduldig überwacht von den Offiziellen. Die Sensation des Vergleichs: die »BE 2«, ein Doppeldecker mit Zugpropeller, der alle anderen Maschinen übertrifft und den geforderten Idealwerten erheblich nahekommt. Geoffrey de Havilland, der Konstrukteur, fliegt sie – außer Konkurrenz, weil sie aus der *staatlichen* Royal Aircraft Factory in Farnborough kommt. Ein modernes Flugzeug.
Auch das offizielle Endergebnis, grotesk genug, hat wirklich keiner voraussehen können. Denn nicht die hochfavorisierten Franzosen siegen, sondern der fünfzigjährige »Colonel« Cody, der Senior mit dem kühnen Zwirbelbart. Er braust allen Konkurrenten davon, steigt schneller, fliegt auch langsamer und bringt seine mächtige, immer weiter veränderte »Cathedral« schon nach 50 m zum Stehen. Er hat sich in seine längst überholte »Drahtkiste« einen Austro-Daimler eingebaut, mit 120 PS den stärksten Motor der Konkurrenz. Der siegreiche Motor in dem altmodischen Flugzeug kommt aus Wiener Neustadt.
Dort tüftelt bei der österreichischen Daimler Motoren A.G. ein kleiner, cholerischer und impulsiver Herr mit Schnurrbart und markanter Nase an Personenwagen mit Vierganggetriebe und an Rennwagen – Direktor seines Zeichens, doch oft genug mit ölverschmierten Händen in der Fabrik zu finden: Ferdinand Porsche. Vom Luftschiffmotor kommt er zum Flugzeugmotor, und auch da schreitet die Entwicklung in Wiener Neustadt zügig fort: vom Vierzylinder mit 65 PS bis zum Sechszylinder mit 90, 100, 120 und schließlich 150 PS. Eine britische Firma erwirbt die Lizenz für die

Unbesorgt

Da ich Zigarettenraucher bin, habe ich mein Feuerzeug stets bei mir, doch kann ich in einer gedeckten Karosserie die Zigarette auch mit dem Zündholz anstecken. Bei den vielen Stundenflügen, die der Abnahme eines Militärflugzeuges voraufgehen, habe ich stets, um mir die Zeit zu vertreiben, Zigaretten geraucht und auch sehr häufig Zeitungen gelesen.
Auch mein Frühstück verzehrte ich immer mit größtem Appetit beim Fliegen. In 500 m Höhe über einem Flugplatz oder 1000 m hoch, wenn es über Land geht, kann man mit voller Ruhe und unbesorgt frühstücken; denn bei einem stabilen Flugzeug, wie es die Rumpler-Taube ist, kann man bei ruhigem Wetter alle Steuer und bei nicht zu starkem Wind immer das Höhensteuer sich selbst überlassen, vorausgesetzt, daß das Flugzeug gut eingeflogen ist. Hierunter verstehe ich ein Flugzeug, das mit normaler Belastung von einem Passagier und drei Stunden Betriebsstoff bei voll laufendem Motor auf 100 m 1 m steigt, ohne daß das Höhensteuer berührt wird. Wenn ich den Motor etwas abdrossele, verschwindet diese Steigung, d. h. also, ich kann durch Drosseln des Motors dieses langsame Ansteigen vollkommen aufheben.

Hellmuth Hirth

Austro-Daimler-Flugmotoren, und ein britisches Fachblatt wird am Ende des Weltkrieges zu dem Ergebnis kommen, daß Porsches Motor der beste Flugmotor Deutschlands und Österreichs gewesen sei.
Höhepunkt des legendären »Zwölferjahres«: Flugvorführungen in Wiener Neustadt. Im Programm steht geradeheraus: »Das Fliegen findet bei jedem Wetter statt.« Der schlichte Satz markiert den endgültigen Abschied von der Schönwetterfliegerei der Frühzeit. Österreichs abgehärtete Piloten, die angesichts der Alpen fliegen lernen, sind es gewohnt, sich ständig mit rauhen und tückischen Böen herumzuraufen, und sie werden es nun den staunenden Wienern zeigen, die bei kräftigem Wind und schweren Regenwolken mit der Südbahn anreisen.
Es ist ein Offiziersfliegen, das mit militärischer Pünktlichkeit beginnt. Vier Eindecker starten, »Asra« und »Aar«, »Armin« und »Bravo« (in Österreich haben alle Militärflugzeuge Namen). Zum erstenmal werden »Sturzflüge« gezeigt, besonders steile Gleitflüge, die sich nur sehr sichere Flieger erlauben können, zu groß ist die Gefahr des Überschlagens oder des Abrutschens. Rittmeister von Umlauff, der 1911 in der sensationellen Zeit von 2 Stunden und 22 Minuten von Wien nach Budapest geflogen war, steigt über dem Steinfeld langsam auf 1000 m und zündet jeweils nach 100 m Brennkörper, die sich leuchtend gegen die graue Wolkenwand abheben.
Clou der Veranstaltung: der Geschwaderflug. Auf ein Flaggensignal startet der »Aar« von Oberstleutnant Emil Uzelac, dem neuen Kommandeur der

österreichischen Militärflieger, einem begeisterungsfähigen Vorgesetzten (»Unser Uz«), der aus der Pioniertruppe kommt, technisch versiert ist und das Patent eines »Kapitäns auf großer Fahrt« besitzt. Acht Pfeilflieger folgen ihm. Hintereinander, in Kiellinie umkreisen sie fast in gleicher Flughöhe und in gleichen Abständen das Flugfeld, ein noch nie gesehenes Bild. Sturzflug. Vor der Tribüne fangen die Piloten ihre Maschinen erst wenige Meter über dem Boden ab. Bei der zweiten Runde werfen die Flieger Blumen in das Publikum, am Schluß der dritten landen sie nach einem Sturzflug.

Österreichs Fliegerei hat sich mit einer Reihe von Weltrekorden in diesem großen Jahr 1912 hinter den Branchenführer Frankreich geschoben. Dem verständlichen Enthusiasmus der Österreicher steht die Mollstimmung der deutschen Flugzeugindustrie gegenüber. Das Debakel der drei brandneuen LVG-Eindecker bei dem insgesamt unrühmlichen Flug Berlin–Wien hat verstimmt und die Militärs in ihrer andauernden Abneigung gegen Eindekker schlechthin bestärkt. Etliche Firmen in Johannisthal wie Dorner, Haefelin, sogar Wright, werden die nächsten Monate nicht überstehen. Grade in Bork, dem leichten Sportflugzeug verschrieben, tritt kürzer, denn Flugsport findet in Deutschland so gut wie nicht statt, Amateure, Herrenflieger gibt es nicht. Nirgends Grund zum Jubel: Der Nordwest-Flug von Bremen aus mußte wegen schlechten Wetters ausgesetzt werden, beim Kieler Rundflug kommen von neun Wettbewerbern nur vier ans Ziel. Auch der erste deutsche Wettbewerb für Wasserflugzeuge verläuft alles andere als ermutigend, kommt eher einer Pleite gleich. Manche Fabriken klagen über Beschäftigungslosigkeit, alle warten händeringend auf die National-Flugspende. Doch diese Millionen, die Groschen des kleinen Mannes, werden auch nur in größere Kassen fließen. Individualisten wie Dorner haben kaum noch eine Chance. Was ihnen bleibt, sind die Konstruktionsbüros.

Österreich als neuetablierte Luftmacht – zumindest bei einem, bei dem Oberleutnant Philipp von Blaschke, Ritter von Zwornikkirchen, wirkt das Ergebnis des Zwölferjahres bis in die häusliche Sphäre weiter. Ziemlich mittellos, wie er ist, einer der vielen armen Schlucker mit schönem Namen, kann er nicht die Kaution aufbringen, die bei der Heirat gestellt werden muß. Jedoch, ein Märchen wird wahr. Bei einer Audienz, so weiß die Hofberichterstattung zu melden, fragt der greise, gute Kaiser Franz Joseph den Piloten: *Sie wollen die Dame, unter deren Namen Sie fliegen, heiraten?* Blaschke erwidert: *Leider Majestät, geht das nicht, da uns die nötige Kaution fehlt.* Der Monarch klopft ihm auf die Schulter und meint lächelnd: *So braven Offizieren wie Ihnen, mein lieber Oberleutnant, muß man über so kleine Hindernisse hinweghelfen.* Und läßt ihm eine Geldsumme überweisen. Tu, felix Austria, nube.

Über die Jungfrau

Oskar Bider, der Schweizer, ein Mann vom Land, lebt seinen unbändigen Freiheitsdrang am Steuer des Flugzeugs aus. In seiner kleinen Blériot schraubt er sich auf die Höhe der schweizerischen Bergriesen und überfliegt sie. Von Bern nach Mailand. Beginn des Alpenflugs.

Das Jahr 1913 fängt gut an – »La Glorieuse Année«, wie die Franzosen es nennen werden, dieses Jahr mit neuen, beispiellosen Flügen und Rekorden (auch mit Skandalen, Pleiten und Affären). Zu 13 Millionen Flugkilometern summiert sich schließlich die Aktivität der französischen Piloten in diesen zwölf Monaten, ein Beweis für Frankreichs nach wie vor privilegierte Stellung. 134000 Flugstunden errechnet der Aéro-Club am Ende des Jahres, 48000 Fluggäste und 1150 neu gebaute Flugzeuge. 89000 PS beträgt die Gesamtstärke der in Frankreich eingebauten Flugzeugmotoren. Aber nicht nur für die Franzosen, sondern auch für Schweizer und für Deutsche wird dieses Jahr gleich glorreich sein – von den Opfern zu schweigen.
Die Pariser, die in der Silvesternacht im Lichterglanz der Boulevards flanieren, glauben zu träumen, als sie über ihren Köpfen am dunklen Nachthimmel ein Flugzeug sehen, ja, sehen. Denn der Pilot hat sich zur Feier des Tages den Spaß gemacht, seinen Borel-Eindecker am Rumpf und an den Tragflächen mit farbigen Glühbirnen zu illuminieren. Er fliegt, der Seine folgend, zur Place de la Concorde, über die Rue de la Paix und umkreist blinkernd die Oper. So bunt fängt das Jahr an, dieses letzte Friedensjahr vor dem unausweichlichen Zusammenstoß in Europa, für den die rastlosen Diplomaten ihre Bündnisfronten zimmern. Im nächsten Sommer werden die Lichter ausgehen, wird sich der Krieg von Nebenschauplätzen wie Nordafrika und dem Balkan ins Herz Europas hineinfressen – endlich, endlich, wie es angesichts des patriotischen Taumels allüberall aussieht, nichts ist schöner, nichts süßer, als das Sterben für das Vaterland.
1913 wird der Weltkrieg von 1914 vorprogrammiert. Der Krisenherd des Jahres liegt auf dem Balkan, wo erst das alte osmanische Reich unter den Schlägen des Balkanbundes zu zerfallen beginnt, ehe sich die Bündnispartner bei der Aufteilung der Beute in einem zweiten Krieg selbst in die Haare kriegen, was die Gegensätze zwischen den großen Machtblöcken noch verstärkt. Einige der Piloten, die auf bulgarischer Seite mit französischen, auf türkischer mit französischen und deutschen Flugzeugen in den Kampf ziehen, kennen sich von Johannisthal her, Schweizer und Deutsche, die nun gegeneinander zu kämpfen haben. Büchner, vom Deutschen Rundflug her bekannt, fliegt für die Bulgaren. Über Adrianopel reißt ihm ein Schrapnell

ein metergroßes Loch in die Tragfläche, auf dem Flugplatz zählt er 25 Treffer. Einmal begegnet ihm in der Luft ein Flugzeug, nach Lage der Dinge kann es nur ein feindliches, ein türkisches sein. In Johannisthal erzählt ihm Leutnant Jahnow später, daß er ihn, Büchner, an seinen gewaltigen Körpermaßen erkannt und deshalb, um jeden Kampf zu vermeiden, abgedreht habe.
Mario Scherff zeigt einem türkischen Generalstabsoffizier unter heftigstem Beschuß das Aufmarschgebiet der Bulgaren. Sein lakonischer Bericht: *Flog heute bei denkbar elendem Wetter mit Hauptmann Kemal Bey 2 Stunden 30 Minuten nach Strandjan und Kabakscha. Ziemlich niedrig, da Rückenwind mich immer runterdrückte. Bulgaren schossen mit Kanonen, Schrapnells und Infanterie heftig. In Kabaschka, dem bulgarischen Hauptquartier, warfen wir 5 kg Bomben mitten ins Lager rein. Schlugen ein, riesige Staubwolke. Landung bei vollständiger Finsternis glatt. Monteure hatten große Benzinleuchtfeuer angezündet.* Scherff bekommt vom türkischen Befehlshaber ein prächtiges Zigarettenetui. Sein Beobachter wird ein Jahrzehnt später den türkischen Staat der dringend nötigen Renovierung unterziehen. Dann nennt er sich Kemal Atatürk.
Im Balkankrieg zeigt sich, daß hochempfindliche Flugzeuge ohne fachgemäße Behandlung kaum einen Meter auf dem Boden rollen, geschweige denn fliegen können. Auf beiden Seiten stehen flugunfähige Flugzeuge herum. Die Deperdussin-Maschinen sind durch den andauernden Regen vollständig unbrauchbar geworden, weil die Tragflächen sich verzogen haben. Die in England geschulten Rumänen fliegen Bristol-Maschinen und melden dem Hersteller ihre Erfahrungen. Es gibt die ersten Abschüsse durch die Bodenabwehr, die ersten toten Piloten. Einer stürzt sich kamikazegleich, die sichere Massakrierung vor Augen, auf türkische Kavalleristen.
In Mitteleuropa geht wieder das Zeppelin-Gespenst um. Im April 1913 hat auch Frankreich seinen »Zeppelin-Tag«, als der »Z IV« irrtümlich auf französischem Boden landet. Ingenieure und Fotografen aus allen Teilen Frankreichs begutachten den flügellahmen Luftkreuzer en detail. Die Zündung hat man vorsichtshalber aus den Motoren entfernt. Wie zum Hohn kommen aus Toul und Lunéville die französischen Flugzeuge herbei, von Offizierspiloten gesteuert, und umkreisen das ohnmächtig auf dem Feld liegende Luftungeheuer. Kann es einen sinnfälligeren Beweis für die französische Luftherrschaft geben? Die östlichen französischen Grenzgebiete geraten in ungeheure Erregung. Die Presse bläht die Notlandung zu einem »Spionageversuch« auf, der noch bis in den Herbst weiterwirkt, als sich der Bevölkerung von Lille neuerlich große Erregung bemächtigt. Passanten haben im Nebel über der Stadt in geringer Höhe merkwürdige Lichtreflexe bemerkt, und sofort verbreitet sich das Gerücht, daß ein Zeppelin Lille langsam überfliege. In den Menschenansammlungen werden die abenteuerlichsten Vermutungen laut. Die Polizei hat alle Mühe, die Ordnung aufrechtzuerhalten. Die Stimmung an der Grenze ist bis zur Hysterie gereizt.
Die Flieger, die im Frühjahr und Sommer 1913 den Reiz und die Publicity

der Strecke Paris–Berlin entdecken, dieser 900 km zwischen den Hauptstädten, lassen deshalb die mit Forts und Festungen gespickte deutsch-französische Grenze rechts liegen und kommen über Belgien. Edouard Audemars, ein junger Schweizer, kleine Statur, helle, scharfe Augen, hatte es schon im August 1912 vorgemacht und war nach Landungen in Wanne und Döberitz bis nach Johannisthal gekommen.
Man startet morgens 5 Uhr 5 in Buc bei Paris und landet um 6 Uhr 35 abends in Berlin. Was ist leichter? sagt Daucourt nach seinem Flug am 16. April. Er landet mitten auf dem Flugplatz Johannisthal, deutsche Flieger gehen neben ihm nieder, Autos brausen über das Flugfeld. Ein bißchen steif geworden ist er auf dem langen Flug. Daucourt, breitgesichtig, wird aus dem kleinen Borel-Eindecker gehoben, und Ernst Stoeffler trägt ihn auf den Schultern über den Flugplatz. Die Orientierung habe er sich schwieriger vorgestellt, sagt er auch. Über Westfalen habe er tüchtig arbeiten müssen. Er sei in einer Durchschnittshöhe von 800 m geflogen. Nur bei Hannover sei er einmal wegen der böigen Winde auf 2000 m gestiegen. Was ist leichter?
Am 13. Juli gelingt einem anderen Franzosen, Letort, der erste Nonstopflug von Paris nach Berlin. In Johannisthal verteilt der Pilot druckfrische Exemplare des *Matin*, in denen über den Flug von Audemars berichtet wird, der einen Tag zuvor trotz Nebel und Notlandungen in 10 Stunden von Berlin nach Paris zurückgeflogen war und den deutschen Piloten damit die 10000 Mark des dafür ausgesetzten Batschari-Preises weggeschnappt hatte. Zwei Wochen später fliegt auch Letort wieder nach Paris zurück, zusammen mit der russischen Fliegerin Ljuba Galanschikow, und im Dezember ist er schon tot. Als man ihn aus den Trümmern des Flugzeuges zieht, hat er den Kopf zwischen den Beinen.
Die heißbegehrte 7500-Francs-Prämie, die Pommery halbjährlich für den längsten Streckenflug zwischen Sonnenaufgang und Sonnenuntergang ausgesetzt hat, steigert die Franzosen mit ihren kleinen, sportlichen Eindeckern in einen solchen Rausch von Fernflügen, daß es den Deutschen mit ihren soliden schweren Militärdoppeldeckern himmelangst wird. Seit 1911, als die Champagner-Firma die Halbjahresprämie zum erstenmal auszahlte, hat sich die Zahl der geflogenen Kilometer verfünffacht. 293 km war Védrines damals geflogen – von Paris nach Poitiers, das reichte. Der Umstand vor allem, daß der Pokal nun nach dreijähriger Wanderschaft im zweiten Halbjahr 1913 seinen endgültigen Besitzer finden soll, spornt die Piloten zu einer Aktivität an, die keine Grenzen, keine Landesgrenzen mehr kennt. Zum erstenmal entsteht in diesem Sommer eine Art internationaler Fliegerkameradschaft, erkennt die Fliegerei ihre völkerverbindende Mission – bis im August 1914 der bis zur Verbohrtheit gesteigerte Patriotismus, in dem alle, alle erzogen sind, diese ersten Ansätze auch schon wieder zunichte macht.
Doch vorerst animiert Pommery. Gilbert überbietet Daucourt, übertrifft ihn um 100 km, landet in der Nähe von Saragossa – *Signal für einen Massenluftkampf, wie ihn das Flugwesen bisher nicht gesehen hat* (so der *Flug-*

sport). Die französische Flugelite, Védrines, Audemars, Legagneux, Brindejonc des Moulinais, fühlt sich zum Endkampf um den Pokal aufgerufen, Ehrensache. Guillaux startet mit seinem 350 kg schweren Clement-Bayard-Eindecker in Biarritz und kommt über Paris bis Belgien. Dort zwingt ihn heftige Übelkeit zur Landung. Zwei Stunden später rappelt er sich wieder auf und schafft es bis nach Kollum, einem kleinen holländischen Ort. Zwischendurch erkennt er, schon ohne Karte fliegend, im Nebel unter sich die Nordsee und hält scharf nach Osten, bis er wieder Land unter sich hat. Guillaux schätzt, an diesem 28. April 1550 km geflogen zu sein. 1253 km Luftlinie werden ihm für den Pokal angerechnet. Er sichert sich damit die erste Halbjahresprämie. Von ihm und seinem Ehrgeiz wird man noch hören.

Ein 21jähriger Bretone, Marcel Brindejonc des Moulinais, braucht nur noch eine Flugwoche, um den Europäern zu bedeuten, wie klein ihr Kontinent im Zeichen des Flugzeugs geworden ist – Brindejonc, einer der markantesten Vertreter dieses neuen, kühnen Menschentyps, nach dem sich die Menschlein unten auf der Erde die Hälse ausrecken, *wir hier unten auf dem Asphalt*, wie ein Journalist diese Empfindungen zusammenfaßt, *die wir wissen, daß wir nichts als kümmerliche Erdenklöße von 1913 sind, während da oben fünfhundert Meter hoch über uns zwischen Leinwand, Drähten, Balken und einem funkelnden Motor, vor, über oder hinter sich, ein Mensch sitzt, der mindestens um hundert Jahre uns mit seinen Nerven voraus ist, nicht ein Mensch aus der Zeit, da man mit Automobilen noch auf Landstraßen Gänse und Enten totfuhr, sondern ein Luftmensch aus dem Jahr 2013 . . .*

Brindejonc startet morgens auf dem Morane-Flugplatz in Villacoublay bei Paris, der Wind weht mit etwa 15 m/s. Das Wetter wird während des Fluges immer schlechter, Brindejonc muß auf dem Flugplatz von Wanne landen, weil der Benzinhebel abgebrochen ist. Nach eiliger Reparatur fliegt er weiter nach Johannisthal, wo er sich kaum mehr als drei Stunden Ruhe gönnt. Trotz der denkbar ungünstigen Windverhältnisse, auf dem Flugplatz werden die kleinen Fähnchen vom Sturm zerfetzt, das Lindenberger Observatorium meldet 19 m/s Windgeschwindigkeit mit Böen von 25 m/s, besteigt der Franzose wieder seinen kleinen Morane-Eindecker, »System Todessturz«, wie Deutsche spotten, und nimmt Kurs nach Warschau, das er in vier Stunden erreicht.

Hier entschließt er sich zu einem »Circuit des capitales«, zu einem Rundflug über die Hauptstädte des Nordens. Was die Zeitgenossen dabei am meisten fasziniert, ist die Präzision, mit welcher der junge Mann mit dem klangvollen Namen seine festgelegten Etappenziele, Dwinsk (Dünaburg), St. Petersburg, Reval erreicht, Gebiete überfliegend, die noch nie ein Mensch im Flug überquert hat. 3 Stunden 25 Minuten braucht er mit seinem 80 PS-Gnôme für die 400 km über die Ostsee, zu den Ansprachen und Banketten in Stockholm. Starker Regen auf der Strecke nach Kopenhagen, zwei Stunden Zwischenlandung in Hamburg auf dem Flug nach Den Haag. Fliegerkameraden, Morane-Flieger, kommen ihm bei Compiègne entge-

gen. Tout Paris, Gesellschaft, Wirtschaft, Generale, versammelt sich in Villacoublay, auch die Großfürstin Anastasia ist dabei, die garantiert echte. Begeisterte Zuschauer bewerfen den Piloten mit Blumen, Barrieren werden überrannt, es gibt kein Halten mehr. Brindejonc hat in der Zeit vom 10. Juni bis 2. Juli ohne ernsthaften Schaden 4860 km zurückgelegt. Grandios, das ist der einhellige Kommentar zu diesem Rundflug.
Auch die Schweiz, dieses unkommode Fluggelände, dieser windige Landeplatz, die Berg-und-Tal-Schweiz hat jetzt in Oskar Bider ihren Fliegerheros, und er wird für das Land so sehr zum Inbegriff des Fliegens, daß Kinder Flugzeuge schlicht einen »Bider« nennen. Zweieinhalb Jahre nach Chavez' alptraumhaftem Alpenflug faßt sich wieder einer ein Herz, die Drei- und Viertausender in Europas Mitte anzugehen – ein Mann aus dem Alpenvorland, ein glühender Alpinist, seit seiner Jugendzeit der Schönheit und Wildheit der Berge verfallen, jeder ausgetretene Weg ist ihm schon ein Greuel. Ein Bauer, wenn man ihn so nennen will, Landwirtschaftspraktikant, Sohn eines angesehenen Tuchhändlers, Kraftmensch auch noch, der keiner Wirtshausrauferei aus dem Wege geht. Der Drang nach Freiheit und Ungebundenheit treibt diesen Oskar Bider aus dem strengen Elternhaus für ein Jahr nach Südamerika, wo er im Gaucho-Leben mit Lasso und Büchse die Weite findet, die er für sein Leben braucht: Pferde und Jagd, Herden und Wild. Die Unendlichkeit des Gran Chaco hat es ihm angetan, zeigt Möglichkeiten eines fessellosen, naturnahen Lebens, deutet zumindest in *eine* Richtung der Selbstverwirklichung. Aber da bleibt ja noch ein zweiter Weg – Bider in einem Brief: *Wenn ich nicht Flieger werden kann, kehre ich zurück in die Urwälder und Steppen. Ich bin für dieses Land geboren.* Er kommt nicht wieder nach Argentinien. Trotz des Widerstandes und der Empörung seiner Verwandtschaft geht er zu Blériot. Als er im November 1912 in Pau ankommt, sieht er zum erstenmal Flugzeuge im Flug. In acht Tagen lernt er ein Pensum, zu dem andere Wochen brauchen.
Die neue Blériot, die er gekauft hat, bepinselt er ungelenk mit dem Schweizer Kreuz und dem Schriftzug »Langenbruck«, dem Namen seiner Vaterstadt. »Ich fliege nur für die Schweiz«, stellt er gegenüber den Franzosen fest, die jeden Ruhm vereinnahmen. Und schon sein erster mutiger Flug im Januar 1913 läßt die Welt aufhorchen: Bider fliegt von Pau über die Pyrenäen nach Madrid.
Mit seiner schwerbeladenen Maschine schraubt er sich an der steilen Nordseite der Berge hinauf, läßt sich in den Hochtälern von Böen schaukeln und überquert im Licht des Sonnenaufgangs die glitzernde Gebirgskette. In der turbulenten, von der Sonne angeheizten Luft über dem iberischen Randgebirge wird er unbarmherzig geschüttelt. Der 70 PS-Gnôme frißt zu viel Öl, es reicht auf keinen Fall bis Madrid. Nach fünfeinhalb Spiralen landet er auf spanischem Boden. Marschiert drei Kilometer nach Guadalajara, telegrafiert, sucht nach Öl und kommt schweißtriefend wieder bei seiner Maschine an, die inzwischen von »halbwilden Bauern« umlagert wird. Sie werden instruiert und halten die Blériot beim Start. Erst kurz vor dem

Militärflugfeld von Madrid muckt der Gnôme wieder auf – zu spät, um Bider den Erfolg zu nehmen. Am nächsten Tag, als Europa ihn feiert, macht er auf geborgten Skiern eine stille Fahrt durch die Einsamkeit der Sierra de Guardarrama.

Die Pyrenäen als Generalprobe für die Alpen – Bider kehrt mit der festen Überzeugung in seine geliebte Heimat zurück, daß, wie er schreibt, *der menschliche Flug eine große militärische und verkehrspolitische Aufgabe erfüllen werde.* Seine geplante Alpenüberquerung soll das Vertrauen der konservativen Schweizer in die Fliegerei stärken. Er geht dabei ganz auf Nummer Sicher, wohl wissend, daß jeder Unfall ein Rückschlag für die Fliegerei in diesem Land sein muß. Sein großes Ziel: die beiden Bergketten der Berner und Walliser Alpen in einem Flug zu überwinden, Bern mit Mailand zu verbinden. Am 13. Mai 1913, welch ein Datum für einen Abergläubigen, startet er auf dem Berner Exerzierplatz Beundenfeld zu einem ersten »Probegalopp«, zum »kleinen Alpenflug«. Vorher hat er bei Höhen- und Dauerflügen festgestellt, wieviel Zeit, wieviel Benzin und Öl er braucht, um die notwendige Höhe für die Alpenüberquerung zu erreichen. Tausend Meter Höhengewinn rechnet er für jede große Spirale über den Dörfern, drei Spiralen braucht er.

Bider: *Der Anblick der unter mir liegenden Schneefelder und Gipfel, die in der Morgensonne glänzten, war herrlich. Wie ruhig glitt mein guter Apparat über diese stillen weißen Flächen hinweg! Nichts störte mich! Ich konnte mich förmlich in diese wilde, schöne Natur vertiefen. Keine Luftlöcher und keine Strömungen stellten sich mir entgegen. Nein, es war ein ruhiges Segeln über große ›weiße Wellen‹! Jetzt konnte ich Wildhorn und Wildstrubel erkennen. Langsam öffnete sich vor mir eine Spalte, die immer größer, breiter und tiefer wurde: das Wallis! Ja, das Wallis, ertönte es in meinem Innern! Und so ruhig, wie ich über Gipfel und Täler hinwegflog, so ruhig flog ich jetzt in einen großen, großen Raum hinaus. Ich kehrte mich um und sah den Rawyl hinter mir verschwinden. Prächtig lag vor mir das ganze Panorama vom Mont Blanc bis zum Monte Leone! ...*

Kanonendonner hat die Bewohner des mittleren Rhone-Tals in aller Herrgottsfrühe geweckt, das Zeichen für Biders Start in Bern. Doch niemand glaubt ernsthaft an den Flug, zu heftig weht der Wind. Das Walliser Flugkomitée hatte Bider telegraphiert, er möge sich in Sitten an Ort und Stelle mit den Wetterverhältnissen vertraut machen. In Paris hängt Blériot schon seit Tagen am Telefon und hält ständige Verbindung zu seinen Leuten in Bern. Auch sein Ruf steht bei diesem Flug auf dem Spiel, unvergessen ist Chavez' Schicksal.

Zehntausende eilen zum Flugfeld hinaus, das Tal legt rot-weißen Flaggenschmuck an. Auf den Höhen, auf den Bergen spähen sie nach dem winzigen Flugzeug aus. Die Uhren schlagen sechsmal. Ein paar Minuten später taucht über dem Rawyl ein schwarzer Punkt auf – Bider. Im Gleitflug, mit abgestelltem Motor, schießt er aus der blendenden Pracht der Gletscherlandschaft hinab ins frühlingsgrüne Tal, nur die Blätter des Propellers schlagen zischend um sich, zieht in einer großen Schleife über die Kantons-

hauptstadt hinweg und hält dann schnurgerade auf den Landeplatz zu. Elfmal feuern Kanonen Salut.
Bider erhebt sich wie nach einer Spazierfahrt mit dem Auto von seinem Sitz, nimmt die Brille ab und schwenkt die Mütze. Männer schleppen einen Lorbeerkranz herbei, ein Mädchen reicht einen Trunk im Silberbecher, und Staatsrat Couchepin sagt: »Oskar Bider! Das Vaterland ist stolz auf Sie!«
In Paris fällt Blériot ein dicker Stein vom Herzen, zu groß war die Nervenanspannung dieser Tage. Bider, nie sehr mitteilungsbedürftig, erwehrt sich des Ansturms der Öffentlichkeit auf seine Weise: Er wickelt einen Strumpf um die Telefonglocke und hat wieder seine Ruhe.
Nächste Etappe, »Großer Alpenflug« – der erste Anlauf mißlingt. Blériot hat prophezeit, die zweisitzige Maschine sei für das Unternehmen zu schwer, der Motor leiste in diesen Höhen nur noch 50 PS. Bider hat den Passagiersitz ausbauen lassen, dafür einen zweiten Benzintank hereingenommen. Es hilft nichts. Vergeblich versucht er, die Höhe von 3600 m zu erreichen, um das Jungfraujoch zu überfliegen, der Föhndruck läßt es nicht zu. Auch weiter östlich, am Finsteraarjoch, drücken ihn Fallwinde fast bis auf den Firn herab. Nach drei Stunden Kampf muß sich Bider geschlagen geben. An einen Direktflug nach Mailand ist nicht zu denken, das weiß er jetzt. Beim zweiten Versuch wird er nur noch die Hälfte tanken.
Und wieder verweist ihn die Gunst des Wetters auf einen 13. An diesem strahlenden, herrlichen Julisonntag startet Bider abermals, kurz nach 4 Uhr morgens. Gegen 5 Uhr sehen ihn die Freunde in Bern zum letztenmal. Bider steigt. Ihm ist, als ob er bewegungslos über dem tiefen, klaffenden Riß des Lauterbrunnentals hängt. Der Gnôme klingt merklich tiefer in der dünnen Luft. Wuchtig türmt sich die Firnmauer vor ihm auf, Fels auf Fels und Eismasse auf Eismasse, dazwischen schreckliche Abgründe. Die Erhabenheit der Berge wächst zu erdrückender Größe. Fast scheint das Hindernis unüberwindlich und der Plan zu kühn, von dem der Berner Bürgermeister in seinem Brief an den Sindaco von Mailand spricht, Bider trägt das Schreiben in der Brusttasche: *In dem Augenblick, da durch die Vollendung des Lötschbergtunnels zwei bedeutende Städte einander räumlich und innerlich näher gebracht werden, können die Stadt Bern, ihre Behörden und ihre Bevölkerung, dank einem gewaltigen Fluge über den Alpenwall auf bisher unbegangenem, nun aber durch kühne Männer dem menschlichen Geiste erschlossenen Wege, der Stadt Mailand, ihren Behörden und ihrer Bevölkerung einen herzlichen Gruß entbieten, geleitet von den besten Wünschen internationaler Herzlichkeit . . .*
Überlebenswille kämpft mit dem Siegeswillen. Angesichts der aufgebäumten Felsen in ihrem großen Todesschweigen zwingt er sich zum Durchhalten und setzt nach einer Schleife von neuem zum Überflug an. Hypnotisiert starrt er auf die zitternde Nadel des Höhenmessers, in äußerster Anspannung jede Sekunde auf Turbulenzen gefaßt. Langsam, schrecklich langsam, steigt die Maschine mit ihren jämmerlichen 50 PS, quält sich Meter für Meter höher. Es ist bitterkalt, 15 Grad unter Null. Sein Gesicht hat Bider mit einem Schal vermummt. Er erkennt durch die Brille den Obern und

Untern Grindelwaldgletscher, von schieferblauen Schatten bedeckt. Wie ein mystisches Gebilde erglänzt das Silberhorn mit seiner scharfgeschwungenen Firnschneide. Endlich gleitet er über einen schönen Schneesattel hinweg. Jenseits liegt im Frieden des Frühmorgenlichtes eine reine, weiße Fläche, der Jungfraufirn. Auf ausgebreiteten Flügeln schwebt er durch die lautlose Hochgebirgsstille. Ein kleiner Trupp von Touristen sieht den Flieger mit seinem Sturzhelm nur 100 m hoch über den Grat des Jungfraujochs hinwegfliegen, den Berner Alpen, dem Aletschgletscher, Eggishorn und Helsenhorn entgegen.
6 Uhr 40 landet Bider zum Auftanken an der Stelle, wo Chavez stürzte, in Domodossola. Fünfzig Minuten später fliegt er schon weiter nach Mailand – über unbekanntes Gebiet, das mehr und mehr im Bodennebel verschwindet. Ratlos, ohne Orientierung, streicht Bider hin und her, bis er ein seltsam spitzes Gebilde wie eine Fata Morgana aus dem Grau ragen sieht. Es ist tatsächlich der Mailänder Dom. 8 Uhr 44 geht er neben den ausgelegten Tüchern auf dem Flugfeld Taliedo nieder und übergibt zwei Stunden später den Luftpostbrief aus Bern. Dreizehn Tage harrt er dann geduldig und vorsichtig auf günstiges Wetter für den Rückflug. In Bern erwarten ihn Ovationen. Er hat seine großen, kühnen Träume von Freiheit und Abenteuer in der Fliegerei verwirklicht, »ein freier Mann und ganz auf mich selbst gestellt«, wie er stolz sagt.
Bider, der die Schweiz für die Fliegerei erobert hat, wird herumgereicht und wirbt als Patriot im ganzen Land für die Sache der Luftfahrt. Bei allen Banketten muß er das Wort ergreifen, dieser wortkarge, schwerblütige Mann. *Ich danke Ihnen für die Ehren, die Sie mir erwiesen haben,* pflegt er dann zu sagen. *Mein Flug war sehr schön und ohne große Schwierigkeiten. Ich habe erstens Glück gehabt. Zweitens besitze ich einen guten Motor. Und drittens ist mein Mechaniker, Monsieur Saniez, ein unübertrefflicher Mitarbeiter. Es ist meine Pflicht, unserm schönen Vaterlande eine schöne und zuverlässige Aviatik schaffen zu helfen. Für den Frieden, und wenn es Gott verhängt, für den Krieg.*
Bider, dieser gerade, grundehrliche Charakter, ein Mann der Berge eben, dem alles Kleinliche verhaßt ist, Idealist, erfährt im Rummel der Essen und Empfänge die Kehrseite des Ruhms, die Versuchungen und Ablenkungen, Eingriffe ins Leben. Er hat Probleme, den Erfolg zu verkraften. Einem neuen Vorgesetzten beim Militär offenbart er unter vier Augen seine Unrast, die Sorge um den Verlust seiner Identität. Und mit einer Strenge und Selbstkasteiung, die an den T. E. Lawrence der Nachkriegsjahre erinnert, der als einfacher Fliegersoldat seinem Weltkriegsnimbus als »Lawrence of Arabia« zu entfliehen sucht, fordert Bider von seinem Kommandeur harte Arbeit und strengen Dienst.

Von Nacht zu Nacht

Frankreichs kleine Flitzer rasen durch Europa. Ihre spektakulären Erfolge ärgern die deutsche Industrie, die selbst dringend nach Märkten sucht. 300000 Mark aus der National-Flugspende sollen die Fabriken zu großen Fernflügen animieren. Stoeffler hält auf seinem Aviatik-Doppeldecker tatsächlich länger als 24 Stunden durch. Selbst die Franzosen staunen über solche Nacht- und Nebelflüge mit primitiven Instrumenten. Zum Schluß sind etliche Piloten tot und zwanzig Maschinen ein Trümmerhaufen.

Europa rüstet, sinnt in dunklem Todestrieb auf Rache. Im Europa der Vaterländer klappern die Sammelbüchsen für die Flugspende, in Deutschland wie in Frankreich, in Österreich, der Schweiz. Flieger reichen an »Blumentagen« Bunterblühtes vom Automobil in die Menge, Spendenlisten gehen um und Medaillen werden geprägt. In Wien trifft man sich auf Tanztees für die Fliegerei, und Bider fliegt dafür Luftpost durch die Schweiz. Das alles geschieht zum höheren Ruhme des Vaterlandes oder im Namen des Fortschritts, wer will das schon so genau auseinanderhalten: Was die Technik weiterbringt, dient auch dem Vaterland, und was für das Vaterland gut ist, kann der Industrie nur willkommen sein. *Jede neue Industrie*, sagt Walther Rathenau, der Sohn des AEG-Konzerngründers, *jede neue Handelsverbindung ist ein Gegenwert von Bataillonen. Alle Politik ist Wirtschaftspolitik, Kriegsbereitschaft.* Nicht nur alles Kriegsspiel dieser Zeit, sagt er, sondern auch alles Wirtschaftsspiel sei – Rüstung.
Beim endgültigen Kassensturz nach all den Nationalflugspenden liegt die kleine Schweiz, nicht zuletzt dank Oskar Biders Trommelei, mit ihrem Spendenaufkommen von mehr als fünfzig Rappen pro Kopf der Bevölkerung an der Spitze der europäischen Nationen. Auf dem Konto der Deutschen National-Flugspende haben sich siebeneinhalb Millionen Mark angesammelt.
Der »Gesamtwille der deutschen Nation« solle der »machtvolle Motor« sein, der den »deutschen Flugmaschinen zum Sieg verhilft«, so hatte Prinz Heinrich 1912 zur Sammlung aufgerufen. Und weiter: *Als nach dem Unglück von Echterdingen eine stürmische nationale Begeisterung das deutsche Volk durchwehte und in wenigen Wochen Millionen aufgebracht wurden, da waren nicht die Millionen allein der greifbare Gewinn der nationalen Begeisterung. Daß das deutsche Volk sich einmütig zu einer nationalen Tat aufraffte, das zeigte der Welt die elementare Wucht des deutschen Volkswillens. Für das Volk – durch das Volk!*

Bloß, anders als damals bei der Zeppelin-Spende, als die spontan erbrachten Millionen des Volkes dem Grafen auf Heller und Pfennig zur Verfügung standen, weil man vermutlich davon ausgehen durfte, daß ein militärisch denkender Mann wie der General a. D. seine höchsten Auftraggeber gewiß nicht enttäuschen und die Millionen des Volkes schon zweckentsprechend anlegen werde – anders als bei Zeppelin befindet nun ein Kuratorium über die zweckmäßige Verwendung der Spendengelder. Kein Hilfsfonds, das ist die einhellige Meinung. An die Pioniere, wie es auch Zeppelin einer war, an Männer wie Dorner und Jatho, die wie Zeppelin ihre Knochen und ihr Geld riskierten, denkt dabei kaum noch einer. Der Fonds, heißt es kühl, sei kein Hilfsfonds, sondern diene der systematischen Förderung. Der Dank des Vaterlandes . . .
Das Kuratorium, in dem vom Mitglied des Kaiserhauses über Regierungsvertreter bis zu Industriellen und Bankiers alles vertreten ist, bloß kein einziger Flieger, entscheidet im Sinne der Industrie. 1913 fließen die Gelder des Volkes bereits in die Fabriken, »zum Gedeihen der Industrie und zum Wohle des Vaterlandes«, wie Prinz Heinrich, der Protektor der Sammlung, nach deren Abschluß gemeldet hatte. 2 Millionen Mark für Heeresaufträge, das reicht fürs erste als jene dringend nötige Kapitalspritze, zu der sich das konservative Großkapital und die Schwerindustrie nicht hatten bereit finden wollen und die auch von risikofreudigeren, moderneren, jungen Industrien wie den Elektrokonzernen nur in kleinen, ziemlich unwirksamen Dosen verabreicht worden war.
In Deutschland werden vier Fliegerbataillone aufgestellt, in Königsberg, Döberitz, Köln und in Metz, der größten deutschen Garnison. In Frankreich wird das Militärflugwesen schon zur selbständigen Waffe umgewandelt (vorher gehörte es organisatorisch zum »Geniekorps«, zu den Pionieren). Auch Großbritannien hat seit 1912 sein eigenständiges Royal Flying Corps (RFC), Italien sein »Battaglione Aviatori«. Die Flugzeuge steigen jetzt zu jeder Tageszeit auf und trotzen auch den Winden. Erfahrungen aus den Kaisermanövern in Schlesien: *Die Reiterpatrouille kann nur Ausschnitte melden, die Luftfahrzeuge aber ein Gesamtbild der Lage verschaffen. Die Vorteile der drahtlosen Telegraphie an Bord eines Luftkreuzers ermöglichen außerdem eine schnelle Übermittelung an den Führer. Motorradfahrer und Automobile vom Flugzeughafen befördern weitaus schneller Kroki (Kartenskizze) und Meldung, als es dem Kavalleristen auf ermüdetem Pferde nach kilometerlangem Erkundigungsritt über Stock und Stein jemals möglich sein kann.*
Der Ruf nach Luftabwehrwaffen wird laut. Bei den französischen Manövern werden nur noch solche Meldungen anerkannt, die in einer Mindesthöhe von 1000 m, also unter einigermaßen kriegsmäßigen Bedingungen, geschrieben waren. Nach der Landung gibt ein Unparteiischer die Meldungen erst nach Kontrolle des Registrier-Barometers frei. Auf englischem Boden kämpft »Braunland« (das ist England) zusammen mit »Grünland« (Frankreich) gegen eine Invasionsarmee aus »Weißland« (Deutschland). Das Luftschiff »Delta« wird von den Schiedsrichtern nach

einem Luftkampf mit einer Farman und einer Blériot für zerstört erklärt; die Flugzeuge erweisen sich als beweglicher. Zum erstenmal tragen die »braunen« Maschinen zur Unterscheidung an den unteren Tragflächen schwarze und weiße Streifen. *In kleineren Höhen hat sich diese Kennzeichnung ganz gut bewährt, in größeren Höhen und bei trübem Wetter jedoch konnte man auch bei schärfster Beobachtung von den Streifen nichts mehr erkennen.*

Auch die friedliche Schweiz ist 1913 soweit, ins Feld zu fliegen. Der Guidengefreite Oskar Bider nimmt Hauptmann Real in den Passagiersitz, selbst ein erfahrener Pilot, erster Kommandant der schweizerischen Fliegerabteilung. Bei einem Nachtflug verlieren die beiden im aufsteigenden Nebel die Orientierung und müssen bei Bern notlanden. Die Blériot kollidiert mit einem Leitungsmast und geht in Trümmer, beide Insassen werden leicht verletzt. Bider, der Nationalheld, bekommt von der Eidgenossenschaft unverzüglich ein neues Flugzeug, das er sich bei Blériot in Paris abholt und nach Bern überführt. Fliegerei ist populär geworden. Und das nicht nur in der Schweiz.

Die Spendenmillionen der Deutschen werden, mit dem nötigen Druck von oben, konzentriert vor allem für einen Zweck verwendet: Die Zahl der Piloten zu erhöhen, um den Abstand gegenüber Frankreich aufzuholen. Die Zahl allein ist natürlich nicht entscheidend; es kommt auf »kriegsbrauchbare Leistungen« an, wie es der Bericht über die National-Flugspende nennt. Um der »Industrie ein Fliegermaterial zu verschaffen, das wirklich geeignet ist, gute Dienste zu leisten«, führt das Kuratorium ein ebenso raffiniertes wie rücksichtsloses Prämiensystem ein, das den Flugschulen die gesamte Last und das ganze Risiko der Ausbildung aufbürdet und erst für den fertigen Flugzeugführer 8000 Mark zahlt. Pech für die Schulen, wenn der Schüler bei der verlangten Feldpilotenprüfung, einer härteren Prüfung als der normalen, überfordert ist oder vorher wiederholt Bruch macht. Gegen denkbaren Zeitausfall durch Bruch sichert sich das Kuratorium zusätzlich durch einen Passus, der die dauernde Bereitstellung eines Flugzeugs verlangt, das mit der »Militärsteuerung« ausgerüstet ist: Radsteuerung für Höhensteuer und Verwindung, Fußhebel für Seitensteuer. Ein zweites Flugzeug muß stets in Reserve gehalten werden.

Diese Vorschriften, die Übernahme der Bruchgefahr und die Reserveflugzeuge, werfen kleinere Unternehmen und Einzelgänger aus dem Rennen. Privatschüler melden sich nun kaum noch, alles drängt zu den Geldern der National-Flugspende. Konzentration der Kräfte unter straffer staatlicher Führung, das ist das Leitmotiv. *Die deutsche Flugzeugindustrie arbeitet mit großer Schaffensfreude gern unter diesem Regime*, glaubt der *Flugsport* zu wissen. 19 Firmen stehen schließlich auf der Liste der zugelassenen Firmen, von den Ago-Werken und der Centrale für Aviatik bis zu Rumpler und Otto Schwade, dem Pumpenfabrikanten in Erfurt, der sich ein eigenes Flugfeld leistet. Die Flugplätze sind über Deutschland verteilt: Bei Goedecker in Mainz-Gonsenheim wird geschult und bei Aviatik in Mülhausen, bei Caspar in Hamburg-Fuhlsbüttel, Euler in Frankfurt-Niederrad, Otto in Puchheim und Schulze in Burg bei Magdeburg. Melli Beese, mit ihrer Schule selbst betroffen, warnt vor dem *im Entstehen begriffenen Flugmonopol* und fordert die *Unterstützung befähigter Konstrukteure und Schaffung einer gesunden, kapitalkräftigen Konkurrenz.* Tatsächlich bieten die Ausschreibungen gerade für selbständige Ingenieure keinerlei Anreiz, Konstruktionen werden kaum honoriert. Gefragt ist das rationelle, robuste Massenprodukt aus der Fabrik – nicht Sport-, sondern Militärflugzeuge.

Melli Beese ist nicht die einzige, die um ihre Existenz fürchten muß. Jetzt rächt sich die Tatsache, daß kein Flieger im Kuratorium vertreten ist (August Euler wirkt als Sachverständiger des Innenministeriums, Hellmuth Hirth als Technischer Direktor der Albatros-Werke). Für die älteren Berufsflieger sind die jungen, billigeren, willigen Piloten, die ohne eigenes Geld herangebildet werden, eine harte Konkurrenz. Auf dem ohnehin nicht sehr großen Arbeitsmarkt der Fliegerei entsteht Gedränge. Erfahrene Piloten sehen ihren Status gefährdet, warnen vor einem Fliegerproletariat. Ein Reichstagsmitglied, das sich über die Auswirkungen der National-Flugspende informiert, hört wiederholt den Ausspruch: *Was liegt am Absturz, dann ist es rasch vorbei. Wir sehen doch einem unerträglichen Elend entgegen.* Das trifft vor allem auf Berufsflieger ohne feste Anstellung zu. Die Industrie, so teilt der »Bund Deutscher Flugzeugführer« ein paar Wochen später mit, könne 120 oder 150 Piloten gebrauchen. Mehrere hundert seien stellungslos. Es könne deshalb vor dem Fliegerberuf »nicht dringend genug gewarnt werden«.

Auch die »Stundenflüge«, 1000 Mark für eine geflogene Stunde ohne Zwischenlandung, die sich optisch so gut ausnehmen, weil sie den Piloten schnelles Geld zu garantieren scheinen, bleiben nicht ohne Kritik. Berufsflieger haben keine eigene Maschine. Sie sind daher meistens vom guten Willen der Fabriken abhängig und müssen mit ihnen paktieren. Legt ein Flieger einen Einstundenpreis-Flug zurück, so verbleiben ihm von den erflogenen 1000 Mark im günstigsten Fall 350 Mark; 50 Prozent aller Preise gehen an die Fabrik, der Rest geht für die Versicherung drauf. Da einzelne Flieger keine Maschine für einen Preisflug auftreiben können, zwingt sie die Not, das erste beste oder schlechteste Flugzeug zu nehmen und auf Gedeih und Verderb einen Preisflug zu wagen. Die Todesrate in Deutschland ist fast dreimal so hoch wie in Frankreich.

Wenn ein deutscher Flieger auf einem Überlandflug einen *Rekord* brechen will, sagt ein bekannter Flieger sarkastisch, muß er sich heimlich beim Morgengrauen mit seinem Flugzeug davonstehlen, um nachher seine Fabrik mit der Leistung zu überraschen. Geht die Sache gut, gibt sich die Fabrik zufrieden. Geht sie schief, wird der Flieger gefeuert. Zu den Prämien für die Stundenflüge kommen nämlich noch Preise für deutsche Rekordleistungen im Dauerflug und im Überlandflug. Dem Vorbild Frankreichs folgend, hat das Kuratorium für diese Preise die Form von Renten gewählt, da sich gezeigt hat, daß bei festen Preisen, die innerhalb einer bestimmten Zeit zu erringen sind, die Bewerbungen fast durchweg

unmittelbar vor Ablauf der gestellten Frist erfolgen. Die Rente aber, die dem zufällt, der den gegenwärtigen Inhaber übertrifft, regt dauernd zum Überbieten an. Für denjenigen, der den deutschen Rekord im ununterbrochenen Flug innehat, mindestens aber sechs Stunden geflogen ist, wird eine monatliche Rente von 2000 Mark bis zu dem Zeitpunkt ausgesetzt, wo der Rekord überboten wird. Für den längsten deutschen Überlandflug, mindestens 600 km, gibt es eine Rente von 3000 Mark. Dieses Rentensystem, das die Piloten ständig auf Trab hält, habe, wie der Abschlußbericht bemerkt, *eine große Zahl von kleineren, schwächeren Elementen zu kriegsbrauchbaren und technisch verwertbaren Leistungen erzogen.* Die Rede ist von Piloten. Leistungsgesellschaft.
Mit den Geldern der National-Flugspende wird jetzt alles forciert, was den Militärs von Nutzen scheint. Bei einem »Transport-Wettbewerb« anläßlich der Schlesischen Flugwoche auf dem Breslauer Flugfeld Leerbeutel geht es um folgendes: Die Flugmaschinen werden, nachdem sie einen Flug von bestimmter Höhe und Dauer über dem Flugplatz absolviert haben, sofort nach der Landung auseinandergenommen, und die zerlegten Teile in Automobilen nach einem den Fliegern vorher nicht bekannten Platz, der zum Aufstieg geeignet ist und etwa zehn Kilometer entfernt liegt, transportiert. Dort werden die Maschinen wieder zusammengesetzt, und die Flieger müssen auf dem Luftweg nach Leerbeutel zurückkehren.
10000 Mark Spendengelder werden bei der Kieler Flugwoche verteilt – vor allem für das Bombenwerfen. Großadmiral von Tirpitz, der Staatssekretär des Reichs-Marine-Amtes, hat für diesen Wettbewerb ein altes, außer Dienst gestelltes Linienschiff freigegeben. Acht gestartete Flieger erzielen mit 37 abgeworfenen Bomben 13 Treffer. Es ist der erste Bombenabwurf über See, ohne jede Vorübung, mit primitivem Zielgerät. Einer hat sich ein Ofenrohr mit Draht befestigt. Auch die Bedeutung der Fotografie wird immer mehr erkannt. Bei den fotografischen Wettbewerben zeigt sich, daß mit den üblichen Apparaten aus allen Flugzeugen informative Aufnahmen gemacht werden können – selbst von ungeübter Hand.
Johannisthal, Herbstflugwoche, 10000 Mark. Die Flieger warten mit Weltrekorden auf; Sablatnig bringt in seinem Union-Pfeildoppeldecker fünf Fluggäste auf 1000 m Höhe. Beim Montagewettbewerb zieht erst ein Auto das für den Transport zusammengelegte Flugzeug durch eine Torschablone von 3 m Breite und 3,75 m Höhe. Dann wird das Flugzeug montiert und schließlich ein Flug von 10 Minuten unternommen. Der Röver-Eindecker steht in 8 Minuten 42 Sekunden.
10000 Mark gehen an die Piloten beim zweitägigen Flug »Rund um München«, wo die Flieger an Kontrollstationen in Puchheim, Forstenried, Riem, Schleißheim und Bergkirchen Blechhülsen mit Namen und Flugzeugnummer aus dem Flugzeug werfen. Sieger des Wettbewerbs (Start und Ziel in Puchheim) wird Hirth vor Baierlein. Und 30000 Mark winken beim Ostpreußischen Rundflug, der an fast allen Tagen von Regen und Nebel begleitet ist. Leo Roth gerät dabei in eine Gewitterfront und muß in den Böen sogar die Steuerung loslassen, um sich an der Bordwand festzuklam-

mern. Immer wieder wird sein Passagier hochgerissen, einmal stößt er mit dem Sturzhelm an den über den Fliegern hängenden Benzintank. Der Sturm dreht den Harlan-Eindecker fast um die eigene Achse, dann steht das Flugzeug auch noch kopf. Roth fürchtet um den Motor, die Drehzahl steigt auf 1700 U/min., obwohl er nur für maximal 1300 ausgelegt ist. Zu guter Letzt zerfetzt der Wind noch die Schwanzbekleidung. Albatros engagiert Roth nach diesem bravourösen Sturmflug als Einflieger.

Auch den Prinz-Heinrich-Flug 1913, der vom Wiesbadener Rennplatz über Kassel und Koblenz nach Karlsruhe führt und mit einem Aufklärungsflug in Straßburg endet, verzuckern 30000 Mark aus der National-Flugspende. Hirth überschlägt sich mit seinem Albatros-Renneindecker schon am ersten Tag und scheidet aus. In Koblenz gerät Thelen bei der Landung in ein Wasserloch; Leutnant Canter stellt seine Taube auf den Kopf; Leutnant von Hiddessen zerbricht das Fahrgestell. Von 19 gestarteten Flugzeugen erreichen 9 das Ziel. Prinz Heinrich überreicht den Preis, eine 80 cm hohe Bronzegruppe, an Leutnant Canter und zieht dabei Bilanz: *Die Herren Flieger sind vorzüglich durch- und ausgebildet. Sie haben ihre Maschinen vorzüglich in der Hand, sie riskieren bedeutend mehr als in den vergangenen Jahren, sie sind sicherer und ihrem Motor überlegen. Trotz aller Anstrengungen scheint es der Technik noch nicht gelungen zu sein, die Motoren so herzustellen, wie sie sein müßten. Die Zusammenbrüche sind zum größten Teil auf den Mangel an Zuverlässigkeit der Motoren zurückzuführen.* Das Flugzeug, sagt er noch, sei das *Torpedoboot für die Armee.*

Fortschritte in der Tat, gestärktes Selbstvertrauen, aufkommende Forschheit. Paris–Berlin, diese Paradestrecke französischer Luftüberlegenheit, dieser »Spaziergang«, läßt sich auch in umgekehrter Richtung gegen den vorherrschenden Westwind befliegen, von Berlin nach Paris, immer noch dem bedeutendsten Zentrum der Fliegerei in der Welt. Im Sommer 1913 klären Deutschland und Frankreich erst einmal die juristischen Fragen des Luftverkehrs. Am 15. August treten Bestimmungen in Kraft, die vor allem die Prozedur bei Notlandungen deutscher Militärflugzeuge und -luftschiffe regeln sollen. Einer Untersuchung, ob tatsächlich eine Notsituation vorliegt, dürfen sich die Besatzungen nicht widersetzen.

Wird auf Grund dieser Untersuchung anerkannt, so heißt es in diesen Bestimmungen, *daß der Fall der Not vorliegt, so hat die Militärbehörde dem Offizier, der das militärische Personal des Luftfahrzeugs führt, das Ehrenwort darüber abzuverlangen, daß weder er selbst noch ein anderer Insasse des Luftfahrzeugs auf oder über französischem Gebiete eine Handlung begangen hat, durch welche die Sicherheit Frankreichs berührt werden könnte (Aufzeichnungen, photographische Aufnahmen oder Zeichnungen, Absendung von Funkentelegrammen usw.). Hierauf wird dem Luftfahrzeug gestattet, in seinen Heimatstaat zurückzukehren.*

Alfred Friedrich, Sieger im ostpreußischen Rundflug, ist der erste, der beim Deutschen Luftfahrerverband den für den Auslandsflug erforderlichen Zulassungsschein beantragt und sich von Sachverständigen, nach der verlangten Abnahmeprüfung, den Abnahmestempel auf die Tragflächenholme und die Hauptlängsträger des Rumpfes drücken läßt. Friedrich will nach Paris, Etrich mit ihm. Und wo der Name Etrich auftaucht, kann auch eine Taube nicht weit sein.

»Igo Etrich, Aviatiker in Europa«, so vertraut sich ein Briefschreiber in diesen Jahren der Post an, und sie liefert den Brief auch prompt ab. Jetzt hatte sich Etrich, gewiß ein schwieriger Mann, in dem sich moderne Ideen wie das Fliegen mit der stockkonservativen Überzeugung vom Gottesgnadentum des Unternehmerstandes verbinden, längst mit seinem deutschen Partner Rumpler zerstritten. Da er, wie er sagt, keine Zeit mit dem sich hinschleppenden Prozeß verlieren will, zieht Etrich das deutsche Patent zurück, um selbst wieder Tauben in Deutschland bauen zu können. Im schlesischen Liebau errichtet er seine Etrich-Fliegerwerke – Grenzlage, zu weit weg vom Schuß. Deshalb sucht er später die Nähe von Berlin und findet in Briest bei Brandenburg ein geeignetes Gelände an einem Havelsee, wo auch Wasserflugzeuge erprobt werden können. Zusammen mit einem Brandenburger Maschinenfabrikanten gründet er die Brandenburgischen Flugzeugwerke, in die er seine Liebauer Fabrik einbringt. Technischer Leiter des Unternehmens, das Tauben und Doppeldecker baut, wird 1914 Ernst Heinkel. In seinem Vertrag hat er sich eine Tantieme für jedes gebaute Flugzeug ausbedungen, Grundstock des Vermögens, mit dem er nach dem Ersten Weltkrieg die Heinkel-Werke aufbaut.

Friedrich, der schon sehr früh, 1910, bei Wright den ersten Bruch gemacht und dann als erster das Riesengebirge überflogen hat, nimmt für die Reise nach Paris über Gelsenkirchen und Brüssel statt Etrich lieber einen erfahrenen Mann ins Flugzeug, Dr. Elias, Ballonfahrer. Der hängt sich Karten, Zirkel und Notizbuch vor den Sitz und bindet alles fest, damit nichts im Fahrtwind davonflattert. Dann »schnallt er sich die Kiste vor den Bauch«, wie man das Gurtanlegen nennt. 750 km hinter Berlin, unweit der französisch-belgischen Grenze, muß die Taube wegen schlechter Sicht in der Nähe eines Schlosses landen. Es gehört dem Marquis de Bruyère, der die deutschen Flieger bewirtet und dafür sorgt, daß Plane und Decken herbeigeschafft werden, um das offene Flugzeug vor dem Regen zu schützen. Auch den nächsten Tag müssen die beiden im Schloß verbringen, Regenböen fegen über das Land.

Zum Start läßt der Marquis ein paar Zäune niederlegen. Wieder verlieren die beiden Flieger im Nebel die Orientierung, wieder müssen sie landen. Guise. Es ist wie verhext. Erneuter Start – Regen, Nebel, keine Sicht, Landung. Senslis, vier Uhr nachmittags. Die neuen Ausweise des deutsch-französischen Luftverkehrsabkommens wirken Wunder, die Polizei zeigt sich gnädig. Endlich sichtet Elias die Seine. In dichten Dunstschwaden überfliegt die Taube, nur 200 m hoch, Paris und landet im Gleitflug in Villacoublay. Begrüßungen, Händeschütteln mit den großen Franzosen, Ansprachen, Champagner. Ein offizieller Vertreter der Deutschen Botschaft läßt sich nicht blicken. Diplomaten haben keine Zeit für den historischen Augenblick.

Am nächsten Tag erscheint Hermann Reichelt mit seinem Harlan-Eindekker über Paris, der Dresdener Kunstmaler, der schon auf der ILA den Gleitflughügel herunterrutschte und sich das erste Geld holte. Jetzt ist er einer der Zähesten im Kampf um die Prämien der National-Flugspende. *Im Ruhrgebiet hatten wir mit heftigen Böen zu kämpfen*, erzählt er, *die uns oft bis auf 20 m herunterdrückten und die Maschine bisweilen so stark aus dem Kurs brachten, daß wir im Kreise flogen. Auch in Belgien wurden wir über den Ardennen immer wieder gegen die Erde gedrückt, so daß jeden Augenblick die Gefahr bestand, in Baumwipfel oder dergleichen hineinzufliegen. Mein Kompaß funktionierte zeitweise so schlecht, daß er die entgegengesetzte Richtung anzeigte. Ich nehme an, das kommt von den vielen Eisenwerken und -lagern, über die wir geflogen sind.* Im April 1914 stürzt Reichelt ab. Tödlich.

Als ob der Blitz in die Hammelherde schlägt: Mit dieser Wendung kennzeichnet der *Flugsport* die Stimmung zumindest in den Pariser Redaktionsstuben, als gleich zwei deutsche Flugzeuge über Paris auftauchen, und als »le pigeon allemand«, die deutsche Taube, mit ihren schön geschwungenen, hier noch nie gesehenen Formen auch noch den Eiffelturm umkreist. *Ich glaube, da oben fliegt 'ne Taube, sie kommt aus einem deutschen Nest, wenn sie nur nichts fallen läßt . . .*, so wird es ein Jahr später von Berliner Bühnen trällern, ein Erfolgsschlager, aber gar nicht mehr komisch.

Friedrich ist schon auf dem Weg nach London, diesmal mit Igo Etrich auf dem Passagiersitz. Zu ihrem Abflug haben sich die besten französischen Flieger eingefunden, Garros, Audemars, Morane, Voisin, die die Taube mit Blumen schmücken. Auf den 220 km nach Calais kommt sie mit dem 100-PS-Mercedes auf eine erstaunliche Reisegeschwindigkeit von 150 km/h. Zwischenlandung auf Blériots historischem Flugfeld, um Wettermeldungen einzuholen. Erst nach drei Stunden gibt die Polizei die Taube diesmal wieder frei. Halbwüchsige haben das Flugzeug inzwischen mit nationalistischen Parolen beschmiert. Beiden Männern ist während der 23 Minuten dauernden Kanalüberquerung mulmig zumute, als sie, 1500 m hoch, unter sich weder Land noch Schiffe sehen. In Hendon ist der Benzinvorrat fast erschöpft. Die Briten, sportbegeistert, sportverständig, feiern die ersten deutschen Kanalflieger, und Friedrich zeigt ihnen ein paarmal seine berühmten Sturzflüge. Mit einer Etrich-Taube fliegt im nächsten Monat auch Reiterer, wie Friedrich Fluglehrer bei der Sport-Flieger G.m.b.H. Johannisthal (*Unser Fluglehrer Reiterer unternahm mit seinen Schülern an einem Tage 108 Aufstiege*, verkündet ein Inserat der Schule) über die Ostsee und landet in Kopenhagen.

Nein, an Schneid, an Selbstvertrauen mangelt es den deutschen Piloten offenbar nicht mehr, die Zeit der Minderwertigkeitskomplexe, dieses ewige Gerede von der Inferiorität, ist vorbei. Was ihnen fehlt, um vollends mit den Franzosen, mit Brindejonc, Letort, Legagneux mitzuhalten, was die Industrie vermißt, die auf die ausländischen Märkte drängt, ist der finanzielle Anreiz, das große Geld für wirklich spektakuläre Leistungen, die Eindruck machen auf die den Franzosen hörige Welt. Stunden- und Ren-

tenflüge haben nicht ausgereicht, um die deutsche Fliegerei international ins große Geschäft zu bringen. *Geld! Damit steht und fällt alles im deutschen Flugwesen*, schreibt die *B.Z. Der Flieger will nur verdienen, der Fabrikant selbstverständlich erst recht. Nur um das Prestige zu wahren, um dem Ausland zu zeigen: was ihr könnt, können wir auch, rührt sich keine Hand. So war es bisher. Wird, darf es so bleiben?*
Natürlich nicht, das ließe doch der Nationalstolz gar nicht zu. Deshalb setzt das Kuratorium nach etlichen Debatten um den Austragungsmodus und die Austragungszeit 300000 Mark aus, und zwar ausdrücklich für Fernflüge. Diese enorme Summe müßte reichen, um die Leistungsfähigkeit der deutschen Flugzeugkonstruktionen in der Welt aufs vorteilhafteste zu dokumentieren. Auch das deutsche Volk, das Millionen für die Fliegerei gespendet hat, will endlich Taten sehen und wartet auf den ganz großen Coup. Jetzt muß sich zeigen, ob das große Geld allein genügt, um in der Fliegerei alle Kräfte für Rekordleistungen zu mobilisieren, wie man unter Hinweis auf die freigiebigen Mäzene in Frankreich, auf Archdeacon und Deutsch de la Meurthe, Pommery und Michelin hierzulande immer wieder behauptet hat. Mit Idealismus allein, das leuchtet allen ein, sind die Weltrekorde der Franzosen nicht zu schlagen. Die Organisation solcher Tag- und Nachtflüge verschlingt viel Geld.
Brindejonc de Moulinais hat mit seinem Flug von Paris nach Warschau über 1400 km Maßstäbe gesetzt. Für den Pommery-Preis, um den es bei dem Flug ging, wird nur von Sonnenaufgang bis zum Sonnenuntergang geflogen. Um die geschwinden Franzosen zu überbieten, um den Distanzrekord mit den schwerfälligeren Militärdoppeldeckern zu brechen, wird man den ganzen Tag, die vollen 24 Stunden brauchen, das ist eine einfache Milchmädchenrechnung. Und das bedeutet: Nachtflüge, Nachtflüge bei kürzer werdenden Tagen und aufkommendem Herbstnebel. Es wird Tote geben, die sind bei den 300000 Mark sozusagen eingeplant. Schließlich zahlt die National-Flugspende an die Hinterbliebenen eines tödlich verunglückten Piloten, sofern sie ihre Bedürftigkeit nachweisen können, eine einmalige Zuwendung von 2000 Mark als Ehrengabe.
Es gibt noch ein zweites Risiko bei diesen Fernflügen, und es fragt sich, welches das größere ist. Wer sagt denn, daß man sich vor der Weltöffentlichkeit nicht blamiert? Wer gibt denn die Garantie dafür, daß die Konstrukteure wirklich schon soweit sind? Der Schuß kann auch in verkehrter Richtung losgehen. Für die deutschen Piloten mit deutschen Flugzeugen und deutschen Motoren werden 1000 km als Mindestleistung gefordert. Keiner ist sie bisher geflogen. Keiner hat Erfahrung in Nachtflügen.
100000 Mark allein für den Weltrekord im Weitflug, das bringt die Industrie natürlich in Schwung. In den sechs Herbstwochen vom 15. September bis zum 31. Oktober gehören Fernflüge zu den regelmäßigen Zeitungsmeldungen. Mit erheblichem Gottvertrauen oder einer Portion Zynismus steigen die Piloten in stockdunkler Nacht auf, immer in der stillen Hoffnung, daß die Sonne scheinen wird, wenn der Benzintank leer ist. Schon bei Anbruch der Nacht werden in den Flugzeugschuppen die Vorbereitun-

Speisen, Kleidung, Augenschutz

Lebensweise. Dem Ratschlage des Arztes ist unbedingt Folge zu leisten, wenn der Flieger sich nicht leichtsinnigerweise durch das Fliegen einen dauernden körperlichen Fehler zuziehen will. Andererseits muß er durch naturgemäße Lebensweise seinen Körper und seine Nerven zu erfrischen und zu stärken suchen. In der Woche soll der Flieger zwei- bis dreimal baden, um die Hauttätigkeit anzuregen und die Nerven zu kräftigen. Sonnen- und Flußbäder im Sommer bieten eine besonders geeignete Gesundheitspflege.
Alkohol, Rauchen. Daß sich der Flieger vor jeder Ausschweifung zu bewahren hat, ist wohl selbstverständlich. Besonders ist übermäßiger Alkoholgenuß streng zu vermeiden. Auch das unmäßige Rauchen muß unterlassen werden. Es zieht nur Magen- und Darmerkrankungen nach sich, die gerade für den Flieger besonders lästig und unbequem sind.
Speisen. Solange der Flieger nicht fliegt, mag er essen was und soviel er will. Vor einem Fluge nehme er keine Speisen ein, die Blähungen verursachen (Bohnen, Erbsen, Linsen usw.). Auch mit leerem Magen soll kein Flug angetreten werden, da dann leicht Unwohlsein eintritt, das unter Umständen den Absturz zur Folge haben kann.
Kleidung. Da der Flieger einer schnell wechselnden Temperatur unterworfen ist, muß seine Kleidung zweckentsprechend gewählt sein. In der Höhe ist es stets kälter als am Boden. Als Unterkleidung hat sich am besten seidener oder wollener Stoff bewährt. Über den Anzug zieht man eine aus Leder oder Ledertuch bestehende Sonderkleidung, die den Windzug abhält. Diese Bekleidung muß genügend weit sein, damit kein Druck auf die Blutgefäße entsteht.
Sturzfälle, Kopfschützer. Ohne Sturzhelm soll nicht geflogen werden. Manchen Flieger hat der Sturzhelm, der aus Leder gefertigt und mit einer Korkpolsterung versehen ist, bei leichteren Stürzen vor einem Schädelbruch bewahrt. Ein wollener oder seidener Kopfschützer wird unter dem Sturzhelm getragen.
Augenschutz. Zum Schutze der Augen gegen eine Bindehautentzündung dient eine gutschließende Schutzbrille. Man wähle eine Brille mit weitem freien Gesichtsfeld, so daß, ohne den Kopf viel zu drehen, bequem nach den Seiten gesehen werden kann. Viele Flieger nehmen außerdem beim Flug noch eine farbige Brille mit, um sich vor einer Blendung durch Sonnenstrahlen zu schützen. Man tut gut, sich bald an farbige Gläser zu gewöhnen, da ungewohnter Gebrauch leicht eine Verschätzung der Entfernung mit sich bringt und bei der Landung verhängnisvoll werden kann.

gen für den Start um Mitternacht getroffen. In Fuhlsbüttel strahlen Scheinwerfer die Ballonhalle an, Soldaten sperren ab, Feuerwehrleute bilden eine Fackelallee. Um Mitternacht startet Karl Caspar, ein ehemaliger Kammergerichtsreferendar, Inhaber der »Centrale für Aviatik«, und verschwindet

mit seiner Hansa-Taube sofort im Dunkeln. Obwohl er sich gerade erst von einem schweren Sturz erholt hat, hält er 24 Stunden durch und pendelt erst zwischen Hamburg und Kiel, um dann nach Breslau zu fliegen, wo er in der Nacht, trotz Nebel, bei Fackelschein und Feuern nochmals 200 km zurücklegt. Robert Thelen fliegt mit seinem Albatros-Doppeldecker von Johannisthal nach Königsberg, weiter nach Stettin und zurück nach Königsberg, das macht 1330 km, und Oberleutnant Kastner von Köln nach Posen, 1228 km. Aber Brindejonc ist damit noch längst nicht geschlagen.
Ein Neuling auf dem Flugzeugmarkt macht von sich reden: die Gothaer Waggonfabrik A.G., die gerade erst in diesem Jahr den Flugzeugbau aufgenommen hat. Der Name der thüringischen Stadt wird im Krieg noch zu einem Begriff werden: Als »Gothas« bezeichnen die Alliierten alle mehrmotorigen Bomber. Der Badener Ernst Schlegel, der die angegliederte »Herzog Carl Eduard-Fliegerschule« leitet, bereitet sich mit einer Gotha-Taube auf einen Preisflug vor. Nach fünf Nächten der Startversuche steigt er in der Nacht des 22. Oktober 1913 um 0 Uhr 5 auf. Der Mond steht im letzten Viertel. Die Nacht ist erst wolkig, dann wieder klar, unter Schlegel ziehen immer wieder Nebelschwaden dahin, die von Zeit zu Zeit die Erde verhüllen und die Maschine beunruhigen. Jetzt kann er weder Häuser noch Bäume und Felder ausmachen. Schlegel braucht während des Fluges nur den Kompaß zu beobachten, er kreist auf einem festgelegten Kurs. Aber er hat Mühe dabei, die hartnäckigen Gedanken an ein Versagen des Motors zu verscheuchen – diese lästige Beharrlichkeit, mit der das Hirn die denkbaren Notsituationen immer wieder durchspielen will, die Angst vor der ohnmächtigen Hilflosigkeit im Bodennebel, Zwangsvorstellungen von Brand und Bruch, von Häusern, Schornsteinen und Bäumen, dieses Ausgeliefertsein an Willkür und Zufall.
Alles geht gut an diesem Morgen – neuer Start bei hellem Sonnenschein, Richtung Johannisthal. Schlegel fliegt mit Rückenwind bei bestem Licht, die Sonne im Nacken. Unterwegs wird er über Flüssen und Tälern von Böen geschüttelt, Fall- und Sonnenböen machen ihm zu schaffen. Nach zwei Stunden und zehn Minuten steht die Gotha-Taube bereits auf dem Berliner Flugfeld. Weiter. Mit starkem Rückenwind erreicht er auf der Strecke nach Königsberg eine Geschwindigkeit von 125 km/h. Nach dem Start am Spätnachmittag fängt es schon an zu dunkeln. Schlegel will wegen der Nähe der russischen Grenze, die nicht überflogen werden darf, zwischen Insterburg und Königsberg hin- und herpendeln.
Um 5 Uhr ist es stockdunkel, um 6 Uhr kommt Nebel auf. Schlegel fliegt ohne jede Sicht. Er steigt. Steigt, bis er den Sternenhimmel über sich sieht. Jetzt kann er nur noch nach dem Kompaß fliegen, und das geht so lange gut, wie der Kompaß funktioniert. Als er versagt, hat Schlegel schnell jede Richtung verloren und muß rein nach dem Gefühl fliegen. Von der Erde sieht er überhaupt nichts. Er sitzt in der Falle, ein Gefangener, und für sein Leben gibt er bald keinen Pfifferling mehr. Nur das eine ist ihm in seiner Verlassenheit klar: je länger er sich da oben bei den Sternen hält, desto länger wird er auch leben. Verzweifelt späht er nach Nebellöchern, nach Licht,

Letzte Friedensidylle: Die Landung eines Ago-Doppeldeckers vor Helgoland gleicht noch einer Sensation. Wenig später, 1915, entwickelt Hugo Junkers den »Blechesel«, das erste freitragende Ganzmetallflugzeug, das wirklich fliegt. Dieser Mitteldecker setzt neue Maßstäbe im Flugzeugbau.

Großflugzeuge, »Riesenflugzeuge«, zwei-, vier- und sogar sechsmotorig, ersetzen während der Kriegsjahre mehr und mehr die allzu gefährdeten Zeppeline. Sie kommen aus vielen Fabriken: Von Siemens-Schuckert (unten rechts), von AEG (oben rechts), aus den Zeppelin-Werken Staaken (Mitte rechts).

8301

Krieg und Frieden. Noch rollt der Rumpf einer österreichischen Maschine durch den Dreck Galiziens. Ein paar Monate danach werden in allen Ländern Kriegsflugzeuge in Verkehrsflugzeuge umgerüstet, wie diese AEG J II der Deutschen Luft-Reederei, die schon das berühmt gewordene Symbol am Leitwerk trägt.

nach Helle aus – nichts. Nichts zu machen. Eine ausweglose Situation. Er fliegt, und unter ihm ist nur schwarze, milchige, tintige Tiefe. Schließlich, als er nicht mehr ein noch aus weiß, geht es ihm wie einem Sterbenskranken, der nichts weiter als nur noch Ruhe finden will. Mit den Nerven am Ende, entschließt er sich zur Landung, koste es, was es wolle, nur raus aus diesem Schlamassel. In flachem Gleitwinkel läßt er sich erdwärts sinken und stellt das Benzin, den Motor und die Bordlichter ab. Der Krach, das Splittern nach ein paar unsäglichen Minuten ist das letzte, was er noch wahrnimmt. Erst nach vierzehntägiger Bewußtlosigkeit wacht er in einem Königsberger Krankenhaus auf. Der Rekordflug, 1606 km, bringt 60000 Mark – zweiter Preis. *Die langen Luftreisen multiplizieren sich in Deutschland,* schreibt der Pariser *Aéro* irritiert, *und bald wird das Reich nicht mehr groß genug sein für die Reisen der Vögel jenseits des Rheins.*

So ist es. Paul Viktor Stoeffler stößt bei seinem Weltrekordflug tatsächlich zweimal bis an die Grenzen des Reiches vor: Er fliegt, 445 Liter Benzin im Tank des Aviatik-Doppeldeckers von Johannisthal, erst nach Posen, Richtung Rußland, und dann nach Mülhausen im Elsaß, Richtung Frankreich. Die 2200 km, die er innerhalb von 24 Stunden schafft, hastige Happen zwischendurch und ein Schluck Cognac drauf, entsprechen etwa der Entfernung von Berlin nach Gibraltar. *Du hast den Dämon der Nacht bezwungen, hast die Nebelgeister niedergerungen,* so feiert der Bund Deutscher Flugzeugführer in einem holprig langen Gedicht seinen prominentesten Piloten, der als Monteur bei Farman von der Pike auf gelernt hat und der jetzt sein Geld als Einflieger und Lehrer verdient. Am Schluß seines sensationellen Fluges, nachts über den Wäldern der Vogesen mit ihren ekelhaften Winden, reagieren die fühllosen, abgestorbenen Beine nur noch mit Mühe. Ganz rammdösig vom Dröhnen der sechs Zylinder des 100-PS-Mercedes, nimmt er auf dem Habsheimer Flugfeld mechanisch die Glückwünsche entgegen. Erst langsam dringen die Stimmen an sein Ohr, werden lauter und wieder normal. Die Kälte und das Stillsitzen, die nervliche Anspannung des Dauerflugs haben den kräftigen Mann gezeichnet. Die Automobil und Aviatik A.G. in superlativistischer Begeisterung: »Der gewaltigste Weltrekord, der die phänomenalste bisherige Flugleistung darstellt.«

Bei allem hat Stoeffler Zeit genug, die Schönheiten des Fluges zu genießen, den Blick auf die Alpenkette über dem Schwabenland und das Wunder immer neuer Farbschauspiele beim Sonnenaufgang, wie es Flieger zuvor noch nie geschaut haben. Rot, Rot in allen Nuancen, leuchtet die Welt. Grau und Rot, dann Blau mit Rot, vom zartesten Rosa und Lichtblau bis zum tiefsten Violett, und über allem ist ein dünner Schleier reines Gold gebreitet, bis Rot und Blau, Violett und Gold zusammenfließen. Stoeffler, hingerissen: *Das Fliegen ist so wunderbar.*

Allerdings, was die Franzosen jetzt an den deutschen Piloten so unverhohlen bewundern, weil sie es noch nicht kennen, diese stundenlangen Flüge in pechschwarzer Nacht, im spärlichen Licht einer vom Akku gespeisten Lampe, zerrt unheimlich an den Nerven der Flieger. Sie müssen mit diesen

neuen Beklemmungen, abgenabelt von der Erde und mit sich selbst allein, erst fertig werden. Allmählich gewöhnt sich das Auge an das schwache Mondlicht, unterscheidet schließlich den matten Glanz der Gewässer vom satten Schwarz der Wälder – bis der Nebel kommt, bis der Pilot ringsumher nur noch undurchdringlichen, schwarzgrauen Dunst sieht, in den er hineinfliegt. Der Motor speit lange, zitternde Feuerflammen aus den offenen Auspuffstutzen und wirft seinen Funkenregen nach hinten. Zuweilen öffnet sich der Nebel, dann zeigen sich die Lichter einer Stadt. Plötzlich sieht der Mann am Steuer vor sich eine riesige schwarze Wand. Er reißt mit verzweifeltem Ruck die Maschine hoch und fliegt darüber hinweg, steigend, nur immer weiter steigend, mit klopfendem Herzen, den Schreck und die Angst im Nacken. Später, nach der Landung am Morgen, sagt er sich, daß dieses vermeintliche schwarze Ungeheuer bloß ein Wolkengebilde im dünnen Nebel gewesen sein wird. Hirngespinste.
An die Notlandung irgendwo, an die Zwischenlandung bei Tag, auf irgendeinem Feld hat sich jetzt längst jeder Pilot gewöhnt. Bei Nacht aber ist jede unerwünschte Landung ein Spiel mit dem Leben, reine Glückssache. Einer, Harlan-Flieger, nachts von Johannisthal nach Frankreich aufgestiegen, gerät nach mondheller Nacht unterwegs in eine Waschküche, verliert völlig die Orientierung und weiß sich schließlich keinen Ausweg mehr, als in der schwarzgrauen Masse herunterzugehen. Es gehört schon eine übermenschliche Überwindung dazu, sich in diese gähnende, feindliche Tiefe hinabgleiten zu lassen, hinabzutauchen ins Dunkle, Unbekannte. Der Höhenmesser zeigt 30 m, immer noch keine Sicht. Doch schon erschüttert ein krachend harter Stoß die Maschine: Sie ist auf dem Dach eines Bauernhauses gelandet. Beim Runterklettern fällt der Passagier in einen Misthaufen.
Ernst Stoeffler, der Bruder des Weltrekordfliegers, hängt sich nachts auf dem Pariser Morane-Flugfeld eine kleine rote Laterne in die Verstrebung der Albatros, um die Lage der Maschine in der Luft kontrollieren zu können, und fliegt dann los. Kurz nach dem Start merkt er, daß die primitive Beleuchtung der Instrumente ausgefallen ist. Ein paarmal kreist er irritiert über Versailles und will schließlich an einer heller schimmernden Stelle landen. Es ist aber keineswegs eine Wiese, wie er meint, sondern das große Wasserbassin neben dem Schloß. Doch beim Anflug bleibt er in den hohen Baumwipfeln einer Schloßallee hängen, und das Flugzeug ist hin. Endstation Versailles. Ausflugsziel für die Pariser.
Nicht immer geht alles so glimpflich ab. Ernst Herbert Kühne, ein Albatros-Lehrer, geht noch drei Tage vor Ausschreibungsende Stoefflers Weltrekord an. Nachts, natürlich. Ein unangenehmer, böiger Wind rüttelt an der Maschine, die Augen hängen an Barograph, Kompaß und Tourenzähler. 20 Minuten nach 5. Der Barograph zeigt, daß die Maschine stetig beängstigend sinkt: 1300 – 1200 – 1000 – 900. Auch feinfühliges Steuern hilft nichts gegen dieses verdammte Sinken. Und Dunkelheit, schwarze Dunkelheit rings umher. Wenn es bloß bald heller werden würde, denkt Kühne, der Pilot, verunsichert. 220 Liter Benzin sind noch im Tank.

Was kommt, ist eine Sache von Sekunden. Knickende, brechende Baumwipfel, das Knirschen und Bersten der Flügel, eine sich überschlagende Maschine, die auf steinigen Waldboden kracht. Kühne spürt keinen Schmerz und keine Furcht, alles ist, als ob es sich vor dem geistigen Auge abspielt. Der Körper wird hinausgeschleudert, zerdrückt den Wasserkühler, kommt auf dem Motor zu liegen. Kühne fühlt das Wippen der Kipphebel, der Motor läuft noch. In diesem Augenblick entzündet sich das ausspritzende Benzin an dem funkenspeienden Auspuffrohr, eine meterhohe Flamme springt über auf die Flügel und leckt am Rumpf entlang, in der riesigen Feuersäule rast immer noch der Motor. Der Pilot liegt mit Brandwunden, gebrochenen Rippen und gequetschten Lungen schwerverletzt neben einem Basaltblock. Bauern schleppen ihn weg. Er ist gegen den Bilstein bei Kassel geflogen.
Nur die Rekorde zählen, nicht die Knochen der Flieger. Stoefflers großer Flug, Schlegels Rekordflug, sie zeigen den Franzosen, daß (so *Aéro*) »die deutsche Fliegerei die Periode des Tastens überwunden hat«. Und während man sich in Deutschland wohlgefällig in der Bewunderung der Welt sonnt, jetzt ist man schließlich wer in der Aviatik, besinnen sich die Piloten auf ihre eigenen Interessen und formulieren an einer Protestresolution gegen die Nachtflüge. Wie zu erwarten, haben die Preise für die Fernflüge, die ohne nächtliches Fliegen gar nicht zu gewinnen waren, Opfer gefordert: drei Militärflieger tot, mehrere Piloten schwerverletzt, an die zwanzig Maschinen zertrümmert. Allein die Armee hat mindestens ein Dutzend eingebüßt, Rumpler drei, Harlan auch, das Ende für den Flugzeugbau des Millionärs. Von den namhaften deutschen Flugzeugfabriken kommen nur ein paar in den Genuß der Preise, Aviatik, Albatros, die Waggonfabrik Gotha. Alle andern schließen mit Verlust ab. Ein Weltrekord – und viele lange Gesichter.
Als Spielerei mit Menschenleben wird das Nachtfliegen von vielen gebrandmarkt. Praktiker plädieren für die Entwicklung von Fallschirmraketen, die während des Gleitflugs das Gelände beleuchten. Vor der Landung könne der Pilot dann noch eine zweite Rakete zünden. *Sicher eine dankbare Aufgabe und ein gutes Geschäft für eine Feuerwerksfabrik*, wie der *Flugsport* mutmaßt.

Wasser unter den Mühlen

Wasser hat Balken – und mancher Flugzeugschwimmer stößt hart dagegen. »Flugzeuge, die untergehen, scheiden aus dem Wettbewerb aus«, heißt es in den Bestimmungen der französischen Marine für Wasserflugzeuge. Überall wird nach der richtigen Form der Schwimmer- und Flugbootkörper gesucht. Jacques Schneider stiftet seinen Pokal für Geschwindigkeitsrennen von Wasserflugzeugen, der zur umkämpftesten Trophäe des Flugsports wird. Deperdussin gewinnt sie 1913, dazu noch den Gordon-Bennett-Cup. Weltrekord: Über 200 km/h! Die Firma aber macht Pleite. Und ein berühmter Flieger fälscht Dokumente.

Morgens um acht ist die Welt noch in Ordnung. Matrosen und Haltemannschaften haben die »LZ 2« an einem schönen Oktobertag aus der Luftschiffhalle in Johannisthal geholt, ein 160 m langes Ungeheuer, drei Gondeln, 700 PS, der Stolz der deutschen Militärluftschiffahrt, von der Reichsmarine im Januar 1913 in Auftrag gegeben und in zwölfstündiger Dauerfahrt vom Bodensee nach Berlin überführt. Dieses Luftschiff, so hatten die Ingenieure privat geäußert, sei das erste, das die Fahrt über den Ozean nach Amerika ohne größeres Risiko ausführen könne.
Zwei Stunden lang werden für eine kurze Höhenfahrt alle Einzelteile überprüft. Dann besteigt die Besatzung das Schiff, dazu die Abnahmekommission des Reichsmarineamtes und Mitarbeiter der Luftschiffbau Zeppelin. Ein Erinnerungsfoto noch, Schulter an Schulter, die Motoren laufen an, das Luftschiff löst sich vom Boden. Winken, Scherzen, fröhliche Zurufe. Rasch gewinnt »LZ 2«, den Flugplatz umkreisend, an Höhe und nimmt Kurs auf Buckow. Da tritt, wenige hundert Meter vom Flugplatz entfernt, die Katastrophe ein: In der vorderen der beiden Motorengondeln züngelt eine Flammengarbe auf, setzt das Vorschiff in Brand und rast über den Leib des Schiffes hin. So steht es, eine Fackel, einen Herzschlag lang am Himmel. Eine starke Explosion. Zunächst noch in horizontaler Lage, sackt »LZ 2« nach unten, Flammen und Rauchschwaden hinter sich lassend, brennende Fetzen der Hülle von sich schleudernd. Nun neigt sich die Spitze nach unten, schon fallen dunkle Körper, die sich aus der Feuerhölle lösen, neben und mit ihr zur Erde. Eine zweite Explosion über dem Erdboden, vermutlich die Benzintanks, eine dritte beim Aufprall. Das glühende Aluminiumgerippe sinkt in sich zusammen.

Entsetzen ringsum. Leo Roth steht mit Hellmuth Hirth vor dem Albatros-Schuppen, sie sehen das Luftschiff brennen. Hirth reißt automatisch einen Feuerlöscher von der Wand, und beide rennen zu den schwarzen Rauchwolken, zu den Gondeln, die sich tief ins Erdreich gegraben haben, während vom Turm des Flugplatzes mit einem mächtigen Horn Alarm für die Feuerwehr geblasen wird. Am Abend sind alle achtundzwanzig Männer, die an Bord waren, tot. Unter ihnen auch der Chef der Abnahmekommission, Marinebaurat Pietzker, der nie rechtes Vertrauen zu Flugzeugen gefunden hatte und sich nur im Luftschiff sicher fühlte.
Wieder hat ein schwerer Schicksalsschlag meine Marine getroffen, kondoliert Kaiser Wilhelm. *Aber die Trauer über das Geschehene wird nur zu erneuten Anstrengungen anspornen, die so wichtige Luftschiffwaffe zu einem zuverlässigen Kriegsmittel zu entwickeln.* Die Deutschen stehen zu ihren Zeppelinen, die Marine setzt gerade bei der Aufklärung über See auf ihre Reichweite. Einen Monat vorher hat ein Nordseesturm das Marineluftschiff »LZ 1« bei Helgoland in tollem Wirbel Hunderte von Meter hoch- und niedergerissen und schließlich auf das Meer geschleudert, wo es zerschellte, vierzehn Mann der Besatzung ertranken.
In diesem Herbst 1913 nehmen neben Luftschiffen zum erstenmal Seeflugzeuge an einem Manöver der deutschen Hochseeflotte teil – sichtbarer Ausdruck des Fortschritts, den das Wasserflugwesen innerhalb eines Jahres gemacht hat. Die erste Seefliegerstation der Kaiserlichen Marine, Putzig in Westpreußen, war erst 1912 eingerichtet worden – mit vier Maschinen, Albatros-Farman-Doppeldeckern und einer alten Rumpler-Taube. Im Mai 1912 war Oberleutnant zur See Langfeld der erste Start mit einem dieser Schwimmer-Doppeldecker von den Wassern des Putziger Wyk bei Danzig gelungen. Seetüchtig waren diese vier älteren Maschinen zwar nicht, aber bei ruhigem Wetter ließen sie sich fliegen. Besonders die Landungsbrücke in Zoppot mit den vielen feingemachten Damen war ein ständiger Anziehungspunkt für die Flieger. Wollte ein Fluggast mitfliegen, mußte der Pilot beim Start minutenlang »pumpen«, um vom Wasser hochzukommen. Der Passagier saß auf einem Holzschemel, eingeklemmt zwischen Pilot und Motor. So hatte die deutsche Marinefliegerei begonnen.
Beim »Ersten Deutschen Wasserflugzeugmaschinen-Wettbewerb Heiligendamm 1912« hatte es einen ziemlich kläglichen Reinfall gegeben. Was da von der Rampe ins Wasser gelassen wurde, waren fast alles auf Schwimmer gesetzte Landmaschinen, Amphibienflugzeuge. Hoher Seegang, Wasser im Vergaser, ließen die Motoren nicht auf Touren kommen, und die Kühler genügten nicht, um größere Strecken auf dem Wasser zurückzulegen. Büchner mit seinen 104 Kilogramm war nach der Landung auf See mit seinem Sitz glatt zusammengebrochen. Thelens Schwimmer lagen zu tief im Wasser, der Doppeldecker kam nicht hoch. Selbst erfahrene Konstrukteure mußten umdenken und umlernen, Wasser ist nicht Luft. Mit schnellen Dampfbarkassen folgten sie ihren Flugzeugen bei den Startversuchen, um Wirkungsweise und Verhalten der Schwimmer zu beobachten. Denn an den Schwimmern haperte es. Und an den Motoren.

Die Erfahrungen, die in den nächsten Jahren mühselig genug gesammelt werden müssen: der hydrodynamische Auftrieb durch die Schwimmer und deren Festigkeit; die Stabilität auf dem Wasser, die Fähigkeit, auf dem Wasser zu treiben; die Konservierung gegen salziges Seewasser – die nötige Vertrautheit mit einem neuen Element also, dem Wasser, auf dem zwar die Zukunft liegen soll, das aber auch, viel schneller, das unrühmliche Ende bedeuten kann, wird in den Jahren vor dem Krieg hergestellt.
Alle haben da ihre Probleme. Beim ersten Wettbewerb des Sporting Club von Monaco für *Flugmaschinen, die sich mit Hilfe ihrer Motorenkraft vom Wasser aus in die Luft erheben und nach ausgeführtem Flug auf die gleiche Weise wieder auf das Wasser niedergehen können*, waren beide »Enten« von Voisin zerbrochen; ein anderes Flugzeug war mit einer Flasche kollidiert, wodurch der Schwimmer leck wurde und das Flugzeug im Meer versank. Immerhin, das elegante Publikum war auf seine Kosten gekommen, und das war ja der Sinn der Sache, der Hafenquai von Monaco bot mit seinen Flugzeugzelten eine neue Attraktion. Henri Farman und Maurice Farman hatten fleißig Punkte gesammelt, bei Henri lagen die Monteure sogar auf den Schwimmern, jeder Passagier brachte Pluspunkte. Gottlob war das Wasser im Hafen und vor der Küste fast ruhig. Curtiss' Einschwimmer-Flugzeuge fielen durch ihre Stabilität und Steuerbarkeit auf. Caudron hatte Schwimmer *und* Räder montiert und landete auch am Strand; der dritte Schwimmer am Heck schrappte dabei über den Boden. Den dritten Schwimmer hatten fast alle, und Schwierigkeiten hatten sie auch damit.
Wasser hat keine Balken: Das hatte selbst ein Star wie Beaumont erfahren müssen. Im August 1912 war er mit dem ersten in Europa entwickelten Flugboot auf der Seine gestartet, einem Doppeldecker des französischen Ingenieurs F. Denhaut, mit dem dieser zuerst fast selbst ums Leben gekommen wäre. Denhaut hatte sich dann mit Geldgebern zusammengetan, unter deren Namen, Donnet-Lévêque, das elegante Flugzeug mit hochgezogenem Schwanz bekannt wurde. Beaumont wollte die Strecke Paris–London fliegen. Starker Wind erschwerte die Landung in Boulogne, der rechte Flügel tauchte ins Wasser, und herbeischaukelnde Boote beschädigten das Flugzeug. Am nächsten Tag, nach neuerlichem Start, kehrte Beaumont wegen unruhiger Luft in großem Bogen zur Küste zurück und setzte in weiten Sprüngen auf. 300 m vor dem Ufer verschwand er plötzlich samt Flugboot in den Wellen, tauchte aber wieder auf und klammerte sich hilferufend an einen Flügel. Er wurde gerettet – das Flugboot war verloren.
Im Juli 1913 fliegt Grahame-White die Seine-Themse-Tour und legt unterwegs neben der Yacht des Bierkönigs Guiness einen kleinen Stop ein.
»Diejenigen Maschinen, die untergehen, scheiden aus dem Wettbewerb aus«, hieß es 1912 zwar vorsichtshalber noch im Reglement französischer Marineflugzeug-Wettbewerbe. Doch der Appetit der Marineoffiziere war in diesem Jahr geweckt. Sie verlangten nach Flugzeugen für die Aufklärung über See, um feindliche Schiffe, Unterseeboote, Minensperren aufzuspüren, und um über Land Hafenbefestigungen oder Landungstruppen auszukundschaften. Als Kampfwaffe, dachte man sich, könnten sie gegen

Schiffe, Häfen, Docks verwendet werden. Drahtlose Telegraphie, an der überall gearbeitet wird, würde die Verständigung zwischen Schiff und Flugzeug zweifellos verbessern.
Nicht nur die erklärten Absichten der Marine spornen die Fabriken bei ihren Experimenten mit Amphibien- und Wasserflugzeugen an. Sie sehen in diesem neuen Markt sogar die Chance, sich endlich aus der Abhängigkeit der Militärs zu lösen, denen sie mit ihrer Überkapazität ausgeliefert sind. 300 Flugzeuge, die im Jahr in Deutschland gebaut werden, können die Industrie einfach nicht auslasten, das ist zum Leben zu wenig und zum Sterben zu viel. Sie braucht Aufgaben für eine denkbare Zivilluftfahrt. Da aber in weiten Teilen der Welt Wasserläufe und Binnenseen hinreichend vorhanden sind, was die Anlage von Flugfeldern überflüssig machen würde, Platz genug überdies für jede Notlandung, sieht die Industrie auf dem Wasser eine vielversprechende Zukunft des zivilen Luftverkehrs.
Nicht schlecht getippt. Tatsächlich wird die erste regelmäßige Fluglinie der Welt mit Flugbooten betrieben werden. Der Pariser Salon im Herbst 1912 steht denn auch im Zeichen der »Wasserflugmaschinen«. Bekannte Firmen haben sich mit Bootskonstrukteuren zusammengetan. Henri Farman läßt seinen Anderthalbdecker publikumswirksam in einem Wasserbassin schwimmen, und das Flugboot von Donnet-Lévêque hat inzwischen ein hochziehbares Fahrgestell bekommen. Man sucht. Man tastet und testet.
Mit einem Bündel von Forderungen und Wünschen will sich das Reichsmarineamt 1913 gegen alle unliebsamen Überraschungen absichern, die bei den Wettbewerben des Jahres 1912 zur Tagesordnung gehörten. Es fordert nicht bloß die Mitnahme eines Passagiers, eine Geschwindigkeit von 100 km in der Stunde und Treibstoff für mindestens vier Stunden. Das Flugzeug soll vor allem seefähig sein, und das bedeutet: bei Seegang niedergehen, eine Stunde mit abgestelltem Motor treiben und wieder starten, auch bei Windstille. Das bedeutet ferner: Schutz von Motor und Führersitz gegen Spritzwasser, Einkapselung der Zündung; Schutz des Propellers vor dem Eintauchen ins Wasser. Und dazu kommt noch, in konstruktiver Hinsicht: die leichte Demontierbarkeit, die wasserdichte Unterteilung der Schwimmer und die Zugänglichkeit von Motor und Propeller, ohne die Schwimmstabilität zu gefährden. Ein klappbares Radgestell für die Notlandung auf festem Boden, auch das noch, beschließt diesen langen, allzu langen Katalog.
Auf dem Bodensee treffen sich deutsche Konstrukteure und Flieger wieder, Ago und Aviatik, Gothaer Waggonfabrik und Albatros. Einer, Strack, läßt das Fahrgestell feststehen und kurbelt die außen angebrachten Schwimmer auf und nieder. In der alten hölzernen Zeppelin-Halle, die ursprünglich einmal schwamm und in die Windrichtung eingeschwenkt werden konnte, während das Luftschiff auf einem Floß ausgefahren wurde, montiert jetzt die Flugzeugbau Friedrichshafen G.m.b.H., sozusagen das zweite Bein des Grafen Zeppelin, ihre ersten Flugzeuge. Das Floß von ehedem gibt es schon nicht mehr, so daß der Hallenboden in der Mitte fehlt. Nur der hintere Teil der Hallenmitte ist mit Brettern zugedeckt, dient den

Flugzeugen als Hangar, während am vorderen Ende ein kleiner Steg die beiden Hallenseiten verbindet. Vor diesem Steg ist ein Ponton angebracht, dessen geneigte Oberseite ins Wasser führt. Die Flugzeuge stehen im hinteren Teil der Halle, werden mit Laufkatze und Flaschenzug über das »Schwimmbassin«, den ungedeckten Hallenbodenteil, befördert und zum Start auf den Ponton gesetzt. An die Halle angebaut sind die Werkstätten mit Petroleum-Beleuchtung. Nur die Schmiede, gefährlich für die ausgetrocknete Holzhalle, ist in einem kleinen Massivbau untergebracht. Flugzeugbau 1913.

Seit Monaten dreht Robert Gsell, der Schweizer aus Johannisthal, seine Testrunden und probiert auf dem Bodensee die ersten Versuchsschwimmer »mit Stufe« aus, einem Absatz an der Unterseite, damit Luft den Wasserfluß unterbrechen kann. Im April klappt der Schwimmer bei einer Wasserung zusammen. Die Maschine geht sofort über Kopf, und Gsell wird im hohen Bogen in den kalten See geschleudert. Der Schwimmer war primitiv aus Brettern zusammengebaut, Sparen ist allgemein die Devise, man denkt in Mark und Pfennig. Und so bindet Gsell jetzt seine Lederjacke, die ihn am Schwimmen hindert, an die Schwimmerstreben. Tatsächlich wird das Flugzeug geborgen – mit der teuren Jacke.

Für den »Bodensee-Wasserflug 1913« werden alle denkbaren Sicherheitsvorkehrungen getroffen. An die dreißig Motorboote liegen in Wartestellung, dazu ein Hebeprahm. In den Fliegerlagern wird mit allem Raffinement an den Maschinen gearbeitet; die Schwimmer werden, um die Gleitfähigkeit zu erhöhen, mit Schmierseife massiert. Der Wettbewerb, vor eleganter Kulisse, unter strahlendblauem Himmel und angesichts eines glatten, wunderbar gefärbten Sees, wird zu einem Duell zwischen Albatros und Flugzeugbau Friedrichshafen, genauer, zwischen Hellmuth Hirth und Robert Gsell. Hirth gilt als Favorit. Sein Albatros-Tiefdecker steht aerodynamisch über allen Konkurrenten. Es ist das Werk Ernst Heinkels. Hirth in seinem Glanz und Ruhm hatte den jungen Konstrukteur von der LVG weggeholt (neues Monatsgehalt 425 Mark), und Otto Wiener, der Albatros-Manager, ein versierter Kaufmann, der wußte, was er tat, hatte ihm völlig freie Hand bei der Konstruktionsarbeit zugesichert.

Heinkel schuftet 14, 16 Stunden am Tag. Innerhalb von drei Monaten konstruiert er in jenem »Heinkel-Tempo«, das sprichwörtlich werden soll, drei Eindecker, obwohl er selbst spürt, daß er noch längst keine genügend sichere Vorstellung von Aerodynamik hat. Er gibt den Flugzeugrümpfen gefühlsmäßig eine torpedoförmige oder besser, da sie etwas flachgedrückt wirken, »flunderförmige« Form. Damit ist er den üblichen Flugzeugformen um einiges voraus. *Ich bin dabei nur jener technischen Intuition gefolgt, die sich von nun an immer deutlicher als die eigentliche Triebquelle meiner Arbeit und meiner Erfolge erweisen sollte.* Was ihn bei der Konstruktion ärgert, ist die komfortable Kabine mit Sessel und Lederpolsterung, auf der Hirth hartnäckig besteht.

Mit dem Ausdruck höchster Befriedigung steigt der Chefpilot von Albatros am Bodensee in sein luxuriöses Cockpit. Heinkel liegen die zusätzli-

chen Pfunde schwer auf der Seele, er sieht ja, wie klobig sein Flugzeug, seine bewunderte Schöpfung, im Wasser steht. Hirth nimmt Fahrt auf, doch der Albatros klebt wie ein Klotz am Wasser. Kein gnädiger Windhauch – Hirth bekommt den Albatros-Renner einfach nicht hoch.
Während Hirth enttäuscht essen geht, geht Heinkel mit dem Taschenmesser der Maschine zu Leibe. *Zuerst flog der Klubsessel über Bord. Das Wasser schlug patschend über dem Sessel zusammen. Die Polsterung der Kabinenseitenwände flog hinterher. Ich fand einen Hammer und zertrümmerte den Fußboden. Hol ihn der Teufel! Hirth sollte seine Füße auf das Seitensteuer stellen. Da war Platz genug. Ich riß mit einer Zange alle überflüssigen Eisenteile und Polsternägel heraus und schabte auch noch den letzten Rest von Sand und Dreck aus einzelnen Fugen. Dann begab ich mich an Land. Ich schlug mich vorsichtigerweise in die Büsche und hoffte nur eines – daß uns noch etwas Wind zu Hilfe kommen möge. Eine Stunde später spielte die Musik die ersten Märsche. Hirth kam, durch das Mittagessen gestärkt, zu seiner Maschine. Ich beobachtete von weitem, wie er sich von der Seite auf das Flugzeug schwang und plötzlich mitten in der Bewegung innehielt. Sein rechtes Bein, das er eben in die Kabine hatte stellen wollen, schwebte vor Schreck erstarrt frei im Raum. Hirth wandte langsam sein Gesicht dem Land zu. Er suchte den Verbrecher, er erspähte mich. Er sah mich unbeschreiblich vernichtend an. Dann nahm er alle Grandezza zusammen, zu der er noch fähig war, und ließ sich mit verachtungsvoller Würde auf dem Holzbrettchen nieder, das ich ihm als Sitz gelassen hatte.*
Hirth gewinnt, holt sich 25 000 Mark und Heinkel den Preis für Konstrukteure. Gsell muß mit dem zweiten Platz vorliebnehmen. Ihm hat eine Zündkerze in seinem 140-PS-NAG-Motor einen Strich durch die Rechnung gemacht. 15 000 Mark weniger, eine Sache von Sekunden.
In die Höhle des Löwen, nach Monaco, haben sich die Deutschen nicht gewagt – noch nicht. Da sind die Franzosen im Frühlingszauber der Côte d'Azur unter sich – und haben selber Schwierigkeiten noch und noch: ein Festival der Versager und Zusammenbrüche, geknautschte Flächen, abgebrochene Schwänze, halbversoffene Maschinen. Bei Wind und harter Dünung zeigt sich, daß die Wasserflugzeuge noch weit von jeder Einsatzreife entfernt sind. Für den Großen Preis können sich überhaupt nur 7 von 15 Flugzeugen qualifizieren. Vor dem Start zum Endlauf bläst vom Meer her der gefürchtete Mistral. Die ersten bleiben schon im inneren Hafen mit Havarien liegen. Die andern kommen wenigstens hoch, wenn es auch wie ein Wunder scheint, daß die vom Wind und von den Wellen schwer geschüttelten Maschinen nicht gleich in Trümmer gehen. Doch dann treffen die Hiobsposten von der Strecke ein: Fischer nach einer Zwischenlandung aus 40 m Höhe abgestürzt, Weymann gekentert, beide Flugzeuge völlige Wracks; Brégi und Gaubert bei der Zwischenlandung havariert, beide geben auf. Nur einer, ein Breguet-Doppeldecker mit einem 200-PS-Motor, erreicht mit Hängen und Würgen die zweite Etappe, San Remo. Aber hier kentert auch dieses Einschwimmerflugzeug. Es ist die Stunde der Wahrheit. Mit Entsetzen sehen die Konstrukteure, daß sie mit unzulänglichen

Mitteln gegen die See ankämpfen. *Was nützen die schönen Wasserflugmaschinen*, fragt Oskar Ursinus, einer der großen Vorkämpfer der Wasserfliegerei, *wenn sie sich nicht auf offener See halten können, wenn sie bei der Wasserung oder auf hoher See kurz und klein geschlagen werden?*
Unter dem Eindruck dieses Debakels steht die Premiere der Schneider Trophy. Die Skulptur aus Bronze und Marmor, die der flug- und rennbegeisterte Jacques Schneider, ein Franzose, für Geschwindigkeitsrennen von Wasserflugzeugen gestiftet hat, wird in den nächsten zwei Jahrzehnten zu einem erbittert umkämpften Statussymbol und führt zu einer Herausforderung von Amerika an Europa, zu einem Prestigekampf der großen Flugnationen mit Wissenschaftler-Teams und phantastischen Weltrekorden, mit Werkspionage und tödlichen Abstürzen. Der Einsatz wird schließlich so hoch sein, daß sich die Regierungen helfend beteiligen müssen – ein Machtkampf, der Millionen kostet. Von Frankreich wird dann keiner mehr sprechen. Dafür von Italien, von England – von Macchi und Supermarine. Doch das ahnt selbst ein Jacques Schneider nicht, dieser Geschwindigkeitsfanatiker. Bescheiden genug beginnt ja alles. Vier Flugzeuge, mehr sind nicht übriggeblieben von denen, die da an Bojen zwischen den Luxusyachten dümpelten, schwimmen zuerst vorgeschriebene 19 km und starten dann zu den 28 Runden. Alle fliegen übrigens mit Gnôme, Weymann und Espanet auf Nieuport, Garros auf Morane, Prévost auf Deperdussin. Garros hat bald Motordefekt, Espanet einen Schaden an der Benzinzufuhr. Es wird ein Kampf zwischen Charles Weymann und Maurice Prévost. Die Nieuport war beim Schwimmen 8 Minuten gegenüber der Deperdussin zurückgeblieben; beim Fliegen holt er Runde um Runde die Zeit wieder auf – bis der Motor heißläuft. Seine Durchschnittsgeschwindigkeit: 111 km/h. Prévost wassert schließlich wider das Reglement und ist schon wieder im Hafen, als er auf seinen Irrtum aufmerksam gemacht wird. Er startet noch einmal, fliegt die letzte 10-Kilometer-Runde, und Frankreich hat (mit der kuriosen, durch die Unterbrechung bedingten Durchschnittsgeschwindigkeit von 74 km/h) den Pokal gewonnen. Einmal – und nie wieder. Einer, der es wissen muß, Glenn Curtiss, sieht nach einer Europareise, bei der er sein Flugboot in einem Pariser Hotel ausgestellt hat, die Lage so: *Deutschland, Rußland und namentlich England arbeiten mit großer Energie daran, den Franzosen die Suprematie der Luft zu entreißen. Ich persönlich bezweifle, daß ihnen das gelingen wird. Was die Wasserflugmaschinen anbelangt, so glaube ich, daß im nächsten Jahre England allen übrigen Nationen die Spitze bieten wird. Großbritannien, das die Meere beherrscht, scheint entschlossen zu sein, auch auf diesem Felde die Hegemonie an sich zu bringen.*
In der Tat, die Briten holen nach ihrem verschlafenen Spätstart mächtig auf. England in der Luft voran, heißt die Losung. Die Zahl der qualifizierten Marineflieger geht auf die 200. Längst ist das erste Flugzeug vom Vordeck eines fahrenden Kriegsschiffes gestartet, Kanaldampfer werden zu primitiven Flugzeugträgern umgebaut, und der Erste Lord der Admiralität, Winston Churchill, verspricht einen Gürtel von Wasserflugstationen um die

englische Süd- und Ostküste. Thomas Sopwith baut das erste englische Flugboot, testet es mit einem verläßlichen Austro-Daimler und baut dann den 100-PS-Greene-Motor ein, um sich mit diesem »Bat Boat« den Mortimer-Singer-Preis für rein englische Amphibienflugzeuge zu holen.
Alliot Verdon Roe, der ewige Bruchpilot, der Stehaufmann, hat zu wegweisenden Lösungen gefunden: 1913 verläßt die »Avro 504« die Fabrik, ein in Tausenden von Exemplaren gebautes einfaches und fügsames Schulflugzeug. Die Admiralität gibt bei Roe weitere Wasserflugzeuge jenes Typs in Auftrag, der selbst die Deutschen beeindruckt hat, als Deutschlands erster Marineflieger, Oberleutnant Langfeld, mit diesem Doppeldecker von Wilhelmshaven nach Helgoland, von Helgoland nach Cuxhaven geflogen war, ein Flug bei stürmischem Wind und starkem Seegang.
Die Short Brothers bauen an einem mächtigen Doppeldecker, mit dem Francis McClean auf Schwimmern den Nil hinauffliegen wird, elf Wochen braucht er von Alexandrien nach Khartum. Churchill, der sich tatkräftig für die Seefliegerei einsetzt, sitzt selbst in einer Short-Maschine, als sie beim Wassern völlig zertrümmert wird. Am nächsten Tag schon steigt er von der Isle of Sheppey erneut auf. In einer Rede sagt er: *Um aus dem uns bevorstehenden Kampf um die Weltherrschaft in der Luft als Sieger hervorzugehen, ist es vor allen Dingen nötig, daß das Kriegsministerium und die Admiralität Hand in Hand arbeiten.*
Indes, der Nimbus der Franzosen ist immer noch groß genug, um alle andern Nationen, England, Amerika, Deutschland, von der Teilnahme am Gordon-Bennett-Cup 1913 abzuschrecken. Er wird, nach Védrines Sieg auf Deperdussin im Jahre 1912, in Reims ausgetragen – eine rein französische Angelegenheit, noch dazu auf Deperdussins eigenem Flugfeld, nichts macht die Spitzenstellung dieses Unternehmens deutlicher. Gegen Deperdussins Renn-Eindecker, gegen diese »geflügelten Riesenmotoren« kommt nur noch eine ähnlich konstruierte Maschine an, die Ponnier. Beide fliegen mit dem 160-PS-Vierzehnzylinder-Gnôme.
Bei den Deperdussins ist in der Formgebung ein Minimum an Luftwiderstand angestrebt. Der runde Rumpf der »Dep« zeigt Tropfenform und besteht aus übereinandergeleimtem Furnierholz; »monocoque«, einschalig, nennt man diese Bauweise. Noch während des Wettbewerbs werden an den Maschinen ständig Änderungen vorgenommen. Man entfernt Schraubenmuttern, versieht Schraubenköpfe und Scharnierverbindungen mit tropfenförmigen Ausgängen und kleine Hebelchen mit komplizierten Luftabführungsrippen. Diese kleinen Maschinen mit ihren »degenerierten Flügelstümpfen«, die am Tage vor dem Rennen bei Deperdussin noch mal gestutzt werden, können, ganz geballte und gedrungene Kraft, nur noch von sehr erfahrenen Piloten gemeistert werden. Die Differenz zwischen Minimal- und Maximalgeschwindigkeit ist denkbar gering. Die Rennmaschinen brauchen lange Start- und Landestrecken.
Zum zweitenmal gewinnt Deperdussin den Gordon-Bennett-Cup. Maurice Prévost, Gewinner der Schneider-Trophy in Monaco, kommt bei seinen Runden auf die Durchschnittsgeschwindigkeit von 200,5 km/h. Am

Ende steht der neue Geschwindigkeitsweltrekord auf 203,85 km/h. Und dabei bleibt es vorerst auch. Es ist der letzte Gordon-Bennett-Cup.
Deperdussin am Ende – die Nachricht schreckt französische Luftfahrtkreise auf. Armand Deperdussin hat hoch gepokert, auf allzu großem Fuß gelebt, drei Schlösser, drei Autos und ein paar Wohnungen in Paris, das war denn doch zu viel. Jetzt, wo die Kassen leer sind, nennt man das ehemals so geachtete Mitglied des Aéro-Clubs einen Schwindler, Fälscher, Dieb und wühlt genüßlich in seiner Vergangenheit: Er soll als Ausrufer vor einer Kinematographenbude in Brüssel, als Kaffeehauskellner begonnen haben. Höchst undurchsichtig ist die Art und Weise, wie er zu seinen Millionen gekommen ist: Jahrelang habe er als Seidenagent zwischen Lyon und großen Pariser Warenhäusern Bestellscheine gefälscht, heißt es. Die Millionen für den Flugzeugbau soll ihm überdies ein anderer Großschwindler, dem von der französischen Regierung die Liquidation der Klostergüter übertragen worden war, zugesteckt haben, bevor der selbst ins Zuchthaus ging. Der Seidenhändler hinterläßt ein Minus von 32 Millionen – und großes Entsetzen dazu.
Der renommierte Name wird bis auf einen Buchstabenrest aus der Luftfahrtgeschichte verschwinden, so wie jetzt schon legendäre Namen wie Antoinette, Sommer und Hanriot der Geschichte angehören. Die Firma wird von Blériot saniert, solche Spezialisten läßt man nicht auseinanderrennen, Louis Bécherau bleibt Chefkonstrukteur. Der neue, später nochmals veränderte Name »Société Provisoire des Aéroplanes Deperdussin« formt sich zu den Initialen S.P.A.D. Sie werden im Krieg berühmt.
Geld macht sinnlich, man weiß das nicht erst seit Deperdussins Doppelleben, er galt ja in Paris als sittsamer und glücklicher Familienvater. Jetzt fliegt auch der erste richtige Schmuggel mit Flugzeugen auf. Sie kommen von Belgien nach Frankreich herüber und werfen an vereinbarten Orten im Hinterland der Kanalküste Tabak und Brüsseler Spitzen ab.
Ein Herbst der Affären. »Schiebung«, das häßliche Wort wird beim Michelin-Pokal laut. Wie die Berserker sind Fourny und Hélèn zwanzig, ja dreißig Tage hintereinander immer dieselbe Strecke Etampes–Gidy–Etampes auf- und abgerast, immer mit den vorgeschriebenen Zwischenlandungen vor der Kommission – Rekorde mit dem Brecheisen. Um die Gesamtstrecke geht es schließlich, um die runden 16000 Kilometer der beiden, um richtige und angeblich falsche Abmessungen. Es hagelt Beschuldigungen, gibt Proteste.
Noch Unschöneres geschieht. Im Pommery-Pokal bedarf es kriminologischer Methoden, um Guillaux, einen der großen Erfolgspiloten, zu überführen, daß er zwar in Deutschland gelandet ist, aber eigenhändig den Ortsnamen gefälscht und aus Brockel bei Bremen ein Brakel bei Hamburg gemacht hat – eine erhebliche Kilometerdifferenz, die Brindejonc de Moulinais fast den Pokal gekostet hätte. Brindejonc hat auf eigene Faust gegen den Kollegen ermittelt und festgestellt, was der – »aus Versehen«, wie er dann angibt – getan hat: corriger la fortune.
Flieger sind auch nur Menschen.

Kopf nach unten

Noch einmal lockt ein Pilot Menschenmassen auf die Flugfelder: Pegoud. Der Franzose, der »Mann ohne Nerven«, der »Phönix der Luftpurzelbäume«, springt mit dem Fallschirm ab und überschlägt sich mit seiner Blériot. Atemlos stehen die Zuschauer. Dabei will der Franzose nur zeigen, daß selbst das Trudeln eines Flugzeugs nicht tödlich enden muß.

Die Welt ist völlig aus dem Häuschen, übergeschnappt, total verdreht und verrückt. Nichts stimmt mehr, alles ist auf den Kopf gestellt. Die Kellner tragen statt des Fracks Monteur-Overalls, und das Festessen beginnt mit der Ankündigung durch ein Megaphon, daß der Kaffee serviert sei. Über Süßspeisen, Käse und die Hauptgerichte essen sich die versammelten Herren, Englands Fliegerelite, langsam bis zu einem Riesenhummer vor, der, auf dem Rücken liegend, in einer Prozession um die Tafel getragen wird. Es folgen noch Suppe und dann Horsd'œuvres. Einer beginnt seine Tischrede mit den besten Wünschen für die Zukunft und kommt dann von Punkt drei über Punkt zwei zu Punkt eins seiner Ausführungen. Zum Schluß signieren alle in spiegelverkehrter, auf dem Kopf stehender Schrift das Gästebuch.

Mit solch ausgelassenen Späßchen, mit dieser »gastronomical perversion« *(Flight)*, feiert der Royal Aero Club die phantastische Tatsache, daß Flieger inzwischen den Looping drehen, daß sie »Upside-down« fliegen, den Kopf nach unten. B. C. Hucks, einer der beiden Briten, die das Kunststück als erste geschafft haben (Hamel der andere), wird in London von seinen Verehrern an Knien und Schenkeln gepackt und so, mit dem Haarschopf über der Erde, aus dem Eisenbahnabteil durch eine begeisterte Menge zum Automobil geschleppt. Ein anderer, Temple, übt sich derweil noch, läßt sich jeden Tag fünf Minuten lang, festgebunden an einen Stuhl, mit dem Kopf nach unten an der Decke seines Flugzeugschuppens aufhängen.

Europa im »Sturzflugfieber«, im Taumel des »Looping the loop«: Ein Franzose aus dem Alpenvorland hat eine Epedemie ausgelöst, und sein Name geht im Nu um den Erdball: Charles Pegoud. Briten und auch Deutsche eifern diesem tollkühnen Manne nach, der noch einmal, das letzte Mal vor dem Krieg, die Massen zu mobilisieren vermag wie einst in den glanzvollen Tagen der Blériot und Latham, der Beaumont und Védrines.

Die Wunderdinge, die die Blätter berichten, »Flüge mit dem Kopf nach unten!«, »völliges Überschlagen des Flugzeugs in der Luft!«, diese unglaublichen Nachrichten kommen den Flugplatzgesellschaften wie gerufen. Denn die zahlenden Zuschauer verlangen dringend nach stärkerem Tobak, nach

hautnahem Kontakt mit der Sensation. Die hochdotierten Überlandflüge, nachts der Start und nachts auch wieder die Landung, bringen gerade noch Freunde und wahrhaft Verrückte auf die Beine. Fliegen ist fast schon abstrakt geworden – Messungen von Start- und Landestrecken, von Benzinverbrauch, Höhe und Geschwindigkeiten waren ja für die Zuschauer nie so sonderlich interessant, Passivität schlug allzu schnell in Langeweile um.
Tschudi, der Chef des Flugplatzes Johannisthal, nie um Einfälle verlegen, hat schon einiges versucht, die Berliner wieder an die Peripherie der Stadt zu locken. So brachte die Frühjahrsflugwoche 1913 ein richtiges Flugrennen. Auf sechs parallelen Startbahnen, gestampfte Schlacke, Abstand 100 m, standen sechs Flugzeuge. Jede Bahn hatte einen farbigen Strich bekommen, und diese Farbe wiederholte sich auch am Flugzeug. Der Pilot sah vor sich senkrechte Streifen auf dem Zaun, Streifen in seiner Farbe, erste Orientierung beim Start auf das 10 km entfernte Geländeziel, das er zu umrunden hatte. Auf ein Zeichen wurden die Motoren angeworfen, das nächste gab den Start frei. An der Ziellinie drängte sich die Presse, solche Rennen waren wieder nach dem Geschmack des Publikums. Und Tschudi dachte schon ernsthaft an die Einführung eines Totalisators, um der Demimonde, wie auf dem Rennplatz, die Markstücke aus der Tasche zu ziehen.
In Hendon läßt der geschäftstüchtige, immer auf Attraktionen bedachte Grahame-White die Flieger sogar nachts ihre Rennen fliegen, und in Brooklands treten sie gegen Pferde und Autos an, mit Vorgabe, versteht sich. Was tut man nicht alles, um das Publikum bei guter Laune zu halten, während die großen Matadore auf ihren Flügen irgendwo in Europa herumschwirren, auf dem Balkan Richtung Ägypten, oder bei Höhenrekorden lange, allzu lange in den Wolken entschwinden. In diese Marktlücke aviatischer Vorstellungskunst stößt und stürzt nun Charles Pegoud, immer scherzend, immer gut sichtbar, immer dem Publikum nah. Er bietet den Massen das, was sie für ihr Geld verlangen: Nervenkitzel. Scheinbar ein Selbstmörder, wie ihn das Showgeschäft braucht, einfach unbezahlbar. Seine Gagen sind entsprechend.
Pegoud! Fünf heiße, lähmende, verdöste Jahre bei der Kolonial-Infanterie in Algier haben in ihm den Tatendrang geweckt. Was Langeweile ist, weiß er jetzt, und er weiß auch, daß es so nicht weitergehen kann, das kann doch das Leben nicht sein. Seine Militärpapiere schickt er, ausgehungert nach sinnvollem Tun, an Blériot, mehr hat er auch nicht als Empfehlung: musterhafte Führung, als Unteroffizier entlassen, zum Feldwebel vorgeschlagen. Blériot nimmt ihn tatsächlich, steckt ihn in die Fabrik, wo er sich als anstelliger Mechaniker erweist, setzt ihn sogar ins Flugzeug, im Februar 1913 besteht er die Pilotenprüfung. Pegoud ist ein Arbeitstier mit Ideen, eine ideale Ergänzung für Blériots Erfindungsgabe.
Gemeinsam gehen sie an Versuche. Im Juli erprobt Pegoud als erster eine neue Start- und Landevorrichtung, die Blériot für leichte Wasserflugzeuge entworfen hat, nachdem er in Monaco gesehen hatte, daß die mit leichten Motoren ausgerüsteten Flugzeuge bei etwas stärkerem Seegang nicht in der Lage waren, vom Wasser hochzukommen, und daß sie beim Landen fast

immer irgendwelche Beschädigungen erlitten. Das Flugzeug gleitet an einer V-förmigen Verlängerung am Spannturm auf einem ausgespannten Kabel entlang, bis seine Geschwindigkeit zum Fliegen reicht. Auch bei der Landung wird das Kabel angesteuert, die Vorrichtung klinkt von selbst ein, und das Flugzeug kommt nach kurzem Gleiten am Kabel zur Ruhe.
Nächstes Problem: die Rettung der Flieger – ein Problem, weiß Gott. Merkwürdig ist das ja schon, grenzt an Verdrängung. Da nehmen die Flieger bei den Höhenflügen über 5000 m zwar Sauerstoffmasken mit, doch ein Fallschirm, dieser Lebensretter, gehört nicht zu ihrer Ausrüstung. Unausrottbar hält sich offenbar das Vorurteil, daß man zwar aus dem Ballon springen könne, das hatte man ja schon im 18. Jahrhundert getan, das hatte Käthchen Paulus, die Ballonfahrerin, mit ihrem geschnürten Päckchen inzwischen einige hundertmal vorgemacht, nicht aber aus einem schnellfliegenden oder gar stürzenden Flugzeug. Bilder wie jene böse Filmszene vom Eiffelturm, wo ein kleiner Schneider zappelig und nervös an den Rand der Plattform tritt und mit seinem selbstkonstruierten Fallschirm in zwei, drei Sekunden in den Tod springt, sind natürlich auch keine Reklame für dieses unpopuläre, unpraktische Instrument. Eher noch glauben Erfinder an den Riesenfallschirm, der Flugzeug samt Flieger tragen soll, oder an eine Art Schleudersitz.
Pegoud will die Brauchbarkeit eines Fallschirms beweisen, den sein Freund Bonnet erfunden hat. Vor ihm war nur ein Amerikaner aus einem fliegenden Flugzeug gesprungen. Auf der Rumpfoberseite eines ausrangierten, alten Blériot-Eindeckers mit Anzani-Motor wird der Fallschirm montiert. Pegoud ist mit einer Art Bandage, die Leib und Schultern umschließt, mit dem zusammengelegten Schirm hinter sich verbunden. Er steigt schnell auf 200 m und bringt dann, durch ruckweises Betätigen des Höhensteuers, die Blériot zum Vornüberkippen. Schon während des Gleitfluges, kurz vor dem Kippen, öffnet sich der Fallschirm und reißt, nachdem er sich aufgebläht hat, den Flieger nach hinten aus dem Flugzeug heraus. Pegoud pendelt langsam zur Erde. Es fragt sich natürlich, wie das Manöver im Ernstfall, bei einem plötzlich stürzenden Flugzeug aussieht. Wird der Fallschirm auf dem Rumpf dem Flieger nicht das Rückgrat brechen? Immerhin, Pegouds unglaubliche Kaltblütigkeit bei diesem nicht ungefährlichen Experiment überzeugt. Der junge Mann mit seinen 24 Jahren ist, so scheint es, zu allem fähig. So bemerkenswert wie Pegouds Verwegenheit muß auch das Verhalten der betagten, führerlosen Blériot erscheinen. Sie fällt zunächst ziemlich steil herab, bäumt sich aber dann 50 m über dem Boden wieder auf, überschlägt sich nach hinten und setzt dann, kaum beschädigt, mit den Rädern auf dem Boden auf. Zuweilen benehmen sich halt Flugzeuge, sich selbst überlassen, weitaus vernünftiger als unter den panischen Steuerbewegungen eines entnervten Piloten. So entflieht in Köln in diesen Tagen eine Rumpler-Taube ihrem Piloten, der sie bei laufendem Motor am Sporn in die Startrichtung drehen will; offenbar hat sich bei den Erschütterungen des Hebens der immer ein wenig ölige, fettige Gashebel selbsttätig auf Vollgas geschaltet. Augenzeugen sagen später, sie hätten selten so einen

glatten Start und wundervollen Flug gesehen wie bei dieser durchgegangenen Maschine. Sie landet in der Nähe eines Forts und macht dabei, durch Korn allzu heftig gebremst, einen Kopfstand. Nach dem Propellerwechsel wird die Taube von einem Piloten zum Flugplatz zurückgeflogen. Sie ist ja berühmt für ihre Stabilität. Noch zehn Jahre nach ihren Verschwinden, sagt Henrich Focke später, gab es kein Flugzeug, das bis zum Auftriebsmaximum derartig eigenstabil war wie die Taube.

»Inchavirabilité« ist das erklärte Ziel des Flugzeugkonstrukteurs Blériot, Unsinkbarkeit, Unkenterbarkeit. Mit diesem Wort bezeichnet er in Vorträgen die Eigenschaft eines Flugzeuges, sich in jeder Lage, und sei es auf dem Rücken, steuern und wieder aufrichten zu lassen. Es schadet gar nichts, sagt er, wenn das Flugzeug in der Luft stampft und schlingert. Man gebe ihm so viel natürliche Stabilität, daß es sich nicht bei jedem Windstoß überschlägt. Das ist das einzig Erreichbare. So Blériot. Das französische Kriegsministerium hat dagegen einen Preis von 50000 Francs für einen »automatischen Stabilisator« ausgesetzt. Wenig später wird Lawrence Sperry sein System von vier Kreiselkompassen, das die Steuersignale gibt, in Paris demonstrieren und den Preis, gegen mehr als dreißig Mitbewerber, gewinnen. Sperry fliegt im Cockpit des Curtiss-Flugbootes stehend, die Hände über dem Kopf gefaltet, an den Ufern der Seine entlang, und sein Mechaniker balanciert zwischen den Tragflächen.

Während die Anhänger der Automatik dem Flugzeug dadurch eine gewisse Stabilität verleihen wollen, daß bei Störungen der normalen Fluglage automatische Steuerbetätigungen das Flugzeug in die normale Lage zurückzwingen, baut Blériot sein Flugzeug nach dem Gesichtspunkt, daß der Pilot bei genügend großen Geschwindigkeiten selbst die Möglichkeit hat, sein Flugzeug auch aus schwierigen Lagen wieder herauszumanövrieren. Bis dahin herrschte ja die Meinung vor, daß Flugzeuge, wenn sie von Turbulenzen auf die Seite gekippt oder gar auf den Rücken gedreht werden, unausweichlich verloren sind und abstürzen. Ein paar Piloten, eine Handvoll, sind dem Trudeln wie durch ein Wunder entkommen, geschockt und ohne genau zu wissen, wie. Niemand weiß bisher genau, wie ein Flugzeug reagiert. Pegoud will jetzt das Experiment wagen und ein für allemal zeigen, daß nichts, gar nichts verloren ist, daß es keine aussichtslose Lage gibt, solange der Pilot genug Nerven und noch genügend Höhe hat.

Mit klarem Kopf, ganz auf Sicherheit bedacht, in völligem Bewußtsein des Risikos, geht der Franzose diesen Fragen systematisch auf den Grund – zum besten der Fliegerei, zum Ruhme Blériots und nach den ersten überwältigenden Erfolgen auch nicht mehr ohne Eigennutz. Der Konstrukteur und sein Testpilot nehmen sich eine Reihe von Experimenten vor, zu denen Fallschirmversuche ebenso gehören wie Sturzflüge, das Trudeln und das Abrutschen. Pegouds Sitz wird rundherum gepolstert, er selbst mit schnell zu öffnenden Gurten an das Flugzeug geschnallt. Pegoud ist das Gegenteil eines Selbstmörders: ein Sicherheitsfanatiker. Aber das muß man dem gierigen Publikum ja nicht sagen.

Anfang September zeigt Pegoud auf dem Flugfeld Juvisy einem kleinen,

geladenen Kreis von Offizieren und Konstrukteuren die ersten haarsträubenden Figuren, beispielsweise das »S« mit den schnellen Übergängen vom steilen Gleitflug zum Sturzflug und die sogenannten »Korkenzieherflüge«. Das Flugzeug, so ein Augenzeuge, nimmt so enge Kurven, daß man fast der Ansicht sein könnte, der Apparat schwenke um das eine Ende der Tragfläche herum. Zeitweilig stehen die Flächen bei diesen Kurven senkrecht. Dabei ist der Höhenverlust außerordentlich gering.
Pegouds Kaltblütigkeit, seine fabelhafte Geschicklichkeit, treiben den Betrachtern den Schweiß auf die Stirn. Fassungslos sehen sie mit ihren Ferngläsern, wie er zu der erstaunlichsten Figur ansetzt, zu einer »Looping the loop«-Vorführung, wie sie sonst nur im Zirkus gezeigt wird. Aus einer Höhe von 800 oder 1000 m geht er in einen immer schneller werdenden Gleitflug über, dann mit Vollgas in ein kurzes Steigen und bringt die Blériot in die Rückenlage, aus der er durch kräftige Betätigung der Verwindung über eine Flügelspitze wieder im Sturzflug herauskommt. Schließlich ist Pegoud soweit, daß er acht Loopings hintereinander vollführt.
Paris hat einen neuen Helden. Pegoud macht die Fliegerei frei von ihrer Bänglichkeit, er bringt Phantasie ins Fliegen und zeigt die ungeahnten Möglichkeiten, die im Flugzeug stecken, wenn nur ein mannhafter Pilot am Steuer sitzt, der weiß, wo wirklich Grenzen sind. Er ist der Schöpfer des Kunstfluges. Als man ihn in Paris in einem Theater erkennt, wird die Vorstellung unterbrochen. Eine Viertelstunde lang bringt das Publikum dem Piloten seine Ovationen dar.
Mit unerhörtem persönlichen Einsatz hat Pegoud seinen Kameraden Mut, Überlebensmut gemacht. Nach Pegoud werden Fluglehrer wie Erblich ihren Schülern eintrichtern, bei Stürzen bis zum letzten Moment die Hand am Steuer zu lassen. Wo immer der Franzose jetzt seine Kunststücke zeigt, ist die Verblüffung, die Sprachlosigkeit der Piloten allgemein. Nach Pegoud fliegt sich's leichteren Herzens.
Der „Mann ohne Nerven" geht auf Tournee, verschafft den Massen zumindest die Illusion des tödlichen Sturzes, auf den doch alle so sehnsüchtig warten. Wer da glaubt, nun endlich dem Gesicht des wahrhaft ikarischen Helden zu begegnen, sieht sich bitter enttäuscht. Vor den Journalisten in Berlin erscheint ein schlichter junger Mann mit klaren, kühnen braunen Augen und einem braunen Schnurrbärtchen, gesund, frisch, offen und sogar quietschvergnügt, das Leben selbst, nicht eine Spur von Todessehnsucht. Er habe, betont er, mit größter Vorsicht, monatelang sein Flugzeug studiert und geprüft und sich systematisch zu den Stürzflügen erzogen. *Ich bin in allen Lagen, die ein Flugzeug, vom Piloten gewollt oder ungewollt, einnehmen kann, geflogen. Ich habe alle Arten eines Absturzes des Flugzeuges nachgeahmt, habe mich bestrebt, so getreu als möglich die Ursachen der Unfälle, denen wir in unserem gefürchteten Berufe ausgesetzt sind, künstlich herbeizuführen. Und immer wieder hat das Ergebnis dem entsprochen, was ich vorhergesehen hatte: Der Apparat hat, sobald ich es von ihm verlangt habe, seine normale Lage wieder eingenommen.*
Im weißen Sweater steigt der »Phönix der Luftpurzelbäume«, immer

freundlich, immer gut aufgelegt, in seine Blériot. Die gleicht äußerlich, vor allem durch den nichtbespannten Gitterrumpf, noch immer jenem zierlichen Vogel, mit dem Blériot 1909 über den Kanal schaukelte. Die Steuerflächen sind allerdings bedeutend vergrößert, der 80-PS-Type entlehnt, während Pegoud mit einem 50-PS-Gnôme fliegt. Dadurch ist die Maschine noch wendiger geworden, der Steuerdruck ist schon bei kleinen Neigungswinkeln ganz erheblich. Der Benzintank hat eine Spezialvorrichtung, damit der Motor in allen Fluglagen Treibstoff bekommt. Seitlich und oben ist der Motor mit Spritzblechen verkleidet, um den Flieger vor dem Ölregen zu schützen.

Pegoud steigt steil – die Filmoperateure kurbeln, alles geht viel zu schnell, so daß sich später nicht einmal die Fachleute einig sind, was Pegoud in seiner Blériot nun wirklich macht (er selbst schweigt sich über die Steuermanöver aus). Mit dem Fernglas sehen die Berliner, wie elegant Pegoud den Looping fliegt – so elegant, daß er über die Schwierigkeiten der einzelnen Phasen hinwegtäuscht. Zuerst stellt er die Maschine auf den Kopf und läßt sie 200 m stürzen, dann zieht er am Höhensteuer und jagt steil aufwärts, bis man den Kopf des Piloten sieht, der aus dem Flugzeug hängt. 30 bis 35 Sekunden dauert jede seiner »Todesschleifen«, mit denen er pirouettenartig der Erde immer näher kommt. Man glaubt seinen Augen nicht zu trauen, fassungslos, mit offenem Mund steht das Publikum, den Kopf im Nacken, Gänsehaut. Ja, das gibt es doch gar nicht, ist denn das die Möglichkeit, mein Gott, das ist ja der helle Wahnsinn. Ein Teufelskerl, dieser Pegoud. Er macht mit seinem Flugzeug, was er will, läßt es auf dem Schwanz abrutschen, stellt es auf den Kopf, jagt in der Kurve steil aufwärts. Charles Pegoud fliegt in Hannover und in Frankfurt – Defizite für die Veranstalter, die Zahl der Zaungäste geht dafür in die Zehntausende. Die Münchener fahren an einem strahlenden Sonntag im November in Sonderzügen nach Puchheim. Als der Start Pegouds mit Megaphonen angekündigt wird, legt sich ein Schweigen über die Menge, als wäre Todesnähe spürbar. Doch der Franzose fliegt, lässig und lächelnd wie überall, hängt mit dem Kopf nach unten und braust, kaum 20 m hoch, mit einer Hand winkend, über die tobenden Massen hinweg. »Da, wenn ein Krieg käme, dann wäre Deutschland verspielt«, sagt, ganz erschüttert, ein Zuschauer. Das Fliegen, die Beherrschung der Luft, erreicht mit Pegoud eine neue Dimension. Allmählich setzt sich die Erkenntnis durch, daß jeder geschickte Pilot diese Figuren fliegen kann, wenn nur die Maschine entsprechend präpariert ist. Hamel und Hucks zeigen den Briten ihre Loopings, bald sogar in Formation zu zweit, auch im Doppeldecker. Romolo Manissero, der italienische »Looper«, beginnt im Februar 1914 auf dem Turiner Flugfeld Mirafiori, dem Zentrum der italienischen Fliegerei, seine große, enthusiastisch aufgenommene Tour durch Italiens Städte. Pegoud würzt seine Flüge inzwischen mit einer neuen Nuance. Er unternimmt Passagiersturzflüge in der Nacht. Alle Passagiere, die weiblichen eingeschlossen, sind beeindruckt von seiner Gelassenheit, die sich auf seine Umgebung überträgt. Schwarzer Humor nimmt das Thema auf: Die Tragflächen bre-

chen beim Looping weg, der Pilot läßt die Hände vom Steuer, dreht sich zu seinem Passagier um und breitet die Arme aus: »C'est la vie!«
Pegouds Loopings über Johannisthal bringen Fokker von seiner eigenstabilen Bauart ab, die sich jedem Versuch, in einer nicht normalen Lage zu fliegen, widersetzt. Stabilität ist jetzt nicht mehr so sehr das gefürchtete Problem; stärkere Motoren haben den Piloten nun die Kontrolle über die Flugzeuge gegeben, die vorher gefehlt hat. Und jetzt verlangen beherzte Flieger ein leichteres Ansprechen auf die Steuerbewegungen.
Fokker kommt schließlich zu einer Bauart, die den französischen Eindekkern ähnelt. Mit ihr will er, nach einigen Probeflügen, einen Looping drehen. Er brüllt das seinen Monteuren beim Start auch zu – und bereut es gleich wieder, als er an Höhe gewinnt. *Ich hatte richtig Angst und traute mich nicht, anzufangen. Während ich noch versuchte, meine Nerven wieder in die Gewalt zu bekommen, und mir vorredete, ich müßte noch mehr Höhe gewinnen, wünschte ich heftig, daß der Motor stehenbliebe oder sonst etwas passierte, wodurch ich mich in Ehren aus der Affäre ziehen könnte. Verschiedentlich drückte ich die Maschine und gewann Geschwindigkeit, aber immer, wenn ich sie danach zog, um in den Looping zu gehen, brachte ich sie wieder in Geradeausflug, wie ein störrisches Pferd, das nicht über eine Hürde will.*
Um sich nicht zu blamieren, muß er in den sauren Apfel beißen. Nochmals drückt er die Maschine tüchtig und gewinnt Geschwindigkeit, sagt sich noch, eines Tages mußt du doch sterben, also warum nicht heute, und zieht dann wild entschlossen das Höhensteuer. Die Maschine stampft fürchterlich, legt sich aber rasch auf den Rücken. Als Fokker mit dem Kopf nach unten hängt, rutschen ihm die Füße vom Seitensteuer. Hoffentlich halten die Gurte, betet er, dann geht es schon wieder nach unten. Innerhalb einer Minute hat er sein Flugzeug wieder in normaler Fluglage.
Beim nächsten Mal drückt er die Maschine und zieht sie dann ganz sacht. In ein paar Sekunden ist er ohne große Beanspruchung des Flugzeugs und mit weniger Geschwindigkeitsverlust als beim ersten Mal im Rückenflug. Von nun an fliegt er Loopings mit Vergnügen. Nur der Vater bekommt es mit der Angst zu tun. *Jetzt bist Du berühmt*, schreibt er ihm auf einer Postkarte, *jetzt mach Schluß. Sonst brichst Du Dir noch das Genick.*
Leo Roth wagt schließlich in Johannisthal den Looping mit einem Albatros-Doppeldecker – ein riskantes Unternehmen. Einmal besteht die Gefahr, daß besonders die obere Tragflächenkonstruktion den großen Beanspruchungen nicht standhalten wird, und außerdem ist die Feuergefahr durch austretendes Benzin nicht zu unterschätzen. Nach dem Start testet er die Maschine noch einmal auf Herz und Nieren. Es ist alles in Ordnung. Dann setzt er in etwa 150 m Höhe zum Looping an: ein wenig Tiefensteuer zunächst, um den Motor auf höhere Touren zu bringen, rasches Anziehen des Höhensteuers, Hochschwingen in die Rückenlage, rechtzeitig Gas wegnehmen, um die Drehung zu vollenden. Für den ersten Looping mit einem Mercedes-Motor bekommt er von der Firma ein goldenes Zigaretten-Etui mit Gravierung.

Sein Spaß am Looping-Drehen soll den »tollen Roth«, den »Kavalierspiloten«, wenig später beinah Kopf und Kragen kosten. Er kalkuliert den herrschenden starken Wind nicht richtig ein und nimmt das Gas zu früh weg, so daß die Maschine einen Augenblick lang mit dem Propeller nach oben in der Luft steht und dann langsam nach unten wegrutscht. Einen Moment ist auch noch die Benzinzufuhr unterbrochen, die Baumspitzen kommen schon näher. Roth versucht immer wieder, Vollgas zu geben, und tatsächlich zieht der Motor nach bangen Sekunden wieder durch.

Fliegen wird sicherer durch Pegouds Experimente. Die Piloten sind sich einig, daß einer, der das Abstürzen und Wiederauffangen systematisch geübt hat, auch in den brenzligsten Situationen kaltes Blut bewahren wird. Mögen Loopings auch ein Extrem sein, so haben die Kurvenflüge doch gezeigt, daß ein Abrutschen erst eintritt, wenn die Schwerkraft größer ist als die Eigengeschwindigkeit. Und selbst beim Abrutschen aus einer starken Schräglage ist es immer noch möglich, durch geschicktes Betätigen des Seitensteuers, das in dieser Lage gleichsam als Höhensteuer wirkt, die Maschine »auf die Nase« zu bringen, so daß der Pilot sie mit dem Höhensteuer wieder aufrichten kann.

Die Piloten sind selbstsicherer geworden – auch die Statistik spricht von zunehmender Sicherheit. Im Jahre 1912 kommt ein tödlicher Unfall auf 172 163 Flugkilometer. Von den 5800 Piloten, die es auf der Welt gibt, sind in diesem Jahr 112 tödlich verunglückt. Das heißt, jeder 51. Flieger ist tot. Der Fortschritt den frühen, wilden Jahren gegenüber ist unverkennbar. 1911 starb noch jeder 20. Flieger.

So also die Überlebens-Statistik. Und doch wird keiner von den großen Fliegern dieses großen Jahres, ausgenommen Viktor Stoeffler, die Dreißig erreichen. Nicht Pegoud, der seinen Namen in fetten Großbuchstaben auf die obere Fläche malen läßt, damit ihn die Massen von unten beim Looping lesen können, und nicht Brindejonc de Moulinais, der jetzt endgültig den heißumkämpften Pommery-Pokal zugesprochen bekommt. Nicht Garros, der mit fast leerem Tank in Tunis ankommt und dem die Franzosen bald nach dieser ersten vollständigen Überquerung des Mittelmeeres in Südfrankreich ein mächtiges Denkmal setzen, und auch nicht Bider, der für 1914 schon den Passagierflug über die Alpen plant (und ihn auch ausführt). Pegoud stürzt 1915 mit einem Herzschuß ab, Brindejonc nach einem Schrapnelltreffer, der die Tragfläche wegreißt, und auch Garros wird 1918 zu Grabe getragen, »du Engel aus Blei«, wie Cocteau ihn besingt. Am 7. Juli 1919 macht Oskar Bider über dem Flugplatz Dübendorf Kunstflugfiguren, zum Schluß eine »Vrille«, ein korkenzieherhaftes Abstürzen der Maschine um ihre eigene Achse. Er scheint nicht zu sehen, daß er für diese schwierige Übung nicht mehr hoch genug ist. Der Motor der Nieuport bohrt sich in den Boden. Biders Schädel ist mehrfach gebrochen, das Gesicht schwer entstellt. Auf der schweizerischen Flagge wird der große Flieger des Landes aufgebahrt. Gottesfürchtig hatte er über die Fliegerei geschrieben, sie sei nur möglich, *wenn wir wissen und glauben, daß wir einen Gott haben, nach dessen Willen wir geführt werden.*

Endspurt

Zehn Jahre sind seit den ersten Sprüngen der Wrights vergangen – zehn Jahre, in denen die Welt die »gute alte Zeit« hinter sich gelassen hat. Time is money, Rekorde, Rekorde. Der Atlantik winkt, Riesenflugzeuge entstehen. Die europäischen Fliegernationen übertrumpfen sich, setzen einen Rekord auf den anderen – Drohgebärden, der Krieg läßt nicht mehr lange auf sich warten. Zurück bleibt ein Haufen verbitterter, zerstrittener Männer: die Pioniere. Wer wirklich der erste Flieger war, weiß schon keiner mehr zu sagen.

Umwandlung aller Werte, Umwertung von Zeit und Raum: so sehen es die Zeitgenossen. Sie müssen mit den neuen technischen Errungenschaften, mit Telefon und Automobil, fertig werden und auch noch revolutionierende geistige Erkenntnisse wie die Relativitätstheorie zumindest zur Kenntnis nehmen.

Time is money – die Amerikanisierung beginnt, Amerika rückt immer näher, jenes Land, in das man früher gescheiterte Existenzen abschob, um ihnen nie wieder zu begegnen. Jetzt jagen Telegramme hin und her. Der Raum schrumpft, die Welt fiebert im Schnelligkeitswahn: *Heute*, und das heißt 1913, *wird der nervöse Fernsprechteilnehmer schon ungeduldig, wenn er nicht in wenigen Minuten die Stimme seines Geschäftsfreundes in Kopenhagen oder Paris hören kann, und den Teilnehmer in Potsdam läßt er rufen wegen einer Kleinigkeit, um derentwillen er sich hüten würde, eine Postkarte zu schreiben.*

Unrast kommt ins Leben. Zeit sparen heißt die moderne Devise, die Technik trägt dazu bei, macht Menschen mobil. 1830, so erinnert man sich noch, rumpelten etwa eine Million Menschen in Postkutschen durch die von vielen Schlagbäumen separierten deutschen Lande; 1910 transportiert die Eisenbahn 1,5 Milliarden durch das vereinigte deutsche Vaterland. Fortschritt ist gleichbedeutend mit Beweglichkeit und Schnelligkeit. Auf dem Nordatlantik liefern sich die Luxusdampfer wahre Kesselschlachten, um das begehrte »Blaue Band« zu erjagen. Selbst die schreckliche »Titanic«-Katastrophe von 1912 hat nur ein paar bissige Zeitkritiker zum Nachdenken gebracht. Rekorde, dieses Lieblingswort, trennt das 20. vom 19. Jahrhundert. Kann sich jetzt etwa noch einer vorstellen, daß Santos-Dumont einmal geruhsam mit seinem Luftschiff auf den Champs-Elysées gelandet ist?

Das junge Jahrhundert hat Fahrt aufgenommen, setzt sich ab von der guten, alten Zeit und ihrer Gemütlichkeit. Die Entfaltung der technischen Welt, diese Überwindung von Zeit und Raum, gipfelt im Drang zum aktuellen Miterleben, in der immer engeren Verbindung zum Weltgeschehen. Der gleiche Nervenkitzel, der die arbeitenden Massen hinaus auf die Flugfelder trieb, Augenzeugen der Brutalisierung von Spiel und Sport, bringt sie an die Kassen der Kinobuden. Alles scheint jetzt gegenwärtig, ist reproduzierbar. Der Aviatiker Védrines überfliegt die Pyramiden, die Wochenschau vom 6. Februar 1914 zeigt es schon. Dazu: das Fest des Heiligen Antonius in Barcelona, Tänze am Hof von Rangoon, große Überschwemmungen in Texas, Salutschüsse auf dem Kreml. Das Kino transportiert Wirklichkeit und sorgt für Aktualität. Im April 1914 fährt der englische König auf seiner Yacht von Dover nach Calais zum Staatsbesuch. B. C. Hucks umkreist in seiner Blériot die kleine Armada, während der Kameramann sich weit über den Rumpf hinausbeugt und fieberhaft kurbelt. Hucks fliegt die Filmrolle nach London. Und abends läuft der Streifen schon im »Coliseum«.

Nichts ist mehr fern, nichts mehr geheimnisvoll. Das Bewußtsein von einer Weltenwende wird langsam wach, die Vorstellung von einer neuen Welt voll unbegrenzter Möglichkeiten. Alles ist machbar: Panama-Kanal und Bergbahnen, die Erdoberfläche ist schon bis 2200 m Tiefe angebohrt, das »Zeitalter der Surrogate«, der chemischen Kunststoffe, kündigt sich an. Der Mensch hat die Schwerkraft überwunden, und nichts kann dieses grundlegend Neue, die wirkliche Naturbeherrschung besser illustrieren als der Fortschritt in der Fliegerei.

Legagneux nimmt als erster die Sechstausender-Hürde. Er startet in Fréjus am Mittelmeer, der neuen Marinefliegerbasis mit zwei Reihen Flugzeugschuppen. Auf der Reede liegt die »Foudre«, drei Wasserflugzeuge auf dem Vorderdeck; mit einem Kran werden sie ganz vorsichtig zu Wasser gelassen. Hier in Fréjus-St. Raphael ist auch Roland Garros zu seiner Mittelmeerüberquerung aufgebrochen, zu diesem umjubelten Achtstundenflug, der über Sardinien wegen des leicht angeschlagenen Gnôme und starken Gegenwindes auf der Kippe gestanden hatte. *Ich werde nie diesen Augenblick der Unschlüssigkeit vergessen*, sagt Garros. *Aber eine unbeschreibliche, magische Kraft, stärker als mein Verstand und mein Wille, zwang mich wieder hinaus auf das Meer.* Er hat Glück, der Gnôme hält bis nach Afrika durch.

Und jetzt geht Legagneux die Sechstausend an. *Die beste Methode, sich für Höhenflüge zu trainieren, ist die, hoch zu fliegen*, sagt der Urpariser mit den kessen Augen, ein Vollprofi, gewöhnt an den Umgang mit der Presse, immer ein paar lockere Sprüche auf Lager. *Wenn ich in der Umgebung von Villacoublay herumfliege, dann immer 3000, 4000 oder 5000 Meter hoch. Das ist, nebenbei bemerkt, viel angenehmer, besonders, wenn die Sicht klar ist.* Bei 6150 Meter hat er sich auf seinem Barographen einen Strich gemacht; die braucht er, um die vorgeschriebenen 300 m über den Rekord zu kommen.

Bedienung des Motors

Bevor der Motor in Betrieb genommen wird, müssen nachstehende Punkte beachtet und befolgt werden:
1. Treibschraube. Man überzeuge sich, daß die Propellernabe fest sitzt, die Mutter gesichert und die Flanschenschrauben gut angezogen sind. (Diese gebotenenfalls versplinten!).
2. Ölstand im Kurbelgehäuse prüfen. (Das Flugzeug in waagerechte Lage bringen, dann Ölkontrollhahn öffnen. Aus diesem soll nun das Öl langsam heraustropfen, nicht fließen. – Kontrollhahn schließen! – Nicht vergessen!)
3. Frischölbehälter auffüllen.
4. Benzinstand im Haupt- und Hilfstank nachsehen.
5. Druck im Benzinbehälter aufpumpen und prüfen, ob er sich hält.
6. Kühler mit Wasser nachfüllen.
7. Schlauchverbindung der Wasserleitung nachsehen, ob nirgends Wasser durchsickert.
8. Fettschmierbüchse der Wasserpumpenachse genügend mit säurenfreiem Fett füllen.
9. Vergaser und
10. Zündgestänge prüfen, ob sie leicht beweglich sind. 1914

Auf dem Flugfeld werden an diesem 27. Dezember 1913 12 Grad Wärme gemessen. Als er sich seiner Marke nähert, ist das Thermometer auf minus 22 Grad gefallen, 34 Grad Unterschied. Über den Höhenmesser hat sich eine Eisschicht gelegt, und alle paar Sekunden kratzt Legagneux am Glas, um zu sehen, ob sich die Nadel weiterbewegt. Er hat nur noch den einen Gedanken: den Rekord brechen. Aber die Zeit scheint stillzustehen, der Zeiger nicht von der Stelle zu rücken. Es ist ermüdend. Halb apathisch und erschlafft schnieft er ab und zu an seiner Sauerstoffflasche. Der Gnôme macht einen infernalischen Lärm, erklimmt aber Meter um Meter, läßt die Nadel bis auf das magische Zeichen zittern. 6150 Meter. *Ich hatte nur noch den einen Wunsch: weg von hier. Ich wäre nicht noch 100 Meter höher gestiegen.* Zwölf Minuten später hat ihn die Erde wieder. Ein paar Monate danach stürzt er in die Loire – einer der ganz Alten, der sich noch bei Ferber, Farman und Voisin hochgedient hat. Tot.
Rekorde, Rekorde, die Welt giert nach Höchstleistungen und läßt sich willig erregen von den exzentrischen Möglichkeiten der Fliegerei. Schon überlegt man, wie man sie in die 6. Olympischen Spiele einbauen kann. *Wir wollen immer Neues, Unerhörtes, und wer uns vom Werte einer Sache überzeugen will, muß einen ›Rekord‹ aufstellen,* schreibt ein Journalist. *Schnelligkeit und Wagemut: das sind die Eigenschaften, die wir am höchsten schätzen. Kein Wunder daher, daß kühne Leistungen auch den reichsten Lohn finden.* Die Franzosen hat es in den Orient getrieben, nach Kairo, nach Khartum, in die Türkei. Védrines ohrfeigt in Kairo einen Kol-

legen und will dem Präsidenten der Ligue Nationale Aérienne ein paar Löcher in die Haut schießen. Ein paar Tage vor Legagneux' Höhenweltrekord werden im Reichstagsgebäude zu Berlin die Rekordflieger der National-Flugspende geehrt – ein eher symbolischer Akt, das Geld bekommen zum größten Teil die Fabriken. Ziemlich auf die Stunde genau liegen zehn Jahre zwischen dem Festakt in Berlin und dem ersten freien Motorflug in Kitty Hawk, zwischen den legendären zwölf Sekunden der Wrights und Viktor Stoefflers 24 Stunden und 45 Minuten – zehn Jahre nur. Und jetzt denkt Amundsen schon an den Nordpolflug, setzen Amerikaner einige hunderttausend Dollar für einen Weltflug, die *Daily Mail* 10000 Pfund für die Atlantiküberquerung aus.

Kaum zu fassen, aber wahr: dieser ungeheure Sprung vom ersten motorisierten Gleiter bis zu den Riesenflugzeugen, die jetzt im Bau sind, ist das Werk eines kurzen Jahrzehnts. Passagiere, die sich noch an die erste drekkige Pionierzeit erinnern, sind beseligt vom Komfort neuer Maschinen, glauben in einem Klubsessel zu sitzen, haben vor sich sogar einen kleinen Klapptisch – und bleiben sauber. Auspufftöpfe sammeln die Gase und führen sie unter den Flügeln ab. Der Pilot kann den Motor mit Handhebel und Sperrklinke durchdrehen und mit Hilfe des Anlaßmagneten in Betrieb setzen. Das Armaturenbrett hat sich gefüllt: Staudruckmesser, Luftdruckmesser für Benzinförderung, Höhenmesser, Drehzahlmesser. Alte Piloten, die fast ohne jedes Instrument begonnen haben, fühlen sich nun wie in einem fliegenden Laboratorium.

Keiner hat mit dieser Beschleunigung der technischen Entwicklung gerechnet. Alle Prognosen aus jenen Tagen von Reims im Jahre 1909, als die Fliegerei erst richtig begann, sind über den Haufen geworfen, alle Vorhersagen aus dieser Zeit null und nichtig. Nur einer, der Capitaine Ferber, hatte schon 1909 wieder einmal den richtigen Riecher, als er für 1914 Geschwindigkeiten von 150 km/h und mehrere Passagiere prophezeite. Tatsächlich macht jetzt Grahame-White mit seiner »Charabanc« die ersten Überlandflüge mit vier oder fünf Passagieren, während in Rußland schon ein blutjunger Konstrukteur namens Sikorsky mit sieben und acht Fluggästen an Bord seine Runden dreht. Zum Schluß sind es sechzehn. Die Kabine hat sogar Gardinen.

Das eine knappe Jahrzehnt vom Luftsprung zum Tag-und-Nacht-Flug hat freilich auch ausgereicht, um die Frage, wem denn nun der Ruhm zusteht, der erste Flieger der Welt zu sein, bis zur Groteske zu verwirren. Gewiß, die Festredner feiern im Dezember 1913 die Wrights als die wahren Schöpfer des Motorflugs – und gewiß zu Recht. Wilbur, der aggressivere, einfallsreichere der beiden Brüder, ist schon tot, 1912 mit 45 Jahren an Typhus gestorben – »ein kurzes, aber um so wirksameres Leben«, wie der Vater schrieb. Wilbur hinterließ ein Vermögen von 1,8 Millionen Mark. Der Rat des Bischofs: *Je mehr Geld man braucht, um so mehr muß man verdienen, um zu verhindern, daß man seinen Mitmenschen zur Last fällt*, hatte sich also ausgezahlt. Dafür wird er im Testament mit 4000 Mark abgefunden (das dann auch prompt angefochten wird). Orville kämpft weiter gegen die

ganze Welt um die Patente, in Frankreich mit vollem Erfolg, in Deutschland teils, teils, und wird 1915 seine Anteile an der Wright-Gesellschaft an eine Gruppe von New Yorker Geldleuten abstoßen.
Die Evolution frißt ihre Väter – keiner ohne Wunden, ohne schlimme Enttäuschungen, keiner ohne die Bitterkeit der Niederlagen. Die Maschine der Wrights gehört schon ins Museum. Santos-Dumont, von multipler Sklerose gezeichnet, taucht nur noch selten auf. Hans Grade ist zu lange beim Zweitaktmotor geblieben, verrannt in die Konzeption seiner wenig ausbaufähigen, leichten Maschine. Samuel Cody, der »Oberst« von eigenen Gnaden, der ehemalige Chef einer Zirkustruppe, dem die britische Fliegerei so viel verdankt, erlebt noch den größten Triumph seines Lebens: Der König besucht ihn und redet ihn mit »Colonel« an. Doch am 7. August 1913 bricht sein neues Flugzeug über Laffan's Plain auseinander – von der Wissenschaft hat dieser Autodidakt nie viel gehalten. Die Briten bewunderten seinen eisernen Willen. Hunderttausend geben dem populären Sportsmann das letzte Geleit – ein Abschied auch von der Pionierepoche. Die erste Generation, gehärtet in den Feuern der frühen Wettbewerbe, zieht sich aus der aufreibenden Fliegerei zurück, fliegt nur noch so zum Spaß, läßt fliegen, kümmert sich um die Geschäfte, die Pionierjahre haben Nerven gekostet. Die Farmans, Blériot, Euler, sie denken an ihre bürgerliche Existenz. Junge Kräfte drängen konkurrierend auf den Markt, Fokker, die Caudrons, Sopwith. Eine Reihe von Fliegern wie Poulain, der Radweltmeister, wie der dicke Amerigo, ein ehemaliger Schrittmacher, Weltrekordmann bei Aviatik, wie Behrend, der Jongleur, haben die Fliegerei nach schweren Stürzen aufgeben müssen, Lindpaintner wird von den Ärzten für fluguntauglich erklärt.
Die vorwärts stürmende Fliegerei, die jetzt in einem letzten, wilden Spurt einen Rekord auf den andern setzt und wie entfesselt alle natürlichen Grenzen zu sprengen scheint, läßt ein Altersheim voll verbitterter, ruinierter, zerstrittener, mit der Welt zerfallener Männer zurück – Tragik des Erfindertums. Professor Langley, der mit seiner Flugmaschine der Lösung schon so nah war, ist ein paar Jahre nach dem Fiasko seines Katapultstarts in geistiger Umnachtung gestorben. Wilhelm Kress, auch er dem Erfolg scheinbar so nah, den eine einzige Böe dann durchkreuzt, lebt bis 1913 ärmlich von den paar Kronen Ruhegeld, die ihm der Kaiser huldvoll auszusetzen geruhte. Gustav Lilienthal hämmert sein Leben lang, zum Schluß schon ganz wirr im Kopf, an einer Flügelschlagmaschine, wie sie seinem großen Bruder vorgeschwebt hatte.
Ader in Paris, dieser famose Ingenieur, dem die Pariser ihr Telefonnetz verdanken, will sich mit Macht zum Ahnvater der Fliegerei küren. Er redet sich dabei um Kopf und Kragen, verrennt sich in Widersprüchen, beharrt endlich auf der Behauptung, im Oktober 1897 etwa 300 Meter geflogen zu sein, geheim, versteht sich. Die Augenzeugen, die gibt es ja noch, winden sich pflaumenweich, eine peinliche Geschichte. Von allen verlassen und verhöhnt, spinnt er sich in seine aggressiven Visionen von der Zukunft der Militärluftfahrt und ersinnt perfide Mordwerkzeuge.

Die Vaterschaft bleibt umstritten, da reißen sich einige drum. Die Briten präsentieren ihren vielseitigen Sir John Cayley als »Vater der Fliegerei«, der ja tatsächlich die moderne Form des Flugzeugs, feststehende Flächen, Höhen- und Seitenruder, als erster zu Ende gedacht hat. Die Deutschen haben ihren Otto Lilienthal nun endlich und sehr spät auf einen Denkmalssockel gehievt. Auch Karl Jatho kommt mit seinen Luftsprüngen in der Vahrenwalder Heide bei Hannover wieder zu Ehren – kurze Hopser nur, aber vor den Wrights. Inzwischen hat er, städtischer Angestellter, ein Dutzend Flugzeuge gebaut und ist finanziell am Ende.
Die Franzosen verweisen abwechselnd auf den genialen Alphonse Pénaud, der mit freifliegenden Modellen experimentiert und sie wohl als erster durch eine horizontale Heckflosse stabilisiert hatte, bevor er Selbstmord machte, oder auf Felix du Temple, der 1874 seine Dampfmaschine mit Flächen eine Rampe herunterrollen ließ und so zum Springen brachte. Russen pochen, eine Zeitlang jedenfalls, auf ihren Alexander Moschaiski, dem das gleiche Kunststück gelungen sein soll, und Dänen auf Ellehammer, der doch einen Tag vor Santos-Dumont geflogen sei, was die Brasilianer nicht hindert, ihren Landsmann bis heute als »Pai da aviação« zu feiern, so als hätte es die Wrights nie gegeben.
Auch Bayern wird eines Tages seinen Joker zücken: Gustav Weißkopf alias Whitehead aus Leutershausen. Der 27jährige Franke, der sich einen Acetylen-Vierzylinder-Motor konstruiert hatte, berichtete im August 1901 dem *Sunday Herald* über seinen Flug: *Ich hörte nichts weiter als das Rumpeln des Motors und das Klappern der großen Schwingen. Ich begann mich sicher zu fühlen, und alles, was ich tun konnte, war: den Kopf oben zu behalten und keine maschinellen Fehler zu machen. Ich habe niemals zuvor solch ein Freiheitsgefühl gehabt wie während der zehn Minuten, in denen ich über meinen Mitarbeitern schwebte, in einem Ding, das mein eigenes Gehirn entwickelt hatte. Es war ein schöner Versuch. Er gab mir das Gefühl, daß ich meinen Brüdern weit voraus war, denn ich konnte wie ein Vogel fliegen, und sie mußten noch laufen.* Weißkopf muß, glaubt man ihm, sozusagen ein Überflieger gewesen sein, wenn man die Schwierigkeiten bedenkt, mit denen sich andere in diesen frühen Tagen für ein paar lumpige Sekunden, um ein paar jämmerliche Meter herumgeschlagen haben. Als Weißkopf-Whitehead starb, hinterließ er acht Dollar.
Zehn Jahre nach den ersten Flügen der Wrights verheddern sich die Handlungsfäden schon heillos, und das wird mit der Zeit nur schlimmer werden. Interpretationsfragen kommen dazu: Was ist Fliegen? Darf man kurze Luftsprünge schon so nennen? Oder gehören auch Steuerbarkeit und völlige Kontrolle dazu? Zählt der Katapultstart oder muß sich ein Flugzeug mit eigener Kraft vom Boden heben? Glenn Curtiss, den Wrights Anwälte gerade auf 20 Millionen Schadenersatz verklagt haben, unternimmt im Frühjahr 1914 einen ganz abgefeimten Versuch, die Wrights lächerlich zu machen, indem er den Aerodrome, Langleys Flugzeug, so weit manipuliert, daß damit Flüge gelingen – von der Anti-Wright-Fraktion mit diebischem Vergnügen als Beweis dafür gewertet, daß die Brüder aus Dayton

eben doch nicht die ersten waren und daß Langley nur durch das Versagen des Katapultes auf seinem Hausboot im Potomac um den wohlverdienten Erfinderruhm gebracht worden sei.
Auch weiß man nach einem aufsehenerregenden Manuskriptfund im Keller des französischen Konsulats in Kairo, daß der Franzose Louis Mouillard, einer der aufmerksamsten Beobachter des Vogelflugs, viele Jahre vor den Wrights die Idee der Flächenverwindung und der Kombination mit dem Seitensteuer gehabt und sie Octave Chanute, dem Freund und Mentor der Wrights, unterbreitet hat. Das Wort »gauchissement«, Verwindung, taucht zum erstenmal bei ihm auf. Mouillard starb im Elend, vergessen von allen, während in Deutschland Fritz Robitzsch immer noch um sein Verwindungspatent aus dem Jahre 1902 kämpft, bis sein Vermögen aufgebraucht ist.
Das Gezänk geht los und wird so bald nicht enden. Wer hat, beispielsweise, die Taube nun wirklich geschaffen? Rumpler hat Etrich ausgetrickst, kein Zweifel, aber auch Etrich mußte sich schon mit Wels vergleichen, der seinerseits vor Gericht seinen Anteil an der Entwicklung geltend gemacht hatte. Derweil zieht Professor Friedrich Ahlborn durch Deutschlands wissenschaftliche Vereine und beklagt sich bitter über Etrichs stillschweigende Einvernahme seiner Entdeckung der Flugeigenschaften des Zanoniasamens. Der fällige Streit zwischen Euler und Grade um die Nummer Eins in der deutschen Fliegerei wird noch ein bißchen auf sich warten lassen, aber er kommt bestimmt. Wer von beiden ist als erster geflogen? Wer hatte die erste Fabrik? Da werden dann in Eulers Diktion aus den hervorragenden 6300 Mark, die er 1909 gegen die überlegenen Franzosen in Frankfurt gewonnen hat, unversehens glatte 60000. An Rumpler aber, den Juden, der im November 1908 die erste kleine deutsche Fabrik für Flugzeugbau gegründet hat, erinnert sich weder Grade noch Euler. Voisin, egomanisch, böse und ungerecht, wird nicht davor zurückschrecken, ein Foto ungerührt ein paar Jährchen vorzudatieren, um seine Priorität zu beweisen und den Wrights eins auszuwischen. Orville hat schon längst, wegen der Curtiss-Langley-Affäre aufs höchste gereizt, sein Flugzeug aus dem Museum entfernen lassen und nach England geschickt. Es wird erst 1948 nach Amerika zurückkehren.
Indes, wichtiger als dieses Aufwärmen alter Fehden und Geschichten, als diese teilweise kindischen Versuche der Rechthaberei wird für die Zukunft der Luftfahrt der 1. Januar 1914 sein. An diesem Neujahrstag eröffnet der Pilot Tony Jannus mit einem 23-Minuten-Flug in Florida den ersten regulären Linienflugdienst der Geschichte. Die Strecke könnte nicht besser gewählt sein: St. Petersburg, ein Städtchen von 8000 Einwohnern, ist von dem Geschäftszentrum Tampa durch eine etwa 30 km breite Bucht getrennt, die einen stundenlangen Umweg mit dem Auto oder mit der Bahn erfordert; das Dampfboot fährt nur einmal am Tag. Der erste Fluggast, ein Major a. D., läßt sich die Ehre 400 Dollar kosten. Die St. Petersburg-Tampa-Airboat-Line, von der Stadtverwaltung und von Geschäftsleuten subventioniert, befördert mit zwei Benoist-Flugbooten pro Flug jeweils

einen Passagier. Der Andrang ist groß, die Warteliste lang, der Flugpreis beträgt 5 Dollar. Bis zum März hat die kleine Gesellschaft 1204 Fluggäste über die Bucht geflogen. Nur an acht Tagen müssen die Flüge wegen schlechten Wetters oder wegen Maschinenschadens gestrichen werden. Auch im April wird der Dienst fortgesetzt. Aber da ist die touristische Wintersaison vorbei, und der mexikanische Krieg läßt das Geschäftsleben stocken. Die Fluglinie, vornehmlich das Werk Thomas Benoists, der sein Geld mit Automobilen gemacht hatte, um es dann in Flugboote zu stecken, wird wieder eingestellt.

Die Franzosen haben schon im Oktober 1913 einen Postversuchsdienst eingerichtet, der zum Vorbild für ähnliche Unternehmen in den zwanziger Jahren werden wird, wenn Postflugzeuge den schnellen Ozeandampfern nachfliegen und so die Postlaufzeit verkürzen. Auch die Idee der schwimmenden Flugstützpunkte, die in den dreißiger Jahren im Südatlantik verwirklicht wird, taucht ja schon seit 1910 in der Diskussion auf. Jetzt bringen erst einmal kleine Eindecker Post von Paris nach Pauillac an der Gironde-Mündung, wo das Paketboot nach den Antillen unter Dampf liegt – erste Zeitersparnisse für die Geschäftspost.

Auch die Russen haben ihre ersten Erfolgserlebnisse. Igor Sikorsky, der Sohn aus wohlhabender Medizinerfamilie, Vater eine Koryphäe, auch die Mutter Ärztin, ist nach seinen vergeblichen Hubschrauberexperimenten und einigen geglückten Flugzeugkonstruktionen mit 24 Jahren zum Flugzeugentwurf- und Chefingenieur der Vereinigten Russisch-Baltischen Eisenbahnwagen-Fabrik avanciert. 1913 hat er, selbst am Handsteuerrad sitzend, vor sich auf der offenen Plattform einen Mechaniker, das größte Landflugzeug der Welt zum Fliegen gebracht, »Bolshoi«, den »Großen«. Die vier 100-PS-Argus-Motoren sind paarweise hintereinander zwischen den Flächen des Doppeldeckers angebracht. In der eckigen Kabine mit Fenstern aus Cellonglas stehen Korbstühle für Passagiere. Die Stabilität des Riesenflugzeuges mit seinen 120 m² großen Tragflächen hat überrascht. *Gewichtsverschiebungen im Fluge bis zu 70 kg waren von untergeordneter Bedeutung*, so kann man lesen. Mehr als 90 km/h bringt der Riese freilich nicht.

Sikorsky, ein kleiner untersetzter Mann mit den korrekten Manieren der alten russischen Schule, immer gleich ruhig und höflich, ohne einmal die Stimme zu heben, baut 1914 aus Holz, Stahlrohr und emailliertem Baumwollstoff das zweite, noch größere Riesenflugzeug, die »Ilya Mourometz«. Auf dem Rumpf stehen bei einem der ersten Flüge zwei Männer mit flatterndem Mantel. Die Russen haben mit Sikorskys großem Wurf für einige Zeit die Führung im Großflugzeugbau übernommen – auf einem Gebiet, das neue unbekannte Probleme bringen wird, so die schwierigen Fragen der Ein- oder Mehrmotorenanordnung, der Wartungsmöglichkeit im Flug, der Brennstoffunterbringung, Beleuchtung und Instrumentierung. Wenig später wird in einem deutschen Riesenflugzeug für die Verständigung zwischen Cockpit und den Mechanikern in den Motorgondeln eine Rohrpostanlage installiert, da Telefon, Sprachrohr und eine Sirene sich als

unbrauchbar erwiesen haben. Die projizierten Schriftzeichen einer optischen Anlage sind wegen der starken Vibration unleserlich. Der elektrische Maschinentelegraph wird sich erst einmal durchsetzen.
Hellmuth Hirth schwärmt 1914 von der Zukunft der Fliegerei: *Wenn man bedenkt, daß in unseren jetzigen Flugzeugen ein ausgewachsener Mensch gezwungen ist, stundenlang auf einem kleinen Sitz zu verharren – seine Füße ruhen auf dem Seitensteuer; eine Hand muß Höhensteuer und Verwindung betätigen – so komme ich zu der Überzeugung, daß unsere heutigen Flugmaschinen bald riesige Dimensionen annehmen werden. Unsere Technik ist jetzt schon erfreulicherweise soweit, daß sie uns den Bau von riesenhaften Flugzeugen, von 600, 2000 und mehr Pferdestärken gestattet. Diese werden eine völlige Umwälzung des augenblicklichen Luftbetriebes herbeiführen. Der Führer oder besser der Flugzeugkapitän wird dann lediglich den Start und die Landung beaufsichtigen. Ein Mann wird für die Seitenstabilität sorgen, ein anderer die Höhensteuer bedienen. Dann ist die Zeit gekommen, die Flugzeuge mit automatischen Stabilisatoren auszurüsten. Es wird Platz vorhanden sein wie in einem großen Speisewagen. Ein derartiges großes Flugzeug mit 2000 Pferdestärken kann leicht 60 Personen 50 Stunden lang befördern. Dann fängt die Fliegerei erst an, gemütlich zu werden. Daß ein solches großes Flugzeug zuerst auf dem Wasser erprobt werden muß, ist klar, denn nur da haben wir vorerst genügend Raum für diese Luftriesen. Wenn derartige große Flugschiffe 12 Motoren – sagen wir einmal zu je 160 PS – besitzen, wird der ganze Flug ruhig und sicher verlaufen. Wind und Wetter würden ihm wenig mehr anhaben. Es können bis fünf Motoren ihre Arbeit während des Fluges einstellen, ohne die Sicherheit des Fluges zu gefährden, und nach dem heutigen Stand der Motorentechnik kann man mit Sicherheit annehmen, daß von 12 Motoren sieben fehlerfrei arbeiten.* Da wird die Do-X schon vorgedacht. Auch Junkers, der im kleinen Kreis die Wirtschaftlichkeit des Zeppelin-Verkehrs bezweifelt hat, setzt auf das kommende Großflugzeug.
Beflügelt von den 200000 Mark des *Daily Mail*-Preises und von der geplanten Weltausstellung in San Francisco 1915, entstehen jetzt auf den Reißbrettern und in Flugbootwerften die ersten konkreten Pläne für riesige Atlantik-Flugzeuge. Curtiss holt sich bei dem Warenhausmillionär Wanamaker finanzielle Rückendeckung und baut an dem zweimotorigen Flugboot »America«. Grahame-White befaßt sich ernsthaft mit dem Projekt, und Handley Page imponiert einer Fürstin Löwenstein-Wertheim beim Flug über den Kanal so sehr, daß sie sich spontan für den Atlantikflug interessiert und in der ersten Begeisterung einen 1000-Pfund-Scheck als Vorschuß ausstellt. Als sie ihn am nächsten Morgen wieder sperren will, ist es zu spät: H. P. hat das Geld schon abgehoben.
In Brooklands wird mit dem Geld eines schottisch-kanadischen Geschäftsmannes an einem mächtigen, schwimmfähigen Eindecker mit einem 215-PS-Motor gebaut, der für den Fall der Fälle sogar mit einem aufzurichtenden Signalmast ausgerüstet sein wird. Gustav Hamel soll das Flugzeug über den Atlantik fliegen. Doch ein paar Wochen vor den ersten Versuchen

stürzt der dutzendfache Kanalbezwinger, der zum erstenmal von England nach Deutschland geflogen ist, in den Kanal. Hamel, Held und Idol mit seinen großen blauen Augen, Grahame-Whites würdiger Nachfolger in der Gunst der Massen, der geborene Flieger, der von sich gesagt hat, er könne keine Zündkerze auswechseln, der aber instinktiv die Qualitäten und die Fehler eines Flugzeugs spürte – Hamel bleibt spurlos verschollen.
Der Atlantik, den Edgar Allan Poe in einer seiner Geschichten im Geist schon bezwungen, den die gescheiterte deutsche »Suchard«-Luftschiff-Expedition 1911 aber nicht einmal zu Gesicht bekommen hat, beschäftigt auch Hellmuth Hirth. Er denkt an einen Zweischwimmer-Doppeldecker mit sechs starken Maybach-Motoren. Die Pläne werden unter dem Eindruck des Krieges spruchreif, als sich Bosch und Zeppelin zu einer finanzkräftigen Partnerschaft mit industriellem Management finden, aus der die Riesenflugzeuge der Zeppelin-Werke Staaken hervorgehen, die größten Flugzeuge, die während der beiden großen Kriege nach England geflogen sind.
Doch vorerst üben sich die Großmächte in Drohgebärden. Alle Militärflugstationen im Deutschen Reich beteiligen sich, trotz stürmischen Wetters, im Mai an dem Geschwaderflug Berlin, »ein glänzendes Zeugnis für die Schlagfertigkeit des deutschen Militärflugwesens«. Beim »Dreiecksflug Berlin–Leipzig–Berlin« starten in Johannisthal innerhalb von 22 Minuten 33 Maschinen, was den Zuschauern vorkommt, als ob ein Taubenschlag geöffnet wird.
Flugparaden auch in Frankreich, ausgedehnte Aufklärungsflüge, imponierende Geschwaderflüge über den Atlas in Nordafrika. Agénor Parmelin, Chefpilot bei Deperdussin, überfliegt am 11. Februar 1914 den Gipfel des Mont Blanc, die Spitze Europas. An die Lederjacke hat er sich das Taschentuch seiner Frau geknotet. In 4800 m Höhe befällt ihn heftiges Nasenbluten. Die Temperatur beträgt minus 22 Grad.
Freilich, nicht alle Bäume wachsen in den blauen Himmel. Die Briten stellen wegen einer Unfallserie ihre vielgerühmten »BE«-Typen vorübergehend außer Dienst – und der Kriegsminister tritt nach einer erregten Debatte über den Zustand der Militärluftfahrt zurück. Die Österreicher, die ihre Fliegerei organisatorisch immer noch nicht von den Luftschiffen getrennt haben, bekommen Ärger mit ihren Lohner-Pfeildoppeldeckern und ziehen eine Zeitlang alle Maschinen aus dem Verkehr. Die Deutschen registrieren mit Erschrecken beim Prinz-Heinrich-Flug 1914 siebzehn Ausfälle allein auf dem ersten Teilstück Hamburg–Minden. Zwölf Flieger nur kommen ans Endziel, vier bleiben tot auf der Strecke. Ein Arzt stellt bei fast allen Piloten hochgradige Gewichtsabnahme fest.
Hirth und Stoeffler sehen sich beim Internationalen Sternflug nach Monaco, der Ersten Monte Carlo Air Rallye, trotz glänzender Flüge um ihre Chancen gebracht. Garros macht das Rennen und bedauert in einem Aufsatz die Tücke des Objekts, die Hirth in Form eines schwimmenden Balkens traf und ihn aus dem Rennen warf. Dafür holt sich ein Brite, Howard Pixton, mit einer kleinen kompakten Maschine den Schneider-

Cup – ein schwerer Schlag für die sieggewohnten Franzosen, die sich damit trösten müssen, daß der Motor in dem siegreichen Sopwith-Tabloid-Wasserflugzeug, dem schnellsten Doppeldecker der Welt, ein Gnôme ist. Dafür grassiert bei dem letzten großen Luftrennen vor dem Krieg, London–Paris–London, unter den Gnômes eine Art Seuche und zwingt etliche Flieger schon vor dem Start zur Aufgabe, auch Hellmuth Hirth. Brocks, ein Amerikaner, der überragende Schlechtwetterflieger, gewinnt. 7 Stunden, 3 Minuten und 6 Sekunden Flugzeit braucht seine Morane-Saulnier.

Die Trophäe des Schneider-Cups im Londoner Aero-Club signalisiert den Franzosen die zunehmende Stärke der Briten – vor allem auf dem Wasser. Die »Tabloid« erweist sich als ein Wunderflugzeug. Bis dahin hat man die Vorstellung vom Doppeldecker immer mit negativen Eigenschaften wie Langsamkeit und Schwerfälligkeit verbunden. Und jetzt fliegt die »Tablette«, klein und leicht, fast 150 km/h! Noch ein Name wird in diesen Tagen geboren, ein Wort, das eines Tages zum Inbegriff der britischen Leistungsfähigkeit im Wasserflugzeugbau werden soll. Pemberton Billing, der beiläufig eine 10000-Mark-Wette dadurch gewann, daß er innerhalb von 24 Stunden fliegen lernte und seinen Pilotenschein machte – Billing, dieses Finanzgenie, dieser Vulkan, der seine Karriere als Seemann, Polizist und Boxer begonnen hatte, schreibt jetzt die Telegrammadresse für seine Firma auf den Briefbogen: »Supermarine«. Die schnellen Wasserflugzeuge werden die Konkurrenz das Fürchten lehren.

Der Wettflug der Nationen in diesem Sommer 1914 erreicht seinen Höhepunkt mit dem Duell Frankreich–Deutschland, dem »deutsch-französischen Ringen um die Welt-Meisterschaft« (so der *Flugsport*). Johannisthal, die »Perle der Flugplätze«, kribbelt vor Aktivität. Ausländische Delegationen erscheinen auf dem Flugfeld und besuchen die Fabriken von Albatros, Rumpler, LVG. Nachtbefeuerung wird jetzt ausprobiert, rote und grüne Lichter, Leuchtblitze.

Die Nachricht, daß Hirth beim Rennen von London nach Paris mit einem Gnôme-Motor starten will, wird in Deutschland wie Landesverrat empfunden, während die Pariser Presse die Meldungen von einem sogenannten »Abenteuer« Pegouds bei seinem Aufenthalt in Deutschland als »Besudelung« ausschlachtet. Die Atmosphäre ist geladen, Frankreich fühlt sich herausgefordert – gereizte Stimmung, Spionagehysterie. Aus den Mitteln der Nationalflug-Spende werden jetzt 10000 Mark jedem Flieger zugesagt, der einen ausländischen Weltrekord nach Deutschland bringt, 5000 gibt es für jeden neuen deutschen Rekord.

Konjunktur für Lorbeerkränze – saftige Geldprämien, gesteigertes Nationalgefühl und persönlicher Ehrgeiz vermischen sich zu einer aufputschenden Droge, die Johannisthal nicht mehr zur Ruhe kommen läßt. Im Taumel der Rekorde halten selbst die Grade-Flieger mit. Einer, Hans Steinbeck, später einer der ersten »Luftmillionäre«, fliegt mit der kleinen Kiste in 10 Stunden von Hamburg nach Dresden. Eine Flasche Portwein ist seine einzige Wegzehrung.

Rekordjagd. Sie füllen die Tanks bis zur Halskrause und schieben, ein mulmiges Gefühl um den Magen, die Zelluloidbrille über die Augen, die sich bei 90 km/h und Regen bis auf die Wimpern durchbiegen wird. Bruno Langer bringt als erster den von Frankreich gehaltenen Dauerweltrekord mit 14 Stunden und 7 Minuten an Deutschland. Robert Thelen steigt mit drei Passagieren auf 3780 m, mit vier auf 2850 m, Otto Linnekogel mit Oberleutnant zur See Plüschow, der als »Flieger von Tsingtau« in die Fluggeschichte eingehen soll, auf 5500 m. In schneidender Kälte bleibt schließlich der Motor stehen – Benzinmangel. Linnekogel, der zehn Jahre später ohne Fallschirm aus dem Flugzeug springen wird, bricht auch den Höhenweltrekord von Legagneux und klettert auf 6560 m. Johannisthal steht kopf, als die Nachricht eintrifft, daß Heinrich Oelerich von den Deutschen Flugzeugwerken in Leipzig 7500 m erreicht hat. Das Physikalische Institut der Universität setzt diese Zahl nach Prüfung des Barographen noch auf 8150 m herauf. Ein Rekord, der nicht so schnell zu schlagen ist.
Die Franzosen kämpfen. Garaix, »Spezialist für Passagierflüge«, lädt zwei, drei, vier, fünf, sechs Leute in seinen Doppeldecker und stellt mit einem 100-PS-Gnôme-Motor an einem Tag 38 Rekorde auf, ein Rekord für sich. Auch der Dauerrekord ist mit 16½ Stunden wieder an Frankreich gegangen. Dem Rumpler-Flieger Gustav Basser gelingt jetzt ein Flug von 18 Stunden und 12 Minuten, 10000 Goldmark für den Weltrekord gehören ihm. Werner Landmann, Albatros, startet noch am gleichen Tag, abends um 9 Uhr. Runde um Runde fliegen die beiden Konkurrenten über dem Johannisthaler Flugplatz. Ab und zu tauchen sie im Scheinwerferkegel auf. Basser landet am Morgen nach seinem Weltrekordflug, Landmann bleibt in der Luft. Mittags versucht er, einer Gewitterfront zu entkommen, doch die Regenböen zwingen ihn nach 17½ Stunden zur Landung. Landmann, durch diesen Fehlschlag nicht entmutigt, steigt schon drei Tage später wieder in seinen vollgetankten, schwerbelasteten Albatros. Fast eine Stunde kreist er nur ein paar Meter über dem Boden, bis er langsam Höhe gewinnt. Um 3 Uhr nachmittags ist Bassers Weltrekord gebrochen. Zur Sicherheit fliegt er weiter, bis die neue Rekordmarke auf 21 Stunden und 49 Minuten steht.
Gut. Glänzend für den Augenblick. Aber dabei wird es nicht lange bleiben. Schon wird das Traumziel von 24 Stunden angepeilt. Ein zäher Ostpreuße, der 24jährige Reinhold Böhm, Einflieger bei Albatros und selbst sein bester Mechaniker, läßt den Tank mit 600 Liter Benzin füllen. Eine schlaflose Nacht hat er hinter sich, »mein Herz klopfte unaufhörlich«. Er enthält sich, dem Rat seiner Kameraden folgend, schwerverdaulicher Speisen und nimmt eine Flasche Milch für den Durst mit. Bremsklötze weg, der 75-PS-Mercedes läuft – wird er die 24 Stunden durchhalten? Nach einer halben Stunde hat Böhm 400 m Höhe erreicht. Es dunkelt, in der Ferne leuchten die Lichtreklamen von Berlin. Die Albatros-Leute haben einen Holzstoß angezündet, der wie eine brennende Streichholzschachtel aussieht.
Um mich ist Nacht. Mit meiner Taschenlampe beleuchte ich von Zeit zu Zeit meine Benzinuhr, die mir anzeigt, wieviel Liter mein durstiger Merce-

des verbraucht. Alles in Ordnung – also Mut! Sechs rote Feuersäulen hauchen ihren heißen Odem aus: die Auspuffrohre meines Motors; sie erscheinen wie aus leuchtendem Erz gegossen. 12 Uhr! Des Mondes Silberschein lugt jetzt hinter den Wolken hervor und beleuchtet hell die Erde. Ein Gefühl der Ruhe kommt über mich. Die Nacht hat ihre Schrecken verloren. Der leuchtende Genosse am Himmel schützt mich. 2 Uhr! Der Mond zieht ein schiefes Gesicht. Die Stunde seines Untergangs ist gekommen. Morgenrot, nie habe ich dich so sehnsüchtig erwartet wie heute. Langsam dämmert es. Nun färben sich die Wolken purpurrot. Dort steigt auch schon die Sonne herauf.

Hurra, dir neuer Tag! Dir, leuchtende Sonne mein Prosit! Ich greife zu meiner Milchflasche, um durch einen kräftigen Schluck meinen aufsteigenden Durst zu löschen. Aber der Inhalt ist sauer geworden. Wennschon, auch das erfrischt. Sonnenböen nahen. Jetzt gilt es aufzupassen. Ich steige langsam in höhere Regionen. Ruhig liegt mein Albatros in der Luft. Es wird heißer und heißer. 10 Uhr! Seit meinem Start sind erst 16 Stunden verflossen. Noch harte 6 Stunden, und der Weltrekord Landmanns ist erreicht. Ein neuer Feind: Der Schlaf und die Langeweile. An das Sitzen habe ich mich schon gewöhnt, alle Vorbedingungen für einen gesunden Schlaf sind gegeben. Jetzt heißt es wach bleiben, sonst bin ich verloren. Doch bald vertreibt den Schlaf die Gefahr: Leichte Böen steigen auf, aus weiten Fernen ziehen Wolkenköpfe zu mir herüber, immer dichter wird das Gewölk. Die Böen durchschütteln kräftig meine Maschine. Höher hinauf! 2000 m.

2 Uhr! Noch 2 Stunden, und der Weltrekord ist geschlagen. Entsetzlich lang noch! Wie langsam doch so eine Minute vergeht! Die Armbanduhr schnell in die Tasche gesteckt: Sie narrt mich nur mit ihren drei Zeigern. Aber ungeduldig greift meine Hand wieder zur Uhr: Kaum 5 Minuten sind vergangen. Also noch 115 Minuten! Die Sache wird monoton. Dieser ewige Trott im Kreis wie ein Zirkuspferd! Höher hinauf! 2500 m. Kaum ist die Erde noch zu sehen. Am Horizont türmen sich Wolken zu mächtigen Bergen zusammen. ›Lieber Reinhold‹, sage ich zu mir, ›mach keine Zicken. Geh lieber hinunter.‹

3 Uhr! Noch eine Stunde, und ich habe den Weltrekord! Doch was ist das? Knack, knack! Das Blut will mir in den Adern erstarren. Meine Müdigkeit ist entflohen. Alle meine Sinne konzentrieren sich scharf auf den Ton des laufenden Motors. Es war ein Aussetzer. Mein Ohr lauscht gespannt. Doch der Motor besinnt sich auf sein besseres Ich und läuft wieder ruhig weiter. Es war nur ein Schreckschuß, der durch Mark und Bein ging und – glückliches Fatum! – mich am Einschlafen hinderte. Inzwischen bin ich auf 200 m heruntergegangen, immer im Kreis um den Flugplatz herum; meine Maschine wird hin und her geworfen. Unten ist es lebendig geworden. Tücher und Hände winken zu mir herauf. Der Dauerrekord Landmanns ist gebrochen. Die Spannkraft meiner Nerven läßt plötzlich nach. Aber ich will noch nicht hinunter. 24 Stunden – das ist mein Ziel. Der Himmel wird immer drohender, ein schweres Gewitter kommt heran. Was doch der Mercedes leistet! Ich beobachte seinen Lauf nun schon mit größerer Ruhe; der

Kennzeichen der Flugzeuge gemäß Ziffer 3c der Luft-Verkehrsordnung des D.L.V.

Bemerkung: Die Kennzeichnung hat zu bestehen aus dem von einem Kreis umschlossenen Buchstaben D (D = Deutschland) zur Bezeichnung der Landeszugehörigkeit und einem oder mehreren Buchstaben zur Bezeichnung des Eigentümers und einer Unterscheidungsnummer.

Firma	Kennzeichen
Ago-Flugzeugwerke G.m.b.H.	**A**
Automobil- und Aviatik-A.-G.	**AK**
Gothaer Waggonfabrik A.-G.	**G**
Luftfahrzeuggesellschaft m.b.H.	**LFG**
E. Rumpler Luftfahrzeugbau G.m.b.H.	**R**
Deutsche Sommerflugzeugwerke	**S**
Flugzeugwerke »Sachsen-Doppeldecker«	**SL**
Flugmaschine Wright G.m.b.H.	**W**
Allgemeine Fluggesellschaft m.b.H.	**AFG**
Albatros-Werke G.m.b.H.	**ALB**
Centrale für Aviatik, Johannisthal	**CA**
Euler-Flugmaschinenwerke	**E**
Union-Flugzeugwerke G.m.b.H.	**U**
Kondor-Flugzeugwerke G.m.b.H.	**K**
Brandenburgische Flugzeugwerke G.m.b.H.	**ETR**
Luft-Verkehrs-Gesellschaft A.-G.	**LVG**
Hans Grade	**HG**
Flugunternehmen Reinh. Hoos	**HO**
Wilh. Albers Flugmaschinenwerke	**WA**
C. W. Witterstätter	**WF**
Casseler Fliegerschule Carl Abelmann	**CF**
Fokker Aeroplanbau m.b.H.	**F**
Flugzeugbau Friedrichshafen G.m.b.H.	**FF**
Flugzeugwerke J. Goedecker	**GG**
Centrale für Aviatik, Hamburg	**GH**
Bruno Hanuschke	**H**
Deutsche Bristolwerke G.m.b.H.	**HF**
E. Jeannin Flugzeugbau G.m.b.H.	**J**
Martha Behrbohm	**M**
Flugschule Melli Beese G.m.b.H.	**MB**

Weltrekord ist mein. Es hämmern die Ventile im gleichen Takt – ein kleines Versagen, und alles wäre aus! Aber nichts unterbricht den gewohnten Gang. Ein Blitz zuckt über das Firmament, von fern grollt der Donner. Ich lausche unbeirrt auf die Töne meines Motors. Ein Blick auf die Uhr: Das Ziel ist erreicht! In steilem Kurvenflug geht es zur Erde ...

Gustav Otto Flugmaschinenwerke	O
Pfalz-Flugzeugwerke	P
Pippart-Noll-Flugzeugbau	PN
Gustav Schulze Flugzeugwerke	Sch
Paul Schwandt	St
Otto Schwade	Sta
Court-Flugzeugwerke	C
Willy Charlett	CH
Hans J. Engelmann	EG
Georg Mürau	GM
Hellmuth Hirth	HH
Ludwig Preusser	PG
Hans Röver	RV
Flug-Verkehrs-Gesellschaft	VG
Paul Westphal	WES
Allgemeine Elektricitäts-Gesellschaft	AEG
Paul Bodenberg	BG
A. Colombo	FN
Karl Krieger	KK
Deutsche Flugzeug-Werke	DFW
Hannoversche Flugzeugwerke	HW
Flugzeugbau und Fliegerschule »Aero« G.m.b.H.	ERO
H. G. v. Arnim	GA
Josef Schlatter, Luftfahrzeugbau	JS
Fritz Grebe	OG
Architekt Robert Sommer	SS
Carl Belz, Flugzeugbau	CB
S. K. H. Prinz Friedr. Sigismund v. Preußen	PFS
August Loh Söhne	ALS
C. Wanke Flugzeugbau	CW
Richard Dietrich	DG
Hans Schumacher	HS
Richard Wackwitz	RW
Flugzeugbauanstalt A. Knubel	FK
Friedrich Weiß	FW
Dr. Geest	GST
Otto Grosse	GE
Gustav Klein	GK
Militär-Fliegerschule G.m.b.H., Schneidemühl	MFS
Strack Flugzeugwerke	SF

Seit Stunden hat bei Albatros das Telefon nicht mehr stillgestanden. Die Sportredaktionen sind verrückt nach der Sensation des 24-Stunden-Flugs. Böhm sitzt im Auto, die Blitzlichter zucken, er bekommt Sekt, einen Lorbeerkranz. Apathisch läßt er alles über sich ergehen, er hat nur einen Wunsch: schlafen. *Wir haben gezeigt, daß unsere Ausdauer und Uner-*

schrockenheit der ausländischen mindestens ebenbürtig ist, sagt Felix Laitsch, der Vorsitzende des Bundes deutscher Flugzeugführer. *Fast alle Weltrekorde sind von uns gewonnen.* Auch das sagt er: *In keinem Land der Erde hat die Eroberung der Luft so viele Opfer gefordert wie in Deutschland.* 75 tote Zivil- und Militärflieger, so lautet die traurige Bilanz der Pionierjahre hierzulande.

Oelerichs Höhenflug und Böhms phantastischer 24-Stunden-Rekord, der sich bis in Lindberghs Tage halten wird, räumen endgültig mit dem tiefsitzenden Trauma von der Umständlichkeit und Schwerfälligkeit der Deutschen auf. Nie hatten sie es ja recht verwinden können, daß sie sich beim Verbrennungsmotor, »dieser urdeutschen Erfindung«, und beim Automobil von den Franzosen um den wirtschaftlichen Erfolg gebracht sahen und daß ihnen, außer dem historischen Verdienst, zunächst nicht viel geblieben war. Die Kasse klingelte bei den Franzosen, die den zukunftsträchtigen Gedanken der Motorisierung viel beherzter und viel energischer aufgegriffen hatten. Unverhohlener Neid auf die beweglicheren, begeisterungsfähigeren Nachbarn, die die Kunst der Inszenierung und der Popularisierung so glänzend beherrschten und nun deutsche Ideen »ausbeuteten« (*Motor* 1913), spricht aus vielen Zeitungsartikeln, Neid auf eine Betriebsamkeit, die es vermocht hatte, mit einer gewissen Unverfrorenheit den Führungsanspruch geltend zu machen. Schluß jetzt endlich mit diesem ewigen Katzenjammer um die verpaßten Gelegenheiten und die »gestohlenen« Erfindungen, um Daimler, Benz und Lilienthal, vergessen das weinerliche Selbstmitleid der Schlechtweggekommenen über den trägen »Geist des Spießbürgerlichen«, über Mangel an Sportsgeist und kaufmännischer Initiative, Schluß damit, aus und vorbei: Es ist erreicht!

Selbstbewußtsein macht sich breit. Die Höhen- und Dauerweltrekorde haben auch die Grenzen des Umlaufmotors, der Gnôme und Le Rhone gezeigt. Für lange Flüge brauchen sie zu viel Treibstoff. Jetzt zahlt sich die Wirtschaftlichkeit der Daimler- und der Benzmotoren aus. Die Sechszylinder-Typen von 75 PS und 100 PS, Nachfolger des 70-PS-Vierzylinder-Typs aus den Daimler-Werken, werden weltberühmt. Dank seines gleichförmigen Drehmoments und des besseren Massenausgleichs arbeitet der Sechszylinder wesentlich ruhiger und erschütterungsfreier als der Vierzylinder. Der neue »D I« von Daimler siegt in zahlreichen Wettbewerben und holt auch die großen Rekorde nach Deutschland.

Triumph der deutschen Motorentechnik. Hatte nicht auch gerade der von keinem vorausgesagte dreifache Mercedes-Sieg beim Grand Prix in den heißen Julitagen 1914 noch einmal Deutschlands technische Überlegenheit vor aller Welt eindeutig erwiesen und Frankreich, das arrogante Frankreich, deklassiert? Von Deutschland als dem *führenden Land der europäischen Mechanisierung, dem vielgefürchteten und vielbewunderten Land der Technik, dem stärksten Industrieland der alten Welt, dem Land der erfolgreichsten Geschäftsleute*, spricht Walther Rathenau, der Ingenieur und Finanzier, Philosoph und Konzernherr. Er sitzt, wie sein Vater, der AEG-Gründer, im Aufsichtsrat der Luftfahrzeug-Gesellschaft, deren er-

ster Roland-Doppeldecker jetzt in den Kolonien ankommt. »Weißer Mann kann fliegen wie Vogel«, sagen die Afrikaner staunend. Mit viel Bruch müssen die Piloten, unter ihnen Bruno Büchner auf Aviatik, Erfahrungen in den Tropen sammeln.
Der letzte große Flug geht schon in der politischen Hochspannung des Sommers 1914 unter. Der »Startbeamte« in Johannisthal will sich fast totlachen, als Basser, der Pilot, auf die Routinefrage nach dem Flugziel Konstantinopel nennt. In Budapest muß der Rumpler-Doppeldecker in der Luft kreuzen, bis ein Kavallerieregiment das Exerzieren beendet hat und den Platz freigibt. Um Serbien wird ein Bogen gemacht – der Thronfolger ist schon ermordet. Die Maschine tanzt, mehr als 2000 m hoch, in den Aufwinden des Balkan und gleitet in Bukarest fast lautlos zu Boden, so ruhig, daß die Bodenmannschaft die kurzen Worte der Verständigung zwischen Basser und Dr. Elias, dem Passagier, hören kann. Mit 140 km/h geht es weiter über die Buchten des Schwarzen Meers. Gesamtflugzeit für die Strecke Berlin–Konstantinopel: 19½ Stunden.
So ziehen deutsche Flugzeuge und Luftschiffe hoch über dem Erdenball ihre Kreise, heißt es im Originalton dieser Tage. *Deutsche legen in der Luft von einem Erdteil zum anderen Strecken zurück wie keine andere Nation zuvor. Deutsche überfliegen die höchsten Gebirgszüge und weitesten Wasserflächen. Auf in den Kampf, deutscher Aar, schüttle im Zorn dein Gefieder, recke die Flügel zur Sonne empor, zum Licht, zur Freiheit! Nun ist es Zeit! Nimm in die Fänge das Schwert, halte durch gegen Sturm und Ungewitter, und dein wird sein der Sieg in der Luft!*
Der Irrsinn nimmt seinen Lauf.

Die große Illusion

Luftschlachten, Bomben auf Städte und Zivilisten: Der Luftkrieg hat schon vertraute Züge. Auf der Strecke bleibt ein schöner Traum der ersten Pioniere: Flugzeuge, eine Abschreckungswaffe, könnten den Krieg verhindern.

Krieg ist Krieg, und wo gehobelt wird, fallen Späne. *Ich stieß eine Bombe aus dem Lancierrohr,* berichtet der Flieger Hermann Dressler über seinen Angriff auf Paris am 29. August 1914. Unter sich sieht er das *eherne Teufelsei* im Flug zusammenschrumpfen. *Ein Blindgänger. Verdammt! Ich stieß die zweite Bombe aus und jetzt, nach einigen Sekunden, hörte ich durch das Gebrüll meines Propellers einen splitternden Krach, als ob zwei Lokomotiven aufeinandergefahren wären.*

Dasselbe noch mal von unten. Eine »Taube«, Sammelbegriff für alle deutschen Flugzeuge, kreist eine halbe Stunde lang über Paris, ungefähr 1000 m hoch. In der Gegend der großen Boulevards läßt sie Bomben fallen. Von den Dächern, vor allem vom Dach des *Matin* aus, wo englische Soldaten stehen, wird das Flugzeug beschossen. Zwei Soldaten, die auf der Straße schlendern, ziehen ihr Gewehr an die Schulter und schießen in den Himmel. Die Masse klatscht Beifall.

Sportlicher Auftakt, frisch-fröhlich-frei. Man einigt sich auf Modalitäten, auf Hoheitszeichen beispielsweise, Kokarden und Eiserne Kreuze. Man grüßt sich im Luftraum oder greift auch mal zum Karabiner. Bleistiftähnliche Fliegerpfeile prasseln auf Kolonnen. Ein russischer Flieger, Nesterow, der als erster einen Looping gedreht haben soll, probiert erst einen Anker aus, mit dem er den Gegner unter sich bekämpfen will, und geht dann zum Rammen über – mit tödlichem Effekt, auch für ihn.

Ein britischer Pilot, der deutsche Zeppelinhallen angegriffen hat, muß auf dem Rückweg notlanden und radelt zu seinem Startplatz Antwerpen zurück. Ein anderer wirft einen Brief ab: *Ein englischer Pilot beehrt sich, den furchtlosen Hauptmann Immelmann zu einem ehrlichen Zweikampf aufzufordern. Rendezvous dicht östlich Hébuterne über den vordersten Gräben. Dort wird der Gegner täglich vom 15. November bis 30. November 1915 anzutreffen sein. Bedingung ist, daß nur ein Flugzeug die Forderung annimmt und auf beiden Seiten die Abwehrgeschütze schweigen.*

Den *Leipziger Neuesten Nachrichten* zufolge hat eine Leipziger Dame für denjenigen deutschen Flieger, der die erste Bombe auf London wirft, 500 Mark gestiftet. Im Mai 1915 ist es soweit. Aber auch die Franzosen kommen nach Deutschland. Nach einer Luftattacke auf München werden ein Hund und ein Kanarienvogel durch ausströmendes Gas getötet.

Mit wenig mehr als 200 Flugzeugen, einem bunt zusammengewürfelten Haufen, ist die deutsche Fliegertruppe in den Krieg gezogen, den ersten Krieg von Volksheeren mit mechanisierten Waffen. Der Luftkrieg wird ihn nicht entscheiden, doch er wird für die Zukunft Entwicklungsmöglichkeiten zeigen. Gegen Ende des Krieges, im Jahr 1918, werden aus Riesenbombern 1000-Kilo-Bomben geworfen und Flugzeugträger eingesetzt, werden Höhenmotoren, Brandbomben, Fernlenkwaffen entwickelt, ist die Luftbildtechnik perfektioniert. 1200 Flugzeuge der Alliierten stürzen sich bei der Großoffensive im September 1918 auf die deutschen Stellungen. Bomberstaffeln fliegen verlustreiche Tag- und Nachtangriffe auf Städte, Jagdverbände schützen das Heimatland. Die Bilder werden vertraut: Brennende Verschiebebahnhöfe und eingestürzte Wohnhäuser, verstörte Zivilisten, die in den Trümmern stochern. Erst jetzt, mit zunehmender Härte des Luftkrieges, wird überall der Ruf nach internationalen Verhandlungen laut, um Luftangriffe auf Städte zu verhindern. Und erst nach dem Krieg beginnen die Völkerrechtler zu diskutieren, die Gefahren eines neuen, ungleich schrecklicheren Krieges vor Augen.
Im Brüllen und Röhren der Motoren bei den Luftschlachten über Trichterlandschaften, in diesem *fabelhaften Schauspiel von Kämpfen im dreidimensionalen Raum*, von dem der Grabenkämpfer Ernst Jünger fast neidisch schwärmt, in den Flammengarben explodierender Zeppeline bleibt ein für allemal die kühne, allzu kühne Hoffnung auf der Strecke, die Luftfahrt, *die schönste, die größte Errungenschaft des menschlichen Geistes* (Wilhelm Kress), könne ein Instrument der Friedenssicherung, ein Werkzeug der Völkerverständigung werden – jener schöne Traum von einer Zwangsläufigkeit, dem so viele unter den Pionieren nicht erst seit Blériots symbolhaftem Kanalflug nachhingen. Eine kosmopolitische Solidarität, eine Art neuen Menschentums hatten sie sich von der Fliegerei erträumt, Menschen, die »über den Parteien stehen« und gewohnt sind »weit zu blikken«.
Lilienthal, schon er, hatte sich von dem »ersten frei fliegenden Menschen« eine neue Kulturepoche erhofft, und die Wrights waren der Ansicht, daß ihr Flugzeug zu einer so zerstörerischen Waffe werden könnte, daß kein Volk und keine Regierung es wagen würde, Menschen dem Terror, den das Flugzeug bringen könnte, auszusetzen. Vor allem faszinierte sie der Gedanke, daß Flugzeuge gegen die Leute, die den Krieg angezettelt hatten, eingesetzt werden würden. Das mußte ja abschreckend wirken. Denn so würde jeder Krieg in ein selbstmörderisches Unternehmen ausarten.
Santos-Dumont, der einzige, der sich rühmen durfte, Ballon und Luftschiff, Ein- und Doppeldecker gemeistert zu haben, gibt ausdrücklich zu Protokoll: *Jene Pioniere, die, wie ich, ihren bescheidenen Teil zur Eroberung der Luft beigetragen haben, waren eher bestrebt, neue Mittel zur Entfaltung der Menschheit zu finden als ihr neue Kampfmittel zu liefern.* Er stiftet noch einen Anti-Kriegspreis und macht dann, während Brasilianer Brasilianer bombardieren, Selbstmord.

Der große Krieg bringt die Ernüchterung und Desillusion. Der Dichter d'Annunzio, der *eine neue Zivilisation, ein neues Leben, einen neuen Himmel* mit den Fliegern hatte kommen sehen, wirft jetzt selbst Bomben auf Österreich-Ungarn. Zum erstenmal spüren Techniker etwas von jenen Skrupeln, die Konstrukteure und Wissenschaftler angesichts der Entwicklung technischer Machtmittel überkommen werden. Claude Dornier, von Zeppelin mit dem Auftrag zum Bau eines Riesenbombers betraut: *Wenn mir schon der kriegerische Zweck dieses Auftrages nicht zusagte, dürfte es verständlich sein, daß die technischen Probleme, die mit dem Bau einer so großen Flugmaschine zusammenhingen, mich reizten.* Nicht alle werden diese Problematik, diesen Zwiespalt so kühl von sich abprallen lassen wie Ferdinand Porsche, der immer betont, ihm gehe es nur um die Technik. *Wenn die anderen Krieg damit führen, ist das ihre Sache, nicht die meine.*
Der Kampf um die Luftherrschaft ist auch ein Kampf der Konstrukteure und der Motorenbauer. Die Geschwindigkeit steigt von etwa 100 auf mehr als 220 km/h, die Gipfelhöhe von 3500 m bis auf 7000 m, die Motorenleistung von 100 PS auf 200 bis 260 PS. Aus den langsamen, schwerfälligen Einheitsflugzeugen bei Kriegsbeginn entwickeln die Kontrukteure Spezialflugzeuge für Nah- und Fernaufklärung, Artillerieeinschießen, Bombenwerfen bei Tag und bei Nacht, für den Kampf in der Luft und gegen Bodenziele. Immer geht es um Wendigkeit und Steigfähigkeit, um gutes Schußfeld. Druckschrauben und Gitterschwänze verschwinden, Ein-, Zwei-, Dreidecker verlassen die Fabrikhallen von Fokker und Albatros, SPAD und Nieuport, Sopwith und Bristol. Das synchronisierte, durch den Propellerkreis schießende Maschinengewehr, das Fokker in seine Jagdeindecker einbaut, sichert den deutschen Piloten monatelang die Luftherrschaft an der Westfront. Von der »Fokker-Geißel« sprechen die Alliierten. Oswald Boelcke, der erstmals eine fest organisierte Jagdfliegereinheit aufstellt, schreibt in einem Brief nach Hause: *Mein schönstes Weihnachtsgeschenk ist die neue Fokker, über die ich mich richtig kindisch freue.* Nieuports Anderthalbdecker verjagen schließlich Fokkers Eindecker – es geht hin und her.
Ganz neue Wege geht Hugo Junkers. Im Dezember 1915 macht das erste freitragende Ganzmetallflugzeug J 1, der »Blechesel«, seinen Jungfernflug. Jahrzehntelang wird sich die rationelle und billige Lösung der Schalenkonstruktion aus tragender glatter Außenhaut, die durch eine entsprechend profilierte Innenhaut (Wellblech) oder innen aufgesetzte, mittragende Profile kontinuierlich versteift ist, halten. Doch nicht der revolutionäre Eindecker, Vorbild für die Verkehrsflugzeuge der Zukunft, wird an die Front gehen, sondern ein Anderthalbdecker, bei dem Motor, Betriebstofftanks und Besatzung in einer Panzerwanne untergebracht sind.
Die Serienfertigung erfordert industrielles Management und erhebliche Kapitalmittel. Konzerne wie Mannesmann und Linke-Hofmann-Busch, AEG und Siemens-Schuckert, Bosch und Zeppelin, engagieren sich beim Bau der Riesenflugzeuge (R-Flugzeuge), die die zweimotorigen Großflugzeuge (G-Flugzeuge), die »Gothas« aus Gotha und von AEG, ablösen und

England bombardieren, nachdem die Zeppelinverluste erschreckend zugenommen haben. Vor allem die Riesendoppeldecker aus den Zeppelinwerken Staaken werden berühmt. England baut seine Handley-Page-Bomber, die nach Berlin fliegen sollen, Italien seine Capronis. Nach Kriegsende stoßen die Alliierten auf dem Flugplatz Poll bei Köln auf die Reste eines riesigen, zehnmotorigen Dreideckers, den Villehad Forssmann konstruiert hatte und der im Nonstopflug nach Amerika – und zurück fliegen sollte.
Endlich wirft die Flugzeugindustrie Profit ab. Fokker, der geniale Windhund, der mit dem Draufgängertum eines Testpiloten Geschäfte macht, schätzt seinen Kriegsgewinn auf 30 Millionen; es hätte auch das Doppelte sein können, bekennt er freimütig. Um an einen Großauftrag zu kommen, läßt er einem der jungen Jagdfliegerasse, Ernst Udet, der die Maschine zur Probe fliegt, einen Pelzmantel für die Freundin in den Schrank hängen, da ist er nicht kleinlich. Als der Krieg verlorengeht, packt Fokker in Schwerin seine Sieben Sachen und zieht in einer spektakulären Aktion mit seinem Geld über die Grenze – ab nach Holland.
Der Krieg bringt für die Luftfahrt den Schritt ins industrielle Zeitalter. 47637 Flugzeuge liefert allein die deutsche Flugzeugindustrie, dazu etwa 48000 Motoren. Daimler beginnt 1918 als erste Flugmotorenfabrik der Welt mit der Serienfabrikation von Gebläse-Flugmotoren, die den Leistungsabfall bei abnehmender Luftdichte verhindern sollen. Die Monatsproduktion an Flugzeugen beträgt Ende 1918 allein in Deutschland 2000 Stück. Da weht jetzt ein anderer Wind als früher um die Schuppen der ersten Flugfelder. Märkte werden abgesteckt, Beteiligungen erworben, Fusionen durchgerechnet. Camillo Castiglioni, der österreichische Industriemagnat, über dessen Macht eine Anekdote sagt, in Österreich-Ungarn schreibe man nicht mehr K. u. K., sondern C. u. C., zahlt Ernst Heinkel bei den Hansa- und Brandenburgischen Flugzeugwerken ein Ministergehalt. Sie liefern nur an die deutsche Marine, nicht an das Heer, dafür aber nach Österreich.
Hugo Stinnes, immer auf der Jagd nach Firmen, beteiligt sich mit Castiglioni an den Imperator-Motoren-Werken in Berlin-Wittenau, die nach Austro-Daimler-Patenten bauen dürfen. Stinnes denkt in großen Maßstäben, will über Hjalmar Schacht an die Bayerischen Motoren-Werke in München. Die Strategie des Flugzeug-Automobil-Großkonzerns, der ihm vorschwebt: *Die Produkte müssen in der ganzen Welt vertrieben werden, mit der ganzen Welt konkurrieren. Ohne einen gewaltigen Friedensabsatz ist Technik, Arbeiterschaft und Finanzierung im Grenzfall rückständig. Ingenieure und Kaufleute können nur im Privatbetrieb gefesselt und ausreichend bezahlt werden.*
Die Industrie läuft auf Hochtouren, vervielfacht ihren Ausstoß. Melli Beese, als Frau des französischen Piloten Boutard von einer unbarmherzigen Militärbürokratie fertiggemacht (und schließlich in den Freitod getrieben), erkennt ihr altes Johannisthal, diese triste Ansammlung von Fabrikhallen mit Bahnanschluß, nicht mehr wieder. In einem melancholischen Nachruf gedenkt sie der Pioniere, die hier den Grundstein zu dieser Ent-

wicklung gelegt haben, *unter schwersten Opfern an Gut und Blut, unerschrocken, unermüdlich und leider ungedankt.*
Kühle Konzernstrategen vom Schlage eines Stinnes oder Castiglioni denken längst an die Zukunft, sehen das gewaltige Potential von Facharbeitern und erfahrenen Fliegern, das es auch in einem kommenden Frieden zu nutzen gilt. Denkschriften über den zivilen Luftverkehr kursieren schon auf dem Höhepunkt des Krieges, werten die Erfahrungen aus, die auf den ersten Luftpoststrecken des Militärs in fast allen Ländern gesammelt werden. Der sensationelle Flug eines Zeppelins in Richtung Ostafrika im Jahre 1917 mit einer Fahrzeit von 95 Stunden läßt selbst den Atlantik in erreichbare Nähe rücken. So entsteht in Deutschland eine Studiengesellschaft, die »Deutsche Luft-Reederei« (DLR). Sie wird am 13. 12. 1917 von der AEG gegründet; später gesellen sich die HAPAG und der Zeppelin-Bau dazu.
Als Europa sich endlich kriegsmüde gekämpft hat, gibt es auf beiden Seiten der Front Hunderte von Piloten, die nur darauf warten, in ihren Maschinen weiterzufliegen – jetzt mit Post, mit Passagieren statt mit Bomben. In Johannisthal startet am 5. Februar 1919 das erste Flugzeug der Deutschen Luft-Reederei zum Linienflug nach Weimar, ein umgebautes Kriegsflugzeug, schon mit dem Kranich im Kreis am Leitwerk – Auftakt des zivilen Flugverkehrs in Europa, in der Welt.
Ein neues Kapitel, der Post- und Linienflug, die Verkehrsfliegerei, beginnt.

Benutzte Literatur

Adams, Heinrich: *Flug. Leipzig 1909*

Adelt, Leonhard: *Der Flieger. Ein Buch aus unseren Tagen. Frankfurt 1913*

Alexander-Katz, B.: *Die deutschen Patente über Flugapparate. Berlin 1912.*

Beese, Melli: *Unser Flugplatz – in memoriam.* In: *Motor Mai/Juni 1921*

Beiträge zur Geschichte von VFW-Fokker. Bremen 1974

Béjeuhr, Paul: *Der Blériot'sche Flugapparat und seine Benutzung durch Pégoud vom Standpunkte des Ingenieurs. Braunschweig 1914*

Berget, Alphonse: *La Route de l'Air, Aéronautique-Aviation. Paris 1911*

Bierbaum, Paul Willi: *Im Aeroplan über die Alpen. Zürich 1910*

Bley, Wulf: *Sie waren die Ersten. Erstleistungen bei der Eroberung des Luftraumes. Biberach a. d. Riss 1953*

Blunck, Richard: *Hugo Junkers. Der Mensch und das Werk. Berlin 1940.*

Borschel, Richard: *Der Flugplatz Schneverdingen und seine Geschichte 1909–1913. Schneverdingen 1957*

Brabazon, Lord Brabazon of Tara: *The Brabazon Story. London 1956*

Braunbeck's Sport-Lexikon 1912. Berlin (1912)

Brett, R. Dallas: *History of British Aviation 1908–1914. Volume I + II. London*

Conin, Helmut: *Gelandet in Berlin. Zur Geschichte der Berliner Flughäfen. Berlin 1975*

da Costa, Fernando Hippolyto: *Alberto Santos-Dumont – O Pai da Aviacão*

d'Annunzio, Gabriele: *Vielleicht – vielleicht auch nicht. München 1910*

de Havilland, Geoffrey: *Flugfieber. Bern und Stuttgart*

Demand, Carlo/Emde, Heiner: *Meilensteine der Luftfahrt. Lausanne, 1971*

Denkschrift über den ersten Deutschen Zuverlässigkeitsflug am Oberrhein 1911. Frankfurt und Leipzig 1912

Djakow, Jaromir: *Die Wegbereiter der österreichisch-ungarischen Luftfahrt.*

Djakow, Jaromir/Kahlenn, Erich: *Der Flugmotor in Österreich-Ungarn von den Anfängen bis zum Kriegsende 1918. Als Ms. gedr. 1943*

Dollfus, Walter F.: *Die Pionierzeit der schweizerischen Luftfahrt. Luzern 1963*

Dornier, Claude: *Aus meiner Ingenieurslaufbahn. Zug 1966*

Erblich, Heinz: *Moderne Flugzeuge in Wort und Bild. Berlin 1914*

Erblich, Heinz: *Fliegerschule. Was ich wissen muß, wenn ich Flieger werden will. Ein Lehr- und Handbuch für den Flugschüler. Berlin 1914*

Erblich, Heinz: *Die Ausbildung zum Flugzeugführer. Berlin 1917*

Eroberung der Luft, Die – Ein Handbuch der Luftschiffahrt und Flugtechnik. Nach den neuesten Erfindungen und Erfahrungen gemein verständlich dargestellt für alt und jung. Stuttgart 1920.

Etrich, Igo: *Die historische Entwicklung des Taubenprinzips und dessen Bedeutung für die Zukunft. (1929)*

Etrich, Igo: *Die Taube. Memoiren des Flugpioniers Dr. Ing. h. c. Igo Etrich. Wien (1963)*

(Euler, August): *Luftfahrt-Erinnerungen nach 30 Jahren.*

Eyb, Robert: *Fliegerhandbuch. Ein Leitfaden der gesamten Flugtechnik. Berlin 1914*

Ferber, F.: *Die Kunst zu fliegen. Ihre Anfänge – ihre Entwicklung. Berlin 1910*

Finsterwalder, S.: *Die Aerodynamik als Grundlage der Luft-Schiffahrt. Basel 1909*

Flugplatz Johannisthal: Herausgegeben von dem Flug- und Sportplatz Berlin Johannisthal. Berlin 1913–1914

Fölz, Gerhard: *Luftfahrt zwischen Nord- und Ostsee von den Anfängen bis zur Gegenwart. Neumünster 1975*

Fokker, A. H. G./Gould, Bruce: *Der fliegende Holländer. Das Leben des Fliegers und Flugzeugkonstrukteurs A. H. G. Fokker. Zürich 1933*

v. Forstner, Georg-Günther Freiherr: *Der Luftpionier Otto Fritzsche. Leipzig 1941*

Frobenius, Leo: *Die Möglichkeit einer Deutsch-Innerafrikanischen Luftflotten-Station. Berlin 1913*

Geisenheyner, Max/Supf, Peter: *Frankfurt am Main – Motor der Luftschiffahrt. Frankfurt 1959*

Gibbs-Smith, Charles Harvard: *The Invention of the Aeroplane (1799–1909). London 1966*

Gibbs-Smith, C. H.: *The Aeroplane. An Historical Survey of its Origins and Development. London 1960*

Gibbs-Smith, C. H.: *A Directory and Nomenclature of the First Aeroplanes 1809 to 1909. London 1966*

Gibbs-Smith, C. H.: *The Rebirth of European Aviation 1902–1908. London 1974*

Gibbs-Smith, C. H.: *The Wright Brothers. London 1963*

Gilbert, James: *The World's Worst Aircraft. 1975*

Grahame-White, Claude/Harper, Harry: *The Aeroplane. Past, Present and Future. London 1911*

Gsell, Robert: *25 Jahre Luftkutscher. Vom Luftsprung zur Luftbeherrschung. Erlenbach-Zürich 1936*

Gudju, Ion/Jacobescu, Gheorge/Ionescu, Ovidiu: *Romanian Aeronautical Constructions 1905–1974. Bukarest 1974*

Hackenberger, Willi: *Deutschlands Eroberung der Luft. Siegen 1915*

Hackenberger, Willi: *Die alten Adler. Pioniere der deutschen Luftfahrt. München 1960*

Hahn, Willy: *Für mein Vaterland. Berlin 1913*

Halle, Gerhard: *Otto Lilienthal und seine Flugzeug-Konstruktionen. München 1962*

Halle, Gerhard: *Otto Lilienthal. Flugforscher und Flugpraktiker, Ingenieur und Menschenfreund. Düsseldorf 1976*

Hamel, Gustav/Turner, Charles C.: *Flying. Some practical experiences. London/New York 1914*

Harper, Harry: *Twentyfive Years of Flying. London 1929*

Hearne, R. P.: *Der Luftkrieg. Berlin 1909*

Heichen, Walter: *Abenteuer der Luft. Die Fortschritte der Luftschiffahrt im Freiballon, Luftschiff und Flugzeug. Berlin 1912*

Heinkel, Ernst: *Stürmisches Leben. Gedenkausgabe. Herausgegeben von Jürgen Thorwald. Stuttgart 1958*

Hirth, Hellmuth: *20000 Kilometer im Luftmeer. Berlin 1913*

Hoernes, Hermann: *Buch des Fluges. Wien 1912*

Hoogh, Peter: *Die Eroberung des Luftmeeres von den ältesten Träumen der Menschheit bis zur Jetztzeit. Leipzig 1911*

Houart, Victor/Petit, Edmond: *Dictionnaire de l'aviation. Paris 1964*

ILA Wochen-Rundschau Nr. 1–Nr. 17. Frankfurt 1909

Ingold, Felix Philipp: *Literatur und Aviatik. Europäische Flugdichtung 1909–1927. Basel 1978*

Internationale Luftschiffahrt-Ausstellung zu Frankfurt a. M.: Offizieller Katalog (Frankfurt 1909)
Italiaander, Rolf: *Spiel und Lebensziel. Der Lebensweg des ersten deutschen Motorfliegers Hans Grade. Berlin 1939*
Jahrbuch des Deutschen Luftfahrer-Verbandes 1912. Berlin 1912
Joachimczyk, Alfred Marcel: *Moderne Flugmaschinen. Berlin 1913*
Jungdeutschlands Fliegerbuch: Herausgegeben v. Edgar Bleeker-Kohlsaat. Stuttgart 1926
Kafka, Franz: *Die Aeroplane in Brescia und andere Texte. Frankfurt 1977*
Kármán, Theodore von: *Aerodynamik. Ausgewählte Themen im Lichte der historischen Entwicklung. Genf 1956*
Kármán, Theodore von: *Die Wirbelstraße. Mein Leben für die Luftfahrt. Hamburg 1968*
King, H. F.: *Aeromarine Origins. London 1966*
Kirchhoff, Arthur: *Die Erschließung des Luftmeers. Leipzig 1912*
Klaußmann, A. Oscar: *Abenteuer der Luft in Ballon und Flugmaschine. Breslau 1909*
Konkurrenz-Fliegen der ersten Aviatiker der Welt 26. September–3. Oktober 1909. Flugplatz Berlin-Johannisthal. Berlin 1909
Kress, Wilhelm: *Aviatik. Wie der Vogel fliegt und wie der Mensch fliegen wird. Wien 1905*
Lange, Bruno: *Das Buch der deutschen Luftfahrttechnik. Mainz 1970*
Lassalle, E. J.: *Les 100 premiers aviateurs brevetés au monde et la naissance de l'aviation. Paris*
Leberecht, Gerd Fritz: *Luftfahrten im Frieden und im Krieg. Berlin 1913*
Lenotti, Wolfram: *Rot-weiß-Rot zur Luft. Österreichs Volksbuch vom Fliegen. Wien 1957*
Lilienthal, Anna und Gustav: *Otto Lilienthal. Stuttgart und Berlin 1930*
Lilienthal, Otto: *Der Vogelflug als Grundlage der Fliegekunst. Ein Beitrag zur Systematik der Flugtechnik. Berlin 1889*
Moedebeck, H. W. L.: *Fliegende Menschen. Berlin 1909*
Munson, Kenneth: *Pionierzeit. Flugzeuge der Jahre 1903–1914. Zürich 1969*
National-Flugspende Jahresbericht für 1913
Neben meiner Kunst. Flugstudien, Briefe und Persönliches von und über Arnold Böcklin. Herausgegeben von Ferdinand Runkel und Carlo Böcklin. Berlin 1909
Neher, F. L.: *Das Wunder des Fliegens. München 1936*
Neyen, E.: *Die Flugkunst ohne Schleier – Statistik von 1911 über die Flieger-Unfälle. Selbstverlag (Berlin o.J.)*
(Neyen, E.): *1913. Die Flugkunst am Scheideweg. Die neuesten Forschungsergebnisse aus dem Luftmeer und dem Flugwesen, mit einer genauen »Statistik über Flug-Abstürze« von 1912–13.*
Norden, Adalbert: *Flügel am Horizont. Berlin, 1939*
Obal, A.: *Stand der Luftfahrtindustrie in Österreich-Ungarn vor Kriegsbeginn 1914. Als Ms. gedruckt*
Olszewski/v. Elgott, Helmrich: *Das Flugzeug in Heer und Marine. Handbuch über das gesamte Gebiet des Militärflugwesens. Berlin 1912*
Pariser Weltausstellung in Wort und Bild. Redigiert von Dr. Georg Malkowsky. Berlin 1900
Penrose, Harald: *British Aviation. The Pioneer Years. London 1967*

Pfeiffer, Eduard A.: *Fahren und Fliegen. Ein Buch für Alle von Auto, Flugzeug, Zeppelin, Stuttgart 1935*
Randolph, Stella: *Before the Wrights Flew. The Story of Gustave Whitehead. New York 1966*
Rehbein, Arthur (Atz vom Rhyn): *Mensch in Wolken. Beschwingte Reise aus drei Jahrzehnten. Freiballon–Flugzeug–Luftschiff. Berlin 1935*
Rathenau, Walther: *Gesammelte Schriften. Berlin 1918*
Roth, Leo: *Als Loopings noch Sensationen waren. Der Flugpionier L. R. erzählt seine Fliegererinnerungen. Sonderdruck aus VDI-Nachr. 37/47 1970*
Rumpler, 10 Jahre. 1908–1918
Sablatnig, Fritz: *Josef Sablatnig – Ein Pionier der Luftfahrt und seine Zeit. Sonderdruck aus: Carinthia, Mitteilungen des Geschichtsvereins für Kärnten, 156. Jahrgang, Heft 4, Klagenfurt 1966*
Sahel, J.: *Henry Farman et l'aviation. Paris 1936*
Santos-Dumont, A(lberto): *Im Reich der Lüfte. Übersetzt von Ludwig Holthof. Stuttgart und Leipzig 1905*
Schäffer, Ernst: *Glück ab. Bahnbrecher der Lüfte. Berlin 1931*
Schlenstedt, Franz: *Vollgas! Ein Fliegerleben. Berlin 1939*
von Schroetter, Hermann: *Hygiene der Aeronautik und Aviatik. Wien 1912*
Schwipps, Werner: *Otto Lilienthals Flugversuche. Berlin 1966*
Stephan, Heinrich (von): *Weltpost und Luftschiffahrt. Ein Vortrag. Berlin 1874*
Streit, Kurt W./Taylor, W. R.: *Geschichte der Luftfahrt. Künzelsau o.J.*
Supf, Peter: *Die Eroberung des Luftreichs. Frankfurt 1958*
Supf, Peter: *Das Buch der deutschen Fluggeschichte. Vorzeit – Wendezeit – Werdezeit. Vorkriegszeit – Kriegszeit – Nachkriegszeit. Berlin 1935*
Tschudi, Georg von: *Aus 34 Jahren Luftfahrt. Berlin 1928*
Versammlung von Vertretern der Flugwissenschaft am 3. bis 5. 11. 1911 in Göttingen. Zusammengestellt von Prof. Dr. L. Prandtl. München/Berlin 1912
Voisin, Gabriel: *Men, Women and 10000 Kites. London 1963*
Vorreiter, Ansbert: *Kritik der Drachenflieger. Berlin 1909*
Vorreiter, Ansbert: *Motor-Flugapparate (Drachen-, Schwingen- und Schraubenflieger) Berlin 1909*
Vorreiter, Ansbert: *Jahrbuch der Luftfahrt. München 1912*
Walter, Otto: *Bider, der Flieger. Olten und Freiburg 1963*
Wilhelm, B.: *Der Simplonflug. In: Stimmen aus Maria-Laach 1911, Heft 3*
Wissmann, Gerhard: *Geschichte der Luftfahrt von Ikarus bis zur Gegenwart. Berlin 1960*
Wilbur and Orville Wright, The Papers of –. Including the Chanute-Wright letters and other papers of Octave Chanute. New York – Toronto – London 1953
Wykeham, Peter: *Santos-Dumont. A Study in Obsession. London 1962*
Zwickau, K.: *Auf eigene Rechnung und Gefahr. Berlin 1940*

Zeitungen und Zeitschriften

B. Z. am Mittag, Berlin; Deutsche Luftfahrer Zeitschrift, Berlin; Deutsche Zeitschrift für Luftschiffahrt (Illustrierte Aeronautische Mitteilungen), Berlin; Flight, London; Flugsport, Frankfurt; Icare, Paris; Die Luftflotte, Berlin; Der Luftverkehr, Leipzig; Scientific American, New York; Sport im Bild, Berlin; Wiener Luftschiffer-Zeitung, Wien; Die Woche, Berlin

Personenregister